中国审定登记草品种集

(1987—2020)

农业农村部畜牧兽医局
全国畜牧总站 编

中国农业出版社

北 京

图书在版编目（CIP）数据

中国审定登记草品种集. 1987—2020 / 农业农村部畜牧兽医局，全国畜牧总站编. —北京：中国农业出版社，2022.6

ISBN 978-7-109-29579-7

Ⅰ.①中…　Ⅱ.①农…②全…　Ⅲ.①草本植物—品种—中国—1987—2020　Ⅳ.①S688.402.92

中国版本图书馆 CIP 数据核字（2022）第 102859 号

中国农业出版社出版

地址：北京市朝阳区麦子店街 18 号楼
邮编：100125
责任编辑：赵　刚
版式设计：杜　然　责任校对：周丽芳
印刷：北京中兴印刷有限公司
版次：2022 年 6 月第 1 版
印次：2022 年 6 月北京第 1 次印刷
发行：新华书店北京发行所
开本：720mm×960mm　1/16
印张：33.5
字数：550 千字
定价：138.00 元

编　委　会

前　言

　　饲草种业是我国饲草基础性、战略性核心产业，是现代草食畜牧业发展水平和畜产品国际竞争力的集中体现，是农业科技进步的重要标志。编辑出版《中国审定草品种集（1987—2020）》，对草业科研、教学、生产、管理单位工作人员和农牧民全面了解审定草品种情况，加快新草品种推广和应用具有重要作用。

　　本书收录了从1987年至2020年审定草品种604个，其中育成品种227个，野生栽培品种134个，地方品种61个，引进品种182个。按照禾本科、豆科、苋科、菊科、蓼科、葫芦科、藜科、十字花科、大戟科、蔷薇科、满江红科、百合科、夹竹桃科、旋花科、鸭跖草科、鸢尾科、美人蕉科、荨麻科、白花丹科十九大类进行编辑，各类中的品种按照属拉丁学名字母顺序排列。本书以品种审定意见为主要依据，对审定品种进行基本介绍。各品种按品种全称（拉丁名）、品种登记号、登记日期、品种类别、申报者/育种者、品种来源、育种方法（育成品种）、植物学特征、生物学特性、基础原种、适应地区等内容编写。

　　本书得到全国草品种审定委员会多位专家的大力支持，在编写过程中他们提供大量的指导意见和修改建议，对他们的辛勤劳动表示衷心感谢。由于时间仓促，水平有限，错误在所难免，敬请读者批评指正。

全国畜牧总站

2022年4月

目　录

概　　述

我国草品种审定机构组建于 20 世纪 80 年代。1984 年，农牧渔业部畜牧局组织成立了全国牧草品种审定委员会筹备组。1987 年 7 月，农牧渔业部发文正式成立了第一届全国牧草品种审定委员会，负责新草品种审定工作，任期五年，委员会由顾问 4 人和委员 23 人组成，秘书处设在吉林省农业科学院。1992 年 2 月委员会换届，成立第二届全国牧草品种审定委员会，委员会由名誉主任和名誉副主任各 1 人、委员 21 人组成，秘书处设在中国农业科学院畜牧研究所（现为中国农业科学院北京畜牧兽医研究所）。1996 年 6 月，成立第三届全国牧草品种审定委员会，委员会由名誉主任 2 人、委员 24 人组成。2001 年 9 月，成立第四届全国牧草品种审定委员会，委员会由名誉主任 1 人、委员 23 人组成。

2006 年 9 月，农业部发文成立第五届委员会，并将全国牧草品种审定委员会更名为全国草品种审定委员会，有名誉主任和主任各 1 人、副主任 3 人、成员 25 人，秘书处更名为办公室，设在全国畜牧总站。2010 年 11 月，农业部成立第六届全国草品种审定委员会，有名誉主任、主任和常务副主任各 1 人、副主任 3 人、委员 21 人。2015 年 10 月，成立第七届全国草品种审定委员会，有主任和常务副主任各 1 人、副主任 5 人、委员 23 人。2021 年 4 月，农业农村部成立第八届全国草品种审定委员会，有主任和常务副主任各 1 人、副主任 5 人、委员 22 人。

1984 年，农牧渔业部颁布实施《牧草种子暂行管理办法（试行）》，从牧草种子管理机构、生产、检验、流通等四方面加强牧草种子管理。2004 年颁布实施的《种子法》，对品种选育与审定提出了明确要求，但仅提到了农作物和林木，并未将草品种单独列出。草品种审定在参照执行《种子法》相关规定的同时，按照《草原法》要求实行草品种审定制度。2006 年，农业部颁布的《草种管理办法》进一步明确，国家实行新草品种审定制度，规定新草品种未经审定通过，不得发布广告、不得经营、推广。

同年，农业行业标准《草品种审定技术规程》（NY/T 1091—2006）实施，内容涉及牧草及草坪草品种审定的术语定义、内容、依据、品种试验、申报条件（或标准）、审定程序等。为适应草品种审定工作发展需要，规范观赏草审定工作，2008 年，全国草品种审定委员会发布了《观赏草品种审定标准（试行）》。2011 年，农业部印发《草品种审定管理规定》，进一步从管理层面对草品种审定工作程序提出了明确要求。2013 年，《草品种审定技术规程》从行业标准升格为国家标准，进一步突显了草品种审定工作的重要性。同年，国家标准《草品种命名原则》（GB/T 30394—2013）和农业行业标准《区域试验技术规程禾本科牧草》（NY/T 2322—2013）相继颁布实施，进一步健全了草品种审定技术规范体系。上述法律法规、标准的颁布实施，为我国草品种审定工作的规范开展提供了重要的法律依据和技术支撑。

1987 年以来，全国草品种审定委员会共召开 34 次审定会议，评审申报材料 1013 份，审定登记 604 个新草品种，其中育成品种 227 个，引进品种 182 个，野生栽培品种 134 个，地方品种 61 个。涉及禾本科、豆科等 19 个科 109 个属 201 个种，其中禾本科和豆科共审定登记 548 个品种，占审定登记品种总数的 90.73%。禾本科牧草典型代表黑麦草属共审定登记 32 个品种，其中引进品种 25 个，育成品种 6 个，地方品种 1 个；豆科牧草典型代表苜蓿属共审定登记 114 个品种，其中育成品种 53 个，引进品种 34 个，地方品种 21 个，野生栽培驯化品种 6 个。

育成品种主要集中在苜蓿属、高粱属、玉蜀黍属、小黑麦属、黄芪属、木薯属、赖草属、狼尾草属、野豌豆属、黑麦草属，占 66.52%，其余 35 个属种占 33.48%；引进品种主要是苜蓿属、黑麦草属、鸭茅属、燕麦属、柱花草属、羊茅属、苋属，占 58.24%，其余 37 个属品种占 41.76%；野生栽培品种主要是披碱草属、雀麦属、狗牙根属、苜蓿属、胡枝子属、鸭茅属，占 29.62%，其余分布在 56 个属内；地方品种主要是苜蓿属，占 34.43%，其余分布在 30 个属内。

审定品种中具一定耐盐性品种 114 个，其中育成品种 57 个，地方品种 11 个，野生栽培种 29 个；具一定耐寒性品种 273 个，其中育成品种 92 个，地方品种 29 个，野生栽培品种 84 个；具一定耐旱性品种 317 个，其中育成品种 128 个，地方品种 32 个，野生栽培品种 87 个；具一定耐酸性品种 91 个，其中育成品种 20 个，地方品种 7 个，野生栽培品种 11 个。

一、禾本科
GRAMINEAE

茇茇草属
Achnatherum P. Beauv.

京西远东茇茇草
Achnatherum extremiorientale （Hara）Keng. 'Jingxi'

品种登记号： 358

登记日期： 2008 年 1 月 16 日

品种类别： 野生栽培品种

申报者： 北京草业与环境研究发展中心。武菊英、滕文军、袁小环、王庆海、王国进。

品种来源： 北京草业与环境研究发展中心于 1998 年从北京房山区上方山采收野生远东茇茇草种子，经栽培驯化而成的观赏草。

植物学特征： 禾本科茇茇草属多年生草本。秆直立，高达 1.5m，具 3～4 节，冠幅约 85cm。圆锥花序开展，长 30～40cm。7 月中下旬达初花期，一周以后即达盛花期，花序展开后株高约 1.7m，冠幅近 1m。种子为颖果，菱形，黄褐色，有光泽，颖果长 3.5～5.0mm，宽 0.5～1.0mm，千粒重约 2.4g。

生物学特性： 根系发达，茎、叶较茂密，枯枝叶冬季保存完好，有利于冬季放牧使用，生态适应范围较广，在较湿润的林下、林间和较干燥的山坡、草地均可生长，较耐践踏，幼嫩时适口性好，家畜均喜食。

基础原种： 北京草业与环境研究发展中心保存。

适应地区： 适于华北地区种植。

冰 草 属
Agropyron Gaertn.

冰草属牧草全世界约有 15 种（狭义），大多数分布于欧亚大陆的高原草原上。我国有 3 种，分布在东北、内蒙古、华北、西北、西南等地。

冰草属系多年生草本，须根系，根外有沙套。秆直立或节常膝曲，具 2～5 节，疏丛状。叶片扁平或常内卷。顶生小穗不孕或退化，小穗单生于穗轴的每节，无柄小穗紧密排列于短轴两侧，呈穗状花序。小花多枚，颖及外颖两侧压扁，背部具明显的脊。

我国栽培面积较大的有扁穗冰草［*A. cristatum*（L.）Gaertn.］、蒙古冰草［*A. mongolicum* Keng.］、沙生冰草［*A. desertorum*（Fisch.）Shult.］及引种的西伯利亚冰草［*A. sibiricum*（Willd.）Beauv.］等。

扁穗冰草 须根稠密，具沙套，株高 50～70cm，叶片小而少，质硬，内卷。穗状花序呈篦齿状。性耐旱，耐寒，耐碱。适于沙壤土和黏质的干燥土。适口性好，营养价值高，四季为牲畜所采食，是良好的催肥饲草。再生性差，产量低。

蒙古冰草 须根长而密，具沙套，茎疏丛状，高 50～60cm，叶片常内卷呈针状。穗状花序，小穗疏松排列，先端具短芒。极耐旱，在年降水量为 200～300mm 地区也可生长，耐寒。适口性好，产量低，对水、肥敏感。

沙生冰草 具横走或下伸根茎，须根外具沙套。茎秆疏丛，高 30～40cm。叶片内卷成锥状，穗状花序直立条状圆柱形，小穗覆瓦状排列，紧密而向上斜升，不呈篦齿状。耐寒、耐旱，是改造荒漠草原的优良牧草。产量不高。

西伯利亚冰草 秆疏丛生，高 70～95cm，直立或基部膝曲。叶片扁平或干燥时折叠。穗状花序微弯曲，疏松。抗旱耐寒。适生于沙地、干草原。叶茎质地较柔软，适口性好，各种家畜都喜食，产量高于冰草。

蒙农杂种冰草

Agropyron cristaturn × A. *desertorum* 'Hycrest-Mengnong'

品种登记号：200

登记日期：1999 年 11 月 29 日

品种类别：育成品种

育种者：内蒙古农业大学。云锦凤、于卓、李造哲、米福贵、孙海莲。

品种来源： 以引自美国的杂种冰草品种 Hycrest 为育种原始材料，经 2 次单株选择和 1 次混合选择育成。原杂种冰草品种 Hycrest 是以二倍体航道冰草诱导加倍为四倍体作母本，以天然四倍体沙生冰草作父本杂交育成。采用系统选育法。

植物学特征： 多年生疏丛型禾草。四倍体，$2n=4x=28$。植株整齐，株高 $90\sim105cm$。叶长 $14\sim18cm$，叶宽 $7\sim9mm$，叶量多，每秆常具 6 片叶，叶色深绿。穗状花序排列紧密，长 $8\sim11cm$，宽 $2.5\sim3.8cm$。每穗有小穗 $35\sim46$ 枚，每小穗有小花 $9\sim11$ 朵，顶端小花不育。颖片披针形，外稃先端具短芒尖，长 $3\sim6mm$，千粒重 3g。

生物学特性： 抗寒性强，在内蒙古自治区锡林郭勒盟冬季 $-38℃$ 低温条件下能安全越冬。抗旱性和耐盐性较强，植株基部节间短缩粗壮，抗倒伏。品质好，营养价值较高。开花期干物质中含粗蛋白质 12.16%，粗脂肪 2.56%，粗纤维 39.96%，无氮浸出物 39.42%，粗灰分 5.90%，钙 1.49%，磷 0.11%。在内蒙古锡林郭勒盟、巴彦淖尔市、呼和浩特市种植，干草产量为 $7\,300\sim8\,900kg/hm^2$。用于放牧，因其产草量高，更适合刈割制干草。

基础原种： 保存于内蒙古农业大学。

适应地区： 我国北方年降水量 $300\sim400mm$ 的干旱半干旱地区均可种植。

杜尔伯特扁穗冰草

Agropyron cristatum（L.）Gaertn. 'Duerbote'

品种登记号： 359

登记日期： 2009 年 5 月 22 日

品种类别： 野生栽培品种

申报者： 黑龙江省畜牧研究所。李红、罗新义、杨伟光、黄新育、高海娟。

品种来源： 1994 年黑龙江省畜牧研究所草原研究室从大庆市齐家地区采集野生种子，经 15 年引种、栽培驯化而成。

植物学特征： 多年生冰草属刈割—放牧兼用型禾草。须根系、密生，外具沙套；茎秆直立、疏丛型；株高 50～75cm，分蘖多，种植当年可达 7～10 个；叶片长 16～22cm，宽 10～15mm，边缘常内卷，色泽深绿。穗状花序，直立，较粗壮；穗长 7.5～8.0cm，穗宽 15～20mm，小穗排列紧密成两行，呈篦齿状；每穗含 20～40 个小穗；颖果棕色，长 5.0～7.0mm；千粒重 2.65g。

生物学特性：生育期 110 天左右。抗寒，在我国东北寒冷干旱区 −35～−45℃条件下越冬率达 98%；抗旱，在年降水量 220～400mm 地区生长良好；对土壤要求不严，耐瘠薄，较耐盐碱，土壤 pH 7.9，生产性能稳定。生长第二年干草产量为 4 957kg/hm²，种子产量 591kg/hm²。孕穗期干物质中含粗蛋白质 21.40%，粗脂肪 3.26%，粗纤维 28.73%，无氮浸出物 38.81%，粗灰分 7.80%，钙 0.86%，磷 0.30%。叶量丰富，适口性好，牛、马、羊均喜食。

基础原种：由黑龙江省畜牧研究所保存。

适应地区：适于东北三省和内蒙古北部种植。

塔乌库姆冰草

Agropyron cristatum (L.) Gaertn. 'Tawukumu'

品种登记号：408

登记日期：2010 年 6 月 12 日

品种类别：引进品种

申报者：新疆畜牧科学院草业研究所。贾纳提、李学森、张江玲、米克什、努尔加列力。

品种来源：2002 年 11 月与 2004 年 3 月引自哈萨克斯坦共和国农业部畜牧兽医科学与生产中心多年生牧草种质资源研究室。原品种由哈萨克斯坦共和国农业部畜牧兽医科学与生产中心（原哈萨克斯坦草地研究所）于 1995 年注册。

植物学特征：多年生疏丛型禾草，须根发达，根外具沙套。茎秆直立或基部膝曲，上部紧接花序部分无毛或被短柔毛，株高 40～100cm。叶片长而宽，色泽深绿，叶片长 5～15cm，宽 2～5mm，多内卷，少数叶片表面被毛。穗状花序粗壮，长 5～7cm，宽 8～15mm，小穗整齐疏松平行排列，呈箆齿状，每小穗含小花 3～7 朵，长 6～12mm。种子颖舟形，脊上被柔毛，具芒，芒长 2～4mm。千粒重 2.2g。

生物学特性：生育期较短，103～111 天，干草产量 7 700kg/hm²；茎秆中空，不易折断，叶不脱落，易调制干草；种子成熟时茎秆和叶片仍保持绿色，再生速度快，可达 2.22cm/d，再生草可供放牧；品质优良、营养丰富，适口性好，鲜、干草均为各类家畜喜食。开花期风干物含干物质 91.4%，粗蛋白质 12.19%，粗脂肪 1.86%，粗纤维 31.3%，无氮浸出物 41.0%，粗灰分 5.05%，钙 0.32%，磷 0.13%。

基础原种：由哈萨克斯坦共和国农业部畜牧兽医科学与生产中心多年生牧草种质资源研究室保存。

适应地区：适于新疆年均降水量 300mm 以上的干旱半干旱地区种植。

诺 丹 沙 生 冰 草

Agropyron desertorum（Fisch.）Schult. 'Nordan'

品种登记号：111

登记日期：1992 年 7 月 28 日

品种类别：引进品种

申报者：内蒙古农牧学院、内蒙古包头市固阳县草原站、内蒙古伊克昭盟畜牧研究所。云锦凤、米福贵、马鹤林、郭文莲、刘凤玲。

品种来源：1958 年美国北达科他州注册登记，1984 年引自美国农业部农业研究局（USDA-ARS）、洛根市犹他州立大学（USU）。

植物学特征：多年生疏丛型禾草，根须状。茎直立，生长整齐，株间变异小，株高 70～80cm。茎粗壮，叶深绿，叶片长 5～7cm，宽 3～4mm。穗状花序较紧密，圆形，长 8～10cm。种子大，千粒重为 2.2～2.4g。

生物学特性：幼苗生长势强，易立苗，四倍体，$2n=28$。抗寒、耐旱、较耐瘠。春季返青早，青绿持续期长，叶量较丰富，干草产量 3 000～4 500 kg/hm²。营养成分含量较高，家畜适口性好。

基础原种：由美国北达科他州农业试验站保存。

适应地区：适于在我国北方降水量为 250～400mm 的干旱及半干旱地区推广。如内蒙古中、西部，宁夏、甘肃、青海及新疆等省（区）。

白音希勒根茎冰草

Agropyron michnoi Roshev. 'Baiyinxile'

品种登记号: 547

登记日期: 2018 年 8 月 15 日

品种类别: 野生栽培品种

申报者: 内蒙古农业大学草原与资源环境学院、正蓝旗牧草种籽繁殖场。张众、云锦凤、石凤翎、李树森、王伟。

品种来源: 以采自内蒙古锡林郭勒盟白音希勒牧场的野生根茎冰草材料,经过多年栽培驯化而成。

植物学特征: 禾本科冰草属多年生草本。须根系发达,具沙套和根状茎;株高 95~115cm;茎秆直立,茎叶灰绿色,表面有毛;叶片扁平,叶长 15~28cm,宽 0.5~1.1cm;穗状花序,长 4.5~10.8cm,宽 0.7~2.7cm,有小穗 41~54 个,穗轴节间缩短,每节 1 个小穗,小穗含小花 5~9 朵,均被毛。外稃具短茸毛,种子千粒重约 3.0g。

生物学特性: 抗旱、抗寒,年平均种子产量约 450kg/hm²、干草产量约 8 500kg/hm²。

基础原种: 由内蒙古农业大学草原与资源环境学院保存。

适应地区: 适于内蒙古中、东部及周边地区种植。

蒙农 1 号蒙古冰草

Agropyron mongolicum Keng. 'Mengnong No. 1'

品种登记号: 305

登记日期: 2005 年 11 月 27 日

品种类别: 育成品种

育种者: 内蒙古农业大学。云锦凤、张众、于卓、解新明、赵景峰。

品种来源: 以野生栽培品种内蒙沙芦草(蒙古冰草)为原始材料,连续进行 3 代单株选择,获得 260 个优良单株,混合采收种子作为原种。

植物学特征: 多年生疏丛型禾草。须根系,根具沙套。秆直立,高 90~120cm,3~4 节。具 3~4 片叶,叶鞘光滑无毛,短于节间,叶片深绿色，长 10～18cm，宽 4～6mm，干旱时内卷。穗状花序、长 12～18cm，具小穗 24～36 个，小穗向上斜升，排列较疏松，含小花 6～14 朵。颖片披针形，外稃顶端具短芒，长约 2mm，种子千粒重 2g。

生物学特性：抗寒，抗旱，适应性强；春季返青早，秋季枯黄晚，青绿期长。茎叶柔软，适口性好。抽穗期干物质中含粗蛋白质 16.48％，粗脂肪 4.21％，粗纤维 33.41％，无氮浸出物 38.75％，粗灰分 7.15％。在内蒙古呼和浩特市、正蓝旗和苏尼特右旗种植，年均干草产量为 4 600～7 600kg/hm^2。可用作放牧和刈割调制优质干草，近年来多用于沙化、退化草地改良。

基础原种：保存于内蒙古农业大学。

适应地区：适于我国内蒙古自治区及北方年降水量 200～400mm 的干旱半干旱地区种植。

内蒙沙芦草（蒙古冰草）

Agropyron mongolicum Keng. 'Neimeng'

品种登记号：096

登记日期：1991 年 5 月 20 日

品种类别：野生栽培品种

申报者：内蒙古农牧学院、中国农业科学院草原研究所、内蒙古草原工作站、内蒙古畜牧科学院。云锦凤、陈立波、杨珍、温都苏、薛凤华。

品种来源：在内蒙古锡盟和巴盟采集野生的沙芦草种子，经多年栽培驯化而成。

植物学特征：多年生疏丛型禾草，根须状，具沙套。秆直立，高 50～100cm，基部节常膝曲。叶片灰绿色，长 7～10cm，宽 2～4mm，无毛。穗状花序，长 10～18cm；小穗排列较疏松，含 3～8 朵小花。颖果椭圆形，长约 4mm，光滑。

生物学特性：二倍体，体细胞染色体数 $2n=14$。春季返青早，枯黄期晚，青绿持续期长，干草产量 3 000～5 000kg/hm^2。茎叶较柔软，营养价值高，适口性好。抗旱、耐寒、耐风沙、耐瘠薄，适应性强，寿命较长，再生性一般。

基础原种：由内蒙古农牧学院、中国农业科学院草原研究所保存。

适应地区：适于我国北方年降水量为 200～400mm 的干旱、半干旱地区推广，如内蒙古中、西部，甘肃、青海、宁夏、新疆等省（区）。

剪股颖属
Agrostis L.
粤选 1 号匍匐剪股颖
Agrostis stolonifera L. 'Yuexuan No. 1'

品种登记号：288

登记日期：2004 年 12 月 8 日

品种类别：育成品种

育种者：仲恺农业技术学院、中山大学、中山伟胜高尔夫服务有限公司。陈平、席嘉宾、吴秀峰、刘艾、郭伟经。

品种来源：来自匍匐剪股颖 Penncross 品种的变异株系。将变异株系进一步提纯、扩繁，选育出粤选 1 号匍匐剪股颖。Penncross 品种是由美国宾夕法尼亚大学育成。

植物学特征：多年生匍匐型禾草。具发达的匍匐茎，茎上部直立，高 7～15cm。叶鞘无毛，叶舌膜质，长圆形，叶片线形，长 3～7cm，宽 2～4mm，边缘和脉上微粗糙。圆锥花序，长 11～20cm，小穗长 2.0～2.2mm。在华南地区因光温效应不能抽穗，无法形成花序。生产上采用营养体繁殖。

生物学特性：在华南地区四季常绿，能度过盛夏时的高温期。适宜的水肥管理和病害防治在夏季高温季节较为重要。能够忍受部分遮阴，在疏林下生长良好，但在光照充足时生长最好。耐践踏性能较好。可适应多种土壤，最适宜在肥沃、中等酸度、保水力好的土壤中生长。具有草皮致密、质地精细、色泽光亮、匍匐茎节间短、茎细、叶片较小及叶鞘短等优良的坪用特性。适用于高尔夫球场果岭区的建植。

基础原种：由仲恺农业技术学院保存。

适应地区：适于长江流域及其以南地区，年降水量在 800mm 以上的亚热带、南亚热带地区种植。

野古草属
Arundinella Raddi

京 西 野 古 草
Arundinella hirta（Thunb.）Tanaka 'Jingxi'

品种登记号：384

登记日期：2009 年 5 月 22 日

品种类别：野生栽培品种

申报者：北京草业与环境研究发展中心。武菊英、滕文军、袁小环、杨学军、温海峰。

品种来源：1998 年在北京妙峰山采集的野生种，经多年栽培驯化而成。

植物学特征：禾本科野古草属多年生草本。具横走根状茎。秆直立，较坚硬，高 70～100cm。叶片长 15～30cm，黄绿色。圆锥花序，长 10～20cm，紫铜色。颖果。种子长圆形，棕色，长 1.5～2.0mm，宽 0.5～0.8mm，千粒重 0.394g。

生物学特性：暖季型，植株高度中等，株形紧凑，丰满整齐，成株冠幅可达 100cm。多年生植株 6 月下旬初花，当年分株苗 7 月上旬初花，抽穗后株高约 120cm。对华北地区夏季高温多湿、冬春干燥少雨的气候适应性强，长势强健，耐旱，耐寒。为优良的园林植物，夏秋季节均具有良好的观赏效果。夏观花序，秋赏红叶。

基础原种：由北京草业与环境研究发展中心保存。

适应地区：适于华北地区种植。

燕 麦 属
Avena L.

燕 麦
Avena sativa L.

别名：铃铛麦

一年生禾草，疏丛型。须根系，较发达。茎秆直立，高 100cm 左右。

叶片扁平，长 15～40cm，宽 0.6～1.2cm。圆锥花序，小穗含 2～3 个小花。颖果纺锤形，颖片具 8～9 脉，有纵沟，果实成熟时不脱落。

燕麦广泛分布于欧洲、非洲和亚洲等温带地区，我国主要分布在东北、华北、西北的高寒地区，其中以内蒙古、河北、甘肃、山西种植面积最大，新疆、青海、宁夏、陕西次之，云南、贵州、四川、西藏也有少量种植。

燕麦是一种营养价值很高的饲料作物，其籽实是马、牛的好精料，青刈燕麦的茎叶柔嫩多汁，可青饲、青贮或调制干草，各种家畜均喜食。抗寒品种可供冬末和春季放牧，春播品种可与野豌豆、饲用豌豆等混播，为夏季提供青草。

青引 3 号莜麦

Avena nuda L. 'Qingyin No. 3'

品种登记号：406

登记日期：2010 年 6 月 12 日

品种类别：引进品种

申报者：青海省畜牧兽医科学院。周青平、颜红波、贾志锋、刘文辉、梁国玲。

品种来源：1992 年从加拿大引进。原名为 Ceasar，原编号 4 600，后统一编号为青永久 887。

植物学特征：一年生疏丛型粮草兼用禾草。须根系。分蘖 2～5 个，茎秆直立，株高 120～150cm，茎粗 3.9～5mm，生长整齐一致。叶长 26.7～37.6cm，叶宽 1.3～1.7cm。圆锥花序周散型，小穗轴无毛，穗长 20.4～23.8cm，具小穗 36～58 个。颖果纺锤形，腹面具纵沟，长 0.81～0.87cm，宽 0.23～0.26cm，千粒重 19.0～24.5g。

生物学特性：具有耐瘠薄、耐寒、适应性强、抗倒伏的特性。干草产量 8 000～12 800kg/hm²，种子产量 2 050～3 200kg/hm²。生育天数 86～130 天。营养丰富，适口性好，开花期风干物中含干物质 94.48%，粗蛋白质 8.21%，粗脂肪 1.02%，粗纤维 16.98%，无氮浸出物 62.25%，粗灰分 6.02%，钙 0.445%，磷 0.247%。成熟期籽粒风干物中含干物质 90.89%，粗蛋白质 16.33%，粗脂肪 6.99%，粗纤维 5.96%，无氮浸出物 59.41%，粗灰分 2.20%，钙 0.259%，磷 0.378%。

基础原种： 由青海畜牧兽医科学院保存。

适应区域： 适于青海省高寒地区海拔 1 700～3 000m 地区种植。

阿 坝 燕 麦

Avena sativa L. 'Aba'

品种登记号： 401

登记日期： 2010 年 6 月 12 日

品种类别： 地方品种

申报者： 四川省草原科学研究院、四川省红原县畜牧兽医局。谢志远、刘刚、张晋侦、吴贤智、白史且。

品种来源： 1961 年 9 月红原县草原工作站谢志远、张晋侦从红原县瓦切牧场采集，在当地栽培 30 多年，经整理研究而成。

植物学特征： 一年生禾草，株高 100～170cm，茎粗约 0.47cm，叶鞘被少量白粉，茎节浅绿，穗节间与下部节间稍弯曲。具 4～5 片叶，叶片灰绿，长 23～31cm，宽 1.1～1.5cm，叶片靠近茎秆处边缘有茸毛（稀疏），叶片与茎秆夹角为 90°左右，质地较柔软。圆锥花序，穗长 17～25cm，每穗约 22 个小穗，46 个小花，每个小穗含 2～3 个小花，结实率 85%。种子纺锤形，短芒，草黄色，长约 1.3cm，宽 0.2cm，千粒重 32.23g。

生物学特性： 在高寒牧区温度低、霜冻严重的自然条件下具有较强适应性，抗寒，耐旱，对土壤要求不高，耐瘠薄，抗倒伏，较抗蚜虫和锈病。盛花期风干样品含干物质 93.27%，粗蛋白质含量 13.3%，粗脂肪 2.09%，粗纤维 27.6%，无氮浸出物 48.23%，粗灰分 5.05%，钙 0.18%，磷 0.092%。草质细嫩，具清香甜味，多种牲畜爱吃，消化率高，特别是做成青贮料后适口性更好。适宜于川西北高寒牧区作草料兼用型饲草。生育期 120 天左右，比对照丹麦 444 早 17～31 天。

基础原种： 四川省草原科学研究院保存。

适应区域： 适于西南地区高山及青藏高原高寒牧区，海拔在 2 000～4 500m 的区域种植。

丹 麦 444 燕 麦

Avena sativa L. 'Danmark 444'

品种登记号： 109

登记日期： 1992 年 7 月 28 日

品种类别： 引进品种

申报者： 青海省畜牧兽医科学院草原研究所。郎百宁、李文召、陆家宝、韩志林、杨仁和。

品种来源： 1953 年从国外引入，该品种原产丹麦。

植物学特征： 株高 130～150cm，穗长 21～26cm，叶长 30～35cm，叶宽 2～2.5cm。籽粒黑色具芒，千粒重 33～35g。

生物学特性： 属中熟草籽兼用品种，生育期 100～120 天。产量高，鲜草产量 30 000～45 000kg/hm²，籽实产量 3 000～4 000kg/hm²。抗逆性强，抗倒伏。

基础原种： 由青海省畜牧兽医科学院草原所保存。

适应地区： 适于青海、甘肃、内蒙古、西藏、山西、东北等地种植。

锋 利 燕 麦

Avena sativa L. 'Enterprise'

品种登记号： 332

登记日期： 2006 年 12 月 13 日

品种类别： 引进品种

申报者： 中国农业科学院北京畜牧兽医研究所、（天津）国际草业有限公司。袁庆华、李向林、房丽宁、张文淑、何峰。

品种来源： 2003 年百绿（天津）国际草业有限公司从澳大利亚引入。原品种由百绿集团澳大利亚公司（Heritage Seed Pty Ltd.）于 1993 年注册。

植物学特征： 一年生疏丛型粮草兼用禾草。须根系。分蘖 3～6 个，茎秆直立，株高 60～75m，茎粗 4～5mm。叶长 39～42cm，叶宽 1.8～2.3cm。圆锥花序，周散型，穗长 18.2cm。颖果纺锤形，腹面具纵沟，长 1.15cm，宽 0.29cm，千粒重 37.6g。

生物学特性：再生性强，一年可刈割 2～3 次。有较强的抗锈病、抗倒伏能力。干草产量可达 13 000kg/hm²，籽实产量可达 4 000kg/hm²。营养丰富，适口性好，开花期干物质中含粗蛋白质 12.59％，粗脂肪 2.17％，粗纤维 26.21％，无氮浸出物 49.95％，粗灰分 9.08％，钙 0.30％，磷 0.41％。

基础原种：由百绿集团澳大利亚公司保存。

适应地区：种植区域广泛，在我国南方地区适于秋播，北方地区适于春播。

爱 沃 燕 麦
Avena sativa L. 'Everleaf'

品种登记号：574

登记日期：2019 年 12 月 12 日

品种类别：引进品种

申报者：北京正道种业有限公司、北京正道农业股份有限公司。邵进羿、李鸿强、赵利、齐丽娜、赵娜。

品种来源：引自美国 ProGene Plant Research LLC 公司。

植物学特征：禾本科燕麦属一年生草本。株高 90～110cm，根系发达，茎秆直立光滑，叶鞘光滑或背有微毛，叶舌大，无叶耳，叶片扁平。花穗紧凑，穗轴直立，向四周开展。

生物学特性：属晚熟品种，全生育期 115 天左右。叶片宽大，叶量丰富，叶茎比高，具有较高的饲用价值。抗倒伏能力强，有利于后期机械收获。干草产量达 4 000～7 000kg/hm²。

基础原种：由美国 ProGene Plant Research LLC 公司保存。

适应地区：适于我国东北、西北、华北及南方高海拔地区种植。

哈 尔 满 燕 麦
Avena sativa L. 'Harmon'

品种登记号：029

登记日期：1988 年 4 月 7 日

品种类别：引进品种

申报者：中国农业科学院草原研究。刘秉信、祁翠兰。

品种来源： 1972 年从国外引入，该品种原产于加拿太。

植物学特征： 株高 100～129cm，茎叶浓绿、不易倒伏，分蘖力强。成穗率高，穗型周散，松紧中等，穗长 20～23cm。籽粒纺锤形，皮壳米黄色偏白，粒大饱满，不易落粒，千粒重 30～34.9g。

生物学特性： 在我国北方春播属中熟品种，生育期 85～90 天。皮薄、皮壳率为 26.5%。料、草兼用品种，可产籽实 2 200～4 500kg/hm²，产鲜草 22 000～30 000kg/hm²，品质好。生长整齐健壮，耐旱、耐低温，受霜冻，冰雹危害后恢复生长能力强。

基础原种： 由加拿大保存。

适应地区： 适于内蒙古、河北坝上、黑龙江、吉林、甘肃、青海、宁夏、西藏、四川、贵州、广西等地区种植。

英 迪 米 特 燕 麦

Avena sativa L. 'Intimidator'

品种登记号： 573

登记日期： 2019 年 12 月 12 日

品种类别： 引进品种

申报者： 四川农业大学、北京猛犸种业有限公司、西南民族大学、四川省草业技术推广中心。黄琳凯、张新全、孟刚、陈仕勇、姚明久。

品种来源： 引自 Oregro 种子公司（Oregro Seeds. Inc.）。

植物学特征： 禾本科燕麦属一年生草本。须根发达，茎秆直立，植株高约 120cm。叶片宽而平展，长 15～50cm，宽 0.8～1.5cm。圆锥花序开散。颖果纺锤形，外稃具短芒或无芒，千粒重 35.7g。

生物学特性： 中晚熟、品种分蘖多，干草产量达 8 000～11 000kg/hm²。

基础原种： 由 Oregro 种子公司保存。

适应地区： 适于四川、贵州和重庆平坝及丘陵山区种植。

陇 燕 3 号 燕 麦

Avena sativa L. 'Longyan No. 3'

品种登记号： 400

登记日期： 2010 年 6 月 12 日

品种类别： 育成品种

育种者： 甘肃农业大学。赵桂琴、慕平、刘欢、柴继宽、胡凯军。

品种来源： 以丹麦 444 为母本，以欧洲黑燕麦 Fyris 为父本，通过人工杂交，采用系谱法选育而成。

植物学特征： 株型紧凑、茎秆粗壮，株高 135～160cm。叶片深绿色，分蘖力强，有效分蘖多。圆锥花序，周散形，颖壳黑紫色，长卵圆形。穗长 14～20cm，小穗数 24～30 个，穗粒数 30～45。穗粒重 1.0～1.5g。千粒重 30～34g。

生物学特性： 春性、晚熟品种，生育期 110～130 天。乳熟期干草含干物质 94.92%，粗蛋白质 12.65%，粗脂肪 2.5%，粗纤维 32.98%，无氮浸出物 33.85%，粗灰分 12.94%。对燕麦红叶病的抗性较强。干草和种子产量高，乳熟期干草产量达 12 545kg/hm²，种子产量达 5 023kg/hm²，种子成熟后不落粒。

基础原种： 由甘肃农业大学保存。

适宜区域： 适于甘肃天祝、岷县、甘南、通渭及其他冷凉地区种植。

陇 燕 5 号 燕 麦

Avena sativa L. 'Longyan No. 5'

品种登记号： 602

登记日期： 2020 年 12 月 3 日

品种类别： 育成品种

申报者： 甘肃农业大学。赵桂琴、柴继宽、曾亮、慕平、周向睿。

品种来源： 以青永久 409 燕麦为母本，DA92 - 2 - F6 燕麦为父本进行杂交，以高产抗病为育种目标，通过系谱法经多代选择育成。

植物学特征： 禾本科燕麦属一年生草本。成熟期株高 145～155cm。叶色深绿。圆锥花序，自花授粉。穗周散形，穗长 15～20cm，每穗小穗 20～25 个，穗粒 30～40 个。颖果纺锤形，颖壳黄白色，千粒重 33g 左右。

生物学特性： 春性，喜冷凉气候，不耐高温，气温超过 30℃生长受阻。最适生长环境温度 15～20℃。对土壤要求不严，性喜较肥沃的壤土，有一定的耐盐性，土壤适宜 pH 5.5～8.0。高抗黑穗病，中抗 BYDV 引起的燕麦红叶病。年干草产量 10 000～11 000kg/hm^2。

基础原种： 由甘肃农业大学保存。

适应地区： 适于甘肃、青海、川西北高原等冷凉地区种植。

马 匹 牙 燕 麦
Avena sativa L. 'Mapur'

品种登记号： 028

登记日期： 1988 年 4 月 7 日

品种类别： 引进品种

申报者： 中国农业科学院草原研究所。祁翠兰、刘秉信。

品种来源： 1972 年从国外引入，该品种原产于新西兰。

植物学特征： 秆粗壮、带有蜡粉，株高 70～85cm。叶片宽展上举，深绿色，旗叶紧包穗轴基部。穗长 15～18cm。种子纺锤形，皮壳白色，稍带米黄色，粒大饱满，千粒重 30.0～34.9g。

生物学特性： 株型紧凑，生长整齐健壮，透风透光好，抗倒伏，抗落粒，适于密植和高水肥栽培。耐寒、受霜冻后恢复速度快，再生性强。在我国北方抗黑穗病和冠锈病。生育期 90～105 天。籽实和茎叶的适口性好。一般产籽实 2 500～3 800kg/hm^2，产鲜草 22 000～30 000kg/hm^2。

基础原种： 由新西兰保存。

适应地区 适于内蒙古、河北省坝上、黑龙江、吉林、四川、贵州、广西等地区种植。

青 引 1 号 燕 麦
Avena sativa L. 'Qingyin No. 1'

品种登记号： 281

登记日期： 2004 年 12 月 8 日

品种类别： 引进品种

申报者： 青海省畜牧兽医科学院草原研究所。韩志林、周青平、王柳英、颜红波、德科加。

品种来源：原产河北省张北地区，1957 年全国统一编号为青永久 001。该品种是青海省畜牧兽医科学院草原研究所自 1985 年以来筛选出的优良品种之一。

植物学特征：一年生草本。株高 120～170cm，茎粗 0.5cm，叶长 30～40cm，宽 1.9cm，叶绿色。主穗长 19～21cm，穗型周散，种子浅黄色，纺锤形。种子长 1.34cm、宽 0.37cm，千粒重 30～36g。

生物学特性：粮草兼用型品种。早熟，在青海西宁生育期 95 天左右，在海拔 2 700m 的青海湟中县生育期约 110 天。茎叶柔软，适口性好，开花期全株干物质中含粗蛋白质 7.01%，粗脂肪 1.90%，粗纤维 39.13%，无氮浸出物 45.37%，粗灰分 6.59%。耐寒，抗倒伏。在西宁地区干草产量为 12 000kg/hm²，种子产量 3 450kg/hm²。

基础原种：由青海省畜牧兽医科学院草原研究所保存。

适应地区：适宜于青海省海拔 3 000m 以下地区粮草兼用，3 000m 以上的地区作饲草种植。

青引 2 号燕麦

Avena sativa L. 'Qingyin No. 2'

品种登记号：282

登记日期：2004 年 12 月 8 日

品种类别：引进品种

申报者：青海省畜牧兽医科学院草原研究所。周青平、韩志林、颜红波、徐成体、刘文辉。

品种来源：1960 年由加拿大引进，1975 年全国统一编号为青永久 4730。

植物学特征：一年生草本。株高 140～160cm，茎粗 0.4～0.6cm。叶长 21～38cm、宽 1.3～1.7cm。主穗长 18～22cm，穗型周散。种子披针形，浅黄色，种子长 1.3cm、宽 0.35cm，千粒重 30～35g。

生物学特性：粮草兼用型品种。茎叶柔软，适口性好，开花期全株干物质中含粗蛋白 7.80%，粗脂肪 3.62%，粗纤维 36.48%，无氮浸出物 43.55%，粗灰分 8.55%。在青海西宁地区生育期约 100 天。耐寒，抗倒伏。在青海省海拔 3 000m 以下的东部农业区可完成生育期，在海拔 3 000m 以上的牧区，适宜作收获牧草种植。在西宁地区种植，一般种子产量为 4 500kg/hm² 左右。在海拔 4 000m 的高寒地区鲜草产量达 55 000kg/hm²。

基础原种： 青海省畜牧兽医科学院草原研究所保存。

适应地区： 适于青海省海拔 3 000m 以下地区粮草兼用，3 000m 以上地区作饲草种植。

青早 1 号燕麦

Avena sativa L. 'Qingzao No. 1'

品种登记号： 203

登记日期： 1999 年 11 月 29 日

品种类别： 育成品种

育种者： 青海大学农牧学院草原系。尹大海、乔有明、裴海昆、魏臻武、刘振魁。

品种来源： 以本地黄燕麦（农家品种）为母本，0A－313（引自加拿大）为父本杂交选育而成。

植物学特征： 一年生草本，早熟粒用型。株高 70～90cm，叶片较小。分蘖力弱，成穗率较低。穗形周散，籽实外稃基本无芒，每穗有种子 13～35 粒，种子纺锤形，饱满，整齐度好，千粒重 27～34g。

生物学特性： 耐寒、耐旱、极早熟，适宜于在青藏高原牧区种植，生育期为 78 天（西宁，海拔 2 250m）～110 天（青海省果洛州大武镇，海拔 3 750m）。在≥5℃年积温为 900℃左右、无绝对无霜期的高寒牧区，籽粒产量为 1 125～1 200kg/hm²。种子干物质中含粗蛋白质 14.80%，粗脂肪 4.90%，粗纤维 9.70%，无氮浸出物 66.70%，粗灰分 3.90%。种子成熟后不落粒。

基础原种： 由青海大学农牧学院草原系保存。

适应地区： 适于≥5℃年积温 900℃左右，无绝对无霜期的高寒地区种植。

苏 特 燕 麦

Avena sativa L. 'Shooter'

品种登记号： 589

登记日期： 2020 年 12 月 3 日

品种类别： 引进品种

申报者： 四川省草原科学研究院、四川农业大学、北京正道农业股份有限公司。张建波、马啸、李敏、游明鸿、黄琦。

品种来源： 引自美国 OreGro 种子公司。

植物学特征： 禾本科燕麦属一年生草本。株高 140～170cm，须根发达。茎直立光滑。叶片扁平宽大，深绿色，长 40～60cm，宽 2～3cm。圆锥花序开散，小穗柄弯曲下垂，每穗含 2～4 小花，自花授粉。颖果纺锤形，颜色黄褐色，种子千粒重 30～40g。

生物学特性： 植株较高大、丰产性较好，在西南地区干草产量达 10 000kg/hm² 左右。

基础原种： 由美国 OreGro 种子公司保存。

适应地区： 适于我国四川、贵州、重庆等地区种植。

苏 联 燕 麦

Avena sativa L. 'Soviet Union'

品种登记号： 108

登记日期： 1992 年 7 月 28 日

品种类别： 引进品种

申报者： 青海省畜牧兽医科学院草原研究所。杨仁和、郎百宁、李文召、陆家宝、韩志林。

品种来源： 1953 年从国外引入，该品种原产苏联。

植物学特征： 株高 140～160cm，茎粗 0.5～0.7cm，穗长 25cm，叶长 30cm，叶宽 2～3cm。穗侧散型，穗轴基部明显扭曲。籽粒白色无芒，粒大饱满，千粒重 35～37g。

生物学特性： 属中晚熟草籽兼用品种，生育期 120～135 天。生长整齐，抗倒伏，茎叶有甜味，适口性好。鲜草产量 3 800～52 000kg/hm²，籽实产量 4 500kg/hm²。

基础原种：由青海省畜牧兽医科学院草原研究所保存。

适应地区：适于青海、甘肃、内蒙古、西藏、山西、东北等地种植。

地毯草属

Axonopus Beauv.

华 南 地 毯 草

Axonopus compressus（Sw.）Beauv. 'Huanan'

品种登记号：216

登记日期：2000 年 12 月 25 日

品种类别：野生栽培品种

申报者：中国热带农业科学院热带牧草研究中心。白昌军、易克贤、刘国道、韦家少、李开绵。

品种来源：地毯草原产南美洲，我国于 20 世纪 50 年代作为牧草引入种植，现广布于海南、广东等省区开阔草地、疏林下和路边，已成为野生状态，申报者将其收集、栽培推广。

植物学特征：多年生草本植物。具长匍匐茎。秆高 15～40cm，压扁，一侧具沟，节常被灰白色髯毛。叶剑形，质柔薄，先端钝，通常上被柔毛，边缘具细柔纤毛；直立茎生叶，长 10～25cm，宽 6～10mm；匍匐茎生叶片较短，长 6～13cm，宽 4～8mm。总状花序通常 3 枚以上，小穗单生，含 2 小花，第一小花结实，第二小花不孕；颖果椭圆至长圆形，长约 1.7～2.0mm；千粒重 0.20～0.22g。

生物学特性：喜潮湿的热带、亚热带气候，要求年降水量 775mm 以上。不耐霜冻，生长期要求较高的温度，以 22～25℃生长最盛，不耐寒。为需水植物，土壤水分不足不仅生长不良，而且叶梢干枯，影响绿化效果。喜光稍耐阴，在开旷地叶色浓绿，草层厚；在林下亦能良好生长。喜潮湿肥沃的土壤，但具有较强的耐瘠薄能力。密被地面，形成良好的覆盖层。主要用于绿化以及公路护坡等。

基础原种：由中国热带农业科学院保存。

适应地区：适于长江以南无霜或少霜，年降水量 775mm 以上的热带、亚热带地区种植。

孔颖草属
Bothriochloa **Kuntze**
太 行 白 羊 草
Bothriochloa ischaemum（L.）Keng 'Taihang'

品种登记号：568

登记日期：2019 年 12 月 12 日

品种类别：野生栽培品种

申报者：山西农业大学。董宽虎、夏方山、王康、钟华、杨国义。

品种来源：以采自山西省太谷县凤山地区的野生白羊草种质资源为材料，经过多年驯化栽培而成。

植物学特征：禾本科孔颖草属多年生草本植物。疏丛型，须根系，具短根茎。株高 70～105cm。叶片线型，长 6～30cm，宽 2～7mm。总状花序，长 4～8cm，深紫色。颖果，外稃具芒，长 12～17mm。种子细小，千粒重 0.71g。

生物学特性：根系发达，分蘖能力强，常形成庞大根网，耐践踏，固土能力强。在大于 10℃年积温 3 000～4 300℃，年降水量 450～800mm 地区生长良好。草质柔软，叶量丰富，适口性好。在山西省中部，3 月底返青，8 月下旬成熟，10 月初开始枯黄，生育期 150 天左右。干草产量 5 700～9 000kg/hm^2，种子产量 170～230kg/hm^2。

基础原种：由山西农业大学保存。

适应地区：适于我国华北南部及中原地区推广种植。

臂形草属
Brachiaria **Griseb.**
俯 仰 臂 形 草
Brachiaria decumbens Stapf.

俯仰臂形草又称伏生臂形草、旗草。原产于非洲，现广泛分布于世界热带及亚热带地区。我国由华南热带作物科学院于 1982 年从国际热带农业中心引进，现已成为海南省中部山区建植人工草地的一种重要的禾本科牧草。

俯仰臂形草为匍匐性多年生禾草，秆坚硬，高 50～150cm。叶片宽条形至窄披针形，长 5～20cm，宽 7～15mm。花序由 2～4 个总状花序组成；花序轴扁平，长 1～8cm，宽 1～1.7mm，边缘具纤毛；总状花序长 1～5cm；小穗单生，椭圆形，长 4～5mm，常排列成 2 列于穗轴一侧，具短柔毛，基部具细长的柄；下部颖片为小穗长度的 1/3～1/2，紧包，急尖至钝形；上部颖片膜质，上稃粒状，急尖。

喜温暖潮湿气候，是一种典型的湿热带禾本科牧草，不耐涝，也不耐寒。对土壤适应性广泛。最适年降水量 1 500mm 地区，亦可忍受 4～5 个月的旱季。叶量多，牛、羊喜食，尤以营养生长期适口性最好。可与多种豆科牧草混播建立人工草地，也可单播种植，兼作水土保持植物种植。可收获饲草鲜喂，也可晒制干草或调制青贮料。

热研 6 号珊状臂形草

Brachiaria brizantha（Hochst. ex A. Rich）Stapf. 'Reyan No. 6'

品种登记号：215

登记日期：2000 年 12 月 25 日

品种类别：引进品种

申报者：中国热带农业科学院热带牧草研究中心。刘国道、白昌军、何华玄、蒋昌顺、韦家少。

品种来源：1963 年由原华南热带作物研究院热作所从斯里兰卡引进。

植物学特征：多年生丛生型禾草。具根状茎或匍匐茎。株高 80～120cm，单株生长幅度达 2.5～3.0m。茎扁圆形，具节 13～16 个，节间长 1～30cm，粗 2.5～4.5mm，基部节间较短，上部节间较长。叶片线形，长 4～28cm，宽 1.0～2.1cm，基部叶较短，上部叶较长。圆锥花序，由 2～8 个总状花序组成，长 6～20cm。小穗具短柄，含 1～2 花。第一花为雄花，雌蕊退化，第二花为两性花，雄蕊 3 枚，雌蕊柱头羽毛状，深紫色。颖果卵形，长4.5～6.0mm，宽 2.0～2.1mm，千粒重 4～5.4g。

生物学特性： 耐酸性土壤，在 pH 4.5～5.0 的强酸性土壤生长良好。侵占性强，触地各节生根，能迅速扩展。耐践踏和重牧，冬春季保持青绿。耐火烧，草地火烧后存活率大于 95％。分蘖力强，建植后 2.5 个月，单株分蘖数达 165～225 个。适口性好，牛羊喜食。营养生长期干物质中含粗蛋白质 7.11％，粗脂肪 2.64％，粗纤维 21.76％，无氮浸出物 60.58％，粗灰分 7.91％，钙 0.32％，磷 0.12％。在海南省干草产量可达 15 000kg/hm^2。

基础原种： 由中国热带农业科学院热带牧草研究中心保存。

适应地区： 海南、广东、广西、福建等省区及云南南部和四川省的仁和、米易等地均可种植。

贝斯莉斯克俯仰臂形草

Brachiaria decumbens Stapf. 'Basilisk'

品种登记号： 110

登记日期： 1992 年 7 月 28 日

品种类别： 引进品种

申报者： 云南省肉牛和牧草研究中心。李淑安、徐学军、匡崇义、和占星、郭正云。

品种来源： 该品种 1973 年育成，1983 年引自澳大利亚昆士兰州。

植物学特征： 多年生禾草，株高 90～120cm，基部有长匍匐茎，茎节易生根发芽，分蘖多，丛生，茎秆直立中空，圆形。叶片披针形，叶色暗绿。散穗花序，其上呈直角单侧着生 1～4 个无柄的总状花序，形状如旗，故又称旗草。小穗长 4～5mm，背腹压扁，交互排列于一侧。成熟种子灰白色，颖果，卵形，千粒重 4～5g，种子休眠性强，后熟期约 12 个月。

生物学特性： 喜湿热气候，各类排水良好的土壤都能生长。耐重牧，耐践踏，耐火烧，侵占性强。耐旱，冬春季仍保持青绿，每年可刈 2～4 次，干草产量 13 500kg/hm^2，种子产量 150kg/hm^2 左右。不耐严寒和霜冻。

基础原种： 由澳大利亚昆士兰州农牧局保存。

适应地区： 适于云南省及平均气温 19℃以上，年降水量 800mm 以上，海拔 1 200m 以下的热带、亚热带地区种植。

热研 3 号俯仰臂形草（旗草）

Brachiaria decumbens Stapf. 'Reyan No. 3'

品种登记号：101

登记日期：1991 年 5 月 20 日

品种类别：引进品种

育种者：华南热带作物研究院。邢治能、蒋侯明、唐湘梧、何华玄、刘国道。

品种来源：1982 年从哥伦比亚国际热带农业中心（CIAT）引入的 606 俯仰臂形草原始材料。

植物学特征：为多年生热带禾草。茎秆匍匐生长，茎节着地能生根长芽，秆扁圆形，长约 1m。叶条形，青绿色，被少量茸毛。总状花序 2～4 枚，排列于穗轴一侧，其状如旗，故亦名旗草。两性花、结实少，种子易脱落、发芽率低。

生物学特性：原产非洲。生产上多用无性繁殖。喜温暖湿润气候。该品种适应性强，耐高温、干旱，耐酸瘠土壤。亦较耐寒，在海南 1—2 月低温干旱时仍保持茎叶青绿。生长快，侵占性强，覆盖面大，能抑制杂草、灌木等生长。耐践踏、耐牧、耐火烧。抗病虫害能力强。适宜与柱花草、山蚂蝗等豆科牧草混种，建立优良放牧草地，供牲畜旱季和冬春放牧利用，产鲜草 45 000～75 000kg/hm² 。在山地、水库堤坝、斜坡荒地等处种植，亦是良好的水土保持植物。

基础原种：由华南热带作物研究院保存。

适应地区：适于我国北回归线以南广大的热带和南亚热带红壤地区种植。

热研 14 号网脉臂形草

Brachiaria dictyoneura (Fig&De Not) Stapf. 'Reyan No. 14'

品种登记号：283

登记日期：2004 年 12 月 8 日

品种类别：引进品种

申报者：中国热带农业科学院热带作物品种资源研究所。刘国道、白昌军、何华玄、王东劲、陈志权。

品种来源：1991 年从哥伦比亚国际热带农业中心（CIAT）引进，原编号 C1AT6133。

形态特征：多年生匍匐型禾草。秆半直立，株高 40～120cm，具长匍匐茎和短根状茎。匍匐茎扁圆形，细长，略带红色，具 10～18 个节，节间长 8～20cm，基部节间较短，中上部节间较长。叶片线形、条形至披针形，长 20～40cm，宽 3～18mm，常对折或遇干旱时内卷。叶片光滑，叶舌膜质，叶鞘抱茎。圆锥花序，由 3～8 个总状花序组成，花序轴长 5～25cm，总状花序 1～8cm，具长纤毛。小穗具短柄，交互成两行排列于穗轴一侧，小穗椭圆形，每小穗具 2 小花，第一花为雄花，雌蕊退化，第二花为两性花。颖果卵形，长 4.1mm，宽 1.9mm，千粒重 4.7g。

生物学特性：适应性广，抗逆性强，特别耐干旱和酸性土壤，能在 pH 4.5～5.0 的强酸性土壤和极贫瘠的砂质土壤上生长良好。侵占性强，触地各节均可生根，扩展迅速，耐践踏和重牧。开花期干物质中含粗蛋白质 7.83％，粗脂肪 1.49％，粗纤维 35.49％，无氮浸出物 46.01％，粗灰分 9.18％，钙 0.13％，磷 0.15％。在海南省文昌县、儋州市、昌江县、东方县等地种植，年均干草产量为 9 975kg/hm²。

基础原种：保存于中国热带农业科学院热带作物品种资源研究所。

适应地区：适于年降水量 750mm 以上热带和南亚热带地区种植。

热研 15 号刚果臂形草

Brachiaria ruziziensis Germain & Evard. 'Reyan No. 15'

品种登记号：306

品种类别：引进品种

登记日期：2005 年 11 月 27 日

申报者：中国热带农业科学院热带作物品种资源研究所。白昌军、刘国道、王东劲、虞道耿、陈志权。

品种来源：1991 年从哥伦比亚国际热带农业中心（CIAI）引入。

植物学特征：多年生丛生型匍匐禾草。秆半直立，多毛，具短的根状茎，向四周扩繁能力强。开花期秆高 50～150cm，匍匐茎扁圆形，具 5～18 个节，节间长 8～20cm，节稍膨大并在节处带拐。叶片上举，狭披针形，长 5～28cm，宽 8～49mm，两面被柔毛。圆锥花序顶生，由 3～9 个穗形总状花序组成，花序轴长 4～10cm，穗形总状花序长 3～6cm，小穗具短柄，单生，交互成两行排列于穗轴一侧，小穗长椭圆形，长 3.5～5mm，宽 1.5mm；每小穗含 2 小花，第一小花雄性，雌蕊退化不孕，第二小花两性，可孕。颖果卵形，长 5.1mm，宽 1.7mm，千粒重 4.0～6.0g。

生物学特性：喜湿润的热带气候，最适生长温度为 20～35℃，不耐霜冻，轻霜后春季再生速度很慢。耐干旱能力强，可耐冬春季 5 个月（12 月至翌年 4 月）以上的干旱。耐酸瘠土壤，在 pH 4.5～5.0 的强酸性土壤和极贫瘠的土壤上持久生长。侵占性强，触地各节生根，能与飞机草等恶性杂草竞争。开花期干物质中含粗蛋白质 7.01%，粗脂肪 1.94%，粗纤维 29.45%，无氮浸出物 55.43%，粗灰分 6.17%，钙 0.25%，磷 0.11%。在海南省儋州市、昌江县、乐东县和云南省元谋县种植，年均干草产量为12 000kg/hm²。

基础原种：保存于中国热带农业科学院。

适应地区：适于我国年降水量 750mm 以上热带和南亚热带地区种植，可用于草地改良、固土护坡、刈割或放牧利用。

雀 麦 属
Bromus L.

无 芒 雀 麦
Bromus inermis Leyss.

别名：禾萱草、无芒草

植物学特征：多年生禾草，有根状茎，秆高 50～100cm。叶鞘闭合，叶片条形。圆锥花序长 10～20cm，开展；小穗近圆柱形，长 15～30mm，有 7～10 朵小花；颖披针形，边缘膜质；外稃宽披针形，内稃稍短于外稃。

生物学特征：中生植物，是草甸草原和典型草原地带常见的优良牧草。常生于草甸、林缘、山间谷地、河边及路边。在草甸上可成为优势种。

适应地区：分布于我国东北、华北和西北；也广布于欧亚大陆温带地区。

无芒雀麦是世界上著名的优良牧草之一。草质柔软，叶量较大，适口性好，为各种家畜所喜食，尤以牛最喜食。营养价值较高。在草甸草原、典型草原地带以及温暖较湿润的地区均可推广种植。

川 西 扁 穗 雀 麦

Bromus catharticus Vahl. 'Chuanxi'

品种登记号：592

登记日期：2020 年 12 月 3 日

品种类别：野生栽培品种

申报者：四川农业大学、四川省草原科学研究院。马啸、苟文龙、彭燕、刘伟、聂刚。

品种来源：以四川省石棉县采集的野生扁穗雀麦资源为材料，通过多年栽培驯化而成。

植物学特征：禾本科雀麦属一年生或越年生疏丛型草本。茎秆直立粗壮，略扁平，成熟期株高 130～170cm。叶黄绿色，长 35～45cm，茎部叶鞘有较密集柔毛。圆锥花序疏松，长 15～20cm，小穗两侧极压扁。种子结实率高，千粒重 8～10g。

生物学特性：在长江流域以北地区表现为一年生或越年生，长江流域以南及西南中低海拔地区可生长 2～4 年。性喜温暖湿润气候，最适宜生长气温 10～25℃，不耐 35℃ 以上高温。耐旱，不耐积水。喜肥沃黏重的土壤，也能在盐碱地及酸性土壤良好生长。在北方多为春播，在南方春、秋均可播种。干草产量可达 13 000kg/hm² 左右。

基础原种：由四川农业大学保存。

适应地区：适于长江中上游及云贵高原海拔 1 000～3 000m 的高原、丘陵和山地种植。

江 夏 扁 穗 雀 麦

Bromus cartharticus Vahl. 'Jiangxia'

品种登记号：445

登记日期： 2012 年 6 月 29 日

品种类别： 野生栽培品种

申报者： 湖北省农业科学院畜牧兽医研究所。田宏、张鹤山、刘洋、蔡化、陈明新。

品种来源： 2003 年，在湖北武汉江夏区丘陵地带采集的散佚种，经多年栽培驯化而成。

植物学特征： 一年生或短期多年生植物，疏丛型。须根，茎直立，成熟期株高 120～150cm，有的高达 170cm 左右。叶片窄长披针形，光滑无毛，叶长 36～50cm，叶宽 1.1～1.5cm，叶舌膜质，叶鞘披短茸毛，后渐脱落。圆锥花序，开展疏松，长 39～43cm，小穗极压扁，长 3.0～3.5cm，宽 0.5～1.2cm，常含小花数 7～8 个，多者 12 个。颖尖披针形，外稃顶端有小芒尖。颖果，浅黄色，长条形，极压扁，种子较大，千粒重 11.2g 左右。

生物学特性： 喜温暖湿润气候，种子发芽最适温度为 25～30℃，当温度降低到 10℃或升高到 40℃时，种子发芽率为零。植株生长最适气温 10～25℃，夏季气温超过 35℃时生长受阻。抗冻能力强，在武汉冬季温度达 −7℃仍保持青绿。草质柔软，叶量丰富，营养期干物质中粗蛋白含量 16.5%。再生性强，年可刈割 3～5 次，鲜草平均产量 51 600kg/hm²，是长江流域及以南地区冬春缺草季节优良的供青牧草。

基础原种： 湖北省农业科学院畜牧兽医研究所。

适应地区： 适于我国长江流域及以南地区推广种植。

黔 南 扁 穗 雀 麦
Bromus catharticus Vahl. 'Qiannan'

品种登记号： 360

登记日期： 2009 年 4 月 17 日

品种类别： 野生栽培品种

申报者： 贵州省草业研究所、四川农业大学。尚以顺、谢彩云、陈燕萍、张新全、薛世明。

品种来源： 1998 年以贵州省扁穗雀麦种子繁殖群体为原始材料，经多年栽培驯化而成。

植物学特征：一年生或短期多年生禾草。须根系，根系发达。茎秆直立，株高 110～170cm，丛生。叶片黄绿色，叶量大，叶片长 34～46cm，叶片宽 1.1～1.4cm。圆锥花序，种子长 1.5cm，千粒重 15.5g，单穗粒数 80～180 粒。

生物学特性：喜温凉湿润气候，10℃ 种子开始萌发，适宜生长温度 10～25℃，温度在 30℃ 以上生长较慢，生育期 220 天左右。喜肥沃黏重土壤，耐寒性强，抗病虫能力强，耐热性差，草层密度大，叶量丰富，品质好，鲜草产量 54 915～83 160kg/hm²，种子产量 1 837～2 475kg/hm²。营养价值高，抽穗期干物质中含粗蛋白质 14.60%，粗脂肪 4.25%，粗纤维 39.11%，无氮浸出物 31.00%，粗灰分 11.04%，钙 0.51%，磷 0.38%。

基础原种：由贵州省草业研究所保存。

适应地区：适于我国西南海拔 500～2 300m 地区及类似生态区推广种植。

锡林郭勒缘毛雀麦
Bromus ciliatus L. 'Xilinguole'

品种登记号：239

登记日期：2002 年 12 月 11 日

品种类别：野生栽培品种

申报者：内蒙古农业大学。石凤翎、王立群、王俊杰、杨静、赵景峰。

品种来源：采自内蒙古锡林郭勒盟宝格达山地区的野生缘毛雀麦种子，经栽培驯化而成。

植物学特征：多年生根茎疏丛型禾草。株高 60～120cm。叶色深绿，叶长 14～25cm，叶宽 0.6～1.3cm，叶舌膜质，叶耳三角形。圆锥花序长 15～30cm，小穗稀疏排列，种子成熟时小穗多数垂向一侧。小穗有小花 9～13 朵，小穗轴具茸毛，外稃顶端有 1.27～2.65mm 短芒，外稃草质，中下部边缘多毛，内稃膜质。颖果褐色，扁平长椭圆形，成熟时下半部紧贴内稃，长约 10mm，种子千粒重 4.78～5.95g。

生物学特性：适应性强，耐寒、抗旱、耐牧、抗倒伏，返青早，枯黄迟，青绿期长。草质柔嫩，适口性好，叶量丰富。叶量重约占全株重的45.5%～64.3%。抽穗期干物质中含粗蛋白质14.76%，粗脂肪3.32%，粗纤维35.61%，无氮浸出物37.51%，粗灰分8.80%，钙0.73%，磷0.32%。在内蒙古呼和浩特、锡林郭勒、呼伦贝尔等地种植，一般干草产量为4 100～5 600kg/hm^2。

基础原种：保存于内蒙古农业大学。

适应地区：适于我国北方年降水量300mm以上的地区种植。

卡尔顿无芒雀麦

Bromus inermis Leyss. 'Carlton'

品种登记号：073

登记日期：1990年6月25日

品种类别：引进品种

申报者：山西省牧草工作站、山西省畜牧兽医研究所。白原生、赵美清、杨彬、郑王福、郎春发。

品种来源：加拿大农业部萨斯卡通研究站育成，1961年4月21日登记。山西省牧草工作站于1982年从加拿大引进。

植物学特征：为根茎型上繁草，根系发达，多分布于15cm左右的土层中。秆斜生或直立，具有4～7节，株高60～80cm。叶片条形，长约20cm，宽1.2cm。圆锥花序，约含30个小穗，每小穗有小花8朵，每小花含种子1粒。种子宽披针形，黄褐色，千粒重2.95g。

生物学特性：耐牧，适口性好、营养价值高。耐寒力强，在极端最低气温－33.7℃的山西省右玉县越冬良好。耐旱能力中等，返青早，生长期长。干草产量7 500～8 250kg/hm^2，种子产量近400kg/hm^2。在盐碱地上种植生长良好，干旱沙质土壤上生长不良，炎热干旱地区植株矮小。老龄植株易患褐斑病、锈病。

基础原种：由加拿大农业部萨斯卡通研究站保存。

适应地区：在年均温3～13℃，年降水量350～800mm的地方均能生长，以年均温10℃左右，年降水量500～700mm地区生长最好。

公农无芒雀麦

Bromus inermis Leyss. 'Gongnong'

品种登记号： 021

登记日期： 1988 年 4 月 7 日

品种类别： 野生栽培品种

申报者： 吉林省农业科学院畜牧分院。吴青年、洪绂增、吴义顺、孟昭仪、孙振清。

品种来源： 采自吉林省野生种，经长期栽培驯化人工选择而成。

生物学特性： 株高 60～110cm，是割草、放牧及防沙保土的理想草种之一。适应性好，再生性强，持久性长，可持续达 10 年之久，栽培 4～5 年以后草的生活力和产量逐渐下降，尤其是种子产量显著降低。适应性广，喜冷凉气候，最适土壤微酸性或中性，耐寒、在−35～−30℃低温下、越冬率可达 90％以上。生育期 100 天左右，产青草 45 000～52 000kg/hm²，种子 610kg/hm²。

基础原种： 由吉林省农业科学院畜牧分院、吉林省白城草原站保存。

适应地区： 适于栽培在北纬 37°30′～48°56′，东经 106°50′～124°48′，海拔 148～1 500m，≥10℃活动积温 1 858～3 017℃的地区。

林 肯 无 芒 雀 麦

Bromus inermis Leyss. 'Lincoln'

品种登记号： 074

登记日期： 1990 年 5 月 25 日

品种类别： 引进品种

申报者： 中国农业科学院畜牧研究所。苏加楷、张文淑、李敏、张玉发。

品种来源： 美国内布拉斯加州农业试验站 R. D. Knowles 和 A. L. Forlik 育成，1956 年登记。我国于 1978 年从美国引进。

植物学特征： 为多年生上繁禾草，根茎扩展性强，秆高 80～100cm。叶 4～6 片，叶长 21.3cm，宽 1.2cm。圆锥花序开展，长约 21cm。种子千粒重约 4g。

生物学特性：抗寒性强，在北京市和内蒙古赤峰市都可安全越冬。较耐热，夏季再生草生长正常。较耐旱，亦适宜在含盐量为 0.25%～0.37% 的低洼盐碱地种植。早春返青草，生长亦较旺盛。宜刈割、亦耐牧，适应性强。本品种在北美属于南方型无芒雀麦，在北京种植长势优于北方型（如卡尔顿），产草量亦较高。一般产干草 9 000kg/hm²，种子产量 600kg/hm²。

基础原种：由美国内布拉斯加州农业试验站保存。

适应地区：适于长城以南，辽宁南部、北京、天津、河北、山西、陕西、河南，直至黄河流域暖温带地区种植。

龙江无芒雀麦

Bromus inermis Leyss. 'Longjiang'

品种登记号：469

登记日期：2014 年 5 月 30 日

品种类别：野生栽培品种

申报者：黑龙江省畜牧研究所。李红、罗新义、杨曌、黄新育、杨伟光。

品种来源：黑龙江省畜牧研究所 1996 年采集于黑龙江省龙江县天然草地的野生种质，经过单株、混合选择，栽培驯化而成。

植物学特征：禾本科雀麦属多年生疏丛型草本。具短根状茎，根系发达。茎直立，株高 90～115cm。叶片扁平，披针形，淡绿色，圆锥花序，每节穗轴轮生穗枝梗 2～3 个，穗梗有小穗 2～6 个，每个小穗有花 4～12 朵。种子扁平，褐色，呈艇形，千粒重 3.5g。

生物学特性：分枝多，叶量丰富。喜冷凉干燥气候，抗寒耐旱、耐瘠薄、耐盐碱，在土壤 pH 8.2 及贫瘠砂质土壤上表现良好，最适宜在肥沃的壤土和黏壤土中生长。生育期约 100 天，干草产量可达 12 000kg/hm²，种子产量约 500kg/hm²。

基础原种：由黑龙江省畜牧研究所保存。

适宜地区：适于我国北方寒冷地区推广种植。

奇 台 无 芒 雀 麦

Bromus inermis Leyss. 'Qitai'

品种登记号：090

登记日期：1991 年 5 月 20 日

品种类别：地方品种

申报者：新疆维吾尔自治区畜牧厅草原处、新疆八一农学院草原系、奇台县草原工作站。李梦林、杨苗萌、闵继淳、张鸿书、陈明。

品种来源：1957 年从河北张家口引入奇台县种植，原品种历史不详。经过 30 多年栽培而成。

植物学特征：多年生长寿根茎型上繁禾草，产草量高，利用年限长，耐盐碱，种子能在 1％ NaCl 和 1.5％ Na_2SO_4 溶液中部分发芽。在乌鲁木齐市生育期 90 天左右，无明显的枯黄期。春播第一年抽穗多。与林肯无芒雀麦相比，种子产量高，但叶片、花序类型等形态群体一致性差。产干草 4 500～9 000kg/hm^2。不抗燕麦瘤瘿螨（*Aceria auenae* Kuang sp. Nov.）。

基础原种：由新疆奇台县草原工作站保存。

适应地区：适于新疆北疆平原绿洲、干旱半干旱的灌溉农区以及年降水量在 300mm 以上的草原地区种植。

乌苏 1 号无芒雀麦

Bromus inermis Leyss. 'Wusu No. 1'

品种登记号：259

登记日期：2003 年 12 月 7 日

品种类别：育成品种

育种者：新疆乌苏市草原工作站。张鸿书、张希山、代连义、福丽菲亚、王志杰。

品种来源：1988 年以奇台无芒雀麦种子田选出的 734 个优良单株为原始材料，经多年系统选育而成。

植物学特征：多年生根茎型禾草。根茎发达，侵占力强。秆直立，粗壮光滑，株高 82～120cm，具 5～7 节。叶片灰绿色至绿色，线形，长 20.4cm，宽 0.96cm，表面光滑，叶脉清晰。松散圆锥花序，长 21.1cm，小穗有小花 4～8 朵，第一外稃常无芒或具 1～2mm 短芒。颖果披针形，薄而扁平，成熟时呈黑紫色或暗褐色，长 10.2mm，宽 1.77mm，种子腹沟明显，千粒重 4.1g。

生物学特性： 耐旱性强，在新疆干旱地区生长季内灌水 5～7 次可获得较高的产草量。可在降水量 300mm 以上地区旱作生产。耐盐性强，可在总含盐量 0.3%～0.6% 的土壤上生长。草质柔软，适口性好。第二茬营养生长期干物质中含粗蛋白质 18.35%，粗脂肪 3.15%，粗纤维 32.66%，无氮浸出物 34.03%，粗灰分 11.81%。在新疆乌苏市、塔城市等地种植，年平均干草产量为 10 000～13 000kg/hm^2。

基础原种： 由新疆乌苏市草原工作站保存。

适应地区： 适于新疆海拔 2 500m 以下，年降水量 350mm 地区或有灌溉条件的干旱地区种植。

锡林郭勒无芒雀麦

Bromus inermis Leyss. 'Xilinguole'

品种登记号： 095

登记日期： 1991 年 5 月 20 日

品种类别： 野生栽培品种

申报者： 中国农业科学院草原研究所和内蒙古自治区草原工作站。陈凤林、李秀珍、陈立波、薛凤华、李智勇。

品种来源： 采自内蒙古锡林郭勒盟种畜场天然草地的野生种子，后经近 20 年的栽培驯化而成。

品种特征特性： 秆高 80～120cm，具 5～6 节。叶片长 13～28cm，宽 4～7mm。圆锥花序开展，长 10～20cm，每节 2～5 个分枝，每枝具 1～5 个小穗。颖果棕色，长约 9mm，腹面具沟槽，一般 7—8 月成熟，千粒重 2.5g。

生物学特性： 产草量高，在内蒙古中部地区的旱作栽培条件下，产干草 2 250kg/hm^2 左右，产种子 370kg/hm^2 左右。抗寒性强，利用年限长，叶量丰富，草质优良，适口性好，适于刈割和放牧。在呼和浩特地区，一般 3 月底返青，10 月下旬枯黄，青绿持续期约 210 天。每年可刈割二次。

基础原种：由中国农业科学院草原研究所保存。

适应地区：适于内蒙古和我国东北诸省年降水量 350mm 以上的地区推广种植。如有灌溉条件，种植范围还可以扩大。

新雀 1 号无芒雀麦

Bromus inermis Leyss. 'Xinque No. 1'

品种登记号：168

登记日期：1996 年 1 月 29 日

品种类别：育成品种

育种者：新疆农业大学畜牧学院牧草生产育种教研室。肖凤、阎继淳、于振田、周峰、申修明。

品种来源：1983 年以采集天山北坡中心带乌鲁木齐市谢家沟野生无芒雀麦为育种原始材料，以提高产量为目的，同时保持抗寒、抗旱及耐盐特性。采用混合选择、单株选择、温室无性繁殖等方法选育而成。

植物学特征：多年生禾草，具短根茎，茎粗圆形光滑，株高 114～140cm。叶片长，平均叶长 24.69cm、叶宽 1.34cm，叶片绿色，有 6～7 片。圆锥花序，种子千粒重 3.6～3.7g。经细胞学鉴定 $2n=56$，属八倍体（野生原始群体多为二倍体，$2n=28$）。

生物学特性：该品种具产草量高、品质佳、生长快、抗寒、抗旱、耐盐等特点。春播当年抽穗率为 35.5%，比对照高出 3.5 倍。播种当年生育期为 123～127 天，二年生为 100～102 天。在乌鲁木齐地区有灌溉的中等肥力土壤上，播种当年可收两茬草，第 2 年以后每年可收三茬草，产干草 14 250kg/hm²，比对照增产 15% 以上。种子产量较低。

基础原种：新疆农业大学畜牧学院牧草生产育种教研室保存。

适应地区：适于新疆平原绿洲有灌溉条件的农区，以及年降水量在 300～350mm 以上的半农半牧区、草原地区种植。

野牛草属
Buchloe Engeim.

京 引 野 牛 草
Buchloe dactyloides（Nutt.）Engelm. 'Jingyin'

品种登记号： 258

登记日期： 2003 年 12 月 7 日

品种类别： 野生栽培品种

申报者： 北京天坛公园、中国农业大学。牛建忠、周禾、邵敏健、韩建国、杨起简。

品种来源： 1995 年引自美国。

植物学特征： 多年生匍匐型禾草。平均株高 23cm。叶片细条形，长 32cm、宽 2.2mm，柔毛少，绿色。纯雌株，为聚合刺球状头状花序，每一花序有 3 小花，柱头二叉呈紫色；成熟的花序为一个类似聚合果的种球，种球含 1～3 个颖果，颖果具有休眠性。种球千粒重约 19g。

生物学特性： 绿色期较长，在北京约为 210 天，秋季枯黄较晚。耐旱，在年降水量 500mm 的地区，不用人工灌溉可正常生长。扩展速度决，较耐践踏。以营养体繁殖，建植与养护成本低。雌花序多，花位高，具有种子生产的潜力。适宜用于建植粗放管理的草坪与绿地。

基础原种： 由北京天坛公园保存。

适应地区： 适于北京市及其气候条件相类似的地区种植。

中坪 1 号野牛草
Buchloe dactyloidies（Nutt.）Engelm. 'Zhongping No. 1'

品种登记号： 327

登记日期： 2006 年 12 月 13 日

品种类别： 育成品种

育种者： 中国农业科学院北京畜牧兽医研究所。李敏、杨青川、方唯、吕会刚、张玉发。

品种来源：以 1996—2000 年从美国、日本收集的 46 份野牛草种质材料为原始材料，经多年评价鉴定后获得纯雄株无性系和纯雌株无性系。用多个纯雄株系与多个纯雌株系组配杂交选育而成。

植物学特征：多年生匍匐型禾草。匍匐茎发达，长约 30cm。根系发达，入土深 40cm 左右。草丛自然高度 10～15cm。叶片细条形，长 22cm，宽 1.94mm，叶色浅绿色。种子包被在聚合状的颖苞（种球）中，种球黄褐色，含 1～5 粒种子，种球千粒重 19.5g。

生物学特性：杂种优势明显，生长势强，匍匐茎发达，成坪速度较快。抗旱、抗病性强，较耐热、耐寒。绿期较长，在北京为 200～210 天。可用种子直播建坪，方便长途运输和播种。可作为草坪草和水土保持植物种植。

基础原种：由中国农业科学院北京畜牧兽医研究所保存。

适应地区：适于我国暖温带和北亚热带地区种植。

野青茅属
Deyeuxia Clarion

韩国涟川短毛野青茅
Deyeuxia arundinacea P. Beauv. 'Hanguolianchuan'

品种登记号：436

登记日期：2011 年 5 月 16 日

品种类别：野生栽培品种

申报者：北京草业与环境研究发展中心。武菊英、滕文军、袁小环、杨学军、温海峰。

品种来源：2000 年由北京草业与环境研究发展中心从韩国涟川引进短毛野青茅植株，经母系选择法驯化而成。

植物学特征：禾本科野青茅属多年生草本。丛生，秆直立，高 110～140cm。叶长 48～60cm，宽 11～14mm，冠幅 70～110cm。圆锥花序长 14～33cm，花初期为粉色，而后逐渐变为黄色。小穗宿存，颖果，千粒重 0.625g。

生物学特性： 暖季型观赏草，春季萌芽早，秋季枯黄晚，绿期和观花期长，在华北地区绿期可达 230 天左右。花序淡粉色，为主要的观赏部位。秋季开花后，花序上小穗宿存至第二年，可作为冬景观赏植物。抗逆性强，耐贫瘠，耐旱。景观效果突出，性状稳定，整齐一致，作为园林植物适宜在华北、西北地区推广应用。

基础原种： 由北京草业与环境研究发展中心保存。

适应地区： 适于华北、西北地区种植。

隐子草属
Cleistogenes Keng

腾格里无芒隐子草

Cleistogenes songorica（Roshev.）Ohwi 'Tenggeli'

品种登记号： 499

登记日期： 2016 年 7 月 21 日

品种类别： 野生栽培品种

申报者： 兰州大学。王彦荣、张吉宇、南志标、韩云华、李欣勇。

品种来源： 是由兰州大学在内蒙古阿拉善盟荒漠区收集的原始材料经过十多年栽培驯化而成的野生栽培品种。

植物学特征： 禾本科隐子草属多年生草本。须根系，植株斜生或直立，丛生，株高 15～50cm。叶片条形，长 2～6cm，平均叶宽 2.5mm。圆锥花序，大多数包藏于各节的叶鞘中，顶部花序暴露于外，花序长 2～8cm，宽 4～7mm，小穗长 4～8mm，含 3～6 朵小花，绿色或带紫色，内稃短于外稃。颖果长约 1.5mm，种子呈纺锤形，千粒重 0.2～0.3g。

生物学特性： 耐干旱、抗热、抗寒性强、耐瘠薄，生长速度慢，管护成本低。可用于生态建设、植被恢复和城镇绿化。

基础原种： 由兰州大学保存

适应地区： 适于我国西北干旱和半干旱荒漠地区，年降水量 100～400mm 的地区种植。

薏 苡 属
Coix Linn.

滇 东 北 薏 苡
Coix lacryma-jobi L. 'Diandongbei'

品种登记号： 578

登记日期： 2019 年 12 月 12 日

品种类别： 野生栽培品种

申报者： 贵州省亚热带作物研究所、中国热带农业科学院热带作物品种资源研究所、贵州省草业研究所。刘凡值、杨成龙、周明强、黎青、董荣书。

品种来源： 以采自云南昭通镇雄县的野生薏苡资源，经过多年栽培驯化而成。

植物学特征： 禾本科薏苡属一年生草本。植株高大，株高 270～300cm。须根系。茎直立，有分枝。叶长 45～65cm，宽 3～5cm。总状花序长 81.0～81.5cm，常具较长总梗。花雌雄同株，上部为雄花，下部为雌花，雌穗先于雄穗成熟，异花受粉，花粉橘黄色。果实为颖果，大粒，壳较硬，长 0.8～1.0cm，宽 0.65～0.9cm。种子卵圆形，腹沟明显，长 0.5～0.7cm，宽 0.6～0.75cm。

生物学特性： 年可刈割鲜草 2～3 次，干草产量约 7 500kg/hm^2，种子产量 150～200kg/hm^2，生育期 200 天左右。

基础原种： 由贵州省亚热带作物研究所保存。

适应地区： 适于贵州、云南、四川海拔 1 000～1 600m 地区种植。

狗牙根属
Cynodon Rich.

保 定 狗 牙 根
Cynodon dactylon （L.）Pers. 'Baoding'

品种登记号： 386

登记日期：2009 年 5 月 22 日

品种类别：野生栽培品种

申报者：河北农业大学。边秀举、李会彬、王丽宏、张立峰、宋清洲。

品种来源：于河北省保定市清苑县采集当地野生种，经多年栽培驯化而成。

植物学特征：禾本科狗牙根属多年生草本，具发达的匍匐茎和根状茎。匍匐茎平均粗 1.2mm，节间较短，平均 4.3cm。叶片线条形，长 4.1cm，宽 2.2mm。穗状花序 3～4 枚，呈指状排列于茎顶。植株生殖生长弱，花序量很少，试验期间未发现成熟种子形成。

生物学特性：匍匐生长性极强，自然叶层高度通常为 8～10cm。叶色浓绿，茎叶纤细、密度高，景观效果好。绿色期较长，在保定为 200 天左右。抗旱、耐热能力强，耐土壤贫瘠，抗病虫性强。中高档养护管理耐低修剪，低养护管理可免修剪，养护成本低，适宜建植观赏型、开放型草坪以及水土保持等用途的草坪。

基础原种：由河北农业大学保存。

适应地区：适于河北省保定、沧州以南的冀中南平原及河南、山东平原以及类似地区种植。

川 南 狗 牙 根

Cynodon dactylon（L.）Pers. 'Chuannan'

品种登记号：354

登记日期：2008 年 1 月 16 日

品种类别：野生栽培品种

申报者：四川农业大学、四川省燎原草业科技有限责任公司。张新全、刘伟、陈艳宇、彭燕、肖飚。

品种来源：于 1994 年采自四川宜宾河滩的野生原始材料，经多年栽培驯化而成。

植物学特征：多年生根茎型草本植物。根系发达。具发达的匍匐茎，茎紫红色，节间长 2.4～3.6cm，自然高度为 11.7～22.7cm。叶片线形，叶长 1.4～2.0cm，宽 0.1～0.2cm，叶碧绿色、质地细腻，草层均匀致密。穗状花序 3～4 枚，呈指状簇生于秆顶部，高 17.2～24.7cm，花序长 3.2～4.1cm，小穗长 0.19～0.22cm。颖果卵圆形，长 1.2mm，宽 0.6mm，千粒重约 0.2g。

生物学特性：种子繁殖或无性繁殖，成都地区春末夏初移栽，一般栽后 40 天后成坪。翌年 3 月上旬返青，川渝地区青绿期为 280～300 天。抗寒、抗旱能力强，未发现明显病害。耐粗放管理，养护成本低，较耐低修剪。可广泛应用于绿地草坪、运动场草坪、裸露边坡植被恢复和水土保持草坪建设。

基础原种：由四川农业大学保存。

适应地区：适于西南及长江中下游地区种植。

川 西 狗 牙 根

Cynodon dactylon （L.） Pers. 'Chuanxi'

品种登记号：529

登记日期：2017 年 7 月 17 日

品种类别：野生栽培品种

申报者：四川农业大学、成都时代创绿园艺有限公司。彭燕、刘伟、凌瑶、李州、徐杰。

品种来源：以汶川县采集的野生狗牙根为原始材料，采用无性系选择方法经多年栽培驯化而成。

植物学特征：禾本科狗牙根属草本。具根状茎，匍匐茎发达，紫褐色，节间长 2.4～3.6cm，茎粗 1.1～1.5mm。叶色深绿，质地细腻，叶片线形，长 1.2～2.8cm，宽 0.20～0.23cm。草坪致密，草层高度 5.1～7.2cm。穗状花序 3～6 枚，呈指状簇生于秆顶部，生殖枝高 17.4～25.7cm，花序长 3.2～4.1cm，小穗长 0.19～0.22cm，结实率低，以无性繁殖为主。

生物学特性：返青早、枯黄期晚、绿期长。在西南区的枯黄期为 11 月中下旬或 12 月中下旬，返青期为 3 月中旬。因匍匐茎发达，适于营养体建坪，匍匐茎撒播或扦插，成坪速度快。抗寒、抗旱、抗病虫能力强，具良好的耐践踏和恢复生长能力且具有一定的耐阴能力，形成的草坪耐粗放管理。

基础原种：由四川农业大学保存。

适应地区：适宜我国西南及长江中下游中低山、丘陵、平原用作草坪建植。

鄂引 3 号狗牙根

Cynodon dactylon（L.）Pers. 'Eyin No. 3'

品种登记号：395

登记日期：2010 年 6 月 12 日

品种类别：引进品种

申报者：湖北省农业科学院畜牧兽医研究所。刘洋、田宏、张鹤山、王志勇、徐智明。

品种来源：原名 SS－16×SS－21 狗牙根，1987 年 8 月 10 日从美国引进，编号 87－107。来源途径是美国俄克拉荷马州立大学农学系 Charles M. Taliafarro 寄董玉琛女士，后转交中国农业科学院畜牧研究所饲料研究室，湖北省农业科学院畜牧兽医研究所牧草室以无性材料的方式引种。

植物学特征：多年生匍匐型禾草。有发达的根状茎和须根，根深可达 1m 以上。株高 60～80cm，茎粗 3～4mm，节间长 8～11cm，每个短缩节着生 2～3 个叶片和 1～2 个分枝。叶片披针形，长 15～20cm，宽 5～7mm，叶色浓绿，草质柔软。穗状花序，有 7～11 个小穗，呈指状生于茎顶，花而不实，以营养体繁殖。

生物学特性：在武汉地区，3 月中上旬返青，11 月下旬或 12 月初枯黄，绿期达 270 天左右，利用期长。抗旱耐热能力强，在伏秋连旱三个月、气温达 36～39℃ 的恶劣条件下生长较好。抗寒性强，当气温下降 －15℃ 仍可安全越冬。再生性强，全年可刈割 4～6 次，干草产量 19 800～22 000kg/hm²，抽穗期干草含干物质 88.8%，粗蛋白质 11.6%，粗脂肪 1.8%，中性洗涤纤维 65.4%，酸性洗涤纤维 32.0%，粗灰分 7.3%。适宜放牧，草地持久性好。耐贫瘠和粗放管理，竞争能力强，也是用作水土保持的优良草种。

基础原种：由美国俄克拉荷马州立大学农学系保存。

适应地区：适于我国长江流域中下游及以南地区种植，用于放牧、刈割，边坡防护及生态修复等。

关 中 狗 牙 根

Cynodon dactylon（L.）Pers. 'Guanzhong'

品种登记号： 528

登记日期： 2017 年 7 月 17 日

品种类别： 野生栽培品种

申报者： 江苏省中国科学院植物研究所。刘建秀、郭海林、宗俊勤、陈静波、汪毅。

品种来源： 以在陕西杨凌地区采集的野生狗牙根为原始材料，用无性系选择方法经多年栽培驯化而成。

植物学特征： 禾本科狗牙根属草本。匍匐茎发达，浅紫色。根状茎深 10～15cm，平均草层高度 9～12cm；叶片长 4～6cm，宽 1.8～2.2mm，匍匐茎节间长度和直径分别为 1.8～2.2cm 和 1.2～2.4mm。草坪密度为 180～210 个枝条/100cm^2。生殖枝高度为 18～23cm，花序密度为 8～10 个/100cm^2，花序长度为 4.0～4.5cm，花序分支数为 4～5 个，每支小穗数为 30～40 个，小穗长 2.06mm，宽 0.99mm。以匍匐茎和根状茎进行繁殖。

生物学特性： 青绿期长，在广州地区青绿期为 315～365 天，在武汉地区为 265～282 天，在南京地区一般 4 月上旬返青，12 月初枯黄，青绿期为 234～251 天，在北京、天津和山东泰安均可以顺利越冬。抗寒、耐热，在极端低温为 −27.5℃，极端高温为 42.6℃的温度条件下，均可以生长良好，且具抗病虫、抗旱及养护费用低（花序少、均一性强）的特性。成坪速度快，在 5—9 月旺盛生长季，以 10cm×10cm 的点栽法或 10cm 行距的条栽法进行种植，20～60 天可成坪。对土壤要求不严，排水良好，土壤 pH 5.3～8.2 的沙壤土、壤土均可种植。

基础原种： 由江苏省中国科学院植物研究所保存。

适应地区： 适于京津冀平原及以南地区用于草坪建植。

桂 南 狗 牙 根

Cynodon dactylon（L.）Pers. 'Gueinan'

品种登记号： 597

登记日期： 2020 年 12 月 3 日

品种类别： 野生栽培品种

申报者： 中国热带农业科学院热带作物品种资源研究所、海南大学。黄春琼、刘国道、罗丽娟、王文强、杨虎彪。

品种来源： 以广西东兴采集的野生资源为原始材料，经多年栽培驯化而成。

植物学特征： 禾本科狗牙根属多年生草本。具根茎，草层高 15～25cm，具发达的匍匐茎，呈紫色，节间长 5.02～7.96cm。叶绿色，叶鞘微具脊，有疏柔毛，鞘口常具柔毛；叶舌仅为一轮纤毛，叶片线形，长 4.30～6.90cm，宽 0.21～0.29cm，叶表无毛。穗状花序 4 枚指状着生，花序长 7.50～12.00cm，小穗浅绿色，长 0.18～0.22cm，仅含 1 小花。颖果卵圆形，种子紫色。

生物学特性： 喜热带及亚热带气候，适应土壤范围广，从沙土到重黏土的各种土壤均能生长。草坪每 100cm^2 平均拥有直立枝数目 100～200 个。花果期 5～10 月。在南京的青绿期为 230～250 天，在成都平原青绿期为 300 天左右，在南宁等地四季常绿。抗病抗虫能力较强；按照 1∶5 比例繁殖，28～35 天可成坪。

基础原种： 由中国热带农业科学院热带作物品种资源研究所保存。

适应地区： 适于我国长江中下游及以南地区作为景观绿化和水土保持草坪建植。

邯 郸 狗 牙 根

Cynodon dactylon（L.）Pers. 'Handan'

品种登记号： 385

登记日期： 2009 年 5 月 22 日

品种类别： 野生栽培品种

申报者： 河北农业大学。边秀举、李会彬、王丽宏、宋清洲、张耕耘。

品种来源： 于河北省邯郸市采集当地野生种，经多年栽培驯化而成。

植物学特征： 禾本科狗牙根属多年生草本。具发达的匍匐茎和根状茎，匍匐茎平均粗 1.5mm，节间平均长度 4.6cm，生殖枝直立，高 20～28cm。

叶片线条形，长 8.6cm，宽 3.5mm。穗状花序 4～6 枚，呈指状排列于茎顶。植株花序量较少，试验期间未发现成熟种子形成。

生物学特性：植株半匍匐，生长迅速，受损后恢复能力强。叶色深绿，茎叶密度高，草坪均一性好。抗寒、抗旱、耐热、耐践踏，抗病虫性强，易于养护。绿色期长，在保定为 210 天左右。适宜建植运动场草坪，也可用于园林绿化和固土护坡草坪。

基础原种：由河北农业大学保存。

适应地区：适于河北省保定、沧州以南的冀中南平原及河南、山东平原地区以及类似地区种植。

喀 什 狗 牙 根

Cynodon dactylon（L.）Pers.'Kashi'

品种登记号：229

登记日期：2001 年 12 月 22 日

品种类别：野生栽培品种

申报者：新疆农业大学。阿不来提、石定燧、李培英、赵清、孙宗玖。

品种来源：1992 年从新疆南疆平原绿洲野生狗牙根群落中采集的种子和营养体。

植物学特征：多年生匍匐型禾草。具发达的根茎和匍匐茎，根茎入土深 12cm 左右。匍匐茎长 80～130cm，粗 2～3mm，节间长不等，为 2～7cm，生殖枝直立，高 17～25cm。叶片条形，长 4～9cm，宽 3～4mm，叶层高度 10～14cm。穗状花序 4～5 枚，呈指状排列于茎顶，每花序平均含 30～50 个小穗。颖果卵圆形，千粒重 0.433g。

生物学特性：植株低矮，质地较细、色泽好。绿期较长，在乌鲁木齐为 190 天左右，在喀什 210～240 天，北京 210 天左右，杭州 270 天左右。再生能力强、持续性长，耐践踏、较耐低修剪、易管理，抗旱性强，较抗寒、耐土壤瘠薄，耐热和耐盐碱，病虫害较少，是用于城市绿化、固土护坡、生态恢复的优良草坪型与放牧型兼用品种。

基础原种：由新疆农业大学保存。

适应地区：适于我国南方和北方较寒冷、干旱、半干旱平原区种植。

兰引 1 号草坪型狗牙根

Cynodon dactylon（L.）Pers. 'Lanyin No. 1'

品种登记号： 161

登记日期： 1994 年 3 月 26 日

品种类别： 引进品种

申报者： 甘肃省草原生态研究所。张巨明、赵鸣、孙吉雄、王太春。

品种来源： 1990 年从泰国引入。

植物学特性： 系多年生匍匐型禾草，株高 10cm 左右，具根状茎和匍匐茎，节间长 0.5cm，节上生根或产生分枝，侵占力强。叶片颜色深绿，短小，呈条形，长 0.5～1cm，宽 1～2mm。

生物学特性： 不结种子，靠匍匐茎繁殖。形成的草坪密度高，极耐低剪，可剪至 3mm。耐践踏，耐高温，38℃ 高温仍能正常生长。抗寒性差，－8℃ 以下越冬有问题。对水肥敏感，抗病虫害能力不及普通狗牙根，是高尔夫球场果岭和高档草坪的理想草坪草。

基础原种： 由甘肃省草原生态研究所保存。

适应地区： 适于长江以南地区种植。

南 京 狗 牙 根

Cynodon dactylon（L.）Pers. 'Nanjing'

品种登记号： 231

登记日期： 2001 年 12 月 22 日

品种类别： 野生栽培品种

申报者： 江苏省中国科学院植物研究所。刘建秀、贺善安、刘永东、陈守良、郭爱桂。

品种来源： 采集于南京市东郊路边天然草地。

植物学特征： 多年生匍匐型禾草。具根茎和匍匐茎，匍匐茎长达 2m，节间长 2.5～5.0cm。叶片条形，长 2～10cm，叶宽 0.15～0.25cm，有叶舌，无叶耳。穗状花序，3～6 枚呈指状排列于茎顶，小穗无柄，覆瓦状成两行排列于穗轴的一侧，长 2～2.5cm，含 1 小花。颖果矩圆形，长 0.9～

1.1mm，千粒重约 0.4g。

生物学特性：低矮纤细，草坪细密美观，富有弹性。自然草层高 2.5～9.5cm，叶色碧绿，生长速度快。耐践踏，耐寒性强，除枯萎病外，无其他明显病虫害，易于养护。在长江中下游地区绿期为 270～285 天。适用于运动场草坪、公共绿地、休憩草坪以及护坡草坪。

基础原种：由江苏省中国科学院植物研究所保存。

适应地区：适于长江中下游地区种植。

新农 1 号狗牙根

Cynodon dactylon（L.）Pers. 'Xinnong No. 1'

品种登记号：221

登记日期：2001 年 12 月 22 日

品种类别：育成品种

育种者：新疆农业大学。阿不来提、石定燧、杨苗萌、李培英、赵清。

品种来源：1985 年从新疆伊宁市农田边野生狗牙根群落中采集的营养体，经多年多次混合选择培育而成。

形态特征：多年生匍匐型禾草。根系深 40cm 左右，根茎入土深 18cm 左右。具有发达的根茎和匍匐茎，匍匐茎长 80～150cm，粗 3～4mm，节间长 3～7cm；生殖枝直立，高 25～40cm，茎粗 1.5～2.5mm。叶层高度 20～30cm，叶片条形，长 15～20cm，宽 4～6mm。穗状花序 4～7 枚，指状排列于茎顶，花序长 4～6cm，每花序平均含 30～50 个小穗，每小穗含 1 小花。颖果小，黄白色，千粒重 0.426g。

生物学特性：质地较细软，色泽较好。持续性好，绿色期较长，在乌鲁木齐为 180 天左右，北京 210 天左右、杭州 270 天左右。较耐低修剪，恢复能力和侵占性强，耐践踏、耐土壤瘠薄。易管理，建植管理成本低。抗寒性强，在新疆乌鲁木齐市等地种植能安全越冬。抗旱性强，可在年降水量 250mm 以上的地区种植。耐热，较耐盐碱，病虫害较少，是用于城市绿化、固土护坡、生态恢复的草坪型与放牧型兼用品种。

基础原种：由新疆农业大学保存。

适应地区：适于我国南方和北方较寒冷、干旱、半干旱的平原区种植。

新农 2 号狗牙根

Cynodon dactylon（L.）Pers. 'Xinnong No. 2'

品种登记号：301

登记日期：2005 年 11 月 27 日

品种类别：育成品种

育种者：新疆农业大学。阿不来提、李培英、张博、孙宗玖、孟林。

品种来源：采集于新疆南疆莎车县农田边野生狗牙根的 60 个营养体和 6 份种子。

植物学特征：多年生匍匐型禾草。具根茎和匍匐茎。植株低矮，叶层高度为 9～16cm，生殖枝高度为 20～30cm。茎细，直立，茎粗 0.8～1.4mm，匍匐茎粗 1.2～2.2mm，节间较短。叶片条形，长 2～6cm，宽 2～4mm。穗状花序，4～6 枚呈指状生于茎顶端，花序长 3.5～5.0cm。种子细小，黄白色，千粒重约 0.39g。

生物学特性：植株低矮、质地纤细、色泽深绿、繁殖力强、均一性好。绿色期较长，在北疆 190 天左右，南疆为 215 天左右，北京 210 天左右。耐践踏、耐修剪、易管理、成本低，能形成良好致密草坪。具有抗旱、较抗寒、抗热、病虫害少、较耐阴、耐土壤瘠薄等特性。适宜用于城镇绿化及运动场草坪建植等。

基础原种：由新疆农业大学保存。

适应地区：适于我国南方和北方较寒冷、干旱、半干旱平原区种植。

新农 3 号狗牙根

Cynodon dactylon（L.）Pers. 'Xinnong No. 3'

品种登记号：409

登记日期：2010 年 6 月 12 日

品种类别：育成品种

育种者：新疆农业大学。阿不来提、李培英、孙宗玖、张延辉、张博。

品种来源：从新疆喀什疏勒县农田边采集的 30 个野生狗牙根营养体和 6 份种子筛选、培育而成。

植物学特征：狗牙根属多年生匍匐型禾草。具根茎和匍匐茎，匍匐茎长达 47～80cm，直立茎粗 1.9～2.8mm，匍匐茎粗 3.0～4.0mm，匍匐茎节间较长，一般为 7.6～12.5cm。生殖枝直立，高度为 63.1～86.0cm，叶层高度为 64.4～71.7cm。叶片条形，长度为 18.4～26.6cm，宽度为 5.7～7.1mm。穗状花序，5～8 枚指状簇生于秆顶端，花序长 5.4～6.8cm，每花序平均含 33～45 个小穗，排列于穗轴一侧，每小穗含 1 小花，花两性。颖果瘦小，浅棕色，长 2.33mm，宽 0.58mm，千粒重 0.495g。

生物学特性：植株高大，叶片长而宽、叶色淡绿、叶量丰富，繁殖力强，均一性好，密度较大，成坪速度较快。耐践踏，恢复力强，绿色期较长，草产量高、营养丰富。抗寒、抗旱、耐热，管护成本低，是一个牧草及草坪草兼用型品种。年均干草产量为 12 000kg/hm²，营养价值丰富，孕穗期干物质中含粗蛋白质 19.11%，粗脂肪 1.9%，粗纤维 39.2%，无氮浸出物 29.15%，粗灰分 10.64%。

基础原种：由新疆农业大学保存。

适应地区：适用于我国北方暖温带及亚热带，干旱、半干旱平原区城乡绿化、生态建设及人工草地建设。

阳 江 狗 牙 根

Cynodon dactylon（L.）Pers. 'Yangjiang'

品种登记号：353

登记日期：2008 年 1 月 16 日

品种类别：野生栽培品种

申报者：江苏省中国科学院植物研究所。刘建秀、郭爱桂、郭海林、宣继萍、安渊。

品种来源：江苏省中国科学院植物研究所于 1994 年采自广东阳江路边的野生原始材料中，优选出低矮致密无性系，并经多年栽培驯化而成。

植物学特征：禾本科狗牙根属多年生草本。具非常发达的匍匐茎和根状茎，草层自然高度为 5.0～10.0cm。匍匐茎棕褐色，节间长度为 1.9～2.5cm，节间直径为 0.07～0.09cm。叶片线形，长 2.8～3.5cm，宽 0.18～0.22cm，叶深绿色。穗状花序 3～5 枚呈指状簇生于秆顶部，高 9.0～

12.0cm，花序长度为 2.3～2.8cm，小穗长 0.19～0.22cm，柱头浅紫色。种子为颖果，卵圆形，浅褐色，长 0.9～1.0mm，宽 0.3～0.4mm，千粒重 0.2g。

生物学特性：匍匐性强，形态指数（匍匐茎与直立茎重量比）高达 2.1，并具快速的水平生长速度和较慢的垂直生长速度。密度高，成坪快，在南京地区中等肥力下，6—9 月间，按 1∶5 比例点栽，21～25 天即可成坪。草层厚，耐践踏，无明显病虫害。同时，具有较长的绿期，在长江三角洲地区 3 月上中旬返青，11 月中下旬枯萎，绿期达 265～275 天。6—7 月为开花高峰期，9—10 月亦有少量花序开放。可用于建植园林绿化、运动场草坪以及水土保持草坪。

基础原种：由江苏省中国科学院植物研究所保存。

适应地区：适于长江中下游及其以南地区种植。

苏植 2 号非洲狗牙根—狗牙根杂交种

Gynodon transvaalensis × *C. dactylon* 'Suzhi No. 2'

品种登记号：450

登记日期：2012 年 6 月 29 日

品种类别：育成品种

育种者：江苏省中国科学院植物研究所。刘建秀、郭海林、陈静波、宗俊勤、郭爱桂。

品种来源：以非洲狗牙根 C771 为母本，阳江狗牙根 C291 为父本，通过种间杂交而获得的杂交狗牙根新品种，利用无性繁殖保持其杂种优势。

植物学特征：狗牙根属多年生匍匐型禾草。具根茎和匍匐茎，匍匐茎长达 47～80cm，直立茎粗 1.9～2.8mm，匍匐茎粗 3.0～4.0mm，匍匐茎节间较长，一般为 7.6～12.5cm。生殖枝直立，草层自然高度 10.2cm，叶片平均长度为 3.51cm，宽度为 0.12cm。生殖枝高度平均为 12.5cm，花序平均长度为 2.40cm，穗轴长度为 6.5cm，柱头色泽为紫色。穗状花序，5～8 枚指状簇生于秆顶端，花序长 5.4～6.8cm，每花序含 33～45 个小穗，排列于穗轴一侧，每小穗含 1 小花，花两性。颖果瘦小，浅棕色，长 2.33mm，宽 0.58mm，千粒重 0.495g。

生物学特性： 密度高，质地细，均一性高，生长速度快等特点。抗寒性较强，在南京地区青绿期平均可达 256 天。

基础原种： 种苗由江苏省中国科学院植物研究所保存。

适应地区： 适宜于长江中下游及以南地区等地作为观赏草坪、公共绿地、运动场草坪以及保土草坪建植。

鸭 茅 属

Dactylis L.

阿 鲁 巴 鸭 茅

Dactylis glomerata L. 'Aldebaran'

品种登记号： 500

品种类别： 引进品种

登记日期： 2016 年 7 月 21 日

申报者： 四川农业大学、西南大学、四川省金种燎原种业科技有限公司。黄琳凯、张新全、曾兵、彭燕、李鸿祥。

品种来源： 阿鲁巴鸭茅是丹农公司丹麦育种中心利用法国品种 Lutecia 和波兰品种为亲本，于 1997 年开始杂交选育，以产量、持久性、密度和抗寒能力为目标，最后以 EL97 - 20A 混合株系为主育成的品种，2003 年在德国登记。2004 年由丹农种子有限公司引入我国。

植物学特征： 禾本科鸭茅属多年生草本。疏丛型，须根系，株高 90～110cm，茎基呈扁状。叶片长 15～25cm，宽 12～15mm。圆锥花序。种子长 3～4.5mm，千粒重约 1.0g。

生物学特性： 晚熟型品种，生育期约 300 天。干草产量 6 000～12 000kg/hm²。

基础原种： 由丹农公司丹麦育种中心保存。

适宜区域： 适于西南地区海拔 600～2 500m，温凉湿润地区种植。

大 使 鸭 茅

Dactylis glomerata L. 'Ambassador'

品种登记号： 362

登记日期： 2009 年 5 月 22 日

品种类别： 引进品种

申报者： 北京克劳沃草业技术开发中心。刘艺杉、房丽宁、赵红梅、邹玉新、李鸿祥。

品种来源： 2000 年由丹麦丹农种子股份公司（DLF-TRIFOLIUM）引入。该品种为 20 世纪 80 年代在美国俄勒冈州经多世代群体选育而成，育种材料主要来自一些生态型植株，选育标准是春季生长早、种子产量高、抗病和持久性好。

植物学特征： 长寿命多年生疏丛禾草。须根系，株高 90～140cm，分蘖数 40～60 个。基生叶丰富，叶量大，叶色中绿，旗叶长 36～38cm，宽 0.9～1.3cm，中脉突出，幼叶折叠断面呈"V"形。圆锥花序开展，长 10～20cm，每小穗含小花 3～5 朵，异花授粉。种子长 3～5mm，外稃具短芒，千粒重 1.0g 左右。

生物学特性： 生育期 260～280 天（秋播）。喜温暖湿润气候，抗寒能力较好，耐热和耐寒能力都优于多年生黑麦草，耐阴能力好，可在林下种植。适合多种土壤，尤其较黏重土壤，耐酸但不耐盐碱。播种后第二年产量高，年可割草 4～6 次，干草产量 7 000～14 000kg/hm²，可利用 5～8 年或更长。抽穗期干物质中含粗蛋白质 12.04%，粗脂肪 3.51%，粗纤维 27.03%，无氮浸出物 47.90，粗灰分 9.52%，钙 0.04%，磷 0.28%。可用于割草或中长期混播放牧草地。

基础原种： 由丹麦丹农种子股份公司（DLF-TRIFOLIUM）保存。

适应区域： 适于长江流域及其以南地区，在海拔 600～3 000m，降水量 600～1 100mm，年平均气温 10.8～22.6℃的温暖湿润山区种植。

安 巴 鸭 茅

Dactylis glomerata L. 'Anba'

品种登记号： 308

登记日期： 2005 年 11 月 27 日

品种类别： 引进品种

申报者： 四川省金种燎原种业科技有限责任公司、四川省草原工作总站。谢永良、张瑞珍、姚明久、高燕蓉、李元华。

品种来源：1996 年从丹麦丹农国际种子公司引进。该品种由丹农种子公司（DLF‐TRIFOLIUM A/S）育成，育种材料选自多个来自欧洲的种质材料，经多元杂交选育而成，1976 年通过丹麦品种审定登记。

植物学特征：多年生疏丛型禾草。株高 70～150cm。基生叶丰富，幼叶呈折叠状，横切面呈"V"形，叶色绿，旗叶长 36～38cm，宽 0.9～1.3cm。圆锥花序开展，小穗密集呈球状，着生在穗轴一侧，小穗长 8～9mm，每小穗含 3～5 朵小花。种子长 6～8mm，宽 1mm，千粒重 1.0～1.25g。

生物学特性：喜湿润而温凉气候，最适生长温度为昼夜 21～12℃，高于 28℃时生长受阻。耐热性和耐寒性优于多年生黑麦草，耐阴性强，阳光不足或遮阴条件下生长良好，适宜与红三叶、多年生黑麦草等混播，在疏林或果园中种植。草质柔嫩，营养丰富，适口性好。孕穗期干物质中含粗蛋白质 12.10%，粗脂肪 3.40%，粗纤维 28.10%，无氮浸出物 48.20%，粗灰分 8.20%，钙 0.03%，磷 0.24%。在四川洪雅县、达州市、宣汉县、合江县、泸州市、广元市等地种植，干物质产量年均 10 000～12 000kg/hm²。

基础原种：保存于丹麦丹农国际种子公司。

适应地区：适宜长江中游海拔 600～2 500m 的丘陵、山地温凉地区种植。

阿 索 斯 鸭 茅

Dactylis glomerata L. 'Athos'

品种登记号：484

登记日期：2015 年 8 月 19 日

品种类别：引进品种

申报者：贵州省畜牧兽医研究所、贵州省草业研究所。尚以顺、谢彩云、陈燕萍、李鸿祥、宋明希。

品种来源：2005 年由贵州省畜牧兽医研究所和贵州草业研究所从丹麦丹农种子股份公司（DLF‐TRIFOLIUM A/S）引入我国，经引种试验、品比试验和国家草品种区域试验后登记为引进品种。

植物学特征：多年生晚熟鸭茅品种，株高 60～140cm，直立，平均分蘖

50～70 个。圆锥花序开展，每小穗具小花 3～5 朵，外稃具短芒。

生物学特性：冷季型牧草，最适生长温度为 22℃，高于 28℃生长受阻，抗寒性强、耐阴，适于林下种植，秋播生育期约 300 天。年产干草约 8 000kg/hm²。

基础原种：由贵州省畜牧兽医研究所保存。

适应区域：适于西南地区海拔 600～3 000m，降水量 600～1 500mm，年均温低于 18℃的地区种植。

宝 兴 鸭 茅

Dactylis glomerata L. 'Baoxing'

品种登记号：197

登记日期：1999 年 11 月 29 日

品种类别：野生栽培品种

申报者：四川农业大学。张新全、杜逸、蒲朝龙、钟声、帅素容。

品种来源：1991 年从四川省宝兴县及附近地区草山草坡、林间草地采集野生鸭茅种子，经栽培驯化而成。

植物学特征：多年生疏丛型禾草。根系发达，茎基部扁平，光滑，茎直立，高 150～170cm。基生叶丰富，幼叶呈折叠状，横切面呈"V"形，叶长而软，无叶耳，叶舌明显，叶鞘封闭，压扁成龙骨状，叶色蓝绿至浓绿色。圆锥花序，长 10～20cm，小穗着生在穗轴一侧，密集呈球状，簇生于穗轴的顶端，小穗长 8～9mm，每小穗含 3～5 朵小花。种子长 6～7mm，宽 1mm，千粒重 1g。

生物学特性：喜温凉湿润气候，耐热、耐旱、耐寒、耐阴性强。再生能力强，每年可刈割 5～6 次。孕穗期干物质中含粗蛋白质 13.21%，粗脂肪 5.04%，粗纤维 30.64%，无氮浸出物 39.14%，粗灰分 11.97%。在四川省雅安市、宝兴县、重庆市和巫溪县种植，年均干草产量约 11 000kg/hm²。

基础原种：保存于四川农业大学。

适应地区：适于长江中游丘陵、平原和海拔 600～2 500m 的地区种植。

川 东 鸭 茅

Dactylis glomerata L. 'Chuandong'

品种登记号： 262

登记日期： 2003 年 12 月 7 日

品种类别： 野生栽培品种

申报者： 四川长江草业研究中心、四川省草原工作总站、四川省达州市饲草饲料站。吴立伦、张新跃、何光武、熊建平、陈艳宇。

品种来源： 原始材料来源于四川省达县碑庙乡草山草坡上的野生鸭茅，经多年栽培驯化而成。

植物学特征： 多年生疏丛型禾草。须根系，秆直立，株高 90～140cm。幼叶呈折叠状，基生叶密集下披，叶色蓝绿，叶长 36～38cm，宽 9～15mm。圆锥花序，小穗聚集于分枝的上端，含 3～5 朵小花。种子为颖果，长 5～6mm，宽 0.6mm，外稃顶端有短芒，千粒重 1.0～1.3g。

生物学特性： 耐热、耐夏季伏旱，在夏季高温地区仍可越夏。分蘖力强，再生性极强。叶量丰富，草质柔嫩，适口性好。拔节期干物质中含粗蛋白质 19.22%，粗脂肪 6.91%，粗纤维 25.92%，无氮浸出物 36.83%，粗灰分 11.12%，钙 0.56%，磷 0.37%。在川中山区仁寿县、川南丘陵洪雅县、川东河谷达州市、川北山区广元市等地种植年均干物质产量达 13 000kg/hm²。

基础原种： 保存于四川长江草业研究中心。

适应地区： 适于四川东部及气候条件类似地区种植。

皇 冠 鸭 茅

Dactylis glomerata L. 'Crown Royale'

品种登记号： 485

登记日期： 2015 年 8 月 19 日

品种类别： 引进品种

申报者： 北京克劳沃种业科技有限公司。苏爱莲、王跃栋、刘艺杉、刘昭明。

品种来源： 加拿大 Ag-vision Seeds Ltd. 公司授权北京克劳沃草业技术开发中心申报品种审定的引进品种。

植物学特征： 多年生疏丛型禾草，须根系，密布于 10～30cm 的土层内。秆直立，高 70～120cm。叶鞘无毛，通常闭合达中部以上，上部具脊。叶舌长 4～8mm，顶端撕裂状，叶片长 20～30cm，宽 7～10mm。圆锥花序开展，长 5～20cm。

生物学特性： 四倍体中晚熟品种，叶片中等宽度，丛生习性，分蘖多，株丛致密，叶量丰富，叶茎比高。种子较小，苗期生长慢。

基础原种： 由 Ag-vision Seeds Ltd. 公司保存。

适应区域： 适宜我国温带至中亚热带地区种植。

滇 北 鸭 茅

Dactylis glomerata L. 'Dianbei'

品种登记号： 464

登记日期： 2014 年 5 月 30 日

品种类别： 野生栽培品种

申报者： 四川农业大学、云南省草地动物科学研究院。张新全、彭燕、曾兵、黄琳凯、钟声。

品种来源： 2000 年 7 月，原始亲本材料 "02－116" 采自云南昆明寻甸（至会泽途中）高山地区灌木丛中，海拔 2 250m。后经多次混合选择、栽培驯化选育而成。

植物学特征： 禾本科鸭茅属多年生草本植物。为冷季疏丛型牧草，株高 115～135cm。茎基压缩，呈扁状。成熟植株叶片长 44cm 左右，宽 12～15mm。其穗状分枝成 20～30cm 长的圆锥花序。小穗长 6～9mm，每小穗含 2～5 小花，小穗单侧簇集于硬质分枝顶端。种子长 2～3mm，宽 0.7～0.9mm，千粒重 1g 左右。

生物学特性： 喜温凉湿润气候。耐热、抗旱、抗寒、抗病、耐瘠薄、耐阴；春季生长快，分蘖能力强，单株分蘖数可达 150 个。再生性好，耐刈割，年可割草 4～5 次。在西南山区秋播，翌年 2 月下旬进入拔节期，4 月中下旬开始抽穗开花，5 月下旬或 6 月初种子成熟，生育期 245～264 天。

在西南及周边适宜地区，干草产量达 11 000～15 000kg/hm²。

基础原种：由四川农业大学保存。

适应区域：适于西南丘陵、山地温凉湿润地区种植。

滇 中 鸭 茅

Dactylis glomerata L. 'Dianzhong'

品种登记号：524

登记日期：2017 年 7 月 17 日

品种类别：野生栽培品种

申报者：云南省草地动物科学研究院。黄梅芬、钟声、余梅、徐驰、薛世明。

品种来源：以云南中部小哨、浑水塘、嵩明、杨林军马场等地的山地灌草丛下收集来的多个野生鸭茅株丛为材料，经过多年栽培驯化而成。

植物学特征：禾本科鸭茅属多年生丛生草本。植株中等，株型紧凑，花期高 80cm 左右，分蘖再生性强，秆含 4～5 节。叶片纤细呈灰绿，叶鞘稍扁，闭合至中部以上，叶舌膜质，长 0.5～1.0cm。圆锥花序，长约 20cm，宽约 10cm，小穗偏生分枝顶端一侧，含 6～7 小花。颖不等长，膜质，中脉明显，先端渐尖或有短芒。外稃披针形，长 0.6～0.8cm，先端渐尖或具短芒，脊中部以上有明显纤毛；内稃膜质，具 2 脊，短于外稃。小穗轴节间长有纤毛，成熟易脱落。千粒重 0.85g。

生物学特性：刈牧兼用型品种。适应性强，耐瘠薄和酸性土壤，抗锈病能力强于安巴鸭茅。喜潮湿环境和肥沃土壤，在酸性和碱性土壤条件下生长良好，在滇中贫瘠、季节性干旱严重的岩溶地区也能良好生长。耐刈割，刈后再生良好，干草产量 8 000～13 000kg/hm²。耐牧性好，良好管理条件下，与白三叶混播可持续放牧利用 10 年以上。耐阴性强，特别适合生态环境治理和林（果）草间作。但耐热性一般，结实期适口性和消化率下降明显。

基础原种：由云南省草地动物科学研究院保存。

适应地区：适于云贵高原或长江以南中高海拔温带至北亚热带地区种植。

德 娜 塔 鸭 茅

Dactylis glomerata L. 'Donata'

品种登记号： 398

登记日期： 2010 年 6 月 12 日

品种类别： 引进品种

申报者： 云南农业大学、云南省草山饲料工作站、北京正道生态科技有限公司。毕玉芬、吴晓祥、马向丽、李鸿祥、黄梅。

品种来源： 2003 年由丹麦丹农种子股份公司（DLF-TRIFOLIUM A/S）、云南农业大学等单位引入。原品种由丹麦丹农种子股份公司于 20 世纪 80—90 年代在丹麦育种站育成。

植物学特征： 长寿命多年生疏丛禾草，须根系。株高 90～140cm，分蘖多。基生叶丰富，叶量大，旗叶长 36～38cm，宽 0.9～1.3cm，中脉突出。圆锥花序开展，长 10～20cm，每小穗含小花 3～5 朵，异花授粉。种子长 3～5mm，外稃具短芒，千粒重 0.8～0.9g。

生物学特性： 生育期 296 天（秋播）。喜温暖湿润气候，抗寒能力较好，耐热和耐寒能力优于多年生黑麦草，耐阴能力强，可林下种植。适合多种土壤，尤其适宜较黏重土壤，耐酸但不耐盐碱。播种次年产量很高，每年可割草 5～7 次，干草产量 8 000～14 000kg/hm²。混播融合性好，可利用 5～8 年或更长。抽穗期风干样品中含干物质 89.4%，粗蛋白质 15.18%，粗脂肪 5.96%，中性洗涤纤维 52.59%，酸性洗涤纤维 27.45%，粗灰分 7.24%，钙 0.36%，磷 0.37%。可用于中长期混播放牧或割草草地。

基础原种： 由丹麦丹农种子股份公司保存。

适应区域： 适于长江流域及以南海拔 600～3 000m，年降水量 600～1 100mm 的温暖湿润山区种植。

英 都 仕 鸭 茅

Dactylis glomerata L. 'Endurance'

品种登记号： 486

登记日期： 2015 年 8 月 19 日

品种类别： 引进品种

申报者： 云南农业大学。马向丽、毕玉芬、任健、姜华、李鸿祥。

品种来源： 丹麦丹农种子股份公司拥有的育成品种。经丹麦丹农种子股份公司北京办事处授权云南农业大学申报品种审定的引进品种。

植物学特征： 多年生疏丛型禾草。须根系，株高 80～140cm，直立。叶片蓝绿色，叶量大，叶片长 10～25cm，中脉突出，断面呈 "V" 形。圆锥花序开展，长 5～15cm，每小穗含小花 3～5 朵。种子长 3.0～4.5mm，外稃具短芒，千粒重 1g 左右。

生物学特性： 产量高，持久性好，适口性好，消化率高，抗逆性好，耐阴，混播融合性好，再生能力强，耐高强度利用。在气候适宜的地区多用于建植多年生割草草地和放牧草地，可单播，也可与豆科牧草混播。

基础原种： 由丹麦丹农种子股份公司保存。

适应区域： 适于南方海拔 600～3 000m，降水量 600～1 500mm，年均气温＜18℃的温暖湿润山区及北方气候湿润温和地区种植。

古 蔺 鸭 茅

Dactylis glomerata L. 'Gulin'

品种登记号： 143

登记日期： 1994 年 3 月 26 日

品种类别： 野生栽培品种

申报者： 四川省古蔺县畜牧局。郑启坤、叶玉林、胡奎虎、何伟、王伟。

品种来源： 采集于四川省古蔺县箭竹苗族乡海拔 1 750m 的徐家林林场。

植物学特征： 株高 110～130cm，茎粗 0.58～0.66cm。叶长 33～37cm，叶宽 1.10～1.25cm，叶色深绿，无叶耳，叶鞘紧包茎，叶背面有粗绒毛。圆锥花序开展，分枝单生，小穗聚集于分枝上部一侧而呈球形，外稃有 1mm 长的短芒。千粒重 1g。

生物学特性： 该品种适宜生长的温度为 10～25℃，耐弱酸土壤。鲜草产量 52 500kg/hm²，种子产量 300～450kg/hm²。

基础原种：由四川省古蔺县畜牧局保存。

适应地区：适于四川盆地周边地区、川西北高原部分地区及贵州、云南、湖南、江西山区种植。

英 特 斯 鸭 茅
Dactylis glomerata L. 'Intensiv'

品种登记号：548

登记日期：2018 年 8 月 15 日

品种类别：引进品种

申报者：北京草业与环境研究发展中心、百绿（天津）国际草业有限公司。孟林、毛培春、周思龙、邰建辉、田小霞。

品种来源：引自百绿荷兰有限公司（Barenbrug Holland B. V.）罗马尼亚育种站。

植物学特征：禾本科鸭茅属多年生疏丛型草本。株高可达 120cm，须根系发达。茎秆直立。叶全缘，叶片长 35～50cm，宽 7～12mm。圆锥花序开展，长 7～30cm，小穗聚集于分枝的上部，通常含 2～5 小花。颖果长卵形，黄褐色，千粒重约 1.0g。

生物学特性：喜温暖湿润气候，对土壤适应性较广，具有抗寒性、抗旱性和耐热性。再生性较好，在我国西南、华南等适宜种植区年可刈割收获 5 茬以上，年干草产量 11 000kg/hm² 。

基础原种：由百绿荷兰有限公司罗马尼亚育种站保存。

适应地区：适于我国云南、贵州、四川等温凉湿润地区种植。

波 特 鸭 茅
Dactylis glomerata L. 'Porto'

品种登记号：361

登记日期：2009 年 5 月 22 日

品种类别：引进品种

申报者：云南省草地动物科学研究院。黄必志、钟声、段新慧、匡崇义、薛世明。

品种来源： 澳大利亚 1972 年育成。云南省草地动物科学研究院 1983 年从澳大利亚引进。

植物学特征： 多年生疏丛型禾草，开花期株高 80～120cm。茎秆直立。分蘖多，基生叶发达，株丛致密。叶宽中等，深绿色，叶舌膜质，无叶耳。圆锥花序开展或稍紧缩，长 15～17cm。小穗偏生穗轴一侧，密集呈球形，每小穗含小花 3～5 朵。外稃背部凸起呈龙骨状，脊上疏生纤毛，顶端具长 1mm 左右短芒，种子披针形，种子较小，千粒重 0.77g。四倍体，$2n = 4x = 28$。

生物学特性： 喜温暖湿润气候，耐寒、耐旱、耐贫瘠。播种当年生长缓慢，但次年生长旺盛，竞争能力强。与白三叶、红三叶、紫花苜蓿等共生性均好。耐牧，良好放牧管理条件下，持久性相当好。优质高产，混播放牧利用，合理管理条件下，可持续利用 10 年以上，年均干物质产量可稳定在 7 000～8 000kg/hm²（波特鸭茅所占比例 80% 左右）。草质好，适口性优，拔节初期含粗蛋白质 17.7%，粗脂肪 4.7%，粗纤维 28.0%，无氮浸出物 41.9%，粗灰分 7.7%。全放牧条件下，肉牛日增重可达 800g。

基础原种： 由澳大利亚保存。

适应区域： 适于云南省海拔 1 500～3 400m，年均温 5～16℃，夏季最高温度不超过 30℃，年降水量 ≥560mm 的温带至中亚热带地区种植。

斯 巴 达 鸭 茅

Dactylis glomerata L. 'Sparta'

品种登记号： 501

登记日期： 2016 年 7 月 21 日

品种类别： 引进品种

申报者： 云南省草山饲料工作站、云南农业大学。吴晓祥、姜华、马兴跃、刘琼花、李鸿祥

品种来源： 斯巴达鸭茅是丹农公司丹麦育种中心利用德国和斯堪德纳维亚的品系为亲本，最早于 20 世纪 60 年代开始杂交选育，以持久性和抗病能力为目标，最后以 66-4-47 混合株系为主育成的品种。1980 年在丹麦注

册。从丹农种子有限公司引入我国。

植物学特征： 禾本科鸭茅属多年生疏丛禾草，株高 80～110cm，分蘖 50～70 个。圆锥花序，长 10～15cm。种子长 3.0～4.5mm，外稃具短芒，千粒重 0.8～1.0g。

生物学特性： 中晚熟型品种，每年可刈割 4～5 次，干草产量 8 000～10 000kg/hm²。

基础原种： 由丹农公司丹麦育种中心保存。

适宜地区： 适于南方海拔 600～3 000m，年降水量 600～1 500mm，气候温和地区种植。

瓦 纳 鸭 茅
Dactylis glomerata L. 'Wana'

品种登记号： 399

登记日期： 2010 年 6 月 12 日

品种类别： 引进品种

申报者： 云南省草地动物科学研究院，百绿国际草业（北京）有限公司。黄梅芬、袁希平、吴文荣、徐驰、邓菊芬。

品种来源： 1984 年云南省草地动物科学院从新西兰科工部（DSIR）草地所引入。

植物学特征： 多年生疏丛型禾草。单株分蘖强，形成的株丛致密而低矮。须根系，开花期株高 63.2～84.5cm。叶色灰绿，叶量丰富，基生叶长 39.75cm，宽 0.68cm。圆锥花序狭窄而紧缩，长 8～15cm，宽 5～7cm。种子略小，长 4.5～7.5mm，宽 0.6～0.8mm，千粒重 0.6g。

生物学特性： 晚熟型品种，在秋冬季生长良好。抗锈病，耐受蛴螬和象鼻虫的侵害；耐寒、耐旱、耐热、耐贫瘠和耐低刈割的持久性品种。播种当年生长缓慢，翌年生长旺盛，干草产量 9 000～15 000kg/hm²。拔节期风干样品中含干物质93.5％，粗蛋白质19.50％，粗脂肪5.03％，中性洗涤纤维60.2％，酸性洗涤纤维37.81％，粗灰分8.7％，钙0.29％，磷0.14％。干物质体外消化率66.46％。与白三叶、红三叶、紫花苜蓿等共生性好，建植的人工混播草场适宜绵羊放牧。

基础原种：由新西兰科工部（DSIR）草地所保存。

适应区域：适于云南海拔 1 500～3 400m，年降水量≥550mm 的温带至北亚热带地区，以及秦岭以南中高海拔地区种植。

马 唐 属
Digitaria Hall.

涪陵十字马唐
Digitaria cruciata（Nees.）A. Camus 'Fuling'

品种登记号：091

登记日期：1991 年 5 月 20 日

品种类别：地方品种

申报者：四川省武隆县畜牧局。邹祥铭、朱韵皆、张发明、杨强、杨建才。

品种来源：四川省武隆县羊角区和火炉区所辖的仙女山地区，人工长期种植（100 年以上）驯化而成的地方品种。

植物学特征：一年生禾草，秆高 30～120cm，多节，节部具髯毛。叶片条状披针形，长 3～15cm，宽 3～10mm。总状花序约 13 枚，着生于茎顶，呈指状排列。小穗灰绿色或紫黑色，卵状披针形至长圆状披针形，2～4 个，簇生于穗轴各节，第一颖微小，第二颖长为小穗的 1/3～1/2。种子成熟后呈深铅绿色。

生物学特性：喜温暖湿润气候，耐旱、耐热、耐瘠薄。苗期耐寒性较强，籽实成熟后，受 2～3 次霜冻，植株即迅速枯萎。各类土壤均可种植，pH 5～8.5 内生长正常。对氮、磷肥敏感，施用后能显著提高产草量。抗病虫力强。分蘖期生长缓慢，拔节期和孕穗期生长迅速。产草量高而稳定，年可刈割二次，鲜草产量 50 000～60 000kg/hm²，茎叶柔软，适口性好，品质优良。

基础原种：由四川省武隆县畜牧局保存。

适应地区：适于我国四川、云南的十字马唐自然分布区种植。

稗　属
Echinochloa P. Beauv.

稗
Echinochloa crusgalli（L.）Beauv.

稗又叫稗子、稗草、野稗。原产欧洲与亚洲，现广泛分布于全球热带与温带，我国南北各省均有分布，但以北方分布较多。一年生草本，茎秆丛生，高 40～400cm，扁平，光滑，基部斜生或膝曲，上部直立。叶片与叶鞘光滑无毛，近等长，10～20cm，无叶舌。圆锥花序，直立或下垂，上部紧密，下部稍松散，绿色或紫色。小穗密集于穗轴一侧。颖果椭圆形，光滑，有光泽。第一外稃具 5～30mm 的芒，第 2 外稃顶端具小尖头，边缘卷抱内稃。种子卵形，端尖，长 2.5～3mm，白色或棕色，密包于稃内，不易脱出。

性喜湿润，常杂生于田间或荒地，尤以水沟边、沼泽旁及稻田中最常见，从早春开始随温度和降水量的增加而生长速度加快，每株分蘖可达 40～50 个。根系发达，再生力强，生长繁茂，草质柔嫩，饲草及种子产量均高，适宜在下湿盐碱地上种植，可放牧或刈割利用，其鲜草、干草各种家畜均喜食，籽实还可作为畜禽的精料。

长　白　稗
Echinochloa crusgalli（L.）Beauv. 'Changbai'

品种登记号： 458

登记日期： 2013 年 5 月 15 日

品种类别： 野生栽培品种

申报者： 吉林省农业科学院。于洪柱、徐安凯、王志锋、刘卓、栾博宇。

品种来源： 以 2004 年在长白山西麓蛟河市漂河镇采集的野生稗草为选育材料。通过穗选法，筛选成熟期一致，株高、叶色性状接近的单株组配成株系，对株系进行播种、观测，进一步通过穗选法纯化，对筛选的成熟、稳定株系进行扩繁，并大量采收性状非常一致的单穗混合形成原始种。

植物学特征：一年生禾本科草本植物，高 180～240cm，茎粗 0.5～1.5cm，分蘖较多。叶片扁平光滑，黄绿色，条形，长 19～55cm，宽 1～3.5cm，叶量丰富、质地柔软。穗粗大，穗长 13～20cm，像谷穗一样，小穗倒卵形或椭圆形，长 2～3cm。颖果椭圆形，种子半卵形，末端钝尖，外稃草质，千粒重 4.47～4.68g。

生物学特性：长白稗为 C4 植物，光合能力强，喜水，不耐阴，苗期生长较弱，在叶片充分展开后生长迅速。鲜草产量可达 46 560kg/hm²，干草产量可达 13 170kg/hm²，种子产量可达 3 400kg/hm²。抗性较强，抗旱、耐涝、耐轻中度盐碱，在瘠薄土地上仍生长良好，在水肥条件良好的土地上能获得较高产量。由于长白稗植株高大，生长后期遇到风雨天气容易倒伏，倒伏后会从各个茎节长出新的分蘖芽。初次刈割期干样中含粗蛋白 9.95％，粗脂肪 0.72％，粗纤维 33.68％，无氮浸出物 42.3％，粗灰分 10.75％，钙 0.62％，磷 0.24％，中性洗涤纤维 70.17％，酸性洗涤纤维 41.23％。

基础原种：由吉林省农业科学院保存。

适应地区：适于黄河以北地区的农区、草原、轻中度盐碱化土地等区域种植。

朝牧 1 号稗子

Echinochloa crusgalli (L.) Beauv. 'Chaomu No. 1'

品种登记号：053

登记日期：1990 年 5 月 25 日

品种类别：育成品种

申报者：辽宁省朝阳市畜牧研究所。郜玉田、张雪艳。

品种来源：1976 年于辽宁省黑山县白厂门镇三家子村的谷子试验地中发现的特异单株。将选出的单株，采用改良混合选择方法，连续 4 年选择秆直，高大，分蘖多，株型紧凑，穗大，无病植株，单收混种，经 4 代后，形成性状稳定、整齐一致的群体。

植物学特征：株高 90～210cm，分蘖多，单株分蘖达 25 个以上。叶片条形，长 60～70cm，宽 3cm。穗长 20～21cm，千粒重 4.2g。

生物学特性：抗病虫、抗倒伏，耐低温、耐盐碱。生育期约135天。干草产量 $600\sim700kg/hm^2$，种子产量 $4\ 500\sim5\ 000kg/hm^2$。

基础原种：由辽宁省朝阳市畜牧研究所保存。

适应地区：适于华北、华东及东北、西北无霜期140天以上的沿海滩涂、低洼易涝、盐碱地上种植。

海子1号湖南稷子

Echinochloa crusgalli （L.） Beauv. var. *frumentacea*

（Roxb.） W. F. Wight. 'Haizi No. 1'

品种登记号：013

登记日期：1988年4月7日

品种类别：育成品种

申报者：宁夏回族自治区草原工作站。万力生、姜文奎、邵生荣、刘升林、耿本仁。

品种来源：1964年在宁夏同心县牧草田中发现一特异单株，经多代繁殖选育而成。

植物学特征：一年生禾草。秆丛生，高 $140\sim250cm$。叶条形，长 $25\sim65cm$，宽 $1.5\sim3.5cm$。圆锥花序直立，成熟时稍下垂，分枝密集，微作弓形弯曲，单生或簇生，宽卵形，长 $3\sim4mm$。颖具5脉，被毛；第一外稃具7脉，先端无芒或具小尖头。种子椭圆形，长约 $4mm$；青灰色，微露出第二颖外。千粒重 $4g$ 左右。

生物学特性：产草量和种子产量高，在当地超过苏丹草、龙爪稷和鹅头稗。旱作条件下鲜草产量 $22\ 500kg/hm^2$，灌溉条件下鲜草产量 $65\ 000\sim75\ 000kg/hm^2$。喜湿、耐涝，能耐中度干旱，耐含盐 $0.4\%\sim0.6\%$ 的土壤，少病。缺点是耗费地力，影响后作产量，鸟害严重。

基础原种：由宁夏回族自治区草原工作站保存。

适应地区：我国南北方种植。适宜于在 $\geqslant10℃$ 活动积温 $2\ 850℃$ 以上，年降水量 $350mm$ 以上或有灌溉条件的地区种植，可用来改良中度渍水盐碱地。

宁 夏 无 芒 稗

Echinochloa crusgalli (L.) Beauv. var. *mitis*
(Pursh) Peterm. 'Ningxia'

品种登记号：198

登记日期：1999 年 11 月 29 日

品种类别：地方品种

申报者：宁夏回族自治区牧草种子检验站。吴素琴、杨平、樊振军、马贵生、陈来祥。

品种来源：宁夏黄灌区分布的野生种，经多年栽培驯化而成。

植物学特征：一年生草本。茎秆直立，在灌溉条件下，株高 150～200cm，旱作条件下 70～130cm，分蘖 2～4 个。基生叶 3～5 片，较小，茎生叶 5～7 片，长 15～30cm，宽 0.8～0.2cm，叶片宽条形，无毛，粗糙。圆锥花序直立粗壮，穗长 10～15cm，粗 3～5cm，小穗密集排列于穗轴一侧，单生或不规则簇生。外稃无芒或具极短的芒，花序分枝形成总状花序，第二颖比谷粒稍长，谷粒不外露，以此与本种其他变种相区别。颖果黄褐色，种子椭圆形，灰褐色，千粒重 3.5～4g。

生物学特性：中熟品种，生育期 110 天左右，比湖南稷子提前成熟一个月，可在水稻玉米收获大忙之前收获，不误农时。喜湿喜温，为 C4 植物，适应性强，耐盐碱、耐淹。饲草饲料兼用，营养价值高，种子干物质中含粗蛋白质 8.70%，粗脂肪 6.24%，淀粉 49.24%；秸秆干物质中含粗蛋白质 6.31%，粗脂肪 2.20%，粗纤维 36.18%，无氮浸出物 46.01%，粗灰分 9.30%。籽实及秸秆适口性好，鸟雀畜禽鱼类喜食。干草产量约 15 000kg/hm²，种子产量约 3 000kg/hm²。

基础原种：由宁夏回族自治区牧草种子检验站保存。

适应地区：适于宁夏银北盐碱地、河漫滩及其他省区类似地区种植。

披碱草属

Elymus L.

多年生丛生禾草。叶扁平或内卷。穗状花序直立或下垂，小穗有 3～7

朵小花，常 2～3 枚生于穗轴的各节；颖锥形、条形至披针形，先端尖或具长芒，有 3～5 脉；外稃具 5 脉，先端延伸成芒，芒多少向外反曲。该属用于人工栽培的在我国主要有老芒麦（*E. sibiricus* L.）、披碱草（*E. dahuricus* Turcz.）和垂穗披碱草（*E. nutans* Griseb.）三个种。

老芒麦：单生或疏丛生，直立或基部的节膝曲而稍倾斜。叶长 9.5～23cm，宽可达 9mm。穗状花序长 12～18cm，下垂，小穗排列疏松，有 4～5 朵小花；颖显著短于第一小花。

老芒麦抗寒性强，具有返青早、枯黄迟、叶量大、品质好等特点，产草量和种子产量较高。适于割草与放牧利用，但利用年限较短，一般只有 3～5 年。老芒麦是目前我国栽培面积最大的多年生禾草之一。在寒冷牧区，无论人工种草还是围栏补播，老芒麦都是首选草种。

老芒麦产量高，适口性好，适应性强，栽培技术简单易行，种子容易采集；然而寿命短是其不足。但据研究，施肥和与豆科牧草混播可显著提高单位面积产量，并大大延长寿命和高产持续年限。

垂穗披碱草：秆高 40～70cm，直立，基部稍膝曲。叶长 7～11.5cm，宽 2～5mm。穗状花序长 5～9cm，下垂，小穗排列较紧密，多偏于一侧，有 3～4 朵小花；颖显著短于第一小花。垂穗披碱草在产量和品质上虽稍逊于老芒麦，但抗寒性更强，在对高寒阴湿气候的适应能力及耐践踏、耐重牧方面，均为老芒麦所不及。它在分布高度上和老芒麦有交叉，但往往分布在更高海拔地带和降水量更多的地带。

披碱草：秆疏丛生，直立，基部常膝曲，高 70～85cm。叶片宽 5～9mm。穗状花序直立，排列较紧密，小穗通常成对生于穗轴各节，长 12～15mm，有 3～5 朵小花。颖先端具短芒。外稃披针形，全部披短糙毛，芒长 9～20mm。

披碱草抗旱能力比老芒麦和垂穗披碱草都强，草质比它们差，在牧区建立人工草地初期曾广泛应用，大面积推广种植，后来逐渐被老芒麦等所替代；但在较干旱、多盐碱，老芒麦生长不良地区仍是主要草种。

川西短芒披碱草

Elymus breviaristatus (Keng) Keng f. 'Chuanxi'

品种登记号：571

登记日期：2019 年 12 月 12 日

品种类别：野生栽培品种

申报者：四川省草原科学研究院。张昌兵、陈丽丽、闫利军、白史且、李达旭。

品种来源：以采自四川省阿坝县的野生短芒披碱草材料，经过多年栽培驯化而成。

植物学特征：禾本科披碱草属多年生草本。全株浅灰绿色，株高 120～130cm，茎秆疏丛生、直立。叶片扁平，叶量中等。穗状花序疏松而下垂，通常每节具 2 枚小穗，颖短小无芒、外稃具短芒是其显著特点。种子成熟一致，易脱落，千粒重 4.2～4.8g。

生物学特性：耐寒，抗病虫害能力强，喜阳光，耐干旱，适宜于中性或微碱性土壤生长。在川西北生育期 120 天左右。一年收获 1 次，一般在 7 月底 8 月初收获，干草产量为 5 000～6 000kg/hm²。质地柔软，牛、羊等牲畜喜食。可用于建立人工割草地，也可用于天然草地补播改良和生态治理。

基础原种：由四川省草原科学研究院保存。

适应地区：适于川西北牧区及类似气候区种植，最适宜在海拔 2 800～3 800m，降水量 600mm 以上的高寒草甸地区种植。

同德短芒披碱草

Elymus breviaristatus (Keng) Keng f. 'Tongde'

品种登记号：331

登记日期：2006 年 12 月 13 日

品种类别：野生栽培品种

申报者：青海省牧草良种繁殖场、青海省畜牧兽医科学院草原研究所。孙明德、周青平、牛建伟、韩志林、张生莲。

品种来源：1972 年在同德县巴滩地区天然草场上采集野生短芒披碱草种子，经 30 多年栽培驯化而成。

植物学特征：多年生疏丛型禾草。具短根茎，茎直立，无毛，3～4 节，下部节多膝曲，株高 70～115cm。叶片线形，长 6～18cm，宽 5～10mm。穗状花序，疏松、柔软而弯垂，长 10～18cm，宽约 8mm。穗轴每节着生小穗 2 枚，小穗灰绿色，成熟后略带紫色，长 10～15mm，含 4～6 朵小花。颖果披针形，灰褐色，长 6.4～8.6mm，宽 1.6～2.1mm，千粒重 3.8～4.6g。

生物学特性：抗旱耐寒，在海拔 4 200m 以下地区能正常生长，在 —36℃下能安全越冬。较耐盐碱，在 pH 8.5 的土壤上生长良好。病虫害少。干草产量 5 700～7 800kg/hm²，种子产量 600～840kg/hm²。适口性好，盛花期干物质中含粗蛋白质 11.09％，粗脂肪 2.39％，粗纤维 38.71％，无氮浸出物 39.83％，粗灰分 7.98％。

基础原种：由青海省牧草良种繁殖场保存。

适应地区：适于青藏高原海拔 4 200m 以下及其他类似地区种植。

察 北 披 碱 草

Elymus dahuricus Turcz. 'Chabei'

品种登记号：070

登记日期：1990 年 5 月 25 日

品种类别：野生栽培品种

申报者：河北省张家口市草原畜牧研究所。孟庆臣、张志明、李茂林、高志亮、李芳。

品种来源：1956 年采自张家口坝上察北牧场天然草地上的野生披碱草种子，经长期栽培选育而成。

植物学特征：为多年生疏丛禾草。根系强大，秆直立。叶片披针形，深绿色。穗状花序直立或略弯，较紧密，穗长 9.1～26.5cm。颖果长椭圆形，黄色。千粒重 3.9～4.5g。

生物学特性：抗旱性强，耐寒、耐盐碱、分蘖力强，再生性较差，产量高，容易栽培。旱地干草产量 6 000～6 600kg/hm²，种子产量 1 000～1 100kg/hm²。但开花后茎秆很快变得粗硬，适口性降低。

基础原种：由河北省张家口市草原畜牧研究所保存。

适应地区：适于寒冷、干旱地区种植，如河北省北部、山西省北部、内蒙古、青海、甘肃等地区均可种植。

阿坝垂穗披碱草

Elymus nutans Griseb. 'Aba'

品种登记号：407

登记日期：2010 年 6 月 12 日

品种类别：野生栽培品种

申报者：四川省草原科学研究院。张昌兵、张玉、游明鸿、李达旭、白史且。

品种来源：2001 年从红原县采集野生垂穗披碱草，经多年栽培驯化而成。

植物学特征：披碱草属疏丛型多年生上繁禾草。根系发达，茎秆基部膝曲，株高 90～120cm，茎秆细，直径 3.2mm，具 3～4 伸长节。茎叶灰绿色，叶长 11～13cm。穗状花序较紧凑，灰紫色，小穗多偏于穗轴一侧，每节多具 2～3 个小穗。种子具长芒，千粒重 4.2～4.6g。

生物学特性：适应性强，对土壤要求不严，在瘠薄的土壤中生长良好。抗寒，在四川阿坝海拔 3 000～4 500m 的地区可安全越冬，耐贫瘠、耐旱、抗病虫害。草产量高，鲜草产量 20 738.9kg/hm^2，干草产量 7 905.5kg/hm^2，种子产量 1 551.1kg/hm^2。草质柔软，适口性好，马、牛、羊均喜食。乳熟期风干物含干物质 90.83%，粗蛋白质 9.37%，粗脂肪 3.47%，粗纤维 28.15%，无氮浸出物 45.08%，粗灰分 4.76%，钙 0.29%，磷 0.20%，中性洗涤纤维 62.48%，酸性洗涤纤维 35.95%。

基础原种：由四川省草原科学研究院保存。

适应区域：适于四川阿坝海拔 3 000～4 500m 的地区种植。

甘南垂穗披碱草

Elymus nutans Griseb. 'Gannan'

品种登记号：069

登记日期：1990 年 5 月 25 日

品种类别：野生栽培品种

申报者：甘肃省甘南藏族自治州草原工作站。张卫国。

品种来源： 采集自甘南的野生垂穗披碱草种子，经多年栽培而来。

生物学特性： 抗寒性很强，可在海拔 4 000m 左右的高寒地区正常生长并完成生育周期。对土壤无严格要求。喜阴湿环境，抗旱性稍差。再生性和分蘖力较强，耐践踏，病虫害少。种子产量 750kg/hm² 左右，鲜草产量为 22 500～37 500kg/hm²。

基础原种： 由甘肃省甘南州草原工作站保存。

适应地区： 在我国海拔 4 000m 以下，年降水量 350mm 以上的地区均可种植。尤其适于海拔 3 000～4 000m、年降水量 450～600mm 的高寒阴湿地区种植。

康巴垂穗披碱草

Elymus nutans Griseb. 'Kangba'

品种登记号： 307

登记日期： 2005 年 11 月 27 日

品种类别： 野生栽培品种

申报者： 四川省草原工作总站、四川省金种燎原种业科技有限责任公司、甘孜藏族自治州草原工作站。张新跃、谢永良、张瑞珍、李太强、刘橙楷。

品种来源： 1996 年在四川省甘孜藏族自治州采集野生垂穗披碱草，经栽培驯化而成。

植物学特征： 多年生疏丛型禾草。须根系，秆直立，基部节稍膝曲，株高 60～120cm。叶片条形，扁平，长 6～10cm，宽 3～5mm。穗状花序，长 10～16cm，小穗含小花 3～4 朵。颖果长圆形，外稃延长成芒，芒长 12～20mm，芒稍展开或向外反曲，种子千粒重 2.4g。

生物学特性： 适应性强，耐寒、较耐瘠薄，抗倒伏能力相对较差，再生能力中等。返青早，青草期长，叶层高，叶量丰富。抽穗期刈割干物质中含粗蛋白质 11.40%，粗脂肪 2.70%，粗纤维 33.80%，无氮浸出物 45.20%，粗灰分 6.90%。在四川省海拔 2 900～4 200m 的石渠县、色达县、乾宁县、甘孜县、道孚县和九龙县等地种植，年均干草产量为 4 700～6 900kg/hm²。

基础原种： 保存于四川省草原工作总站。

适应地区：适于四川西北海拔 1 500～4 700m 的高寒牧区种植。

康北垂穗披碱草
Elymus nutans Griseb. 'Kangbei'

品种登记号：527

登记日期：2017 年 7 月 17 日

品种类别：野生栽培品种

申报者：四川农业大学、西南民族大学、甘孜藏族自治州畜牧业科学研究所、四川省林丰园林建设工程有限公司。张新全、陈仕勇、马啸、蒋忠荣、周凯。

品种来源：以采自四川省甘孜州炉霍县的野生材料，经过十多年栽培驯化而成。

植物学特征：禾本科披碱草属多年生疏丛型上繁禾草，须根发达，茎秆直立，基部稍有屈膝，茎粗 0.31～0.45cm，株高 115～140cm。叶量较丰富，叶长 6～25cm，宽 7～15mm。穗状花序下垂且较紧密，小穗多偏于穗轴一侧，开花期略带紫色，长 16～28cm，具 23～30 节，每节多具 2～3 个小穗，外稃芒长 1.8～2.3mm。颖果长椭圆形，种子千粒重 3.5～4.2g。

生物学特性：适应性强，对土壤要求不严，耐寒性强，直立抗倒伏。在青藏高原地区一般 5 月上中旬播种，两周后出苗，一个月左右开始分蘖，播种当年少数植株能够完成生育期，其他大部分植株基本处于营养期。翌年 3 月下旬或 4 月上旬返青，6 月下旬孕穗，7 月上旬抽穗，7 月中下旬开花，8 月中下旬种子成熟，生育期达 150～160 天。干草产量 6 000～9 000kg/hm^2，种子产量 1 200～2 200kg/hm^2。

基础原种：由四川农业大学保存。

适应地区：适于我国青藏高原东南缘年降水量 400mm 以上的地区种植。

阿 坝 老 芒 麦
Elymus sibiricus L. 'Aba'

品种登记号：392

登记日期：2010 年 6 月 12 日

品种类别： 野生栽培品种

申报者： 四川阿坝大草原草业科技有限责任公司，四川省金种燎原种业科技有限责任公司，阿坝州草原工作站。刘斌、姚明久、陈涛、任朝明、高燕蓉。

品种来源： 1997 年春在阿坝不同地区采集野生老芒麦经多年栽培驯化而成。

植物学特征： 禾本科披碱草属多年生草本植物。疏丛型，株高 60～120cm。须根发达，秆直立，基部节稍膝曲。叶片条形，扁平，长 10～20cm，宽 5～8mm。穗状花序，小穗排列较疏松，穗长 15～20cm，小穗含小花 4～5 朵。颖果，长扁圆形，外稃具 5 脉，顶端延伸成向外反曲的长芒，芒长 12～20mm，种子千粒重 3.5～4.9g。

生物学特性： 返青早，青草期长，叶片宽，叶层高，叶量丰富。耐寒力极强，耐热力较强，在 -25～25℃ 的生境中能顺利越冬和越夏。适应性强，在海拔 2 000～4 000m 范围内栽培能够获得较高的种子和牧草产量。年可刈割 2～3 次，年产干草约 7 500～8 000kg/hm²，种子产量 900～1 100kg/hm²。根系发达，保持水土能力强。初花期刈割，适口性较好。抽穗开花期风干样品含干物质 88.0%，粗蛋白质 12.1%，粗脂肪 2.6%，粗纤维 37.5%，无氮浸出物 31.4%，粗灰分 4.4%，钙 0.40%，磷 0.10%。

基础原种： 由四川阿坝大草原草业科技有限责任公司保存。

适应区域： 适于四川阿坝海拔 2 000～4 000m 地区栽培。

川草 1 号老芒麦

Elymus sibiricus L. 'Chuancao No. 1'

品种登记号： 051

登记日期： 1990 年 5 月 25 日

品种类别： 育成品种

申报者： 四川省草原研究所。杨智永、王元富、盘朝邦、胡启元、柏正强。

品种来源： 四川省阿坝县本地老芒麦为育种原始材料，采用多次单株选择法选育而成，原品系代号为 802320。

生物学特性：疏丛型禾草，幼苗叶片宽短，播种当年较当地老芒麦生长快，翌年返青早、分蘖力强，具有其它老芒麦品种所没有的"短根茎"特征。抗寒、耐湿、较抗病、需肥水平低，雨季基本上无叶斑病发生。属中熟品种。干草产量 4 500～9 000kg/hm²。

基础原种：由四川省草原研究所保存。

适应地区：适于西北高原地区种植，在省内山地温带气候地区亦可种植。

川草 2 号老芒麦

Elymus sibiricus L. 'Chuancao No. 2'

品种登记号：083

登记日期：1991 年 5 月 20 日

品种类别：育成品种

申报者：四川省草原研究所。杨智永、王元富、盘朝邦、柏正强。

品种来源：采用四川省红原县天然草地的老芒麦为育种原始材料多次单株选择法选育而成，原品系代号为 812189。

生物学特性：疏丛型禾草，幼苗叶片宽，播种当年生长较原始材料快，翌年返青早，分蘖力强，枝条密度较原始材料增加 84.2%。抗寒、耐湿、较抗病，利用年限比一般老芒麦品种长 1～2 年。属中熟品种。干草产量 4 500～9 000kg/hm²。

基础原种：由四川省草原研究所保存。

适应地区：适于川西北高原地区推广，在省内山地温带气候地区亦可种植。

吉 林 老 芒 麦

Elymus sibiricus L. 'Jilin'

品种登记号：020

登记日期：1988 年 4 月 7 日

品种类别：地方品种

申报者：中国农业科学院草原研究所。董景实、贾丰生。

品种来源： 由吉林省农业科学院畜牧研究所和黑龙江省勃利马场引进。

植物学特征： 秆较细，株丛茂密，高 80～110cm。叶位较高，一般秆粗为 0.15～0.20cm。叶长 21～28cm，叶宽 1～2cm。

生物学特性： 在水肥条件较好的地区种植时分蘖旺盛，鲜草产量 25 000kg/hm²。越冬率高，抗病性强。

基础原种： 由中国农业科学院草原研究所保存。

适应地区： 适于内蒙古、辽宁、吉林、黑龙江等省区种植。

康 巴 老 芒 麦
Elymus sibiricus L. 'Kangba'

品种登记号： 461

登记日期： 2013 年 5 月 15 日

品种类别： 野生栽培品种

申报者： 甘孜藏族自治州畜牧业科学研究所、甘孜州康定情歌牧人有限公司。龙兴发、蒋忠荣、李太强、朱连发、杨秀全。

品种来源： 1998 年，在四川甘孜州高原牧区的康南雅江县、理塘县、巴塘县、稻城县和康北的道孚、炉霍、甘孜、白玉等县采集的野生老芒麦经多年栽培驯化选育而成。

植物学特征： 禾本科多年生疏丛型上繁禾草。须根系，株高约 130cm，茎直立或基部稍倾斜，淡绿色，通常 3～4 节。叶片扁平，长约 25cm，宽约 1.2cm，两面粗糙或下面平滑，叶鞘光滑，叶舌膜质，无叶耳。穗状花序较疏松，长约 24cm，有穗节约 40 个；穗弯曲下垂，每节小穗 2～3 枚，小穗灰绿色或稍带紫色，小花 4～5 朵。穗顶部有 2～5cm 小穗不结实，颖狭披针形，粗糙，外稃芒长 1.5cm。种子长扁圆形，成熟易脱落，种子千粒重（连稃）3.95～4.38g。

生物学特性： 中熟品种，返青早，绿期长。抗寒能力强，耐旱，在 -25～25℃生境中能顺利越冬和越夏。适应性强，在海拔 2 000～4 000m 栽培能获得较高的牧草产量和种子产量。每年可刈割 1～2 次，年产干草 8 000～9 000kg/hm²，种子产量 950～1 200kg/hm²。抗病能力强，根系发达，水土保持能力强。开花期干物质含量 89.5%，粗蛋白 12.1%，粗灰分 6.3%，粗纤维 29.9%，粗脂肪 2.4%，中性洗涤纤维 55.1%，酸性洗涤纤维 32.5%，钙 0.47%，磷 0.20%。适宜于放牧、青饲和调制青干草。

基础原种： 由甘孜藏族自治州畜牧业科学研究所保存。

适应区域： 适于川西北高原寒温带草甸地域及其类似生境地区种植。

农 牧 老 芒 麦
Elymus sibiricus L. 'Nongmu'

品种登记号： 128

登记日期： 1993 年 3 月 29 日

品种类别： 育成品种

申报者： 内蒙古农牧学院草原科学系。张众、王比德、吴渠来、冷丽娇。

品种来源： 由原呼和浩特农校引进的"弯穗披碱草"混合选择培育而成。

植物学特征： 植株疏丛型，茂密，茎秆直立，基部稍倾斜，株高 70～120cm。浓绿色，叶片狭长，叶长 10～20cm，叶宽 0.5～1.8cm。穗状花序疏松，弯曲下垂。种子千粒重 3.5～4.0g。

生物学特性： 生长旺盛，丰产性能好，干草产量 4 500～6 500kg/hm²。营养价值及适口性占中上等水平，易推广种植。

基础原种： 由内蒙古农牧学院草原科学系保存。

适应地区： 适于内蒙古中东部地区及我国北方大部分省区种植。

青牧 1 号老芒麦
Elymus sibiricus L. 'Qingmu No. 1'

品种登记号： 279

登记日期： 2004 年 1 月 8 日

品种类别： 育成品种

申报者： 青海省牧草良种繁殖场、青海省畜牧兽医科学院草原研究所、青海省草原总站。周青平、孙明德、颜红波、张海梅、徐有学。

品种来源： 以 1971 年在青海省同德牧场播种的当地老芒麦大田发现的

几株性状优良的植株，单株采收种子作为育种原始材料，经过多代混合选育而成。

植物学特征：多年生疏丛型禾草。须根系发达，茎直立，基部稍膝曲，株高 90～140cm，5～6 节。叶鞘无毛，常短于节间，叶舌长约 1mm，顶端平截，叶片扁平，长 15～35cm，宽 8～15mm，无毛或叶面有时疏生柔毛。穗状花序疏松下垂，长 18～25cm，具 32～36 节，每节着生 2～3 枚小穗。小穗长 8～16mm（芒除外），含 4～6 朵小花。颖狭披针形，顶端尖或具长达 5mm 的短芒。外稃披针形，第一外稃长 9～12mm，顶端延伸为反曲的芒，芒长 14～22mm，内稃先端钝尖，具 2 脊，脊上披纤毛。颖果长椭圆形，褐色，长 8.4～12.6mm，千粒重 2.9～3.5g。

生物学特性：抗逆性强，耐寒，在 −35℃ 低温条件下能安全越冬。抗旱，耐贫瘠，对土壤要求不严。叶片多，叶量丰富，适口性好，盛花期干物质中含粗蛋白质 14.90%，粗脂肪 0.93%，粗纤维 35.25%，无氮浸出物 44.50%，粗灰分 4.42%。在青海省西宁、大通、刚察、达日和同德等地种植，生长第 2～4 年平均干草产量为 8 000～9 000kg/hm^2。

基础原种：由青海省牧草良种繁殖场保存。

适应地区：适于青海全省海拔 4 500m 以下高寒地区种植。

同 德 老 芒 麦

Elymus sibiricus L. 'Tongde'

品种登记号：280

登记日期：2004 年 12 月 8 日

品种类别：野生栽培品种

申报者：青海省牧草良种繁殖场、中国农业大学、青海省畜牧兽医科学院、青海省草原总站。王堃、韩科、韩建国、辛有俊、王柳英。

品种来源：1982 年在青海省同德县巴滩地区采集野生老芒麦种子，经多年栽培驯化而成。

植物学特征：多年生疏丛型禾草。须根系发达，多集中于 20cm 土层中。茎直立，基部膝曲，株高 85～120cm，具 4～5 节。叶鞘较松，叶长 9.7cm，宽 6.3mm，茎生叶 4～5 片，灰绿色。穗状花序，较疏松下垂，长

15～25cm，具 12～22 节，每节有小穗 2 个，每小穗有小花 3～4 朵。颖狭披针形，长 4～6mm，先端具芒。外稃披针形，第一外稃长 9～12mm，有芒长 12～18mm，内外稃近等长。颖果，长椭圆形，深褐色，长 5～7mm，千粒重 3.26g。

生物学特性： 抗旱、抗寒，在 -35℃ 的低温下能安全越冬，耐盐碱，pH 8.1～8.7 范围内生长良好。分蘖能力强，叶量丰富，适口性好。开花期干物质中含粗蛋白质 10.40%，粗脂肪 2.44%，粗纤维 37.29%，无氮浸出物 43.53%，粗灰分 6.34%，钙 0.31%，磷 0.44%。在青海省玛沁县和同德县种植，生长第 2～4 年平均干草产量为 6 500kg/hm²。

基础原种： 由青海省牧草良种繁殖场保存。

适应地区： 青海省内海拔 2 200～4 200m 的地区均可种植。

同德无芒披碱草

Elymus submuticus (Keng) Keng f. 'Tongde'

品种登记号： 465

登记日期： 2014 年 5 月 30 日

品种类别： 野生栽培品种

申报者： 青海省牧草良种繁殖场、中国科学院西北高原生物研究所、青海省草原总站、同德牧场农牧技术服务专业合作社。汪新川、周华坤、李健辉、窦全文、乔安海。

品种来源： 青海省牧草良种繁殖场于同德巴滩地区天然草场野生披碱草群落中采集的种质，经过 10 年混合选择，栽培驯化而成。

植物学特征： 禾本科披碱草属多年生上繁禾草。须根系，茎直立，基部膝曲，株高 80～135cm。叶片条形，长 16～19cm，宽 6～11mm。穗状花序疏松弯垂，长 12～18cm，常以 2 枚小穗生于穗轴节，具 4～6 朵小花。种子千粒重 3.4～3.6g。

生物学特性： 干草产量 5 000～6 000kg/hm²，种子产量 525.3～774kg/hm²。对土壤要求不严，耐旱、抗寒。

基础原种： 由青海省牧草良种繁殖场保存。

适应区域： 适于我国海拔 2 200～4 200m 高寒地区种植。

偃麦草属
Elytrigia Desv.

京草 1 号偃麦草
Elytrigia repens（L.）Nevski 'Jingcao No. 1'

品种登记号： 389

登记日期： 2010 年 6 月 12 日

品种类别： 育成品种

申报者： 北京草业与环境研究发展中心、赤峰市农牧业科学院。孟林、毛培春、张国芳、乌艳红。

品种来源： 以 1997 年收集于新疆天山北坡的野生偃麦草群体为选育材料，利用无性系单株选择和有性繁殖综合育种法，在野生偃麦草群体中选择 74 个优良单株构成基础群体，经 2 个轮次的混合选择选育而成。

植物学特征： 多年生根茎型禾草。株型直立，分蘖多。叶色灰绿，叶长 15～25cm，宽 0.8～1.2cm。穗状花序，长 12～14cm，小穗单生于穗轴节间，含小花 5～9 枚。颖披针形，长 0.9～1.3cm，边缘膜质，具 5～7 脉，外稃披针形，先端钝或具短尖头，具 5 脉，内稃稍短于外稃。种子为颖果，矩圆形，暗褐色，千粒重 2.8g。

生物学特性： 春季返青早，生长速度快，绿期长，根茎蔓生速度快，且分蘖能力和覆盖地面能力强，抗旱耐寒能力较强。北京地区年可刈割 2 次，在全年只浇 1 次返青水条件下，干草产量可达 5 170kg/hm²。抽穗期风干样中含干物质 93.1%，粗蛋白质 11.9%，粗脂肪 3.3%，粗纤维 28.8%，无氮浸出物 42.3%，粗灰分 6.8%，钙 0.40%，磷 0.16%，中性洗涤纤维 53.8%，酸性洗涤纤维 28.9%。适于我国北方地区退化草地改良，沙荒地、弃耕地种植以及公路铁路边坡植被恢复，不宜在农田种植。适于调制干草、青饲和放牧。

基础原种： 由北京草业与环境研究发展中心保存。

适应地区： 适于我国北方干旱半干旱年均降水量 300mm 以上的地区种植。

京草 2 号偃麦草

Elytrigia repens（L.）Nevski 'Jingcao No. 2'

品种登记号： 475

登记日期： 2014 年 5 月 30 日

品种类别： 育成品种

申报者： 北京草业与环境研究发展中心。孟林、毛培春、乌艳红、田小霞、郭强。

品种来源： 以 1997 年在新疆天山北坡采集的野生偃麦草群体优良种质为原始材料，采用单株混合选择结合无性系选育而成。

植物学特征： 多年生根茎疏丛型禾草。株型直立，株高达 80cm，须根，根茎系统发达、粗壮。叶长 15～25cm，叶宽 0.4～0.6cm，叶片绿色或深绿色。穗状花序，穗长 9～17cm，小穗单生于穗轴之每节，含 8～12 小花。颖披针形，长 0.8～1.1cm，边缘膜质，具 5～7 脉；外稃披针形，先端钝或具短尖头，具 5 脉，内稃稍短于外稃。种子颖果矩圆形，暗褐色，千粒重 2.6g。染色体 $2n=6x=42$。

生物学特性： 该品种抗寒性、抗旱性、抗病虫性和耐热性强。有性繁殖结实性差，生产上多利用根茎繁殖。在越冬水和返青水灌溉条件下生长良好，在北京年均干草产量较原始群体提高 18.8％（品比试验），抽穗期含粗蛋白 12.9％（品比试验）和 16.0％（生产试验）。主要用于草坪、道路水系边坡等低养护草地建植，亦可作为牧草利用。

基础原种： 由北京草业与环境研究发展中心保存。

适应地区： 适于我国北方干旱、半干旱地区种植。

新偃 1 号偃麦草

Elytrigia repens（L.）Nevski 'Xinyan No. 1'

品种登记号： 474

登记日期： 2014 年 5 月 30 日

品种类别： 育成品种

申报者： 新疆农业大学。李培英、阿不来提、孙宗玖、张延辉、赵清。

品种来源：以 1985 年在乌鲁木齐南山谢家沟采集的野生偃麦草种质资源为原始材料，采取单株无性系选择与集团选择相结合的方法，经过多代选育而成。

植物学特征：该品种为禾本科偃麦草属多年生根茎疏丛型草本。具横走根茎，生殖枝直立，高度 46～71cm，叶层高度 17～25cm。叶片扁平条形，长度 11～17cm，宽度 7～9mm。穗状花序长 15～20cm，每花序含 24～34 个小穗，每小穗含 5～7 朵小花。种子长 7～8mm，宽 1.1～1.3mm，千粒重 2.5g 左右。

生物学特性：有性繁殖结实性差，生产上多利用根茎繁殖。在乌鲁木齐市 3 月中旬返青，3 月下旬、4 月上旬分蘖，4 月下旬拔节，5 月中旬孕穗，6 月上、中旬进入盛花期，7 月上旬进入结实期，11 月下旬枯黄。绿色期：北疆一般 240 天左右，南疆为 280～290 天，北京 260 天左右。植株低矮、密度大、绿色期长、均一性好、根茎发达，能形成良好草坪地被，管护成本低；同时还具有抗寒、耐热、抗旱、病虫害少、耐土壤瘠薄等特点，生态适应性强。

基础原种：由新疆农业大学保存。

适应地区：适于我国北方干旱、半干旱地区种植。

画眉草属
Eragrostis Beauv.

寻甸梅氏画眉草
Eragrostis mairei Hack. 'Xundian'

品种登记号：363

登记日期：2009 年 5 月 22 日

品种类别：野生栽培品种

申报者：云南省草山饲料工作站。尹俊、蒋龙、孙振中、罗富成、邓菊芬。

品种来源：2000 年在寻甸县北大营草地采集野生梅氏画眉草为原始材料经多年栽培驯化而成。

植物学特征： 多年生丛生型禾草。高 86～110cm，具 2～3 节，下部节有时膝曲。叶片线形，常内卷，长 28～39cm。圆锥花序开展，分枝细弱，单生。小穗紫褐色，卵形至长圆形，具小花 4～10 朵。颖果棕色长圆形，种子千粒重约 0.38g。

生物学特性： 植株生长繁茂，分蘖多，根系发达。表现出很强的抗旱性和抗寒性，生长速度快，耐牧性强。初花期干物质中含粗蛋白质 15.01%，粗脂肪 1.42%，粗纤维 35.81%，无氮浸出物 44.56%，粗灰分 3.20%，钙 0.27%，磷 0.26%。年可刈割 4～5 次，干草产量可达 6 226.5kg/hm²，适宜放牧、青饲和调制干草。

基础原种： 由云南省草山饲料工作站保存。

适应地区： 适于我国南方海拔 1 600～2 800m 的温带和亚热带地区种植。

蜈蚣草属
Eremochloa buse

华 南 假 俭 草
Eremochloa ophiuroides （Munro） Hack. 'Huanan'

品种登记号： 473

登记日期： 2014 年 5 月 30 日

品种类别： 野生栽培品种

申报者： 华南农业大学农学院。张巨明、李志东、黎可华、解新明、刘天增。

品种来源： 广东省英德英城镇山坡地采集的种质资源，通过品比选择栽培驯化而成。

植物学特征： 禾本科蜈蚣草属多年生禾草。秆高约 20cm，具匍匐茎，茎青绿色，节间短。叶稍扁，密集茎部，叶片扁平，长 3～9cm，宽 2～4mm。总状花序单生于秆顶端，花药黄色。

生物学特性： 种子产量低，一般用茎繁殖，分蘖力强。绿期较长，在华南地区约 330 天。均一性好，色泽一致，盖度可达 90% 以上，越冬性好。

喜暖热、湿润生境的疏松和沙质土壤。耐瘠、耐旱、耐寒，抗逆性强，病虫害少。

基础原种：由华南农业大学农学院保存。

适应区域：适于我国热带、亚热带地区种植。

赣 北 假 俭 草

Eremochloa ophiuroides（Munro）Hack. 'Ganbei'

品种登记号：572

登记日期：2019 年 12 月 12 日

品种类别：野生栽培品种

申报者：江苏省中国科学院植物研究所。陈静波、宗俊勤、郭海林、刘建秀、李玲。

品种来源：以采自江西庐山的野生假俭草种质资源经过多年驯化栽培而成。

植物学特征：禾本科蜈蚣草属多年草本。根系发达，根深 25～35cm，平均草层高度为 19.8cm，匍匐茎发达，茎色黄绿，平均匍匐茎节间长度为 1.93cm，平均直径为 0.2cm。叶色翠绿，质地柔软，叶片平均长度 15.2cm，宽度为 0.4cm，生殖枝高度 22.15cm。花药黄色，花穗长度 4.62cm，小穗长度 0.39cm。

生物学特性：坪用质量高、成坪速度快、青绿期长、花序密度低，在我国亚热带绿期为 250～300 天，在热带地区四季常绿，具有抗病虫、抗旱、耐酸铝的优点。

基础原种：由江苏省中国科学院植物研究所保存。

适应地区：适于我国长江中下游及以南地区建植观赏草坪、休憩绿地及保土草坪。

羊 茅 属

Festuca L.

羊茅属牧草原产欧、亚两洲，全世界有 80 种，分布很广。我国约有 20 多种，分布于东北、西北和西南各省。其中人工栽培的有草地羊茅

（*F. pratensis*），苇状羊茅（*F. arundinacea*）、羊茅（*F. ovina*）和紫羊茅（*F. rubra*）。

羊茅属系多年生、一年生、矮小或高大禾草。叶常狭而稍硬。小穗有 2 至多数小花，排列成狭窄或开展的圆锥花序；颖不等长，第一颖常具 1 脉，第二颖常具 3 脉；外稃具 5 脉，短尖有芒。

草地羊茅 根系发达，具短根状茎。茎秆直立、丛生、分蘖多。叶片上面粗糙，下面光滑，具光泽。叶舌和叶耳边缘具睫毛。每小穗含小花 6～8 朵。外稃顶端无芒。染色体数 $2n=14$。抗逆性强，耐寒、耐旱，又耐热、耐湿。有一定的耐盐能力，是适应性最广泛的羊茅种之一。草质较粗硬、适口性较差。

苇状羊茅 为多年生禾草，秆呈疏丛，高 50～90cm。叶条形，长 30～50cm，宽 0.6～1.0cm。圆锥花序开展，长 20～30cm，花药条形，长约 4mm。小穗卵形，长 15～18mm，有 4～5 朵小花，常为淡紫色。颖狭披针形，有脊，具 1～3 脉；外稃披针形，具 5 脉，无芒或具小尖头，内稃与外稃等长或稍短，脊上披短纤毛。

苇状羊茅的形态和习性，与草地羊茅基本相似。其不同点是植株比草地羊茅更为粗糙、高大，叶舌和叶耳边缘无睫毛，染色体数 $2n=42$。

凌 志 高 羊 茅

Festuca arundinacea Schreb. 'Barlexas'

品种登记号： 212

登记日期： 2000 年 12 月 25 日

品种类别： 引进品种

申报者： 荷兰百绿种子集团公司中国代表处。陈谷、柳小妮、王彦荣、南志标、曹致中。

品种来源： 由荷兰百绿公司培育的高羊茅草坪型品种，1995 年引入中国。

植物学特征： 多年生疏丛型禾草。须根入土很深。茎直立。叶片线型，边缘较粗糙，深绿色。圆锥花序散开，长 20～30cm，小穗含 4～5 花，外稃具短芒，颖果为内外稃贴生。种子千粒重 2.51g。

生物学特性： 生长缓慢，叶片较细，耐频繁修剪，抗病和抗虫害能力强。适于湿润、温和性气候，较耐热。春、秋季生长旺盛，炎热夏季也能维持生长。可建成低矮美观的草坪，适用于建植绿化及运动场草坪。

基础原种： 由荷兰百绿种子集团公司保存。

适应地区： 适于北方及温暖湿润地区种植。

北山 1 号高羊茅

Festuca arundinacea Schreb. 'Beishan No. 1'

品种登记号： 298

登记日期： 2005 年 11 月 27 日

品种类别： 育成品种

申报者： 北京大学。林忠平、胡鸢雷、贾炜珑、吴绮、张彦芹。

品种来源： 以引进的高羊茅贝克（Pixie）品种为原始材料，以幼穗为外植体诱导愈伤组织，后经液体悬浮培养，建立细胞悬浮培养系，经多代悬浮培养后诱导细胞分化，获得再生植株 2 630 株。长大的再生苗用高浓度聚乙二醇进行耐旱选择，选出耐旱植株 87 株，从中选出一个细叶型的耐旱高羊茅单株，后扩大繁殖。

植物学特征： 多年生疏丛型禾草。茎圆形，直立。根系深。叶鞘圆，开裂，叶片条形、扁平、纤细，中脉明显，叶端尖，色泽深绿，长 12～23cm，宽 2～6mm。圆锥花序紧缩，穗轴和分枝粗糙，每小穗含 4～5 朵小花。小穗卵形，颖片披针形，长 6～8mm，无毛，先端渐尖。颖果与内稃贴生，不易分离，长 3～4.5mm，宽 1.2～1.5mm。种子棕褐色，千粒重 1.92g。

生物学特性： 叶片质地柔细，色泽浓绿。生长速度缓慢，株丛矮，分蘖能力旺盛，成坪密度高，地面覆盖效果好。再生旺盛，草坪受损后能迅速恢复，具有致密、漂亮的外观。具有较强的抗旱、耐热和抗病虫害能力。具有良好的耐阴性，在阳光充足地带和遮阴地段均可茂密生长，并形成致密的草坪。在北京绿期达 270 天左右。适用于建植绿化及运动场草坪。

基础原种： 由北京大学保存。

适应地区： 适于我国华北、东北及西部诸省区种植。

长江 1 号苇状羊茅

Festuca arundinacea Schreb. 'Changjiang No. 1'

品种登记号： 260

登记日期： 2003 年 12 月 7 日

品种类别： 育成品种

申报者： 四川长江草业研究中心、四川省草原工作总站、四川省阳平种牛场。何丕阳、张新跃、何光武、陈艳宇、刘开全。

品种来源： 1984—1988 年四川省洪雅县阳平种牛场从国外引进苇状羊茅品种 20 个，种植后经多年自然选择淘汰，于 1992 年夏季伏旱时从残存材料中选出优良单株，经系统选育而成。

植物学特征： 多年生疏丛型禾草。须根发达，有短根茎，秆直立，粗硬，株高 80～130cm。分蘖多，叶片粗厚，叶量丰富，叶长 30～70cm，宽 8～12mm。圆锥花序开展，穗长 10～30cm，小穗长 10～14mm，每个小穗有小花 3～10 朵。颖果倒卵形，黄褐色，长约 6～10mm，具短芒，长约 3mm。千粒重 1.5～2.5g。

生物学特性： 耐热、耐旱、耐瘠薄，在夏季伏旱高温 42℃以上仍生长良好，越夏性好，全年无明显枯黄期。适口性好，拔节期干物质中含粗蛋白质 19.45%，粗脂肪 4.65%，粗纤维 27.06%，无氮浸出物 40.81%，粗灰分 8.03%，钙 0.77%，磷 0.24%。在四川洪雅县、仁寿县、达州市、广元市和南充市等地种植，年均干草产量为 13 000～15 000kg/hm²。

基础原种： 保存于四川长江草业研究中心。

适应地区： 适于长江中下游低山、丘陵和平原地区种植。

可奇思高羊茅

Festuca arundinacea Schreb. 'Cochise'

品种登记号： 286

登记日期： 2004 年 12 月 8 日

品种类别： 引进品种

申报者： 北京林业大学。韩烈保、邹玉新、尹淑霞、李鸿祥、曾会明。

品种来源：1996年由丹麦舟农国际种子集团公司引进。

植物学特征：多年生疏丛型禾草。须根发达、粗壮，入土较深，茎直立，无毛，坚韧而光滑，具4～5节，株高60～100cm。叶片带状，扁平，深绿色，有光泽，较粗糙，宽5～8mm。叶舌呈膜状，叶耳短而钝。圆锥花序，多分枝，宽大。每小穗含4～5朵小花，颖窄披针形，外稃无芒。颖果矩圆形，长5.0～5.5mm，宽1.2～1.5mm，深灰色或棕褐色，千粒重1.73～1.85g。

生物学特性：叶细，建植的草坪密度高，质量好。颜色深绿，抗旱，耐践踏，抗病性强，耐热性较为突出，形成的草坪较持久。生长速度较慢，相对降低了修剪频率。既可单播，也可混播。绿期较长，在北京地区全年约为265天。适于建植绿化及运动场草坪。

基础原种：由丹农国际种子集团公司保存。

适应地区：适于我国华北、西南、西北较湿润地区，内蒙古东南部，东北平原南部，武汉、杭州、上海等地种植。

德梅特苇状羊茅
Festuca arundinacea Schreb. 'Demeter'

品种登记号：404

登记日期：2010年6月12日

品种类别：引进品种

申报者：云南省草地动物科学研究院、百绿国际草业（北京）有限公司。吴文荣、邓菊芬、袁福锦、段新慧、周自玮。

品种来源：云南省草地动物科学研究院（原云南省肉牛和牧草研究中心）1983年从澳大利亚引进，原品种（Demeter）1965年在澳大利亚登记注册。

植物学特征：禾本科羊茅属多年生疏丛型禾草。须根发达，开花期株高80～90cm，叶量较多，叶平整但较粗糙，叶片呈橄榄绿色。圆锥花序，直立或上端下垂，小穗绿色带淡栗色，有小花4～5朵。颖果深灰或棕色，芒短小，千粒重2.5g。

生物学特性：再生性强，一年可刈割4～5次。耐旱耐涝，有较强的抗锈病和抗倒伏能力。单播条件下干物质产量5 000～6 000kg/hm²，种子产量

$500\sim600kg/hm^2$。营养生长期干物质中含粗蛋白质 21.11%，粗脂肪 4.7%，粗纤维 16.9%，无氮浸出物 47.61%，粗灰分 9.68%。

基础原种：由澳大利亚 CSIR 保存。

适应地区：适于云南省海拔大于 1 200m，年降水量大于 700mm 的北亚热带、温带地区种植。

都脉苇状羊茅
Festuca arundinacea Schreb. 'Duramax'

品种登记号：576

登记日期：2019 年 12 月 12 日

品种类别：引进品种

申报者：四川农业大学。张新全、聂刚、黄琳凯、黄婷、李鸿祥。

品种来源：引自丹农匹克公司种子公司（DLF Pickseed）。

植物学特征：禾本科羊茅属多年生草本。根深且发达，植株粗壮，秆直立，高 100～120cm。叶鞘平滑无毛。圆锥花序疏松开展，长 20～30cm，每小穗含小花 4～5 朵。种子千粒重 2.93g。

生物学特性：喜温凉湿润气候，抗逆性强，具有出色的耐寒能力，春季返青早，再生能力强，产量较高，叶量丰富，叶片宽大柔软，适口性好，为中晚熟型品种。主要用于放牧草地和割草地，利用期长。在适应区域干草产量达 8 000～12 000kg/hm^2。

基础原种：由丹农匹克公司种子公司（DLF Pickseed）保存。

适应地区：适于云贵高原及西南山地丘陵区种植。

法恩苇状羊茅
Festuca arundinacea Schreb. 'Fawn'

品种登记号：012

登记日期：1987 年 5 月 25 日

品种类别：引进品种

申报者：湖北省农业科学院畜牧兽医研究所。鲍健寅、周奠华、冯蕊华、李维俊。

品种来源： 1980 年从美国引入。

植物学特征： 多年生禾本科牧草，<u>丛生型</u>。根系发达，植株较高大，分蘖多。叶片多，粗厚。侵占性较草地羊茅强。

生物学特性： 生命力强，适应性广，能在多种气候条件下和生态环境中生长。耐寒又能抗高温，抗旱又能耐潮湿，耐酸又能耐盐碱，耐阴又耐瘠。我国长江中下游低海拔的丘陵、山地、平原地区，因夏季有高温伏旱，土壤酸瘠，一般草种难以建植和持久利用，该品种在上述地区是改良天然草地、建植人工草地的良好当家草种。耐牧、耐践踏，适宜春夏季放牧利用。产草量较其它苇状羊茅品种高，干草产量 9 000～12 000kg/hm²，种子 900～1 200kg/hm²。草质较粗糙、适口性较差，利用率低。但如能合理施肥，适期利用，其适口性和营养价值亦可提高。

基础原种： 原种保存在美国。

适应地区： 适于我国温带和亚热带地区种植。

沪坪 1 号高羊茅

Festuca arundinacea Schreb. 'Huping No. 1'

品种登记号： 387

登记日期： 2009 年 5 月 22 日

品种类别： 育成品种

申报者： 上海交通大学。何亚丽、虞冠军、胡雪华。

品种来源： 在对国外高羊茅品种生态适应性鉴定基础上，通过系统选育与杂交育种而育成的坪用型高羊茅品种。从美国引进的 3 个高羊茅品种（Richmond，Duke，Dixie）在上海的生态适应性鉴定圃中选择到两个矮生、色泽深绿的单株，把两单株营养分株繁殖成无性系，把两无性系以 1：1 的植株茎蘖比例定植，使之自由授粉，混收两系种子，得到的自由授粉子一代群体即为新品系"沪坪 1 号"。

植物学特征： 禾本科羊茅属多年生草本。自然草层高度为 30～40cm，成熟株高度 90～100cm。叶宽 0.35～0.45cm，叶色深绿。圆锥花序，穗长 15～18cm。种子为颖果，千粒重为 1.1～1.3g。在中等肥水与修剪管理水平下草坪草的茎蘖密度为 170～180 个/cm²。

生物学特性： 质地较细腻，叶宽是普通品种的 50%～60%。矮生，在同样的管理条件下株高是普通高羊茅品种的 2/3，修剪次数可以减少 1/3。耐践踏性、抗病虫性、耐涝性和草坪质量综合性状与普通高羊茅品种相当。在长江中下游地区建植庭院和绿地草坪能周年常绿。

基础原种： 由上海交通大学保存。

适应区域： 适于长江中下游地区种植。

美洲虎 3 号高羊茅

Festuca arundinacea Schreb. 'Jaguar No. 3'

品种登记号： 333

登记日期： 2006 年 12 月 13 日

品种类别： 引进品种

申报者： 北京克劳沃草业技术开发中心、北京格拉斯草业技术研究所。刘自学、苏爱莲、刘艺杉、薛增平。

品种来源： 该品种由美国 Zajac Performance Seeds 公司选育而成。1998 年由北京克劳沃草业技术开发中心引进。

植物学特征： 多年生疏丛型禾草。根系发达而致密。茎秆直立，高 50～85cm。叶条形，长 15～20cm，叶片细，宽 4.4mm，叶色绿。圆锥花序，小穗长 10～13mm，含 4～5 朵小花，小颖果长 3.4～4.2mm。种子千粒重 1.73～1.85g。

生物学特性： 成坪速度快，形成的草坪密度高，景观效果好。绿期长，在北京地区可达 285 天左右。耐践踏、耐热、抗旱、耐瘠薄，具有较好抗逆性。适应性强，多种土壤条件下都可正常生长。适用于建植运动场草坪以及边坡绿化。

基础原种： 由美国 Zajac Performance Seeds 公司保存。

适应地区： 适于华北、西北、西南、华中大部地区种植。

约翰斯顿苇状羊茅

Festuca arundinacea Schreb. 'Johnstone'

品种登记号： 403

登记日期：2010 年 6 月 12 日

品种类别：引进品种

申报者：北京克劳沃草业技术开发中心。刘自学，苏爱莲，邵麟惠。

品种来源：2000 年北京克劳沃草业技术开发中心从美国 Smith Seed Services 公司引入。

植物学特征：禾本科羊茅属多年生疏丛型禾草。须根系发达而致密。分蘖多，茎秆直立，株高 100～150cm。叶片粗厚、叶量丰富，叶长 15～25cm，叶宽 6～11mm。圆锥花序开展，穗长 20～30cm，小穗长 15～18mm，每小穗有小花 4～5 朵。内稃与外稃等长或稍短，先端二裂。颖果矩圆形，黄褐色，千粒重 2.51g。

生物学特性：具有广泛的适应性，抗寒耐热、耐旱耐湿、耐瘠薄，在冬季－15℃的条件下可安全越冬，夏季可耐 38℃的高温。产草量高，年鲜草产量 55 000～70 000kg/hm²。抽穗期风干样品中含干物质 90.8%，粗蛋白质 15.5%，粗脂肪 2.1%，粗纤维 26.9%，无氮浸出物 34.3%，粗灰分 12.0%，钙 0.66%，磷 0.24%。

基础原种：由美国 Smith Seed Services 公司保存。

适应地区：适于年降水量 450mm 以上，海拔 1 500m 以下温暖湿润地区种植。

黔草 1 号高羊茅

Festuca arundinacea Schreb. 'Qiancao No. 1'

品种登记号：299

登记日斯：2005 年 11 月 27 日

品种类别：育成品种

申报者：贵州省草业研究所、贵州阳光草业科技有限责任公司、四川农业大学。吴佳海、牟凉笼、尚以顺、唐成斌、张新全。

品种来源：1991 年在贵州采集的野生高羊茅种子作亲本材料，采用改良混合选择法育成。

植物学特征：多年生疏丛型禾草。根系发达、较深。茎直立，株高 76～97cm，具有 3～4 个节。叶条形，长 8～14cm，宽 4～7mm。圆锥花序开展，长 20～28.5cm，分枝长 15cm。小穗长 7～10mm，有 2～3 朵小花。内稃与外稃等长或稍有长短，先端二裂。颖果矩圆形，长 2.5～3.8mm，宽 1.2～1.5mm，棕褐色。种子千粒重 2.1g。

生物学特性： 抗寒、抗旱，耐热、耐贫瘠，病虫害少。绿期长、颜色青绿。耐践踏、持续性好、适应性广。耐修剪、易管理、建植成本低。春、秋季生长快，竞争力强，适用于建植运动场草坪、公路护坡、机场及边坡绿化。

基础原种： 由贵州省草业研究所保存。

适应地区： 适于我国长江中上游中低山、丘陵、平原及其他类似地区种植。

水 城 高 羊 茅

Festuca arundinacea Schreb. 'Shuicheng'

品种登记号： 405

登记日期： 2010 年 6 月 12 日

品种类别： 野生栽培品种

申报者： 贵州省草业研究所、贵州阳光草业科技有限责任公司、四川农业大学。吴佳海、牟琼、王小利、唐成斌、张新全。

品种来源： 1991 年从贵州黔西北地区水城梅花山采集的野生高羊茅，经多年栽培驯化而成。

植物学特征： 禾本科羊茅属多年生疏丛型草本，根系发达，分蘖性强。株高 89cm，有 3～4 个节。叶长 11.2cm，叶宽 6.1mm。圆锥花序开展，穗长 25cm，分枝单生，长 15cm，小穗长 7～10mm，有 2～3 朵小花。种子千粒重 1.88g。

生物学特性： 密度高、均一性好、抗逆性强，较耐粗放管理。草坪建植利用时间较长，一般可利用 5～7 年。在贵州海拔 1 000m 的地区种植全年绿期 320～365 天，用于建植环境绿化草坪、护坡生态治理及矿区植被恢复。

基础原种： 由贵州省草业研究所保存。

适宜区域： 适于我国云贵高原、长江中上游及类似生态区种植。

特沃苇状羊茅

Festuca arundinacea Schreb. 'Tower'

品种登记号： 549

登记日期： 2018 年 8 月 15 日

品种类别： 引进品种

申报者： 云南省草山饲料工作站、四川农业大学、云南农业大学。吴晓祥、黄琳凯、利红祥、聂刚、姜华。

品种来源： 引自荷兰英诺种子公司法国育种中心。

植物学特征： 禾本科多年生草本。须根系，根深且发达。株高 60～120cm，半直立。叶量大且柔软，叶片长 20～40cm，分蘖 40～60 个。圆锥花序展开，长 10～15cm，每小穗含小花 4～5 朵，异花授粉。种子长 6～7mm，千粒重 2.6g。

生物学特性： 六倍体中晚熟品种，生育期 300 天左右。耐热、抗寒和耐旱能力都较强，最适合在肥沃、潮湿、较黏重的土壤上生长。

基础原种： 由荷兰英诺种子公司法国育种中心保存。

适应地区： 适于我国西南地区年降水量 450mm 以上，海拔 600～2 600m 地区种植。

维加斯高羊茅

Festuca arundinacea Schreb. 'Vegas'

品种登记号： 355

登记日期： 2008 年 1 月 16 日

品种类别： 引进品种

申报者： 四川省草原科学研究院、百绿国际草业（北京）有限公司。白史且、陈谷、张丽霞、张玉、邓永昌。

品种来源： 由荷兰百绿公司培育，在 1984 年通过 UPOV 登记，1995 年由百绿国际草业（北京）有限公司和四川省草原科学研究院引进。

生物学特性： 禾本科羊茅属多年生草本，冷季型草坪草。质地较细，叶片深绿，绿色期较长，在成都为 365 天，在北京为 275 天。根系发达，易制成草皮卷。抗旱耐热，耐践踏能力良好，能忍耐−20℃低温。对叶斑病、褐斑病等病害有一定抗性。可用于运动场草坪、公园庭院草坪、园林造景和公路边坡植被恢复。

基础原种：由荷兰百绿公司保存。

适应区域：适于我国西南、华中以及华北、西北和东北较湿润地区种植。

盐城牛尾草（苇状羊茅）

Festuca arundinacea Schreb. 'Yancheng'

品种登记号：065

登记日期：1990 年 5 月 25 日

品种类别：地方品种

申报者：江苏省沿海地区农业科学研究所。陆炳章、张武舜、许慰睽、周春霖。

品种来源：1946 年由美国引入南京，20 世纪 50 年代初由原华东农业科学研究所引至苏北盐土区试验，经多年栽培、驯化而成。

植物学特征：须根粗密。秆粗硬，丛生，株高 80～110cm。分蘖多，一般每株分蘖 30～40 株。

生物学特性：抗逆性强，耐热、耐湿、抗旱。耐盐碱，在 pH 9.5 的碱性土壤上生长良好。耐阴，能在郁闭的林带中生长。再生性强，耐牧，耐刈。利用年限长，一般能生长 7～8 年，第 3～4 年为生长繁茂期。病虫害少、产草量较高而稳定，鲜草产量 22 000～30 000kg/hm²，种子产量 450～550kg/hm²，质地粗硬、适口性差。长成后能形成坚实草层，多年不衰，茎叶多，越夏良好。

基础原种：由江苏省沿海地区农业科学研究所保存。

适应地区：适于我国华东地区各省及河南、湖南、湖北等省种植。

环湖毛稃羊茅

Festuca kirilowii Steud. 'Huanhu'

品种登记号：575

登记日期： 2019 年 12 月 12 日

品种类别： 野生栽培品种

申报者： 青海省畜牧兽医科学院、青海省牧草良种繁殖场、西南民族大学。刘文辉、梁国玲、魏小星、周青平、汪新川。

品种来源： 以青海湖周边采集的野生毛稃羊茅为原始材料，经过多年栽培驯化而成。

植物学特征： 禾本科羊茅属多年生草本。秆较硬，直立或基部稍膝曲，高 60～85cm，疏丛生。须根系发达，具细弱根茎。叶片线形，对折或内卷，叶鞘平滑，叶舌平截，具纤毛。圆锥花序开展，小穗褐紫色或褐黄色。颖果淡黄色或黄色，披针形或舟形，千粒重 0.48～0.80g。

生物学特性： 抗旱、耐寒性强，对土壤要求不严。利用年限长，种子成熟后茎叶仍保持绿色。干草产量为 5 000kg/hm² 左右。

基础原种： 由青海省畜牧兽医科学院保存。

适应地区： 适于青藏高原海拔 4 200m 以下的高寒地区及西北、东北地区种植。

环 湖 寒 生 羊 茅

Festuca kryloviana Reverd. 'Huanhu'

品种登记号： 577

登记日期： 2019 年 12 月 12 日

品种类别： 野生栽培品种

申报者： 青海省畜牧兽医科学院、青海省草原改良试验站、西南民族大学、青海省牧草良种繁殖场。刘文辉、贾志锋、梁国玲、周青平、周学丽。

品种来源： 以青海湖周边采集的野生寒生羊茅为原始材料，经过多年栽培驯化而成。

植物学特征： 禾本科羊茅属多年生草本。须根细长，株高 60～75cm，秆光滑，丛生。叶鞘开放，微粗糙，叶舌短，具纤毛，叶片内卷呈针状。圆锥花序每节具 1 分枝，小穗微带紫色，具柄。颖果淡黄色或褐色，具短芒。千粒重 0.40～0.60g。

生物学特性：适应性强，幼苗抗旱、耐寒性强。生产性能稳定，利用年限较长。干草产量为 4 000kg/hm² 左右。

基础原种：由青海省畜牧兽医科学院保存。

适应地区：适于青藏高原海拔 4 200m 以下的高寒地区及华北、西北地区种植。

青 海 中 华 羊 茅
Festuca sinensis Keng 'Qinghai'

品种登记号：261

登记日期：2003 年 12 月 7 日

品种类别：野生栽培品种

申报者：青海省牧草良种繁殖场、中国农业大学。孙明德、周禾、徐有学、戎郁萍、颜红波。

品种来源：采自青海省同德县巴滩地区海拔 3 000m 左右天然草地的野生中华羊茅种子，经 30 多年栽培驯化而成。

植物学特征：多年生疏丛型禾草。须根系发达，集中于 15～18cm 土层中。茎直立或基部稍倾斜，具 4 节，节紧缩，无毛，呈紫色，株高 65～90cm。叶线形，长 6～16cm，宽 1.8～3.6mm，叶片直立、质硬，叶舌膜质或草质。圆锥花序开展，长 12～18cm，小穗含 3～4 朵小花，成熟时淡绿色或略带褐色。颖先端渐尖，外稃长圆状披针形，顶生短芒，颖果成熟时紫褐色。千粒重 0.5～0.8g。

生物学特性：适应性强，在海拔 2 300～4 000m 地区生长良好。耐寒，在同德－38℃的严寒天气无需覆盖，仍能安全越冬。有一定的耐旱能力。开花期干物质中含粗蛋白质 11.13％，粗脂肪 2.36％，粗纤维 30.23％，无氮浸出物 49.86％，粗灰分 6.42％，钙 0.25％，磷 0.33％。在青海玛沁县和三角城羊场种植，年均干草产量 10 000～11 000kg/hm²。

基础原种：保存于青海省牧草良种繁殖场。

适应地区：适于青藏高原海拔 2 000～4 000m，年降水量 400mm 左右的高寒地区种植，是建立牧刈兼用人工草地和天然草地补播的优良品种。

异燕麦属
Helictotrichon Bess.

康巴变绿异燕麦
Helictotrichon virescens（Nees ex Steud.）Henr.'Kangba'

品种登记号： 493

登记日期： 2015 年 8 月 19 日

品种类别： 野生栽培品种

申报者： 四川省草原工作总站、甘孜藏族自治州草原工作站、四川省金种燎原种业科技有限责任公司。何光武、张瑞珍、马涛、刘登锴、姚明久。

品种来源： 四川省草原工作总站以甘孜高原地区收集到的野生变绿异燕麦种子为选育材料，经多年栽培驯化而成。

植物学特征： 密丛型多年生草本植物。茎直立，高 100～180cm。叶片长 20～40cm，宽 8～16mm。圆锥花序，长 15～40cm，花序节互生，穗粒数 20～60 粒。落粒性强，未脱芒种子千粒重 3.4g 左右。

生物学特性： 叶量多，草质柔软，青绿期长，种子成熟后植株仍保持青绿，茎量丰富，适口性好，成熟期粗蛋白质 8.8%。耐寒性好，在青藏高原生长良好，丰产年份在第 2～4 年，可产鲜草 22 500～30 000kg/hm²，种子 600～750kg/hm²。

基础原种： 由四川省草原工作总站保存。

适应区域： 适于海拔 2 000～4 000m，年降水量 400mm 以上地区种植。

牛鞭草属
Hemarthria R. Br.

扁 穗 牛 鞭 草
Hemarthria compressa（L. f.）R. Br.

扁穗牛鞭草原产暖热的亚热带、热带低湿地。分布于印度、印度尼西亚以及东南亚等国。我国南方各省（区）及河北、山东、陕西等地亦有野生或栽培利用。牛鞭草为多年生禾草，基部横卧地面。叶条形，长 3～13cm，宽 3～8mm。总状花序压扁，长 5～10cm，穗轴坚韧，小穗成对生于各节，有柄的不孕，无柄的结实；无柄小穗嵌生于穗轴节间与小穗柄愈合而成的凹穴中，长 4～4.5mm；第一颖在顶端以下不显著收缩。结实少，种子细小，生产上多用无性繁殖。喜温暖湿润气候，抗逆性较强，耐热、耐水淹，亦较耐霜冻和耐酸。茎细软，饲草品质好，牲畜喜食。既可放牧利用，亦可晒制干草。草丛厚密，覆盖面大，可作水土保持植物。

重高扁穗牛鞭草

Hemarthria compressa （L. f.）R. Br. 'Chonggao'

品种登记号：010

登记日期：1987 年 5 月 25 日

品种类别：野生栽培品种

申报者：四川农业大学。杜逸、吴彦奇、张世勇、王天群。

品种来源：1974 年采自重庆市郊湿润地的野生种栽培选育而成。

植物学特征：秆粗直立，高 204cm。叶条带状，长 19cm。总状花序顶生或成束腋生，小穗成对生于各节。

生物学特性：耐热耐低温。冬季能保持青绿。耐酸性土壤，适口性好，耐刈割。年产鲜草 18 000kg/hm²。种子产量低，适宜无性繁殖。

基础原种：由四川农业大学保存。

适应地区：适于南方各省、区的低湿地种植。

广益扁穗牛鞭草

Hemarthria compressa （L. f.）R. Br. 'Guangyi'

品种登记号：011

登记日期：1987 年 5 月 25 日

品种类别：野生栽培品种

申报者：四川农业大学。杜逸、黄华强、李天华、吴彦奇、王天群。

品种来源：1954 年采自广西壮族自治区的野生扁穗牛鞭草，经多年驯化选育而成。

植物学特征：原种匍匐分蘖斜立。选育后的秆直立，高165cm，全体被白粉而呈灰绿色。叶片长于叶鞘，长18cm。总状花序，有柄小穗不孕，无柄者嵌入穗轴凹穴中能结实，长4.5～5.5mm。

生物学特性：秆较细，分蘖很多，无性繁殖。春、夏、秋各季均可栽植。冬季草丛保持青绿缓慢生长。对土壤要求不严，耐水淹。耐多次刈割，再生力强，年产鲜草149 000kg/hm²。

基础原种：四川农业大学保存。

适应地区：适于南方各省、区海拔1 500m以下地区种植。

雅安扁穗牛鞭草

Hemarthria compressa（L. f.）R. Br. 'Yaan'

品种登记号：364

登记日期：2009年5月22日

品种类别：野生栽培品种

申报者：四川农业大学、重庆市畜牧科学院。张新全、杨春华、范彦、马啸、何丕阳。

品种来源：1999年采集四川雅安青衣江畔的野生扁穗牛鞭草，经多年栽培驯化而成。

植物学特征：多年生禾草。根系发达，具横走的根茎和匍匐茎，基部茎常横卧地，节上可产生不定根和分蘖，中上部茎直立或斜生，呈疏丛状。全株青绿色，分蘖强，适于营养体无性繁殖。开花期株高150～170cm，节间长9～13cm，茎直径0.3～0.4cm；叶长21～27cm，宽0.6～0.8cm。穗状总状花序长5～10cm，两侧压扁，直立。小穗陷入总状花序轴凹穴中，结实率为1%～2%，颖果蜡黄色，长卵形，长约2mm，千粒重0.19g。

生物学特性：无性繁殖，叶量丰富，生长速度快。在亚热带低海拔地区全年能保持青绿，抗寒性较强，能忍受－4℃低温，再生力强，喜暖热气候。耐瘠、耐酸，抗病虫性强，耐水淹。适应性广，各种土壤均可种植，以酸性黄壤为最适，在pH 6～7的土壤生长最好。与广益扁穗牛鞭草相比，叶量更为丰富。拔节期风干物中含干物质94.84%，粗蛋白质13.45%，粗脂肪3.66%，粗纤维30.46%，中性洗涤纤维65.74%，酸性洗涤纤维37.31%，无氮浸出物 37.67％，粗灰分 9.60％。在四川盆地丘陵无灌溉条件下，每年可刈割 4～5 次，干草产量可达 30 000kg/hm² 。适宜于青饲、青贮和放牧。

基础原种：由四川农业大学保存。

适应区域：适于长江流域亚热带海拔 500～2 500m 的温暖湿润地区及其它类似生态地区，海拔 500～1 500m 的酸性黄壤区种植。

绒毛草属

Holcus L.

南 山 绒 毛 草

Holcus lanatus L. 'Nanshan'

品种登记号：179

登记日期：1997 年 12 月 11 日

品种类别：野生栽培品种

申报者：湖南农业大学、湖南省南山牧场。屠敏仪、刘太勇、郑明高、解励德、洪旗德。

品种来源：1981 年在南山牧场飞播人工草地上出现少量散生绒毛草，以后逐年自然扩散呈野生分布。1988 年采集种子栽培，1990—1994 年进行了品种比较试验和生产试验，表现优良。经过 9 年栽培驯化，培育为野生栽培种，现在是南山人工草地的重要栽培牧草。

植物学特征：多年生草本。须根细弱稀疏，茎秆直立或基部弯曲，被柔毛，具 4～5 节，株高 30～80cm。叶片扁平，质较厚而柔软，两面皆被柔毛，长 6～18cm，宽 3～8cm。圆锥花序较紧密，长 12cm，小穗灰白或带紫色，含二小花，第一花两性，第二花雄性。种子细小，菱形，灰色，每千克种子 330 万粒，在南山草地上结实率 45.2％。

生物学特性：喜温暖湿润气候，适宜生长气温 10～25℃。在南山草地上鲜草产量 37 500～45 000kg/hm² 。适于放牧或打草，连续放牧时以青草越夏，种子产量 225～300kg/hm² ，秋季返青，以青草越冬。耐湿、耐旱、耐瘠薄、耐牧、耐割，分蘖能力极强，叶量丰富。适口性中上等。不耐热，可与白三叶、红三叶混播建立人工草地。

基础原种： 湖南省南山牧场生产科草场站。

适应地区： 适于南方夏无酷暑、冬无严寒的山区种植。

大 麦 属
Hordeum L.

　　大麦属植物为一年生或多年生草本。秆直立。小穗有 1 小花，以 3 枚生于穗轴各节，居中者无柄而结实，侧生者常不结实而呈芒状，大部具柄。颖芒状或狭披针形；外稃背部圆形，具 5 脉，顶端有芒或无芒。

　　该属中的大麦（*Hordeum vulgare* L.）是我国北方各省区普遍栽培的一种作物，其谷粒可作面食，亦可为制啤酒与麦芽糖的原料；子粒与茎叶亦为家畜的良好饲料。本属中其它许多种，如：紫野麦草（*H. violaceum* Boiss. et Huet.），野大麦（*H. brevisubulatum*（Trin.）Link），布顿大麦草（*H. bogdanii* Wilensky）等都是良好的牧草。

　　野大麦　亦称短芒大麦草，多年生禾草。常具根状茎。秆成疏丛，直立或下部节常膝曲，高 25～90cm。叶条形，宽 2～6mm。穗状花序顶生，长 3～9cm，成熟时带紫色。小穗的颖短于外稃，外稃先端具小尖头或具长 1～2mm 的短芒。染色体 $2n=28$。

　　野大麦主要分布在东北、华北、内蒙古、青海、新疆等省（区），近年来已引为人工栽培，是优等饲用禾草。草质柔软，适口性好，青鲜时，牛和马喜食，羊乐食。结实后，适口性有所下降，但调制成干草后，仍为各种家畜所乐食。营养价值较高。抗盐碱的能力强，是改良盐渍化和碱化草场的优良草种之一。

察 北 野 大 麦
Hordeum brevisubulatum（Trin.）Link 'Chabei'

品种登记号： 042

登记日期： 1989 年 4 月 25 日

品种类别： 野生栽培品种

申报者： 河北省张家口市草原畜牧研究所。刘树强、孟庆臣、吕兴业。

品种来源： 1979 年采集于河北坝上天然盐渍化草地的野生种，1980 年开始栽培驯化。

植物学特征：有短根茎，茎的基部常两节膝曲，株高 50～90cm。穗状花序，小穗着生紧密，每三枚小穗着生一节，中间小穗无柄，两侧小穗为雄性不孕。种子成熟后易逐节断落。种子轻，千粒重 1.5～2g。

生物学特性：宜生长在较低湿和微碱土壤中，耐盐性较强。质地柔软，适口性好，分蘖性强，返青早，生长迅速，能割草利用 5～7 年。一般干草产量 5 000～7 000kg/hm²，种子产量 680～1 000kg/hm²。

基础原种：由河北省张家口市草原畜牧研究所保存。

适应地区：适于河北北部、内蒙古东南部、吉林、黑龙江、辽宁、甘肃、新疆等地种植。

军需 1 号野大麦

Hordeum brevisubulatum（Trin.）Link 'Junxu No. 1'

品种登记号：233

登记日期：2002 年 12 月 11 日

品种类别：育成品种

申报者：中国人民解放军军需大学。李彦舫、沈景林、张亚兰、程小蕊、杨柏明。

品种来源：以吉林省前郭尔罗斯蒙古族自治县天然草原的野大麦为育种原始材料，采用组织培养，化学诱变和⁶⁰Co‐γ 射线辐射诱变，再经连续 5 代系统选育方法育成。

植物学特征：多年生疏丛型禾草。须根稠密，具短根茎，秆直立或基部膝曲，株高 60～80cm。叶片线形，绿色或灰绿色，长 7～18cm，宽 3～7mm，上面粗糙，背面光滑，叶鞘短于节间。穗状花序，四棱形，绿色或成熟时带紫色，穗长 7.0～8.6cm，每节有小穗 3 枚，每小穗含 1 小花，两侧小穗有柄，不孕或为雄性，外稃无芒，中间小穗无柄，可孕，外稃顶端渐尖成短芒，内稃与外稃等长。颖果长约 3mm，顶端有毛。种子千粒重约 18g。

生物学特性：适应性较强。抗旱、耐寒、耐瘠、耐盐碱，在湖边碱湿地和盐碱地当含盐量不超过 1.2%、pH 11.0 时也能生长。耐践踏，适宜放牧。播种当年发育慢，大部处于营养生长状态，仅个别抽穗开花，但不能结籽成熟。第二年抽穗开花，结籽成熟。生育期 110～130 天，结实率 46.67%。茎叶柔软，适口性好，各种家畜喜食。开花期干物质中含粗蛋白质 17.46%，粗脂肪 3.85%，粗纤维 29.40%，无氮浸出物 42.08%，粗灰分 7.21%。在吉林省前郭县、河北省昌黎县和山东省东营市种植，干草产量一般达 8 500～10 000kg/hm²。

基础原种： 保存于中国人民解放军军需大学。

适应地区： 适于吉林、辽宁、内蒙古、山东等省区种植。

萨尔图野大麦

Hordeum brevisubulatum (Trin.) Link 'Saertu'

品种登记号： 550

登记日期： 2018 年 8 月 15 日

品种类别： 野生栽培品种

申报者： 东北农业大学。崔国文、殷秀杰、胡国富、张攀、秦立刚。

品种来源： 以采自大庆市萨尔图区的野生材料，经过多年栽培驯化而成。

植物学特征： 禾本科大麦属多年生草本。疏丛型，茎秆直立或膝曲，株高 60～90cm。叶片宽 4～6cm，长 8～16cm，灰绿色。穗状花序，自花授粉，成熟时带紫色。颖果外稃具短芒。千粒重 2.2g。

生物学特性： 分蘖力强，种植第一年分蘖数 8～20 个，第二年可达 80～130 个。年平均干草产量约 4 800kg/hm²，种子产量可达 450kg/hm² 左右。生长迅速、耐盐碱能力较强，在土壤 pH 8.0～9.5 条件下能良好生长繁育。返青早，在东北地区 4 月中旬返青。生育期 150 天左右。抗寒能力强，在东北地区 8 月初播种，越冬前幼苗株高 5～10cm 左右，也可在没有积雪覆盖且干旱条件下安全越冬。

基础原种： 由东北农业大学保存。

适应地区： 适于东北三省及内蒙古东北部地区重、中度盐碱退化草地的改良和建植人工草地。

鄂 大 麦 7 号

Hordeum vulgare L. 'Edamai No. 7'

品种登记号： 191

登记日期： 1998 年 11 月 30 日

品种类别： 育成品种

申报者： 湖北省农科院粮食作物研究所。秦盈卜、郭瑞星、王家才。

品种来源： 1987 年湖北省农科院粮食作物研究所以 Clipper-volla（叙利亚）为母本，W·71-11MEDA（丹麦）为父本杂交，收获种子后于 6 月到云南昆明夏繁，1988 年夏收 F_2 代出现分离，有二棱、四棱，选出 6 个单株，其中以"8792-1"表现最好，为四棱皮麦。1989 年继续选单株，采用系谱法于 1992 年育成，代号为 24631。经品比试验、区域试验，表现良好。

植物学特征： 春性四棱皮麦，株高 90cm 左右。株形紧凑，分蘖力较强。成穗率高，穗长 11cm，长芒，穗纺锤形。叶片数 11～12，叶耳白色。产量构成合理，一般有效穗数 600 万/hm²，穗实粒数 40 粒，千粒重 32g。

生物学特性： 种子产量 6 000～10 500kg/hm²，秸秆产量 7 500kg/hm² 左右。综合抗性好，高抗白粉病、锈病、条纹斑病，轻感黑穗病，中抗赤霉病。适应性广，营养丰富，饲用价值高。生育期属中早熟品种，耐迟播，播期弹性大。

基础原种： 由湖北省农科院粮食作物研究所保存。

适应地区： 适于湖北各地及江苏、湖南、河南、福建等省栽培。

蒙 克 尔 大 麦

Hordeum vulgare L. 'Manker'

品种登记号： 027

登记日期： 1988 年 4 月 7 日

品种类别： 引进品种

申报者： 中国农业科学院草原研究所。拾方坚、郭孝。

品种来源： 1976 年由中国农业科学院国外引种室从美国引进。

植物学特征： 芽鞘白色，幼苗直立，秆苗壮，抗倒伏性能特强。叶宽大，叶色深绿，叶耳、叶舌大，呈白色。分蘖力中等，穗层整齐，成穗率高，穗长 6.8～7.6cm，每穗平均粒数 50～60 粒。籽粒浅黄色，具有白色糊粉，芒长锯齿。千粒重 36～41g。

生物学特性： 高抗黑穗病，但在我国南方高温多湿生境下有时出现锈病和赤霉病。苗期抗盐碱性很强，适应性广，稳产，高产。一般种子产量 4 500～6 500kg/hm^2。

基础原种： 由美国保存。

适应地区： 适于我国华北、西北和东北春大麦区，以及云贵高原冬大麦区种植。

斯特泼春大麦

Hordeum vulgare L. 'Stepoe'

品种登记号： 105

登记日期： 1991 年 5 月 20 日

品种类别： 引进品种

申报者： 四川省古蔺县畜牧局。叶玉林、夏锡兰、罗宗玉、胡奎虎、郑启坤。

品种来源： 1986 年四川省草原工作总站从美国华盛顿州引进。

植物学特征： 株高 115.4cm，秆粗 0.4cm，顶端与穗基部呈"L"形膝曲。秆基部、节、叶鞘、叶耳均为紫色。叶浅绿色，长 26.6cm，宽 1.7cm。穗直立扇形，六棱，穗长 8.3cm，每穗平均有 24.9 个小穗。外稃延伸为芒，芒长 6cm。

生物学特性： 分蘖能力强，生长快。抗倒伏，抗锈病力强，对土壤要求不严。较耐旱、适应性广，贵州、四川盆地周边山区种植均表现明显增产。穗多、粒多、种子产量高，可达 7 680kg/hm^2 左右。种子饲喂各种畜禽适口性好。

基础原种： 由美国保存。

适应地区： 适于四川、贵州省海拔 300～1 350m 的盆地周边山区种植，在盆地内部也能生长。

仲彬草属
Kengyilia C. Yen & J. L. Yang
阿坝硬秆仲彬草
Kengyilia rigidula（Keng）'Aba'

品种登记号： 365

登记日期： 2009 年 5 月 22 日

品种类别： 野生栽培品种

申报者： 四川省草原科学研究院、川草生态草业科技开发有限责任公司。杨满业、肖冰雪、郑群英、白史且、陈琴。

品种来源： 以四川省草原科学研究院 20 世纪 90 年代末期在川西北高原采集的野生硬秆仲彬草为原始材料，经多年栽培驯化而成。

植物学特征： 仲彬草属多年生禾草，具根茎，须根有时被沙套。分蘖较强，3～4 个茎节，秆丛生，直立或基部稍膝曲，高可达 50cm 以上。叶鞘光滑无毛，均短于节间；叶舌膜质，顶端平截；叶片内卷或扁平，无毛或表面疏生柔毛。穗状花序粗阔，宽常超过 1cm，绿色或带紫色。小穗单生于穗轴各节，至少在穗轴下部排列疏松，每穗小穗数 16～22 个，小穗通常含 5～8 小花，花药多浅绿色、少淡黄色。颖呈长圆状披针形，无毛或仅上部疏生柔毛，颖质较硬，具 3～5 脉。外稃无芒或具长 2～7mm 短芒。颖果，长圆形，表面覆有白色绒毛。

生物学特性： 4 月上旬返青，7 月中旬开花，8 月中旬成熟，从返青到种子成熟需 135～142 天，抗寒、抗旱、抗风蚀、耐沙埋，耐瘠薄，适应性广，各种土壤均可种植。鲜草产量 500～15 600kg/hm²，种子产量 450～600kg/hm²。开花期风干物中含干物质 89.7％，粗蛋白质 7.01％，粗脂肪 2.79％，粗纤维 30.7％，中性洗涤纤维 64.51％，酸性洗涤纤维 37.40％，无氮浸出物 44.64％，粗灰分 4.56％，钙 0.18％，磷 0.23％。主要用于川西北高寒牧区退化、沙化草地生态治理。

基础原种： 由四川省草原科学研究院保存。

适应地区： 适于川西北海拔 2 800～4 100m 高寒地区沙化和干旱区域生态治理。

赖草属
Leymus Hochst.

羊 草
Leyrmus chiensis（Trin.）Tzvel.

多年生禾草，具根状茎。秆成疏丛或单生，直立，无毛，45～85cm。叶条形，扁平或干后内卷。穗状花序直立，长 7.5～16.5cm，通常在穗轴每节有 2 小穗，或在花序上端及基部者为单生。小穗长 8～15mm，有 4～10 朵小花。颖锥状，具 1 脉，外稃披针形，无毛，先端渐尖或形成尖头。体细胞染色体数目 $2n=28$。

分布范围南起北纬 36°，北至北纬 62°，东西跨东经 120°～132°的广泛地区内。中国境内约占一半以上。我国分布的中心在东北平原、内蒙古高原的东部和华北的山区、平原、黄土高原，西北省区也有广泛的分布。在国外主要分布于俄罗斯、蒙古和朝鲜。

优良牧草，适口性好，各种家畜均喜食。营养丰富，在夏秋季节是家畜抓膘牧草，亦为秋季收割干草的重要牧草。耐碱、耐寒、耐旱、耐牲畜践踏，是一种适应性很强的牧草。在平原、山坡、沙壤土中均能适应生长，现已广泛人工种植。

羊草在人工栽培过程中，出现了"抽穗率低、结实率低和种子发芽率低"的三低问题，这是生产上迫切需要解决的问题。近几年来经过我国一些科学工作者的研究，该问题已基本上得到了解决。

东 北 羊 草
Leymus chinensis（Trin.）Tzvel. 'Dongbei'

品种登记号：022
登记日期：1988 年 4 月 7 日
品种类别：野生栽培品种
申报者：中国农业科学院草原研究所、黑龙江省畜牧研究所。袁有福、武保国、王殿魁、车启华、郭宝华。

品种来源： 从黑龙江及内蒙古呼伦贝尔草原优势建群种中采集种子，栽培驯化而成。

植物学特征： 根茎非常发达，主要分布于 20cm 土层中。秆直立，高 30～90cm。叶片灰绿或蓝绿色，有白粉。

生物学特性： 具有抗寒、耐旱、耐盐碱、耐践踏、耐瘠薄等特性。喜湿润砂质栗钙土，早春返青早，生长速度较快，秋季休眠晚，青草利用时间长。干草产量 6 000～8 000kg/hm²。

基础原种： 由黑龙江省畜牧研究所保存。

适应地区： 适于黑龙江、吉林及内蒙古东部地区种植。

龙 牧 1 号 羊 草

Leymus chinensis（Trin.）Tzvel. 'Longmu No. 1'

品种登记号： 601

登记日期： 2020 年 12 月 3 日

品种类别： 育成品种

申报者： 黑龙江省农业科学院畜牧兽医分院。李红、杨曌、杨伟光、李莎莎、刘昭明。

品种来源： 以黑龙江省龙江县、肇东市、肇源县、杜蒙县天然草地采集的野生羊草种子为材料，以草产量高、抗逆性强为育种目标，经过多次混合选择育成。

植物学特征： 禾本科赖草属多年生草本。株高 115cm 左右，具发达的地下横走根状茎；茎秆直立，单生成疏丛型。叶片扁平，质硬而厚，灰绿色。穗状花序，长 12～18cm，小穗有花 5～12 朵。种子细小呈长椭圆形，深褐色，千粒重 2.0g 左右。

生物学特性： 抗寒耐旱，适应性广。早春返青早，在黑龙江省 4 月上中旬即可返青，生育天数 100 天左右。抗寒性强，在冬季气温−39℃，无雪覆盖情况下可安全越冬，越冬率达 99% 以上。耐旱，在年降水量 220～400mm 的地区，生长良好。对土壤要求不严，最适宜在肥沃的壤土和黏壤土生长。耐瘠薄、耐盐碱，在土壤 pH 8.5 及贫瘠砂质土壤上均表现出高产稳产。在东北地区年干草产量可达 9 000～11 000kg/hm²。

基础原种：由黑龙江省农业科学院畜牧兽医分院保存。

适应地区：适于我国东北、内蒙古东部地区推广种植。

吉生 1 号羊草

Leymus chinensis（Trin.）Tzvel. 'Jisheng No. 1'

品种登记号：120

登记日期：1992 年 7 月 23 日

品种类别：育成品种

育种者：吉林省生物研究所。王克平、程渡、闫日青、李健东、郝水。

品种来源：以长春野生羊草为父本，长岭野生羊草为母本轮回杂交选育而成。

植物学特征：叶灰绿色，叶毛短而密，叶宽而挺。株高 110～170cm，穗长 14～20cm，茎叶比 1∶1.02。

生物学特性：生育期 98 天。品质好，干草粗蛋白含量 9％～11％。抗盐碱性强。平均干草产量 7 500kg/hm²，平均产籽量 225kg/hm²，平均出苗率 50％以上，干草产量比野生羊草增产 50％以上，产籽量比野生羊草增产 65％。

基础原种：由吉林省生物研究所保存。

适应地区：适于吉林、内蒙古、黑龙江等省半干旱草甸草原种植。

吉生 2 号羊草

Leyrmus chinensis（Trin.）Tzvel. 'Jisheng No. 2'

品种登记号：129

登记日期：1993 年 6 月 3 日

品种类别：育成品种

育种者：吉林省生物研究所。王克平、程渡、闫日青、杨惠敏、孟经衡。

品种来源：以海拉尔羊草作母本、长岭羊草作父本轮回杂交选育而成。

植物学特征：叶灰绿，叶毛短而密，叶较"吉生 1 号"稍窄。株高 120～170cm，穗长 15～21cm。茎叶比为 1∶0.98。

生物学特性：生育期 99 天。品质好，仅次于吉生 1 号，干草粗蛋白质含量 9%～10%。耐涝性强，分蘖力强。干草产量平均为 8 250kg/hm²，种子产量平均为 180kg/hm²。适应性较强，产草量、产籽量、出苗率均比野生羊草提高 50% 以上。

基础原种：由吉林省生物研究所保存。

适应地区：适于吉林、黑龙江、内蒙古等省区半干旱草甸草原较低洼地块种植，其中在图牧吉、镇赉、白城、双城等地区产量较高。

吉生 3 号羊草
Leymus chinensis（Trin.）Tzvel. 'Jisheng No. 3'

品种登记号：147

登记日期：1994 年 3 月 26 日

品种类别：育成品种

育种者：吉林省生物研究所。王克平、闫日青、繁金玲、李宝东、王春霖。

品种来源：以伊胡塔羊草为育种材料，轮回杂交选育而成。

植物学特征：叶色黄绿，叶毛短而密，在吉生系列品种中叶最宽，圆锥形穗居多，株高 100～130cm，穗长 12～20cm。

生物学特性：早熟品种，生育期 95 天，较其它品种早熟一周左右。抗旱性最强，适应地区较广，抗逆性强于野生羊草。干草产量 7 500kg/hm²，种子产量 150kg/hm²。品质较好，粗蛋白质含量 6%。产草量、产籽量、出苗率均比野生羊草提高 50% 以上。

基础原种：由吉林省生物研究所保存。

适应地区：适于吉林、内蒙古、陕西等省区，年降水量 300～400mm，无霜期 150 天左右、日照不足 3 000 小时的寒温带半干旱草原地带种植。

吉生 4 号羊草
Leymus chinensis（Trin.）Tzvel. 'Jisheng No. 4'

品种登记号：079

登记日期：1991 年 5 月 20 日

品种类别：育成品种

育种者：吉林省生物研究所。王克平、程渡、罗漩、闫日青、刘四军。

品种来源：父本材料为嘎达苏野生羊草×伊胡塔野生羊草，母本材料为嘎达苏野生羊草×高林屯野生羊草，采用轮回选择法结合有性杂交选育而成。

植物学特征：叶色黄绿，叶毛短而密，较吉生 1、3 号叶稍窄，株高 110～140cm，穗长 13～20cm，生育期 98 天。

生物学特性：抗旱性较强，仅次于吉生 3 号，强于吉生 1、2 号。分蘖力、生殖力均较强，适应性最广。稳产、高产，品质较好，粗蛋白质含量高于吉生 3 号，仅次于吉生 1、2 号。干草产量 9 000kg/hm²，产籽量 200kg/hm²。

基础原种：由吉林省生物研究所保存。

适应地区：适于吉林、黑龙江、内蒙古半干旱草原种植。

农牧 1 号羊草

Leymus chinensis（Trin.）Tzvel. 'Nongmu No. 1'

品种登记号：119

登记日期：1992 年 7 月 28 日

品种类别：育成品种

育种者：内蒙古农牧学院草原科学系。马鹤林、程渡、云锦凤、宛涛、支中生。

品种来源：采自内蒙古正镶白旗额里图牧场，混合选择选育而成。

生物学特性：分蘖能力强，平均每公顷茎数 680 万。干草产量一般为 7 500kg/hm²，最高可达 12 000kg/hm²；种子产量一般为 300kg/hm²，最高可达 600kg/hm²。抗寒、较耐盐碱，不易感染锈病，无线虫病。

基础原种：由内蒙古农牧学院草原系和内蒙古图牧吉草地所保存。

适应地区：适于内蒙古东部、吉林、黑龙江种植。

中科 1 号羊草

Leymus chinensis（Trin.）Tzvel. 'Zhongke No. 1'

品种登记号：471

登记日期：2014 年 5 月 30 日

品种类别：育成品种

申报者：中国科学院植物研究所。刘公社、齐冬梅、刘辉、李晓霞、侯升林。

品种来源：中国科学院植物研究所以提高羊草种子产量、种子发芽率和干草产量为育种目标，采用株系混合选择法经多年培育而成。

植物学特征：禾本科赖草属多年生草本。具发达根状茎，须根系。秆直立、疏丛状，株高 90～100cm。叶片灰绿色，直立上举，叶长 15～37cm，宽 7～11mm。穗状花序，穗长 18～25cm。每节 1～2 小穗，每小穗含 5～9 小花，花药橘黄色。种子带稃，长椭圆形，颖果长 3～5mm，千粒重约 2.3g。

生物学特性：叶量丰富、适口性好，是家畜优等牧草。具有较强的抗寒、耐旱、耐盐碱及抗病性。在北京地区种植，3 月中下旬返青，5 月中下旬开花，6 月底至 7 月初成熟，生育期约 110 天。干草产量 5 000～7 000kg/hm^2，种子产量高，可达 300～600kg/hm^2。种子发芽率高，可达 60％以上。

基础原种：由中国科学院植物研究所保存。

适应地区：适于我国北方种植，可作为优良牧草用于人工草地建植和退化草地改良，以及水土流失地区生态治理。

乌拉特毛穗赖草

Leymus paboanus （Claus）Pilger 'Wulate'

品种登记号：338

登记日期：2008 年 1 月 16 日

品种类别：野生栽培品种

申报者：内蒙古自治区农牧业科学院。温都苏、阿拉塔、哈斯其其格、孙海莲、特木其勒。

品种来源：以 1982 年采集于内蒙古乌拉特后旗草地的野生种为原始材料，从 1984 年开始引种栽培，经 20 多年的栽培驯化而成。

植物学特征：多年生禾本科牧草。具短根茎，茎秆单生或丛生，株高 80～120m，具 4～5 节，秆光滑无毛。叶片长 10～45cm，宽 4～8mm。穗状花序直立，长 10~20cm，穗轴每节 2~3 小穗，外稃披针形，背部密被细柔毛，内外稃等长。颖果淡黄褐色，长约 6mm，千粒重 2.8~3.2g。四倍体，染色体数 $2n=28$。

生物学特性：适应性强，抗寒，较耐旱，耐盐碱，适宜盐化草地生长，属中旱生植物。在内蒙古中西部，干草产量 2 700~3 200kg/hm²，种子产量 150~300kg/hm²。草质柔软，营养丰富，各种家畜均喜食。可用于人工草地建植和退化草地改良，亦可用于盐碱地改良。

基础原种：由内蒙古自治区农牧业科学院保存。

适应地区：适于降水量 250~400mm 的北方地区，尤其是在内蒙古中西部地区的轻度盐碱地种植。

黑麦草属
Lolium L.

一年生或多年生禾草。丛生。叶长而狭，叶面平展，叶脉明显，叶背有光泽。顶生穗状花序，细而长。小穗含数花，单生无柄，两侧压扁以其背面对向穗轴；小穗轴脱节于颖之上及各花之间；第一颖（内颖）除在顶端小穗外均退化，第二颖向外伸出；外稃背部圆形，无芒或有芒；内稃与外稃等长或稍短。颖果腹部凹陷，与内稃黏合不易脱离。

原产地中海沿岸，分布于欧洲南部、非洲北部及亚洲西南部。我国的江苏、浙江、江西、湖北、湖南、四川、贵州、安徽等省均有较大面积的栽培。喜温凉湿润的气候，宜在年降水量 1 000~1 500mm，气候温和、土壤肥沃湿润条件下生长。耐寒、耐湿性强，亦较耐盐碱，但不耐高温。营养丰富，适口性好，消化率高，各种草食家畜和鱼类均喜食。

黑麦草属共有 8 个种，多花黑麦草（*Lolium multiflorum* Lam.）与多年生黑麦草（*L. perenne* L.）是两个重要的种，是具有世界栽培意义的禾本科牧草。

多花黑麦草又称意大利黑麦草、一年生黑麦草。一年生或短寿多年生禾草，疏丛生。叶条形，长 10~30cm，宽 3~5mm。穗状花序长 15~25cm，小穗长 10~18mm，有 10~15 朵小花。颖质较硬，具 5~7 脉；外稃质较薄，具 5 脉，芒细弱，长约 5mm；内稃与外稃等长。千粒重约 2g。发芽种子幼根在紫外光照射下发出荧光，这是与多年生黑麦草区别的主要特征。生长速度较快，株丛茂密、高大，叶片多，产草量高，宜作青饲、晒制干草和青贮利用。与红三叶、白三叶、紫花苜蓿等豆科牧草混种，亦可供短期放牧利用。

多年生黑麦草又名英国黑麦草、宿根黑麦草。丛生，根系发达。秆直立，高80～100cm。叶狭长，长5～12cm，宽2～4mm，深绿色，幼时折叠；叶耳小；叶舌小而钝；叶鞘裂开或封闭，长度与节间相等或稍长，近地面叶鞘红色或紫红色。穗细长，最长可达30cm，含小穗数可达35个；小穗长10～14mm，每小穗含小花7～11朵。种子扁平，略小；外稃长4～7mm，背圆，有脉纹5条，质薄，端钝，无芒或近似无芒；内稃和外稃等长，顶端尖锐，质地透明，脉纹靠边缘，边有细毛。生长快，植株高大，分蘖多，宜作青饲或晒制干草利用。可与红三叶、苜蓿、鸭茅、猫尾草等混播使用。多年生黑麦草分蘖多，耐践踏，绿色期长，也是一种优良的草坪草。

杂种黑麦草（*L. hybridium*）为多年生黑麦草与多花黑麦草种间杂交种，其形态特征介于两亲本之间。

黑麦草属（*Lolium*）能与羊茅属（*Festuca*）进行属间杂交，在欧洲已发现许多天然属间杂种。将多花黑麦草与苇状羊茅进行人工杂交，可形成羊茅黑麦草新种（*Lolium×Festuca* hybrid），结合了多花黑麦草与苇状羊茅的特性，成为一个优良的禾本科牧草。

邦德多花黑麦草

Lolium multiflorum Lam. 'Abundant'

品种登记号：366

登记日期：2009年5月22日

品种类别：引进品种

申报者：云南省草山饲料工作站、北京正道生态科技有限公司。吴晓祥、杨仕林、马兴跃、刘云红、朱兴宏。

品种来源：2004年由丹农国际种子公司（美国）引入。原品种是丹农国际种子公司利用在美国各地收集的高活力和高产量生态型材料，经在俄勒冈和佛罗里达两地的多世代选择和混合授粉，于1995年育成。经试验测定，邦德多花黑麦草不需要春化作用，属于Westerwold型品种。国内引种阶段，于 2004—2007 年在云南省进行了一系列的引种适应性试验，表明该品种能够很好地适应国内的种植环境和气候条件。

植物学特征： 晚熟型四倍体一年生禾草，须根系发达，入土深。茎秆较粗，高 75～115cm，分蘖 16～19 个。叶片长 40～45cm，宽 1.0～1.2cm，叶量大。花序长 35～40cm，每小穗有小花 10～16 朵。完熟期种子为青黄色，披针形，长 5～7mm，外稃顶端具短芒，千粒重 3.8g 左右。

生物学特性： 生育期 210～240 天（秋播）。喜温暖湿润气候，抗寒能力中等偏上，不耐长期干旱、水涝和高温。抗倒伏和抗病性（特别是锈病）好。较耐酸和碱性土壤（pH 5.8～7.6），对氮肥反应敏感。再生快，耐频繁刈割，其营养生长期内，水肥充足时 18～21 天就可刈割一次，在云南气候和利用条件下，干草产量可达 15 000kg/hm²。拔节期干物质中含粗蛋白质 12.04%，粗纤维 17.03%。适口性好，适宜南方冬闲田种植，一般秋季种植，冬春利用；南方较高海拔地区（2 000 米以上）也可春种，夏秋季利用。短期以割草利用为主。

基础原种： 由丹农国际种子公司保存。

适应地区： 适于云南温带和亚热带地区种植。

阿德纳多花黑麦草

Lolium multiflorum Lam. 'Aderenalin'

品种登记号： 449

登记日期： 2012 年 6 月 29 日

品种类别： 引进品种

申报者： 北京佰青源畜牧业科技发展有限公司、贵州大学动物科学学院。房丽宁、陈超、侯典超。

品种来源： 阿德纳多花黑麦草育种地为德国，品种权属于加拿大碧青公司，是 2002—2004 年经 UPOV 测试、获得认证的多花黑麦草四倍体新品种（WEI186），2005 年由北京佰青源畜牧业科技发展有限公司引入试种。先后在我国江苏、贵州等地进行试验研究，2009 年开始在我国南方大面积种植，推广面积已近 2 万亩。

植物学特征： 一年生禾本科牧草。须根密集，根系主要分布在 15cm 以上的土层。秆直立，高 80~120cm。叶鞘较疏松，叶片长 10~30cm，宽 4~6cm。穗状花序，长 15~25cm。颖果，颖质较硬，长 5~8mm，千粒重 2.9g。

生物学特性：中早熟品种，喜冷凉湿润的气候条件。对氮肥敏感，不耐瘠薄。幼苗活力高，播种后出苗迅速，且苗期生长速度快。抗寒性强，在 10℃的低温下出苗也较快。再生性好，鲜草产量高，云贵高原地区年可刈割 7 次以上。适于放牧、青饲和调制干草。

基础原种：由加拿大碧青公司保存。

适应地区：适于我国西南、华东、华中等温暖地区冬闲田种草和北方春播种植。

安第斯多花黑麦草
Lolium multiflorum Lam. 'Andes'

品种登记号：595

登记日期：2020 年 12 月 3 日

品种类别：引进品种

申报者：四川农业大学。张新全、杨忠富、黄琳凯、李鸿祥、冯光燕。

品种来源：引自美国丹农匹克公司。

植物学特征：禾本科黑麦草属一年生草本植物。根系发达，茎秆直立，粗壮，直径 0.46~0.53cm。植株高大，多分蘖。叶片扁平深绿，叶量丰富，叶长 25~40cm，宽 1.0~1.7cm。穗状花序长 35~50cm，小穗含 25~33 小花，芒长 5.5~10.0mm。颖果长圆形，种子千粒重 6g。

生物学特性：冬春生长速度快，适应性广，各类土壤均可种植。年干草产量为 12 000~16 000kg/hm^2。

基础原种：由美国丹农匹克公司保存。

适应地区：适于我国西南、华中、华东地区种植。

安格斯 1 号多花黑麦草
Lolium multiflorum Lam. 'Angus No. 1'

品种登记号：367

登记日期：2009 年 5 月 22 日

品种类别： 引进品种

申报者： 云南省草山饲料工作站、北京正道生态科技有限公司。吴晓祥、杨仕林、马兴跃、梁新民、戴宏。

品种来源： 2005 年由丹农国际种子公司（美国）引入。原品种是丹农国际种子公司在美国俄勒冈州利用佛罗里达大学的四倍体育种材料 FL99（G）4XER 经多世代选择于 2003 年育成。经试验测定属于 Westerwold 型品种。国内引种阶段，于 2005—2008 年在云南省进行了一系列的引种适应性试验，表明该品种能够很好地适应国内的种植环境和气候条件。

植物学特征： 早熟型四倍体，一年生禾草，须根系发达，入土深。茎秆较粗，高 75～115cm，分蘖 15～20 个。叶片长 35～45cm，宽 1.1～1.4cm，叶量大。花序长 35～40cm，每小穗有小花 10～16 朵。完熟期种子为青黄色，披针形，长 5～7mm，外稃顶端具短芒，千粒重 3.9g 左右。

生物学特性： 生育期 200～240 天（秋播）。喜温暖湿润气候，较耐寒，不耐长期干旱、水涝和高温。抗倒伏和抗病性好。较耐酸和碱性土壤（pH 5.8～7.6），对氮肥反应敏感。建植快，再生快，耐频繁刈割，在云南气候和利用条件下，干草产量可达 15 000kg/hm²。拔节期干物质含粗蛋白质 12.18%，粗纤维 17.56%，适口性好。适宜南方冬闲田种植，一般秋季种植，冬春利用，短期割草利用为主。

基础原种： 由丹农国际种子公司保存。

适应地区： 适于云南温带和亚热带地区种植。

阿伯德多花黑麦草

Lolium multiflorum Lam. 'Aubade'

品种登记号： 023

登记日期： 1988 年 4 月 7 日

品种类别： 引进品种

申报者： 四川省草原研究所。盘朝邦、刘国藩、陈琳。

品种来源： 1980 年由中国农业科学院畜牧研究所从美国引入。

植物学特征： 四倍体品种，植株高 110～130cm。秆粗壮、丛生。叶片长而宽，叶色较淡。稃的顶部和芒中下部呈紫红色。小穗基部第一花外稃无芒或短芒，种子较大，千粒重约 3.1g。

生物学特性： 早期生长快，耐寒性强，在四川高原寒冷地区春播，从出苗到抽穗所需有效积温≥5℃仅为 369℃。再生性较强，耐刈割。产草量高，一般干草产量 12 000～22 000kg/hm²，品质优。可青刈青饲，亦可放牧。

基础原种： 由美国保存。

适应地区： 适于四川西北高原寒温气候地区种植。

蓝天堂多花黑麦草
Lolium multiforum Lam. 'Blue Heaven'

品种登记号： 303

登记日期： 2005 年 11 月 27 日

品种类别： 引进品种

申报者： 北京克劳沃草业技术开发中心、北京格拉斯草业技术研究所。刘自学、苏爱莲、刘艺杉、何军、赵红梅。

品种来源： 1999 年从美国 Jacklin 种子公司引进。

植物学特征： 一年生或越年生疏丛型禾草。四倍体品种（$2n=4x=28$）。根系发达，茎秆直立光滑，株高 150～165cm，叶片长 35～50cm，宽 1.5～2.0cm，柔软下披。穗状花序长 45～50cm，每穗有小穗 41 个，每小穗有小花 15～20 个，种子外稃有芒，芒长 5～8mm。千粒重约 2.85g。

生物学特性： 耐寒、耐酸性土壤、抗倒伏，综合抗病能力强，高抗锈病和褐斑病。草质优良，适口性好，拔节期干物质中含粗蛋白质 14.80%，粗脂肪 4.00%，粗纤维 21.60%，无氮浸出物 44.50%，粗灰分 15.10%，钙 0.47%，磷 0.33%。在云南省昆明市、大理市，重庆市潼南县、巫溪县，贵州省贵阳市种植，年产干草 11 000～12 000kg/hm²。

基础原种： 保存于美国 Jacklin 种子公司。

适应地区： 适于我国长江流域及其以南大部分地区的冬闲田种植。

长江 2 号多花黑麦草
Lolium multiflorum Lam. 'Changjiang No. 2'

品种登记号： 287

登记日期：2004 年 12 月 8 日

品种类别：育成品种

育种者：四川农业大学、四川长江草业研究中心。张新全、杨春华、何光武、何丕阳、彭大才。

品种来源：以阿伯德多花黑麦草和赣选 1 号多花黑麦草为育种亲本材料，相间种植，自由传粉，在杂交后代中进行多次混合选择育成。

植物性特征：一年生或越年生疏丛型禾草。四倍体品种（$2n＝4x＝28$）。根系发达致密，分蘖多，茎秆粗壮，秆粗 4～6mm，株高可达 165～180cm。叶片长 35～45cm，宽 1.5～2.0cm，叶色较深。穗状花序长 35～50cm，每穗小穗数达 42 个，每小穗有小花 16～21 朵，芒长 5～10mm。种子千粒重 2.5～3.0g。

生物学特性：耐寒、耐瘠、耐酸性土壤，抗病性强，适应性广。在四川雅安市秋播，生育期 229～236 天。再生力强，抽穗成熟期整齐一致。叶量大，品质好，拔节期干物质中含粗蛋白质 16.17%，粗脂肪 9.46%，粗纤维 20.50%，无氮浸出物 39.30%，粗灰分 14.57%，钙 0.57%，磷 0.54%。在四川雅安、洪雅、达州、广元、凉山等地种植，年均干草产量达 10 000～13 000kg/hm²。

基础原种：保存于四川农业大学。

适应地区：适于长江中上游丘陵、平坝和山地海拔 600～1 500m 的温暖湿润地区种植。

川农 1 号多花黑麦草

Lolium multifolium Lam. 'Chuannong No. 1'

品种登记号：508

登记日期：2016 年 7 月 21 日

品种类别：育成品种

申报者：四川农业大学、四川省金种燎原种业科技有限责任公司、贵州省草业研究所。张新全、马啸、黄琳凯、吴佳海、姚明玖。

品种来源：以冬春生长速度快、产量高为育种目标，采用赣选 1 号多花黑麦草为母本，牧杰多花黑麦草为父本，经品种群体间杂交连续多年混合选育成而成的新品种。

植物学特征：禾本科黑麦草属一年生草本。根系发达，分蘖较多，植株直立，株高 160～180cm。茎秆圆形，直径 0.53～0.62cm。叶片长 34～50cm，叶片宽 1.3～2.2cm，深绿色。穗状花序，长 37～53cm，小穗数 22～46 个，单位小穗小花 14～23 朵，外稃披针形。颖果长圆形，种子千粒重 2.7～3.8g。四倍体。

生物学特性：中熟品种。前期生长较快、分蘖多，生育期 250～260 天。抗寒性较强，冬、春季生长较快，前 2～3 茬产量较优，年可刈割 4～5 次，鲜草产量 80 000～120 000kg/hm²，种子产量 800～1 000kg/hm²。

基础原种：由四川农业大学保存。

适宜地区：适于长江流域及其以南温暖湿润的丘陵、平坝和山地种植。

钻石 T 多花黑麦草

Lolium multiflorum Lam. 'Diamond T'

品种登记号：302

登记日期：2005 年 11 月 27 日

品种类别：引进品种

申报者：北京克劳沃草业技术开发中心、北京格拉斯草业技术研究所。刘自学、苏爱莲、范龙、何军、刘艺杉。

品种来源：1999 年从美国引入。原品种是美国 Oregro 种子公司用多花黑麦草优良品种 Rockin' R 与采自墨西哥牧场的多花黑麦草杂交选育而成。

植物学特征：一年生疏丛型禾草，四倍体品种（$2n=4x=28$）。根系发达，生长迅速，分蘖多，平均每株有分蘖 60 个。茎秆粗壮，抗倒伏，株高 155～170cm。叶片长 35～48cm，宽 1.6～2.0cm，叶色深绿，柔软光亮。穗状花序长 45～50cm，有小穗 42 个，每小穗有小花 15～20 个。颖果，外稃顶端有芒，芒长 5～8mm。千粒重约 2.9g。

生物学特性：耐寒，幼苗能耐 1～3℃低温，耐酸性土壤，抗倒伏。综合抗病能力强，高抗秆锈病和褐斑病。叶量丰富，草质优良，拔节期干物质中含粗蛋白质 16.44%，粗脂肪 5.86%，粗纤维 21.18%，无氮浸出物 40.32%，粗灰分 16.20%，钙 0.63%，磷 0.59%。在云南昆明市、大理市，重庆市潼南县、巫溪县，贵州省贵阳市等地种植，年均干草产量约 12 000kg/hm²。

基础原种：由美国 Oregro Seeds Inc. 公司保存。

适应地区：适于我国长江流域及其以南大部分地区的冬闲田种植。

达伯瑞多花黑麦草
Lolium multiflorum Lam. 'Double Barrel'

品种登记号：447

登记日期：2012 年 6 月 29 日

品种类别：引进品种

申报者：云南省草山饲料工作站、北京正道生态科技有限公司。杨仕林、马兴跃、吴晓祥、秦浩、赵国庆。

品种来源：达伯瑞是丹农国际种子公司于 2004 年在美国俄勒冈州利用一些生态型材料经多年多地群体杂交选育而成的中熟四倍体多花黑麦草品种。2006 年从丹农国际种子公司引入我国，2007 年在我国进行了引种试验，2009 年申报参加国家草品种区域试验。

植物学特征：中熟型四倍体一年生疏丛禾草，株高 110～140cm，直立生长，分蘖多。叶多而宽，叶色深绿有光泽，叶片长 10～30cm。穗状花序，长 15～30cm，每穗小穗多达 35～40 个，每小穗含小花 10～20 朵。种子长 5～7mm，千粒重 3.0～4.0g。

生物学特性：抗倒伏，耐锈病和腐霉病。叶片鲜嫩多汁，糖分含量高，叶量大，适口性好。幼苗生长迅速，建植快，分蘖多，生长旺盛，抗病性突出，春季恢复生长早。属冷季型牧草，喜温暖湿润气候，27℃以下为适宜生长温度，35℃以上生长不良，不耐严寒酷暑，不耐阴。产量高峰早，产量持续性好，年平均干草产量可达 8 348kg/hm^2。生育期 200～250 天。

基础原种：由丹农国际种子公司保存。

适应地区：适于我国南方年降水量在 800～1 500mm 地区的冬闲田种植和北方春播种植。

赣选 1 号多花黑麦草
Lolium multiflorum Lam. 'Ganxuan No. 1'

品种登记号：148

登记日期：1994 年 3 月 26 日

品种类别：育成品种

育种者：江西省畜牧技术推广站。李正民、舒惠玲、詹爱民、李振忠、刘斌。

品种来源：江西省畜牧技术推广站从伯克（Birca）黑麦草中优选单株用秋水仙碱加倍后，又经^{60}Co-γ射线辐射种子选育而成。

植物学特征：一年生四倍体草本。株高 120～130cm，茎秆粗壮，直径 0.4～0.6cm，茎呈紫色。叶长 37～48cm，叶宽 1.6～2.1cm，叶厚，叶色浓绿。大穗大粒，穗长 40～52cm，每穗小穗数 34～42 个，每小穗有小花 14～21 朵。千粒重 2.6～3.1g。

生物学特性：生育期 180～293 天，再生力强，抽穗成熟整齐一致；耐瘠、耐酸，较耐盐碱，抗病性强，适应性强，各种土壤都可种植。品质优，柔嫩多汁，适口性好。鲜草产量 60 000～105 000kg/hm^2，种子产量 1 500kg/hm^2 左右。

基础原种：由中国科学院余江红壤生态站保存。

适应地区：适于长江中下游及以南地区种植。

赣饲 3 号多花黑麦草

Lolium multiflorum Lam. 'Gansi No. 3'

品种登记号：150

登记日期：1994 年 3 月 26 日

育种者：江西省饲料研究所。周泽敏、谢国强。

品种来源：通过生态型选择和表型选择的方法从二倍体意大利黑麦草中选择抗热生态型和宽叶型优良单株 40 个，按系统选育方法经 4 年选育而成。

植物学特征：四倍体，株高 120～158cm，茎秆粗壮。叶片较宽，较长，叶色浓绿，分蘖多。穗状花序长 51.9cm，小穗 325 个。颖果，具短芒，千粒重 3.3g。

生物学特性：冬性较强，耐热性较好，喜水肥。干草产量 17 500～19 000kg/hm^2，种子产量 800～900kg/hm^2。

基础原种： 江西省饲料研究所保存。

适应地区： 适于长江流域以南及黄河流域部分地区种植。

杰特多花黑麦草
Lolium multiflorum Lam. 'Jivet'

品种登记号： 467

登记日期： 2014 年 5 月 30 日

品种类别： 引进品种

申报者： 云南省草山饲料工作站。吴晓祥、李鸿翔、马兴跃、杨仕林、梁新民。

品种来源： 杰特多花黑麦草是丹农捷克育种中心于 20 世纪 80 年代育成的四倍体 Westerwold 型中晚熟一年生黑麦草品种，育种编号 HZ-11。亲本材料是一个加倍的二倍体品种，与多个四倍体品种杂交后选育而成，2005 年从丹麦丹农种子股份公司引入。引入我国后，于 2006—2008 年在云南洱源等地进行了引种和品比试验，于 2012 年申报参加国家草品种区域试验。

植物学特征： 禾本科黑麦草属一年生疏丛型禾草。须根系，株高 110～160cm，直立生长。叶多而宽，叶色深绿有光泽，叶片长 10～30cm。穗状花序，长 15～30cm，每个花序小穗可多达 35～40 个，每小穗含小花 10～20 朵。种子长 5～7mm，外稃有芒，千粒重 3.3g。

生物学特性： 冷季型牧草，喜温暖湿润气候，不耐严寒酷暑，不耐阴。建植快，分蘖多，生长旺盛，再生能力强，产量高，适口性好，消化率高。适合多种土壤，略耐酸，适宜土壤 pH 6～7，对水分和氮肥反应敏感，施氮肥能够较大程度提高其产量和增加植株的粗蛋白质含量。

基础原种： 由丹麦丹农种子股份公司保存。

适应地区： 适于长江流域及以南的冬闲田和南方高海拔山区种植。

剑宝多花黑麦草
Lolium multiflorum Lam. 'Jumbo'

品种登记号： 487

登记日期： 2015 年 8 月 19 日

品种类别：引进品种

申报者：四川省畜牧科学研究院、百绿（天津）国际草业有限公司。梁小玉、季杨、易军、邰建辉、周思龙。

品种来源：该品种是 1999 年皇家百绿集团美国公司登记的四倍体晚熟、抗锈病品种，是由具有抗冠锈病的二倍体多花黑麦草品种"Surrey"经过染色体加倍后选育而成的四倍体多花黑麦草新品种。2008 年，由百绿（天津）国际草业有限公司从百绿美国公司引入中国。2009—2011 年由四川省畜牧科学研究院进行引种试验；次年以"长江 2 号"和"杰威"多花黑麦草品种为对照进行 2 年的品比试验；2011—2014 年，在四川多地开展了生产试验。2012—2014 年参加国家草品种区域试验。

植物学特征：该品种为四倍体冷季型疏丛型禾草，根系发达，须根密集。茎秆粗壮，直立生长，株高 148～172cm。分蘖数最高可达 64 个，叶量丰富，叶片长 41cm，叶宽 1.1～1.7cm。穗状花序，长 36～47cm，小穗数 33 个，每穗小花 16～20 朵。种子长形，千粒重 2.25g 左右。

生物学特性：抗逆性较强，晚熟。春季生长快，分蘖能力强，再生性好，年可刈割 4～5 次。10 月秋播，次年 4 月中下旬开始抽穗，6 月初种子成熟，生育期 250 天左右。干草产量 6 500～17 000kg/hm^2。

基础原种：由百绿美国公司保存。

适应地区：适于我国西南、华东、华中温暖湿润地区种植。

勒普多花黑麦草

Lolium multiflorum Lam. 'Lipo'

品种登记号：104

登记日期：1991 年 5 月 20 日

品种类别：引进品种

申报者：四川省畜牧兽医研究所。曹成禹、陈修莺、徐载春、王德华、田育军。

品种来源：1981 年从瑞士植物研究所引入。

植物学特征：植株高约 110cm。秆粗壮，叶片长，深绿色、柔软下垂。花序长达 30～40cm，小穗 30～40 个，每小穗含小花 16～20 朵，芒长 5～

10mm。种子千粒重 2.5～2.8g。

生物学特性：耐热性较强，在四川盆地栽种，越夏率 65%～85%。亦较耐寒、耐湿，晚熟，生育期比一般多花黑麦草长。苗期生长快，分蘖早，分蘖多，叶量大。再生性强，耐刈、耐牧。抗锈病力强。产草量高、品质好。青草产量 90 000～105 000kg/hm²，籽实 520～600kg/hm²。

基础原种：原种保存于瑞士植物研究所。

适应地区：适于四川盆地、长江流域和黄河流域各省种植。

上农四倍体多花黑麦草

Lolium multiflorum Lam. 'Shangnong Tetraploid'

品种登记号：152

登记日期：1995 年 4 月 27 日

品种类别：育成品种

育种者：上海农学院。邵游、胡雪华、朱来汀、何亚丽、吴爱忠。

品种来源：1986 年引自浙江省农业科学院畜牧研究所的俄勒冈黑麦草和 28 号黑麦草通过辐射诱变，在重盐圃中采用群体改良方法育成。

植物学特征：四倍体品种〔$2n=4x=26m+2Sm$（2SAT）〕。异花授粉，弱春性。春播一年生或秋播越年生。根系发达。分蘖多。植株高 120～130cm，秆粗壮。叶深绿色，叶片长 25～35cm。花序较长，20～30cm，具有小穗 30～40 个，每个小穗含小花 12～18 朵。内外稃较薄，芒长 2～3mm。千粒重约 3g。

生物学特性：喜温暖湿润气候，适应各种土壤。耐盐性强，在 0.4% 含盐量的土壤中能保持正常的发芽率和生长势。早春生长迅速。再生力强，一般秋播可于冬前刈割 1 次，春后刈割 3 次，在肥水管理优良条件下刈割 4 次的累计鲜草产量达 120 000kg/hm²。正常生长于初夏抽穗，6 月上旬不待小穗完熟前即可留种，防止田间落粒，产种量 1 500～2 000kg/hm²。

基础原种：由上海农学院植物科学系保存。

适应地区：长江流域、黄河流域及南方各省饲养草食性牲畜和鱼类的地区均可用作优质饲料。特别在土壤含盐分较高、不适于某些高产青饲作物栽培的地区，更能充分表现该草的增产优势。

杰威多花黑麦草

Lolium multiflorum Lam. 'Spendor'

品种登记号： 289

登记日期： 2004 年 12 月 8 日

品种类别： 引进品种

申报者： 四川省金种燎原种业科技有限责任公司。谢永良、姚明久、高燕蓉、付民主、章忠健。

品种来源： 1999 年从丹麦丹农国际种子公司引进。原品种是美国育种家 Kevin J. Mcveigh 采用单株选择法育成的四倍体品种，1993 年在美国审定登记。

植物学特征： 一年生或越年生丛生型禾草。四倍体（$2n=4x=28$）。根系发达，分蘖多，茎秆粗壮，株高 90～140cm。叶片长 30～35cm，宽 0.8～1.2cm，叶色较深。穗状花序，长 35～45cm，每穗有小穗 35 个左右，每小穗有小花 8～14 朵。种子有芒，芒长 3～8mm，千粒重 2.2～3.0g。

生物学特性： 喜温暖湿润气候，抗寒能力中等，抗锈病能力强。苗期生长快，叶量丰富，品质好，适口性好。营养生长期干物质中含粗蛋白质 23.80%，粗脂肪 5.80%，粗纤维 17.80%，无氮浸出物 39.40%，粗灰分 13.20%，钙 0.42%，磷 0.28%。在四川省洪雅县（川南）、宣汉县（川东）、广元市朝天区（川北）、合江县、泸州市等地区种植，干物质产量可达 12 000kg/hm²。

基础原种： 保存于丹农国际种子公司。

适应地区： 适于我国长江中下游及其以南的大部分地区冬闲田种植。

特高德（原译名特高）多花黑麦草

Lolium multiflorum var. *westerwoldicum.* 'Tetragold'

品种登记号： 227

登记日期： 2001 年 12 月 25 日

品种类别： 引进品种

申报者： 广东省牧草饲料工作站。陈三有、张永发、林振汉、蓝文标、许妙丽。

品种来源：1997 年从百绿种子集团美国公司引进。

植物学特征：一年生丛生型禾草。四倍体（$2n=4x=28$）。须根系发达，茎秆粗壮，直立，高 160～170cm。叶片光滑浓绿，长约 40cm，宽约 1.1cm。穗状花序，长 20～30cm，有小穗 3～8 个，小穗长 10～32mm。种子具短芒，披针形，长 6～8mm，千粒重 2.8～3.5g。

生物学特性：喜温暖湿润气候，耐寒性中等，不耐旱，抗病虫害能力强，耐牧，耐刈割。对氮肥反应敏感，施肥并结合灌水，产量和质量均可大幅提高。苗期生长快，分蘖数多达 80 个左右。叶量多，品质好，各种畜禽和草食性鱼类均喜食。营养生长盛期（拔节前期）干物质中含粗蛋白质 19.50％，粗脂肪 6.20％，粗纤维 25.80％，无氮浸出物 34.80％，粗灰分 13.70％，钙 0.87％，磷 0.43％。在广东省梅州、潮州等地利用冬闲田秋播，冬春可多次刈割，鲜草产量一般达 76 000kg/hm²。

基础原种：由荷兰百绿种子集团公司保存。

适应地区：适于广东、四川、江西、福建、广西、江苏等省，用作冬种青饲料。

盐城多花黑麦草

Lolium multiflorum Lam. 'Yanchen'

品种登记号：064

登记日期：1990 年 5 月 25 日

品种类别：地方品种

申报者：江苏省沿海地区农业科学研究所。陆炳章、张武舜、周春霖、许慰睽。

品种来源：1946 年从美国引入南京试种的多花黑麦草，于 20 世纪 50 年代初由原华东农业科学研究所引至江苏省盐城地区试验推广，经长期栽培驯化而形成适应当地环境条件的地方品种。

植物学特征：该品种秆直立，丛生、株高中等。叶片较短，长 10～15cm，宽 0.2～0.6cm，叶色浓绿。花序较短，种子小，千粒重 1.5～1.8g。

生物学特性：耐盐碱能力较强，在氯盐含量 0.25％的盐土上生长良好，江苏沿海常用作改良盐土的重要绿肥牧草。耐湿、耐寒、病虫害少。再生性强、耐刈割和放牧，刈牧后恢复生长快，年可刈割利用 2～3 次。产量高，草质好，饲喂反刍动物利用率 100％；作鱼青饲料，其饵料系数为 20，是旱生牧草中较好的一种。耐热性差，夏季气温超过 35℃时，植株易枯死。

基础原种：由江苏省沿海地区农业科学研究所保存。

适应地区：适于长江中下游地区和部分沿海地区种植。

凯蒂莎多年生黑麦草
Lolium perenne L. 'Caddieshack'

品种登记号：356

登记日期：2008 年 1 月 16 日

品种类别：引进品种

申报者：北京克劳沃草业技术开发中心。刘自学、刘艺杉、苏爱莲。

品种来源：由美国 Jacklin Seed/Simplot 公司选育，1997 年由北京克劳沃草业技术开发中心引进。引入我国之后，在北京、兰州和昆明等地做引种评比试验之后进行建坪示范。

植物学特征：禾本科黑麦草属多年生草本，本品种为冷季型草坪草。株高 45～60cm，具细弱的根状茎，须根稠密。秆多数丛生，疏丛型，质地柔软。叶长 10～25cm，宽 3～6mm，叶片柔软，被微毛。穗状花序长 13～30cm，小穗含小花 5～11 朵。种子无芒，千粒重 1.6～1.8g。

生物学特性：出苗整齐，成坪迅速。叶细、坪质优；形成的草坪质地细腻，密度高，叶色浓绿，绿期长达 280 天。适应性广，耐热性强，抗冻害能力突出，富含内生菌，抗病虫性强。对土壤的适应范围很广，适宜的土壤 pH 6.0～7.2。

基础原种：由美国 Jacklin Seed/Simplot 公司保存。

适应地区：适于北方较湿润的地区、西南和华南海拔较高地区种植。

凯力多年生黑麦草
Lolium perenne L. 'Calibra'

品种登记号：368

登记日期： 2009 年 5 月 22 日

品种类别： 引进品种

申报者： 四川省金种燎原种业科技有限责任公司、西昌市畜牧局。李鸿翔、张辉、姚明久、邹玉新、高燕蓉。

品种来源： 2000 年从丹麦丹农种子股份公司引入。20 世纪 80 年代在丹麦丹农育种中心育成，亲本材料是多年生黑麦草品种 CITADEL 和 TOVE，杂交后代经多世代单株选育结合群体选育而成。引入我国后，在西昌、广元和天全进行了引种试验，表现良好。

植物学特征： 四倍体多年生疏丛型禾草，须根系，株高 70～110cm，分蘖数 50～80 个。叶片深绿色有光泽，叶量大，质地柔软，长 8～18cm。穗状花序，长 20～30cm，每小穗含小花 7～11 朵。颖果黄色，种子长 4～7mm，外稃无芒，千粒重 2.8g 左右。

生物学特性： 中熟型，生育期 291 天（秋播）。喜温暖湿润气候，较耐寒，稍耐阴，耐短期排水不良，抗锈病等多种病害。适合多种土壤，略耐酸，适宜土壤 pH 6～7，对氮肥反应敏感。每年可利用 4～6 次，干草产量可达 9 412kg/hm²，再生快，持久性好，在温和湿润气候地区可利用 3～5 年。抽穗初期干物质中含粗蛋白质 16.44%，粗脂肪 3.11%，粗纤维 19.06%，无氮浸出物 47.07%。粗灰分 14.32%，钙 0.45%，磷 0.42%。适宜于放牧、青饲和调制干草。

基础原种： 由丹麦丹农种子股份公司保存。

适应地区： 适于四川省海拔 800～2 000m，年均温 10～20℃，年降水量 800～1 500mm 的温暖湿润地区种植。

卓越多年生黑麦草

Lolium perenne L. 'Eminent'

品种登记号： 300

登记日期 2005 年 11 月 27 日

品种类别： 引进品种

申报者： 北京克劳沃草业技术开发中心、北京格拉斯草业技术研究所。刘自学、苏爱莲、陈光耀、李鸿祥、邹玉新。

品种来源： 1999 年从美国引进，原品种于 1996 年由荷兰 Cebeco Seeds B. V. 公司育成。

植物学特征： 多年生疏丛型禾草。四倍体，$2n=4x=28$。具细弱的根状茎。茎秆直立，丛生，质地柔软，基部斜卧，株高 85～100cm。叶量丰富，叶色浓绿，叶长 15～35cm，叶宽 0.8～1.0cm。穗状花序，长 10～20cm，小穗含 8～15 朵小花。颖短于小穗，外稃披针形，具 5 脉，顶端无芒，内外稃等长。颖果矩圆形，长 2.8～3.4mm，宽 1.1～1.3mm，褐棕色至深褐色，顶端具毛，千粒重约 2.15g。

生物学特性： 建植迅速、再生能力强，持久性好。当年生长快、产草量高。综合抗病能力强，高抗锈病，抗倒伏，适宜机械化生产。较耐旱，不含内生菌。叶量丰富、草质柔嫩、适口性好，各种畜禽及食草鱼类均喜食。拔节期干物质中含粗蛋白质 18.60％，粗脂肪 4.10％，粗纤维 20.10％，无氮浸出物 43.40％，粗灰分 13.80％，钙 0.46％，磷 0.35％。年干草产量 11 000～15 000kg/hm^2。适宜于调制干草、青饲和放牧。

基础原种： 由荷兰 Cebeco Seeds B. V. 公司保存。

适应地区： 适于我国长江流域及其以南的大部分山区种植。

<h2 style="text-align:center">格兰丹迪多年生黑麦草</h2>

Lolium perenne L. 'Grand Daddy'

品种登记号： 490

登记日期： 2015 年 8 月 19 日

品种类别： 引进品种

申报者： 北京克劳沃种业科技有限公司。苏爱莲、侯湃、刘昭明、王圣乾。

品种来源： 格兰丹迪是 20 世纪 80 年代育种家经过对产草量、持久性和锈病抗性等性状进行选育而成，2002 年由北京克劳沃种业科技有限公司从美国 Smith Seed Services 有限公司引进。

植物学特征： 四倍体禾本科牧草。具细弱的根状茎，秆多丛生呈疏丛型，质地柔软，基部斜卧，高 85～100cm。分蘖多，单株栽培条件下可达 300 多个。叶量丰富，叶舌短小，叶长 15～35cm，叶宽 0.8～1.0cm，叶色深绿，柔软亮泽。穗状花序长 10～30cm，小穗含 8～15 个小花。颖短于小穗，外稃披针形，具 5 脉，顶端无芒，内外稃等长，千粒重约 2.15g。

生物学特性：中晚熟，生育期 265～270 天，再生能力强，抽穗成熟期整齐。喜温凉湿润气候，综合抗病能力强，高抗锈病、叶斑病和白粉病。耐寒、较抗旱，幼苗能耐 1～3℃低温。对土壤的适应能力强，耐瘠薄，耐酸性土壤，抗倒伏。年产干草 10 600kg/hm²，饲草品质佳，适口性好。

基础原种：由美国 Smith Seed Services 有限公司保存。

适应地区：适于在我国南方山区种植，尤其在海拔 600～1 500m，年降水量 1 000～1 500mm 的地区生长。

肯特多年生黑麦草
Lolium perenne L. 'Kentaur'

品种登记号：489

登记日期：2015 年 8 月 19 日

品种类别：引进品种

申报者：贵州省草业研究所、贵州省畜牧兽医研究所。陈燕萍、尚以顺、杨菲、孔德顺、李鸿翔。

品种来源：该品种是 20 世纪 80 年代末开始在丹农捷克育种中心选育的四倍体中晚熟品种，于 90 年代末育成，2005 年由丹麦丹农种子股份公司引入。引种到我国后，在引种试验中表现良好。

植物学特征：多年生疏丛禾草，须根系，株高 70～120cm。叶量大，分蘖数多，叶片深绿有光泽，长 10～18cm。穗状花序，长 20～30cm，每小穗含小花 7～11 朵。种子长 4～7mm，外稃无芒，千粒重 2.8～3.1g。

生物学特性：生育期 252 天（秋播），每年可割草 4～6 次，在温和湿润气候地区可利用 3～5 年。适应性强，有很好的抗寒和抗病性，干草产量约 10 000kg/hm²。

基础原种：由丹麦丹农种子股份公司保存。

适应地区：适于长江流域及以南地区，海拔 800～2 500m，年降水量 700～1 500mm，年平均气温＜14℃的温暖湿润山区种植。

麦迪多年生黑麦草

Lolium perenne L. 'Mathilde'

品种登记号： 390

登记日期： 2010 年 6 月 12 日

品种类别： 引进品种

申报者： 云南农业大学、云南省草山饲料工作站、北京正道生态科技有限公司。毕玉芬、吴晓祥、姜华、李鸿翔、许娅虹。

品种来源： 2003 年由丹麦丹农种子股份公司、云南农业大学等单位引入。原品种是 20 世纪 80 年代在丹麦丹农育种中心育成。2003—2007 年在我国云南省昌宁县进行了为期三年的引种试验，2004—2009 年在会泽、泸西、昌宁和蒙自进行了生产试验，试验结果优良。

植物学特征： 四倍体多年生疏丛型禾草，须根系。株高 70～110cm，分蘖数 50～80。叶片深绿色有光泽，叶量大，质地柔软，叶长 10～18cm。穗状花序，长 20～30cm，每小穗含小花 7～11 朵。颖果黄色，种子长 4～7mm，外稃无芒，千粒重 2.7g。

生物学特性： 早熟型，生育期 264 天（秋播）。喜温暖湿润气候，耐寒性好，稍耐阴，耐短期水渍，抗锈病等多种病害。适合多种土壤，略耐酸，适宜土壤 pH 6～7，对氮肥反应敏感。密度高，再生快，持久性好，每年可利用 5～9 次，干草产量可达 8 200～12 500kg/hm^2，在温和湿润气候地区可利用 3～5 年。抽穗期风干样品含干物质 89.00%，粗蛋白质 12.09%，粗脂肪 5.32%，中性洗涤纤维 32.10%，酸性洗涤纤维 28.00%，粗灰分 10.50%。适于放牧、青饲和调制干草。

基础原种： 由丹麦丹农种子股份公司保存。

适应地区： 适于云南海拔 800～2 500m，年降水量 800～1 500mm 的温凉湿润地区及相似生态条件的区域种植。

尼普顿多年生黑麦草

Lolium perenne L. 'Neptun'

品种登记号： 391

登记日期：2010 年 6 月 12 日

品种类别：引进品种

申报者：贵州省草业研究所、贵州省饲草饲料工作站、四川省金种燎原种业科技有限责任公司。尚以顺、陈燕萍、陈国南、姚明久、李鸿翔。

品种来源：2003 年由丹麦丹农种子股份公司引入。原品种是 20 世纪 90 年代由丹麦丹农育种中心育成。引入我国后，2006 年在贵州省进行了引种品比试验，结果良好。

植物学特征：四倍体多年生疏丛型禾草，须根系。株高 70～110cm，分蘖多。叶片深绿色有光泽，叶量大，质地柔软，长 10～18cm。穗状花序，长 20～30cm，每小穗含小花 7～11 朵。颖果黄色，种子长 4～7mm，外稃无芒，千粒重 3.0g 左右。

生物学特性：早熟型，生育期 230～280 天（秋播）。喜温暖湿润气候，耐寒性较好，稍耐阴，耐短期排水不良，抗锈病等多种病害。适合多种土壤，略耐酸。对氮肥反应敏感。每年可利用 5～8 次，再生快，夏季产量高，干草产量可达 10 000～14 000kg/hm²。持久性好，在温和湿润气候地区可利用 3～5 年。抽穗期风干样品中含干物质 88.37%，粗蛋白质 12.58%，粗脂肪 4.43%，粗纤维 27.22%，无氮浸出物 31.04%，粗灰分 13.10%，钙 0.81%，磷 0.42%。适宜于青饲和调制干草及放牧。

基础原种：由丹麦丹农种子股份公司保存。

适应地区：适于云、贵、川三省海拔 800～2 500m，年降水量 800～1 500mm 的温凉湿润地区及相似生态条件的区域种植。

顶峰多年生黑麦草

Lolium perenne L. 'Pinnacre'

品种登记号：240

登记日期：2002 年 12 月 11 日

品种类别：引进品种

申报者：百绿（天津）国际草业有限公司。陈谷、曹致中、柳小妮、韩烈保、马春晖。

品种来源：1995 年从荷兰百绿公司引进。

植物学特征：多年生疏丛型禾草，须根稠密。茎秆基部倾斜，质地柔软，株高85~90cm。叶片深绿色，长10~20cm，叶宽2~3mm。穗状花序，长10~20cm，小穗含5~11朵小花。颖果矩圆形，长2.8~3.4mm，棕褐色。种子千粒重1.5~2.0g。

生物学特性：叶质地纤细，建坪后美观，持久性好。含有内生真菌，抗虫性强。苗期生长快，易形成致密草坪，耐践踏，耐寒、耐热性较好。适宜用于建植运动场草坪、公共绿地以及护坡草坪。

基础原种：保存于荷兰百绿种子集团公司。

适应地区：适于我国北方地区种植，兰州以西地区不能安全越冬。

托亚多年生黑麦草

Lolium perenne L. 'Taya'

品种登记号：285

登记日期：2004年12月8日

品种类别：引进品种

申报者：北京林业大学。 韩烈保 、邹玉新、尹淑霞、李鸿祥、曾会明。

品种来源：1996年由丹农国际种子集团公司引进。

植物学特征：多年生疏丛型禾草。须根发达而稠密，根系较浅，主要分布于15cm以内的表土层中。具有细弱的根状茎。茎秆丛生，质地柔软，基部常斜卧，高60~90cm，具3~4节。叶片条形，先端渐尖，深绿色，长10~25cm，宽0.4cm。穗状花序，外稃披针形，外稃与内稃等长。颖果矩圆形，长4.8~5.4mm，宽1.0~1.2mm，棕色至深褐色，种子无芒，千粒重1.6~1.8g。

生物学特性：春季返青早，分蘖能力强，建植速度快，可形成较致密的草坪。耐践踏，抗寒、抗旱性强，颜色美丽。对锈病、钱斑病等真菌性病害有较高的抗性，持久性突出。不耐低修剪，留茬高度应保持在4~6cm。抗病虫害的能力较差，在湿热季节应加强防治。适用于建植绿化及运动场草坪。

基础原种：由丹农国际种子集团公司保存。

适应地区：适于我国东北平原南部、西北较湿润地区、华北、西南海拔较高地区以及北方沿海城市种植。

图兰朵多年生黑麦草
Lolium perenne L. 'Turandot'

品种登记号： 488

登记日期： 2015 年 8 月 19 日

品种类别： 引进品种

申报者： 凉山彝族自治州畜牧兽医研究所、四川省金种燎原种业科技有限责任公司。王同军、姚明久、傅平、卢寰宗、李鸿翔。

品种来源： 该品种是 1990—1993 年在丹农育种中心育成的四倍体中晚熟品种，亲本材料是 Meltra、Toave 和 Condesa，育种编号 DP92 - 78，经欧洲多国多年试验评测，2001 年被以 Turandot 的名字注册。2005 年从丹麦丹农种子股份公司引入。引入我国后，2005—2008 年在四川开展引种试验，表现良好。

植物学特征： 禾本科黑麦草属多年生疏丛禾草，冷季型牧草。四倍体。须根系，株高 60～110cm。叶片深绿有光泽，长 10～18cm。穗状花序，长 15～30cm，每小穗含小花 7～11 朵。种子长 4～7mm，外稃无芒，千粒重 2.8～3.1g。

生物学特性： 中晚熟品种。喜温暖湿润气候，27℃以下为适宜生长温度，35℃以上生长不良，−15℃以下不能越冬，不耐严寒酷暑，不耐阴。该品种生育期 286 天（秋播），每年可割草 4～6 次，在温和湿润气候地区可利用 3～5 年。年干草产量约 10 000kg/hm²。

基础原种： 由丹麦丹农种子股份公司保存。

适应地区： 适于长江流域及以南地区，海拔 800～2 500m，年降水量 700～1 500mm，年平均气温<14℃的温暖湿润山区种植。

劳发羊茅黑麦草
Lolium multiflorum × *Festuca arundinacea* . 'Lofa'

品种登记号： 525

登记日期： 2017 年 7 月 17 日

品种类别：引进品种

申报者：四川农业大学、四川省林丰园林建设工程有限公司。黄琳凯、张新全、李鸿祥、高燕蓉、蒋林峰。

品种来源：引自丹麦丹农种子股份公司。

植物学特征：禾本科多年生牧草。须根系，株高 90～110cm。叶量大，分蘖数多。叶片柔软，深绿有光泽，长 10～18cm。穗状花序，长 20～30cm，每小穗含小花 7～11 朵。种子长 0.4～0.7cm，外稃有短芒，千粒重 2.8～3.0g。

生物学特性：喜温凉湿润气候，25℃以下为适宜生长温度，35℃以上生长不良，不耐酷暑，不耐阴。适宜土壤 pH 6～7。气候适宜地区可利用 3～5 年，能耐受高强度利用。粗脂肪含量高，适口性好。耐寒性强，春季返青早，头茬产量高。每年可割草 3～5 次，再生快，干草产量 10 000kg/hm²。

基础原种：由丹麦丹农种子股份公司保存。

适应地区：适于西南温凉湿润地区及气候相似地区种植。

南农 1 号羊茅黑麦草

Loliurn perenne L. × *Festuca arundinacea* schreb. 'Nannong No. 1'

品种登记号：194

登记日期：1998 年 11 月 30 日

品种类别：育成品种

育种者：南京农业大学。王槐三、陈才夫、李志华、周建国、沈益新。

品种来源：父本苇状羊茅（$K_{31} 2n=42$）和母本黑麦草（Man-awa $2n=14$）属间杂交，其后代经系统混合选择育成。

植物性特征：多年生草本，茎直立，株高 120～140cm，主茎 5～7 节，分蘖 30～40 个。根系发达，入土深 30cm 左右。叶片长 15～30cm，宽 0.5～0.8cm，色浓绿，有光泽。穗状花序，穗长 30～40cm，每穗有小穗 25～32 个，每小穗小花数 6～10 朵。结实率50％以上。种子舟形，长 0.5～0.6cm，宽 0.1～0.12cm，外稃披针形，褐色，有短芒或无芒，内外稃约等长。千粒重 2.1～2.3g。

生物学特性：耐寒、耐湿、耐盐碱，较抗干热。喜肥沃湿润的土壤。南京地区秋播次年 4 月下旬至 5 月上旬抽穗开花，6 月上旬种子成熟，全生育期 210 天左右。苗期生长快，后期生长发育迅速，再生性强，耐刈、耐牧。春秋播均可，鲜草产量一般 45 000～60 000kg/hm²。

基础原种： 由南京农业大学动物科技学院保存。

适应地区： 适于我国西南山区、长江流域以及部分沿海地区种植。

百盛杂交黑麦草
Lolium perenne × *Lolium multiflorum* 'Bison'

品种登记号： 369

登记日期： 2009 年 5 月 22 日

品种类别： 引进品种

申报者： 北京克劳沃草业技术开发中心。房丽宁、刘艺杉、赵红梅、邹玉新、李鸿翔。

品种来源： 2000 年从丹农国际种子公司（美国）引入。原品种育种材料来自美国密歇根州立大学 1971 年育成的杂交黑麦草品种泰特（Tetre-lite），利用泰特原种中 25 个最耐寒的株系，经多地多年的进一步选育，以活力高、抗病和持久性好为目标，于 1982 年在俄勒冈州育成。引入我国后，在湖北等地草山草坡改良和人工草地建植中表现突出。

植物学特征： 多年生杂交疏丛型禾草。四倍体。须根系，分蘖数 40～60 个。株高 80～120cm，直立生长。叶量大，叶片深绿色有光泽，长 10～20cm。穗状花序，长 20～30cm，每小穗含小花 5～11 朵。种子长 6～8mm，外稃具短芒，千粒重 3.6g。

生物学特性： 早熟型，生育期 271 天（秋播）。喜温暖湿润气候，耐寒，稍耐阴，耐短期排水不良，抗锈病等多种病害。适合多种土壤，略耐酸，适宜土壤 pH 6～7，对氮肥反应敏感。建植快，返青早，每年可利用 3～6 次，干草产量 9 000～12 000kg/hm²。抽穗初期干物质中含粗蛋白质 15.04%，粗脂肪 3.51%，粗纤维 25.03%，无氮浸出物 43.90%，粗灰分 12.52%，钙 0.35%，磷 0.38%。适宜于割草或短期放牧利用。

基础原种： 由丹农国际种子公司保存。

适应地区： 适于年降水量 600mm 以上、气候温和的云贵高原等地区种植。

泰特Ⅱ号杂交黑麦草

Lolium×bucheanum 'Tetrelite Ⅱ'

品种登记号： 456

登记日期： 2013 年 5 月 15 日

品种类别： 引进品种

申报者： 四川省金种燎原种业科技有限责任公司、凉山彝族自治州畜牧兽医科学研究所、四川农业大学。李鸿翔、傅平、王同军、姚明久、张新全。

品种来源： 2003 年从丹农国际种子公司（美国）引入。原品种于 2001 年由丹农美国育种中心育成。

植物学特征： 多年生禾本科疏丛型草本，根系发达，须根密集。分蘖多，茎秆粗壮，直立生长，高 90～110cm。叶量大，分蘖数 60～100 个。叶片深绿色有光泽，长 10～20cm。穗状花序，长 20～30cm，每小穗含小花 5～11 朵。种子长 7～8mm，外稃具短芒，千粒重 4.0～4.6g。细胞染色体为四倍体。

生物学特性： 中早熟品种。种子萌发迅速，株型高大，抗逆性好。喜温暖湿润气候，春季开始生长早，不耐阴。适合多种土壤，略耐酸，适宜土壤 pH 6～7，对氮肥反应敏感。再生快，鲜草产量 37 500～87 500kg/hm^2，干草产量 6 000～14 000kg/hm^2，产量和持久性受种植地气候条件影响很大，在温和湿润气候区可利用 3 年，但在夏季炎热干旱地区只能利用一年。适口性好，品质优良，特别适合反刍草食家畜，适于刈割青饲，调制优质干草，亦可放牧利用。

基础原种： 由丹农国际种子公司保存。

适应地区： 适于长江流域及以南，海拔 800～2 500m，年降水量 800～1 500mm，年平均气温 10～25℃的温暖湿润地区种植。

拜伦羊茅黑麦草

Festulolium braunii L. 'Perun'

品种登记号： 502

登记日期：2016 年 7 月 21 日

品种类别：引进品种

申报者：云南农业大学、云南省草山饲料工作站。姜华、马向丽、吴晓祥、陈嘉奇、李鸿祥。

品种来源：拜伦羊茅黑麦草由丹麦捷克育种中心利用多花黑麦草和草地羊茅为亲本，杂交选育的羊茅黑麦草。1991 年在捷克注册，2005 年从丹农种子公司引入我国。

植物学特征：多年生疏丛型禾草。须根系，株高 90～110cm。叶量大，分蘖数多。叶片深绿有光泽，长 10～18cm。穗状花序，长 20～30cm，每小穗含小花 7～11 朵。种子长 4～7mm，外稃有短芒，千粒重 2.8～3.1g。四倍体。

生物学特性：春季返青早，耐寒性强，对锈病和叶斑等病害有抗性。生育期约 290 天（秋播），再生快，每年可割草 3～5 次。喜温暖湿润气候，较耐寒，35℃以上生长不良。

基础原种：由丹麦捷克育种中心保存

适宜地区：适于海拔 800～3 000m，年降水量 800～1 500mm 气候温和地区种植。

糖蜜草属
Melinis Beauv.

粤引 1 号糖蜜草
Melinis minutiflora Beauv. 'Yueyin No. 1'

品种登记号：102

登记日期：1991 年 5 月 20 日

品种类别：引进品种

申报者：广东省畜牧局饲料牧草处、广东省农业科学院畜牧兽医研究所。李居正、林坚毅、刘君默、张庆智、罗建民。

品种来源：1974 年中国农业科学院畜牧研究所从澳大利亚引入。1975 年广东省农业科学院畜牧兽医研究所试种推广。

植物性特征： 多年生疏丛型热带禾草。秆从一簇杂乱多枝的基部伸出，高达 1m，植物体具有黏液的绒毛，新鲜时具有极重的糖蜜气味。叶片扁平，长 5～15cm，宽 5～10mm。圆锥花序长 10～20cm，紫色。小穗长约 2mm，第一外稃 2 裂，裂齿间生一细芒，长 1～10mm。种子小，具细芒。

生物学特性： 喜温热，不耐霜冻。该品种极耐干旱和酸瘠土壤，侵占性强。在我国南方水土流失严重的红黄壤上种植，亦能生长良好，形成厚密草层，覆盖地表，为治理水土流失和改良草地的先锋植物。不耐涝渍，病虫害少。根系浅，不耐重牧和低刈。营养生长期长，草质柔软，适口性尚好，牲畜采食习惯后喜食，亦是优良的牧草，鲜草产量 40 000～70 000kg/hm²。

基础原种： 由澳大利亚保存。

适应地区： 适于海南、广东、广西、福建南部水土流失严重的地区种植。

黍　　属
Panicum L.
热研 8 号坚尼草
Panicum maximum Jacq. 'Reyan No. 8'

品种登记号： 213

登记日期： 2000 年 12 月 25 日

品种类别： 引进品种

申报者： 中国热带农业科学院热带作物品种资源研究所。韦家少、刘国道、白昌军、何华玄、蒋昌顺。

品种来源： 1988 年引自国际热带农业中心（CIAT），编号 CIAT69010。

植物学特征： 多年生丛生型禾草。秆直立，株高 150～250cm，秆粗 0.75cm，多分蘖。叶线形，长约 110cm，宽约 3cm，叶质较硬，叶面具蜡粉，光滑无毛；叶舌膜质，长 1.5cm，节密生疣毛。圆锥花序开展，长 45～55cm，主轴粗，分枝细，斜向上升。小穗灰绿色，长椭圆形，顶端尖，长约 4mm，无毛。颖果长椭圆形，种子千粒重 0.76g。

生物学特性： 喜湿润的热带气候，耐干旱，耐酸性瘦土，在 pH 5.0 左右的滨海沙土上仍茂盛生长。耐寒，在海南省秋冬季仍保持青绿。耐阴，在各种种植园中间作仍可获得较高产草量。开花期较对照品种青绿黍晚约1个月，可延长其利用期。叶量丰富，适口性好。刈割后40天营养生长期茎叶干物质中含粗蛋白质8.04％，粗脂肪2.36％，粗纤维35.54％，无氮浸出物46.32％，粗灰分7.74％，钙0.57％，磷0.29％。在海南省年干草产量约为15 000kg/hm²，种子产量约480kg/hm²。

基础原种：保存于中国热带农业科学院热带作物品种资源研究所。

适应地区：适于海拔1 000m以下，年降水量750mm以上热带和南亚热带地区种植。

热研9号坚尼草

Panicum maximum jacq. 'Reyan No. 9'

品种登记号：214

登记日期：2000年12月25日

品种类别：引进品种

申报者：中国热带农业科学院热带作物品种资源研究所。韦家少、刘国道、⬚白昌军⬚、何华玄、蒋昌顺。

品种来源：1988年引自国际热带农业中心（CIAT），编号CIAT6172。

植物学特征：多年生丛生型禾草。秆直立，高150～220cm，茎粗6mm，多分蘖。叶线形，长约60cm，宽约25cm，叶面具蜡粉，光滑无毛。圆锥花序开展，长35～40cm，主轴粗，分枝细，斜向上升。小穗灰绿色，长椭圆形，长3.0～3.5mm。种子千粒重0.6g。

生物学特性：喜湿润的热带气候，耐干旱、耐酸性瘦土，在pH 5.0左右的滨海沙土上仍能茂盛生长。较耐阴，在各种种植园间作生长良好。叶量丰富，适口性好。刈割40天营养生长期茎叶干物质中含粗蛋白质8.39％，粗脂肪2.40％，粗纤维34.05％，无氮浸出物46.74％，粗灰分8.42％，钙0.58％，磷0.24％。在海南省种植年干草产量16 000kg/hm²，种子产量约500kg/hm²

基础原种：保存于中国热带农业科学院热带作物品种资源研究所。

适应地区：适于海拔1 000m以下，年降水量750mm以上的热带和南亚热带地区种植。

热引 19 号坚尼草

Panicum maximum Jacq. 'Reyin No. 19'

品种登记号： 339

登记日期： 2008 年 1 月 16 日

品种类别： 引进品种

申报者： 中国热带农业科学院热带作物品种资源研究所。刘国道、白昌军、唐军、何华玄、王文强。

品种来源： 1998 年从国际热带农业中心（CIAT）引入。

植物学特征： 多年生丛生型禾草。株高 1.5～2.5m，秆直立，茎秆光滑，呈紫红色，披有稀蜡粉。叶长 20～66cm，宽 2.5～4.0cm，无被毛。圆锥花序顶生，长 45～67cm，含 71～92 个花枝。第一颖片长 2.0～4.0mm，第二颖片长 2.4～3.0mm，雄蕊 3 枚，花丝极短，白色。颖果长 4.0mm，宽 2.1～2.3mm。种子浅黄色，长 2.5mm，宽 1.5mm，千粒重 0.75g，易脱落，当年可发芽。$2n=32$。

生物学特性： 喜湿润温暖气候。可用种子或分株繁殖，种植当年产量较低，第二年以后干草产量可达 20 000～40 000kg/hm²，营养生长期干物质中粗蛋白质含量约占 10.5%。

基础原种： 由国际热带农业中心（CIAT）保存。

适应地区： 适于我国海南、广东、云南等热带、亚热带降水量大于 1 000mm 地区种植。

雀 稗 属

Paspalum L.

雀稗属植物分布于世界热带和温带地区。多产于西半球，尤以巴西分布最多。全世界约有 300 种，大多为优良牧草。我国各地均有野生分布，栽培种主要为引进种，种植面积较大的有宽叶雀稗、毛花雀稗、小花毛花雀稗、棕籽雀稗、巴哈雀稗等。本属为一年生或多年生禾草。穗状总状花序，1 至多个，单生或成对生于秆顶或沿总轴呈总状花序式排列；小穗有 2 小花，常钝头，2～4行排列于穗轴一侧；第一颖通常缺；实性外稃常钝头，革质，边缘内卷。喜温暖湿润气候，适应性广，耐热，耐旱性强，亦耐酸瘠和水渍。

圆果雀稗（*P. orbiculare* Forst.），多年生禾草，秆高60～120cm。叶片条形，长5～10cm，宽2～8cm，除近叶舌处具柔毛外，其余无毛。总状花序3～4枚，长3～6cm，排列于主轴上。小穗单生，近圆形，褐色，长2～2.5mm，覆瓦状排列成2行。

小花毛花雀稗（*P. urvillei* Steud.），多年生禾草，秆高70～160cm，疏丛生。叶片条形，较狭，长30～70cm，宽3～13mm，叶鞘长于节，密生毛。总状花序顶生，长约20cm。小穗卵形，12～18枚，呈4行排列于穗轴一侧。

宽叶雀稗（*P. wettsteinii* Hack.），半匍匐丛生型多年生禾草，秆高50～100cm，具短根状茎。叶片条形，长12～32cm，宽1～3cm，两面密被白色柔毛，叶鞘暗紫色。总状花序通常4～5个排列于主轴上，长8～9cm。小穗单生，成2行排列于穗轴的一侧。

热研 11 号黑籽雀稗
Paspalum atratum Swallen 'Reyan No. 11'

品种登记号：264

登记日期：2003 年 12 月 7 日

品种类别：引进品种

申报者：中国热带农业科学院热带作物品种资源研究所。刘国道、白昌军、王东劲、何华玄、周汉林。

品种来源：1996 年从印度尼西亚引入。原产于巴西的中南部地区，分布于南美巴西、阿根廷、玻利维亚、巴拉圭等地。20 世纪 90 年代引种至世界各地。

植物性特征：多年生丛生型禾草。株高 210～225cm，茎秆少而叶量大，秆粗 0.5～0.9cm，褐色，具 3～8 茎节，茎节稍膨大。叶鞘半包茎，叶鞘长13～18cm，背部具脊；叶舌膜质，褐色，长 1～3mm。叶片长 50～84cm，宽 2.4～4.2cm，叶层高 140～150cm，质脆，平滑无毛。圆锥花序，由 7～12 个近无柄的总状花序组成，总状花序互生于长达 25～40cm 的主轴上，每个总状花序长 12.8～15.3cm。穗轴近轴面扁平，远轴面有一棱，穗轴宽 1～1.5mm，基部被柔毛，小穗孪生，交互排列于穗轴远轴面上。种子卵圆形，褐色，具光泽，长 1.5～2.2mm，宽约 1mm，千粒重 3.57g。

生物学特性：喜热带潮湿气候，适应性强，耐酸瘦土壤，耐涝和耐一定程度的干旱，在年降水量 750mm 以上的地区种植表现良好的丰产性。分蘖能力强，种植半年后分蘖数可达 60～120 个，耐刈割，年可刈割 3～5 次。适口性好，牛羊喜食。营养生长期干物质中含粗蛋白质 9.83%，粗脂肪 1.00%，粗纤维 24.88%，无氮浸出物 50.75%，粗灰分 13.54%，钙 1.43%，磷 0.56%。在海南省雅星、东方、儋州，云南省元谋、盈口等地种植，一般年鲜草产量 100 000kg/hm²。

基础原种：保存于中国热带农业科学院热带作物品种资源研究所。

适应地区：适于我国热带和南亚热带高温多雨地区种植。

赣引百喜草（巴哈雀稗）

Paspalum notatum Flugge. 'Ganyin'

品种登记号：228

登记日期：2001 年 12 月 22 日

品种类别：引进品种

申报者：江西农业大学。董闻达

品种来源：1989 年从我国台湾省农委会水土保持局引进，属叶长而狭的细叶型百喜草，盘沙可拉（Pensacola）类型，产于美国，编号 A33。

植物学特征：多年生匍匐型禾草。根系发达，分布直径 60cm，集中在 0～3cm 土层中。具粗壮匍匐茎，长 30～35cm，节间短密，分蘖多，各节生根，可紧密地固结土壤。草层自然高约 30cm，抽穗期株高 50～85cm。叶色深绿，光滑并具光泽，叶长 20～35cm，宽 3～3.5mm，叶鞘浅紫色。穗状总状花序，2 枚，偶有 3～4 枚，指形排列。花序轴细，长 12～14cm。小穗卵形，互生于花序轴的一侧。颖果，由颖片紧密包裹，颖片外被蜡质，故难以吸水，影响发芽。种子长 2.8mm，宽 1.6mm，千粒重 1.74g。

生物学特性：抗逆性和适应性强，耐旱、耐热、耐瘠、耐践踏，土壤适应范围广，但不耐寒，长时间 0℃ 以下低温不能存活。气温达 28～33℃ 生长良好，低于 10℃即停止生长。初霜后，叶色枯黄休眠。抽穗期干物质中含粗蛋白质 10.26％，粗脂肪 1.86％，粗纤维 31.35％，无氮浸出物 49.42％，粗灰分 7.11％，钙 0.92％，磷 0.21％。在江西各地种植干草产量达 13 000～19 000kg/hm²。

基础原种：保存于美国。

适应地区：适于淮河秦岭以南亚热带、热带地区种植，最适于江南低山丘陵地区。

福建圆果雀稗

Paspalum orbiculare Forst. 'Fujian'

品种登记号：159

登记日期：1995 年 4 月 27 日

品种类别：野生驯化品种

申报者：福建农业大学牧草研究室。苏水金、林洁荣、刘建昌、还振举、黄红湘。

品种来源：采自福建省闽西北沙溪河流域山地的野生种驯化而成。

植物性特征：多年生禾草。根系发达，分蘖力强，茎直立，高 60～120cm。叶片条形，长 5～10cm，宽 2～8mm，除近叶舌处具柔毛外其余均无毛，叶舌膜质，棕色，先端圆钝。总状花序常 3～4 枚，长 3～6cm，相互间距 1.5～3cm，排列于主轴上。小穗单生近于圆形，褐色，长 2～2.5mm，覆瓦状排列成两行。第一颖缺，第二颖与第一外稃均具 3 脉，第二外稃边缘抱内稃。籽实等长于小穗，成熟后呈褐色。

生物学特性：耐瘠、耐肥，耐低温，抗炎热，鲜草产量为 45 000～90 000kg/hm²。花果期 6—10 月。生育期 110～130 天。

基础原种：由福建农业大学牧草室保存。

适应地区：适于我国长江以南诸省区种植。

桂引 2 号小花毛花雀稗

Paspalum urvillei Steud. 'Guiyin No. 2'

品种登记号：075

登记日期： 1990 年 5 月 25 日

品种类别： 引进品种

申报者： 广西壮族自治区畜牧研究所。赖志强、宋光谟、周明军、蒙爱香。

品种来源： 1962 年从越南宜安省引入。

植物性特征： 多年生疏丛型粗壮禾草，植株不具根状茎，茎秆圆形，直立。秆高 70～160cm，约具 4 节，节上疏被柔毛。叶片条形，较狭，色较绿，长 30～70cm，宽 3～13mm。叶鞘长于节，基部叶鞘紫红色，密生刚毛，老时色泽加深，刚毛变硬；叶舌楔形，膜质。总状花序顶生，开展，长约 20cm，花轴纤细光滑无毛。小穗成对，12～18 枚，卵形，呈 4 行排于穗轴一侧，穗柄宿存，护颖具丝状长柔毛。种子浅黄色，卵圆形，夏秋成熟，千粒重 0.85g。

生物学特性： 喜温暖湿润气候，耐热、耐旱、又耐湿。耐寒性是热带牧草中较强的一种，华南南部地区冬季保持青绿；华南北部种植遇重霜时仅茎叶上部枯萎。－6～－8℃温度下越冬率 100%。耐酸性土壤。春季返青早，再生力强，耐刈、耐牧，抗病虫害。产草量高，草质良好，为草食动物的重要青饲和放牧饲草，一般种子产量 300kg/hm²，鲜草产量 46 000～62 000kg/hm²。再生草占全年总产量的 82%。抗逆性强，适应范围较广，在夏季有高温伏旱的长江中下游低海拔丘陵岗地，本品种是建立持久人工草地的一个重要优良草种。

基础原种： 由越南保存。

适应地区： 适于我国华南地区种植。福建、江西、湖南、湖北、云南、贵州、浙江、安徽等省部分地区亦可种植。

桂引 1 号宽叶雀稗

Paspalum wettsteinii Hack. 'Guiyin No. 1'

品种登记号： 048

登记日期： 1989 年 4 月 25 日

品种类别： 引进品种

申报者： 广西壮族自治区畜牧研究所、福建省农业科学院畜牧研究所。

宋光谟、赖志强、周明军、吴燮恩、陈火青。

品种来源：宽叶雀稗原产巴西南部、巴拉圭和阿根廷北部。1974 年从澳大利亚引入。

植物性特征：种子较毛花雀稗小，千粒重 1.3～1.5g。

生物学特性：对土壤要求不严，在 pH 4.5 以下的酸瘠土壤种植，只要合理施肥亦能良好生长。喜湿热环境条件。生命力强，再生性好，耐牧、耐践踏，适于放牧利用。结实性好，产籽量高。病虫害少，不易患麦角病。根系发达，草层密度大，保持水土能力强，亦是水土保持、绿化和果园覆盖的优良草种。

基础原种：由澳大利亚保存。

适应地区：适于我国中亚热带以南地区种植。为广东、广西、福建、海南和云贵南部的当家草种。四川、湖南、江西、浙江等省南部气候温暖湿润地区亦可种植。

狼尾草属
Pennisetum Rich.

狼尾草属为一年生或多年生禾草。分布于热带和亚热带。全世界约有 80 种，多数产于非洲。我国约有 4 种，人工栽培利用的种主要有象草（*P. purpureum* Schum.）和美洲狼尾草［*P. americanum*（L.）Leeke］。在长江流域以南各省（区），特别是华南地区种植面积较大。叶片扁平，条形。圆锥花序，小穗具短柄或无柄，单生或 2～3 个簇生，每簇下围有总苞状刚毛，与小穗一起脱落，有 2 朵小花；第一颖短于小穗，有时微小或缺；第二颖通常短于小穗；第二外稃纸质。

象草　原产于非洲，是热带、亚热带地区普遍栽培的高产牧草。20 世纪 40 年代初我国从印度、缅甸等国引入广东、四川等地试种。现在我国南方各省普遍种植。为多年生高大禾草，一般高 2～4m。叶条形，通常长 45～100cm，宽 1～4cm。圆锥花序圆柱状，黄褐色或黄色，长 20～30cm，花序分枝极短，每簇刚毛中有 1 枚或 2 枚显著较长并在下部有柔毛；小穗通常单生。种子活力低、实生苗生长极为缓慢，故一般采用无性繁殖。喜温暖湿润气候，肥沃土壤、强光照。

美洲狼尾草 适应性广，南至海南、北至内蒙古均可种植。一年生草本，根系发达，秆坚硬、节较短。叶长宽，叶缘粗糙，上面有稀疏毛。颖、秤遍生细毛。种子成熟时易脱落。茎叶产量较高，品质比象草优。

多穗狼尾草 ［*P. polystachyon*（L.）Schult.］，为一年生禾草，株高可达 2～3m，茎粗 0.5～1cm。叶长披针形，长 60～80cm，宽 1.5cm。圆锥花序，紫红色，长 11～13cm，种子纺锤形。

陵 山 狼 尾 草

Pennisetum americamum（L.）Leeke 'Lingshan'

品种登记号：570

登记日期：2019 年 12 月 12 日

品种类别：野生栽培品种

申报者：河北农业大学。王丽宏、李会彬、边秀举、孙鑫博、张继宗。

品种来源：以河北陵山搜集的野生狼尾草种质资源，经多年栽培驯化而成。

植物学特征：禾本科狼尾草属多年生草本。丛生，株型紧凑。抽穗前株高 60～70cm，抽穗后株高 100～150cm，冠幅 100～150cm。叶长 50～58cm，叶宽 0.7～0.8cm，叶色淡绿色，抽穗前株型似喷泉状。抽穗开花后花枝梗长度 80～120cm，花序紧凑，每个花序有小花数多个，花序突出叶片以上。小穗刚毛颜色白色、褐色相间，穗长 14～15cm。

生物学特性：萌芽期 3 月上中旬，绿期 210 天左右，4—10 月均具有观赏性。耐低温，耐旱，全年少病虫害发生，生态适应性广，耐贫瘠土壤，养护管理成本低。

基础原种：由河北农业大学保存。

适应地区：适于华北及长江以北地区种植，可用于绿化美化，也可用于荒山、荒坡水土保持。

宁牧 26－2 美洲狼尾草

Pennisetum americamum（L.）Leeke 'Ningmu No. 26－2'

品种登记号：038

登记日期： 1989 年 4 月 25 日

品种类别： 育成品种

育种者： 江苏省农业科学院土壤肥料研究所。杨运生、顾洪如、陈礼伟、白淑娟。

品种来源： 从美国引入的 Tift 23A（美洲狼尾草）×N51（象草）的三倍体杂交种（F_2）中，获得两个组合的 F_2 代种子，经过 4 年的单株选择和混合选择，培育成遗传性基本稳定的新品种。

植物学特征： 一年生高大禾草，染色体数 $2n=14$。株型较紧凑，秆直立、丛生，分蘖 12～15 个，株高 320cm 左右。圆锥花序密集，长 30～33cm。每穗含种子 2 500～3 000 粒，灰褐色，千粒重 6.5～7.0g。

生物学特性： 生育期 130 天左右。幼苗顶土力弱，生长缓慢。抗逆性强，抗高温、耐湿、耐旱、耐盐碱、抗倒伏。对氮肥极敏感。在土壤肥沃和高温高湿气候条件下，生长迅速，干物质积累量大，鲜草产量高，但比杂交狼尾草略低，鲜草产量 75 000～120 000kg/hm^2。茎秆具甜味，多汁，适口性好，为我国长江流域各省 6—9 月份供给草食家畜和鱼类的重要青饲料。

基础原种： 由江苏省农业科学院土壤肥料研究所保存。

适应地区： 适于长江流域及其类似气候区域种植。

宁杂 3 号美洲狼尾草

Pennisetum americanum （L.）Leeke 'Ningza No. 3'

品种登记号： 195

登记日期： 1998 年 11 月 30 日

品种类别： 育成品种

育种者： 江苏省农业科学院土壤肥料研究所。白淑娟、杨运生、丁成龙、顾洪如、周卫星。

品种来源： 母本美洲狼尾草不育系 Tift 23A 为 1986 年从美国农业部 USDA-ARS 引进，父本恢复系 BiL 3B - 6 是从引进的美洲狼尾草资源 BiL 3B 中选育的恢复性好、配合力高的稳定选系 6。依据杂交优势理论，利用核质互作型不育系 Tift 23A 与多个恢复系配制大量杂交组合，从中筛选高产、优质、生育期不感病的杂交组合 Tift 23A×BiL 3B - 6，经品比、区域、生产试验选育成功。

植物学特征：一年生饲粮兼用型禾草。植株高大、繁茂，高约 300cm，分蘖多达 10～15 个。秆直立丛生，主茎有叶 20 多片，长 60～70cm，宽 3cm，质地柔嫩，品质好，苗期叶片有波纹。穗呈蜡烛状，穗状花序。每穗着生籽粒约 3 000 多粒，千粒重 7g。种子表皮光滑、皮薄，灰色圆粒，似珍珠，因而又称珍珠粟。

生物学特性：茎叶产量高，一般产鲜草 120 000～135 000kg/hm²。生育期间无病虫害，但籽粒甜，播种时种子或者成熟时的籽实易遭地下害虫和螟虫危害。喜温暖湿润的气候条件，但抵御干旱能力强，不倒伏，适宜于长江流域栽培利用。可鲜刈饲喂畜禽和鱼，又可收籽实，做精饲料，秸秆做粗饲料利用。

基础原种：由江苏省农业科学院土壤肥料研究所保存。

适应地区：适于长江流域广大区域种植。

宁杂 4 号美洲狼尾草

Pennisetum americanum（L.）Leeke‘Ningza No. 4’

品种登记号：220

登记日期：2001 年 12 月 22 日

品种类别：育成品种

育种者：江苏省农业科学院草牧业研究开发中心，南京富得草业开发研究所。白淑娟、周卫星、丁成龙、顾洪如、钟小仙。

品种来源：以美洲狼尾草矮秆不育系 Tift23DA 为母本，以 Bi13B‐6 恢复系为父本，依据杂交优势理论，在配制的 18 个杂交组合中选出综合性状好、杂交优势强的杂交组合 Tift23DA×Bi13B‐6，并经品比、区域、生产试验育成。

植物学特征：一年生丛生型高大禾草。植株繁茂，株型紧凑，株高约 250cm。须根系发达密集。平均有分蘖 12.7 个，最高达 20 个，成穗茎 4～6 个。主茎叶片 17 枚，叶片披针形，长 67.2cm，叶缘有波纹，质地柔软、光滑。穗状花序，蜡烛状，长 25cm，每穗有籽粒 3 400 粒，千粒重 6g。籽实灰色，米质粳性，可食用。

生物学特性：喜温暖湿润气候，耐旱，抗倒伏，杂种二代性状分离明显，生物产量显著降低，不能继续作种用，故每年都要用杂种一代种子种植。草质柔嫩，适口性好，多种畜禽喜食。拔节至孕穗期，株高 130cm 时茎叶干物质中含粗蛋白质 14.93％，粗脂肪 5.05％，粗纤维 40.18％，无氮浸出物 30.77％，粗灰分 9.07％。在南京和江苏省内多次刈割的条件下，年产鲜草 135 000～150 000kg/hm²。籽实收获后，秸秆仍保持鲜绿，可作青贮饲料。生育期间无病虫害，但籽粒甜，播种或种子成熟时易遭地下害虫和鸟类危害。

基础原种：由江苏省农业科学院草牧业研究开发中心保存。

适应地区：适于长江流域广大地区种植。

杂 交 狼 尾 草

Pennisetum americanum × P. purpureum

品种登记号：047

登记日期：1989 年 4 月 20 日

品种类别：引进品种

申报者：江苏省农业科学院土壤肥料研究所。杨运生、白淑娟、徐宝琪、顾洪如、陈礼伟。

品种来源：1981 年从美国引入。美洲狼尾草（Tift 23A）和象草（N51）的杂交一代。

植物学特征：杂种染色体数 $2n＝3x＝21$。多年生，根系密集。秆直立、丛生，株高约 350cm。每株分蘖 10 余个。叶片边缘密生刚毛，叶面有稀毛，叶片与叶鞘连接处有紫纹，叶色比象草淡。在一定条件下可抽穗，小穗含 2 小花不孕，生产上可无性繁殖，又可杂交制种，生产 F_1 代杂交种，进行有性繁殖。

生物学特性：喜温暖湿润气候，耐热、耐湿，亦较耐干旱。耐寒性差，0℃时植株易枯死。在温度较低的暖温带、北亚热带地区不能自然越冬，需温床或坑窖保藏种茎或根越冬。对氮肥极敏感。耐盐碱能力强，在含 0.5％氯盐土壤上仍能生长。抗倒伏，病虫害少。高温条件下生长快，产草量高，青草产量 110 000～150 000kg/hm²。草质及适口性均比象草好，为牛、羊、鸵鸟和食草鱼类的重要青饲料。

基础原种：由美国保存。

适应地区：适于我国长江流域及其以南地区种植。

<h2 style="text-align:center">邦得 1 号杂交狼尾草</h2>

Pennisetum americanum×P. purpureum 'Bangde. No. 1'

品种登记号：315

登记日期：2005 年 11 月 27 日

品种类别：育成品种

育种者：广西北海绿邦生物景观发展有限公司、南京富得草业开发研究所。白淑娟、施贵凌、周卫星、李增位。

品种来源：以美洲狼尾草雄性不育系 Tift23A 为母本，以早熟象草 N-Hawaii为父本，利用雄性不育系配制种间杂种一代（F_1）。

植物学特征：多年生疏丛型高大禾草。三倍体，染色体数为 $2n＝3x＝21$。植株高约 350cm，须根系发达，且多气生根。在密度为 5 株/m^2 时，单株分蘖数达 26 个，稀植时单株分蘖数可达 100～200 个。叶披针型，主茎有叶 26 片，叶长 80cm，宽 6.5cm，叶缘有刚毛，叶面有稀疏柔毛。圆柱状圆锥花序，小穗花器发育不全，花而不实，须用父母本杂交制种，亦可用成熟茎秆进行无性繁殖。

生物学特性：喜温暖湿润气候，耐干旱，耐刈割，再生性好，喜肥喜水，抗倒伏。叶片多，草质好，拔节期（株高 125cm）刈割干物质中含粗蛋白质 9.98％，粗脂肪 3.57％，粗纤维 32.90％，无氮浸出物 44.15％，粗灰分 9.40％。在江苏南京市、安徽合肥市、广西北海市、云南保山市、福建安溪县等地种植，年均干草产量为 21 000～25 000kg/hm^2。

基础原种：保存于广西北海绿邦生物景观发展有限公司。

适应地区：我国热带、亚热带和暖温带均可栽培利用，在热带和南亚热带可安全越冬的地区为多年生，在不能越冬的地区为一年生。

<h2 style="text-align:center">闽牧 6 号杂交狼尾草</h2>

Pennisetum americanum×P. purpureum 'Minmu No. 6'

品种登记号：569

登记日期： 2019 年 12 月 12 日

品种类别： 育成品种

申报者： 福建省农业科学院农业生态研究所。陈钟佃、黄秀声、黄小云、黄勤楼、冯德庆。

品种来源： 以 ^{60}Co - γ 射线对美洲杂交狼尾草不育系 Tift23A 为母本和象草 N51 为父本配制的杂种一代种子进行辐射，并从辐射后代中选育而成。

植物学特征： 禾本科狼尾草属多年生草本。丛生，须根发达。秆直立，高可达 400cm，实心，圆柱形。单叶互生成二列，叶舌明显，叶片长披针形，长 50～130cm，宽 2.5～3.5cm。叶脉平行，中脉明显向叶背突起，叶缘有锯齿，叶片两面均有茸毛。圆锥花序顶生，长 20cm 左右。

生物学特性： 抗逆性强，抗倒伏、耐旱、耐湿、耐盐碱，土壤适应性强。以无性扦插繁殖，生长最适温度 25～35℃，可一年多次刈割，干草产量约 21 000kg/hm²。

基础原种： 由福建省农业科学院农业生态研究所保存。

适应地区： 适于我国热带、亚热带地区种植。

桂牧 1 号杂交象草

（*Pennisetum americanum*×*P. purpureum*）×
P. purpureum 'Guimu No. 1'

品种登记号： 211

登记日期： 2000 年 12 月 25 日

品种类别： 育成品种

育种者： 广西畜牧研究所。梁英彩、滕少花、赖志强、李仕坚、韦锦益。

品种来源： 采用杂交狼尾草（美洲狼尾草×象草）（*Pennisetum americanum*×*P. purpureum*）偶然出现的可育株为母本，以摩特矮象草（*Pennisetum purpureum* Schum. 'Mott'）为父本，用有性杂交方法收获杂交一代（F₁）种子，播后进行株选，获得综合性状优良的单株，用无性繁殖方法保持并利用其杂种优势。

植物学特征： 多年生丛生型高大禾草。根系密集。秆直立，株高 350cm

（全年不刈割时）。分蘖多，一般分蘖 50～150 个，最多达 290 个。叶量大，无毛，叶片长 100～120cm，宽 4.8～6cm。圆锥花序。

生物学特性：喜温暖湿润气候，耐热、耐湿、耐酸性土壤，亦较耐干旱，抗倒伏，抗病虫性强。对氮肥敏感，高温和水肥条件充足时生长快。产量与质量均优于亲本。叶量大，适口性好，第一次刈割后 35 天的再生草干物质中含粗蛋白质 13.80%，粗脂肪 2.69%，粗纤维 30.28%，无氮浸出物 42.63%，粗灰分 10.60%，钙 0.64%，磷 0.44%。在广西、福建、湖南、江西等地一般年鲜草产量达 175 000～250 000kg/hm^2。

基础原种：由广西畜牧研究所保存。

适应地区：适于我国热带和中南亚热带地区种植。

威提特东非狼尾草

Pennisetum clandestinum Hochst. ex Chiov. 'Whittet'

品种登记号：241

登记日期：2002 年 12 月 11 日

品种类别：引进品种

申报者：云南省肉牛和牧草研究中心。匡崇义、钟声、吴文荣、袁福锦、余梅。

品种来源：1983 年从澳大利亚引入。原种产于东非厄立特里亚、埃塞俄比亚、肯尼亚、乌干达、坦桑尼亚和莫桑比克等地。1960 年澳大利亚新南威尔士州农业部从肯尼亚引入，1970 年通过新南威尔士州牧草品种审定委员会审定。

植物学特征：多年生根茎型禾草。自然生长条件下高约 40～50cm。具粗壮发达根茎，可横走蔓延一至数米。匍匐茎有节，节着地生根，每节可长一侧枝，侧枝之间呈互生生长，侧枝上可长第二轮侧枝。叶片常内卷。花序顶生或腋生，花茎很短，其上多叶，花序包在终端叶里，有 2～4 小穗，小穗基部有刚毛。种子 1～2 粒，棕黑色，被包于叶鞘内，收种较困难，种子千粒重 2.0～2.5g。

生物学特性：侵占性强，耐践踏，耐重牧，耐干旱，抗病性强。喜亚热带气候，对土壤适应性广，再生力强。混播草地中易形成优势种，宜与海法白三叶、肯尼亚白三叶混播建立永久性放牧草地。喜氮，施氮肥可显著提高产量。草质优良，适口性好，营养生长期茎叶比为1：2.2，即叶占全株重的69%。茎叶干物质中含粗蛋白质11.70%，粗脂肪2.23%，粗纤维27.81%，无氮浸出物46.03%，粗灰分12.23%。在云南省昆明、开远、广南、洱源等地种植，年干物质产量为5 000～6 800kg/hm²。

基础原种： 保存于澳大利亚新南威尔士州格拉夫顿农业研究所。

适应地区： 适于云南省年降水量600mm以上，年均温13～20℃，海拔1 000～2 200m的地区种植。最适宜种植的气候带为中北亚热带≥10℃积温为4 200～6 000℃的地区。

海南多穗狼尾草

Pennisetum polystachyon (L.) Schult. 'Hainan'

品种登记号： 122

登记日期： 1993年6月3日

品种类别： 野生栽培品种

申报者： 广东省农业科学院畜牧研究所。温兰香、刘家运、沈玉朗、李耀武、丁迪云。

品种来源： 1980年采自海南省崖县，经多年栽培而成。

植物学特征： 须根系较发达，株高可达200～300cm，茎粗0.5～1cm。叶长披针形，长60～80cm，宽1.5cm，茎上部有多个分枝并能抽穗。圆锥花序，呈圆柱状，紫红色，长11～13cm，直径0.9～1.2cm。种子纺锤形。

生物学特性： 一年生短日照喜温植物，具有较强的耐旱性、耐阴性。抗病能力强，适应性好。速生快长，分蘖多，竞争力强。种子产量高，成熟一致，鲜草产量52 500～82 500kg/hm²，种子450～750kg/hm²。成熟期在11月下旬至12月上中旬，繁殖速度快、自落种子萌发能力强，虽属一年生，亦能持续多年生长。

基础原种： 由广东省农业科学院畜牧研究所保存。

适应地区： 在粤北地区生长表现良好，但不结实。而在广州、河源地区及其南部（北回归线以南）都能正常生长结实。

热研 4 号王草（杂交狼尾草）

Pennisetum purpureum×P. typhoideum 'Reyan No. 4'

品种登记号： 196

登记日期： 1998 年 11 月 30 日

品种类别： 引进品种

育种者： 中国热带农业科学院。刘国道、何华玄、韦家少、蒋侯明、王东劲。

品种来源： 1984 年引自哥伦比亚国际热带农业中心。

植物学特征： 多年生丛生型高秆禾草，为象草与美洲狼尾草的杂交种。株高 150～450cm，茎粗 1.5～3.5cm，每株具 15～35 个节，茎幼嫩时被白色蜡粉，老时被一层黑色覆盖物，基部各节有气根发生。叶长条形，长 55～115cm，宽 3.2～6.1cm。叶鞘长于节间，包茎，长 12.5～20.5cm，幼嫩时叶及叶鞘被白色刚毛，老化后渐脱落，叶脉明显，呈白色。圆锥花序密生成穗状，长 25～35cm，嫩时浅绿色，成熟时为褐色。小穗披针形，3～4 个簇生成束，颖片退化成芒状，尖端略为紫红色，每个小穗具小花 2 朵，雄蕊 3 枚，花药浅绿色，柱头外露，浅黄色。颖果纺锤形，浅黄色，具光泽。但一般不开花结实，用营养体繁殖。

生物学特性： 喜温暖湿润的气候条件，不耐严寒，对土壤的适应性广泛，在酸性红壤或轻度盐碱土上生长良好，可耐 pH 4.5～5.0 的酸性土壤。对氮肥的反应敏感，施水肥可明显提高产量。在海南，一般干物质产量为 15 000～60 000kg/hm²，且叶量大。耐火烧，冬季烧草后，其植株保存率为 100%。

基础原种： 保存于中国热带农业科学院。

适应地区： 适于广东、广西、海南、福建及江西、江苏、云南、四川、湖南的部分地区种植。

德 宏 象 草

Pennisetum purpureum Schum. 'Dehong'

品种登记号： 340

登记日期：2008 年 1 月 16 日

品种类别：地方品种

申报者：云南省肉牛和牧草研究中心、云南省德宏州盈江县畜牧站。周自玮、匡崇义、袁福锦、罗在仁、黄晓松。

品种来源：于 20 世纪 30 年代从缅甸引入云南德宏，经过 60～70 年的栽培种植，已遍布云南的热带和亚热带地区，成为当地草食家畜的优良牧草。

植物学特征：禾本科狼尾草属多年生草本植物。须根系庞大，主要分布于 0～40cm 土层中。茎直立，圆形，株高 300～400cm，节间长 8～25cm，节间具明显芽沟和嫩芽。分蘖力强，达 60～80 个。叶片长约 80cm，宽约 3cm，中脉粗壮，呈浅白色，上面疏生细毛，下面无毛；叶舌短小，有粗密硬毛。圆锥花序，呈柱状，黄色，长约 23cm，直径约 4cm（含刚毛）。每花序含小穗 308 个，种子千粒重约 0.7g（含刚毛）。

生物学特性：草质良好，营养期粗蛋白质含量 10.96%，牛、马、羊、兔、鹅均喜食。可单种刈割利用，干物质产量达 25 000～30 000kg/hm²。耐水淹，喜高温高湿环境。

基础原种：由云南省肉牛和牧草研究中心保存。

适应地区：适于云南热带、亚热带地区种植。

桂 闽 引 象 草

Pennisetum purpureum Schum. 'Guiminyin'

品种登记号：396

登记日期：2010 年 6 月 12 日

品种类别：引进品种

申报者：广西壮族自治区畜牧研究所、福建省畜牧总站。赖志强、卓坤水、易显凤、苏水金、李冬郁。

品种来源：1999 年从台湾引入，原品种是狼尾草台畜草 2 号。

植物学特征：多年生草本植物，须根发达。茎秆直立，丛生，茎幼嫩时被白色蜡粉，老时被一层黑色覆盖物，基部各节有气生根，株高达 450cm，株形较紧凑。分蘖多，一般分蘖 20～50 个，多达 200 多个。叶片长 50～

100cm，宽 2～4cm。从茎秆顶端抽穗，圆锥花序，密生成圆柱状，穗长 20～30cm，嫩时浅绿色，成熟时为褐色。小穗披针形，3～4 枚簇生成束，每个小穗具小花 2 朵，雄蕊 3 枚，花药浅绿色，柱头外露，浅黄色。12 月抽穗开花，由于不能形成花粉，或者雌蕊发育不良，因而一般不结实，采用无性繁殖。

生物学特性：喜温暖湿润气候。耐旱、耐寒、耐酸，抗病虫性强。拔节期干物质中含粗蛋白质 13.36％，粗脂肪 3.78％，粗纤维 30.85％，无氮浸出物 41.44％，粗灰分 10.57％，钙 0.74％，磷 0.73％。茎叶质地柔软且茎中稍带有甜味，适口性好，牛、羊、兔、鱼、鹅、鸵鸟等动物均喜食。再生力强，产草量高，种植后 50 天开始刈割利用，一年可刈割 5～7 次，鲜草年产量可达 150 000～280 000kg/hm^2。叶量丰富，茎叶比 1.38：1。适宜于青饲、青贮、调制干草和放牧。

基础原种：由台湾省畜产试验所恒春分所保存。

适应地区：适于我国热带、南亚热带地区种植。

华 南 象 草

Pennisetum purpureum Schum. 'Huanan'

品种登记号：066

登记日期：1990 年 5 月 25 日

品种类别：地方品种

申报者：广西壮族自治区畜牧研究所、华南热带作物研究院。宋光谟、蒋侯明、周明军。

品种来源：1960 年从印度尼西亚引入，最早在广州燕塘农场试种，后在我国南方各省推广种植，经过 30 多年栽培驯化，成为一个高产地方品种。

植物学特征：秆直立，高 200～300cm，茎基部节密，节易出芽生根，在高温湿润条件下，中下部节能产生气生根。分蘖 25～40 个。

生物学特性：对土壤要求不严，酸性红黄壤、石灰性土、紫色土均能良好生长，但在深厚肥沃土壤中，植株分蘖多，再生速度快，产草量高。抗高温，耐旱、耐湿，但不耐涝渍。抗病虫害力强，适时刈割，适口性好，品质优良，在我国华南地区大面积种植，主要供作奶牛、役牛或肉牛的青饲料。幼嫩时青刈可作兔、鱼的饲草，鲜草产量 75 000kg/hm²。该品种生命力强，生物量大，覆盖度高，在江西省等地种植，除供作饲草外，亦利用茎叶作造纸原料和治理红黄壤地区的水土流失。

基础原种：由广西壮族自治区畜牧兽医研究所保存。

适应地区：适于我国华南地区及部分中亚热带地区种植。

摩 特 矮 象 草
Pnnisetum purpureum Schum. 'Mott'

品种登记号：134

登记日期：1994 年 3 月 26 日

品种类别：引进品种

申报者：广西壮族自治区畜牧研究所。赖志强、周解、潘圣玉、李振、宋光谟。

品种来源：1987 年从美国佛罗里达州引进。

植物学特征：多年生，秆直立，圆形，直径 1～2cm，通常高 100～150cm。节密，节间短，长为 1～2cm，成熟的节间具黑粉，节径大于节间，略成葫芦状。叶鞘包茎，长 15～20cm，幼嫩时光滑无毛，基部叶鞘老时松散，叶片条形，长 50～100cm，宽 3～4.5cm，深绿色，中脉细小，白色，宽 0.2～0.4cm，叶质厚，直立，边缘微粗糙。幼嫩时全株光滑无毛，老时基部叶面和边缘近叶鞘处生疏毛。叶舌截平，膜质，长 2mm。穗状圆锥花序白色，长 15～20cm，直径 1.5～3cm。分蘖多，叶量大，叶量可占总量的 85％以上。

生物学特性：适应性广。耐低温，较耐寒，适宜在我国海拔 1 000m 以下，年极端低温－5℃以上，年降水量 700mm 以上的热带、亚热带地区种植，鲜草产量为 120 000～130 000kg/hm²。适口性好，鱼、兔、鹅、猪、牛、羊均喜食。栽培管理比较粗放。种植极易成功，抗病力强，除单独种植外，还可与美国合萌等豆科牧草混播，共生良好，可减少氮肥用量。

基础原种：由美国保存。

适应地区：适于我国南方地区种植。

苏 牧 2 号 象 草

Pennisetum purpureum Schum. 'Sumu No. 2'

品种登记号： 397

登记日期： 2010 年 6 月 12 日

品种类别： 育成品种

育种者： 江苏省农业科学院畜牧研究所、浙江绍兴白云建设有限公司。钟小仙、梁流芳、顾洪如、董民强、张建丽。

品种来源： 以 N51 象草幼穗离体培养的颗粒状愈伤组织为外植体，在继代培养时用 NaCl 直接胁迫筛选和分化获得再生植株，对其再生植株进行耐盐性筛选，将选出的耐盐突变体植株用分株法扩繁，建立无性系，并进入常规育种程序，经品系比较试验、区域试验和生产试验育成。

植物学特征： 禾本科狼尾草属多年生草本。秆直立，丛生，株高 200～400cm，分蘖性强，须根发达，茎粗 2.5～3.0cm。茎生叶长 95～110cm，宽 3.0～3.5cm，叶片正反面均有短茸毛，但反面茸毛稀少，中脉明显，白色。圆锥花序淡黄色，穗长 15～20cm，穗直径 2.0～3.0cm。小穗单生，每小穗有 3 朵小花，结实率极低，以根茎繁殖。染色体数 $2n=28$。

生物学特性： 气温 5℃以下停止生长，在北纬 26℃以北地区不能自然越冬。喜温、耐湿、耐干旱和抗倒伏，全生育期无明显病虫危害，耐盐性强，盐含量≤0.6％生长良好。在浙江中部海涂地含盐量为 0.30％～0.45％时，干物质产量达 12 000～20 000kg/hm²，非海涂地干物质产量达 24 900～32 000kg/hm²。株高 150～165cm 时，干物质中平均含粗蛋白质 10.53％，粗脂肪 1.88％，中性洗涤纤维 70.70％，酸性洗涤纤维 44.32％，粗灰分 8.20％。可作为草食畜禽和鱼类的饲草、优质纸浆和人造板原料、生物质能源转化原料及水土保持植物。

基础原种： 由江苏省农业科学院畜牧研究所保存。

适应地区： 适于我国长江流域及其以南地区种植。

紫 色 象 草

Pennisetum purpureum Schum. 'Zise'

品种登记号： 468

登记日期： 2014 年 5 月 30 日

品种类别： 引进品种

申报者： 广西壮族自治区畜牧研究所。赖志强、易显凤、蔡小艳、姚娜、赖大伟。

品种来源： 广西壮族自治区水牛研究所于 2002 年从巴西农场引进的品种，同年广西壮族自治区畜牧研究所从水牛所引进并开展引种试验、品比试验、区域试验。

植物学特征： 多年生草本植物。须根，根系发达，株高 250～360cm，茎秆和叶片紫色，茎秆直立，丛生，茎粗 3.5cm。分蘖 50～150 个，最多达 200 个，茎秆有 25～30 个节。叶片长 100～120cm，宽 4.5～6cm。圆锥花序，小穗具小花 1～3 朵。广西地区 11 月中旬抽穗开花，种子结实率和发芽率低，生产上采用种茎繁殖。

生物学特性： 叶量大，柔嫩、适口性好，营养丰富，饲用价值高。喜温暖湿润气候，耐肥、耐旱、耐酸，抗倒伏性强，无病虫害，干草产量约 25 000kg/hm²。

基础原种： 由广西壮族自治区畜牧研究所保存。

适应地区： 适于我国热带、亚热带地区种植。

虉 草 属

Phalaris L.

川草引 3 号虉草

Phalaris arundinacea L. 'Chuancaoyin No. 3'

品种登记号： 341

登记日期： 2008 年 1 月 16 日

品种类别： 引进品种

申报者： 四川省草原科学研究院、四川省川草生态草业科技开发有限责任公司。张昌兵、李达旭、卞志高、刘刚、仁青扎西。

品种来源： 1979 年美国威斯康星大学绍尔教授赠送的虉草材料，经 20 年的适应性观察驯化而成。

植物学特征： 禾本科虉草属多年生草本植物。株高可达 150～210cm。叶鞘无毛，叶片扁平，长 16.8～33.7cm，宽 1.4～2.8cm。圆锥花序紧密狭长，长 19～22cm，呈草黄色，密生小穗。种子纺锤形，灰褐色，有光泽，长 3.8mm，宽 1.4mm，千粒重 1.4g。

生物学特性： 再生性强，抽穗成熟整齐一致。耐涝，抗寒，抗病能力强，产量高，鲜草产量达 34 000～53 000kg/hm^2。

基础原种： 由美国威斯康星大学保存。

适应地区： 适于海拔 2 800～3 600m 的潮湿草甸地区种植。

通选 7 号草芦

Phalaris arundinacea L. 'Tongxuan No. 7'

品种登记号： 125

登记日期： 1993 年 6 月 3 日

品种类别： 育成品种

育种者： 内蒙古哲里木畜牧学院草原系。周碧华、毕玉芬、黄中清、孙守钧、史伟东。

品种来源： 1984 年由内蒙古哲里木盟查金台牧场提供种子，采用混合选择法和轮回选择法选育而成。

植物学特征： 植株高大，株丛高 130cm，分蘖性强。叶灰绿色，肥水条件充足时深绿色，宽大扁平上冲，茎光滑无毛，根茎白色横向延伸，穗长 15～22cm。

生物学特性： 生育期 120 天，生长期 200 天。抗旱耐涝，抗逆性强。春、秋两季均可播种。鲜草产量 45 000kg/hm^2，种子产量为 277.5kg/hm^2。

基础原种： 由内蒙古哲里木畜牧学院保存。

适应地区： 适于内蒙古东部、吉林种植。

威宁球茎草芦

Phalaris tuberosa L. 'Weining'

品种登记号： 342

登记日期：2008 年 1 月 16 日

品种类别：地方品种

申报者：贵州省草业研究所。龙忠富、吴佳海、罗天琼、张新全、刘华荣。

品种来源：以贵州省威宁逸生球茎草芦种子繁殖群体为原始材料，经研究整理而成。

植物学特征：禾本科鹬草属多年生草本植物。须根系，入土较深。茎基部膨大，略呈球形，浅红色，节上有芽并向四周扩展，疏丛型，孕穗期株高80～130cm。叶片长 12～45cm，宽 1～2cm。圆锥花序长 8～15cm，密生小穗。颖果，褐黄色，卵形无芒，光亮，有毛茸，千粒重 0.8～0.9g。

生物学特性：可无性分株繁殖，分蘖能力强，繁殖系数高，再生性强，利用年限长。耐瘠、耐酸、耐寒、耐热、抗病性强，对土壤要求不严。鲜草产量 90 000～100 000kg/hm²。

基础原种：由贵州省草业研究所保存。

适应地区：适于云贵高原种植。

梯牧草属
Phleum L.

川 西 猫 尾 草
Phleum pratense L. 'Chuanxi'

品种登记号：533

登记日期：2017 年 7 月 17 日

品种类别：野生栽培品种

申报者：四川省草原工作总站、甘孜藏族自治州草原工作站。张瑞珍、何光武、马涛、陈艳宇、苏生禹。

品种来源：以采自甘孜州的野生猫尾草种质为选育材料，经过栽培驯化而成。

植物学特征：禾本科猫尾草属多年生草本。须根系，秆直立，高80～160cm，具5～9节。叶片长条形，叶舌膜质。圆锥花序，淡绿色。小穗簇生，近矩形，排列紧密，每小花含雄蕊 3～5 个，少的有 2～4 个，花药紫色。颖果圆球形，表面光滑，种子细小，千粒重 0.25～0.6g。

生物学特性： 喜冷凉湿润气候，在降水量 500mm 以上地区生长良好。抗寒性较强。生长期 200 天左右。较耐淹浸，不耐干旱。喜中性、弱酸性土壤，以 pH 5.3～7.7 最适宜。播种当年，以长根为主，地上部分生长速度相对较慢，第 2～4 年产草量和产种量为高，干草产量为 9 000kg/hm²，种子产量 600kg/hm² 左右。

基础原种： 由四川省草原工作总站保存。

适应地区： 适于我国海拔 1 500～3 500m，年降水量 500mm 以上的地区种植。

克 力 玛 猫 尾 草

Phleum pratense L. 'Climax'

品种登记号： 370

登记日期： 2009 年 5 月 22 日

品种类别： 引进品种

申报者： 延边朝鲜族自治州草原管理站、东北师范大学、北京克劳沃草业技术开发中心。李南洙、穆春生、刘自学、金成吉、王德利。

品种来源： 2002 年由北京克劳沃草业技术开发中心从加拿大安大略省渥太华市农业中心引进。原品种由加拿大农业部渥太华研究站育成并于 1947 年注册登记。

植物学特征： 多年生疏丛型上繁禾草。须根系，秆直立，株高 80～100cm；地上节 6～8 节，基部 1～2 节处膨大，呈球根状。叶片细长扁平，长宽分别为 20cm 和 0.8cm 左右，分蘖力强，单株分蘖数为 5～7 个。圆锥花序呈圆柱状，长 7～16cm。小穗长圆形，含小花 1 朵。颖果椭圆形，细小，千粒重 0.45g。

生物学特性： 喜冷凉湿润气候，抗寒、耐酸、喜肥、耐旱性较差。牧草田年可刈割 2 次，种子田 1 年刈割 1 次，干草产量为 5 442～5 860kg/hm²，种子产量为 222～260kg/hm²。该品种植株较高大，叶量丰富，抽穗期风干样品的粗蛋白质含量 7.73%、粗脂肪 2.71%、粗纤维 33.03%。适口性强，牛、马均喜食。

基础原种：由加拿大农业部渥太华研究站保存。

适应区域：适于吉林省东部地区或中温带冷凉地区种植。

岷 山 猫 尾 草

Phleum pratense L. 'Minshan'

品种登记号：067

登记日期：1990 年 5 月 25 日

品种类别：地方品种

申报者：甘肃省饲草饲料技术推广总站。王英、申有忠、向得福、赵维屏、张得清。

品种来源：1941 年甘肃省岷山种畜场从美国引入，原品种不详。从1979 年起，甘肃省饲草饲料技术推广总站与甘肃省岷山种畜场合作，搜集当地散佚种，对该草种进行了比较系统全面的试验研究和栽培，在陇南洮岷山区推广。

植物学特征：多年生禾草，秆高 50～100cm。具根状茎，一般单株分蘖 4～7 个。叶条形，宽 5～8mm，两面粗糙。圆锥花序圆柱形，淡绿色，长 5～15cm。小穗矩圆形，1 朵小花，颖相等，膜质，具 3 脉，中脉成脊，先端具小尖头。外稃薄膜质，具 7 脉，先端钝圆，内稃稍短于外稃。每小穗 1 粒种子，种子乳白色有光泽，颖银白色不透明，千粒重 0.5～0.6g。

生物学特性：喜温凉湿润气候，不耐干旱和夏季酷热。最适在年降水量 500mm 以上，年均气温 4～6℃，土壤中性至弱酸性的地区栽培。在甘肃岷山县生育期 160～180 天，鲜草产量 1 000～1 700kg/hm²，种子产量 300～675kg/hm²。与紫花苜蓿、三叶草混播能大幅度提高产草量。

基础原种：由甘肃省饲草饲料技术推广总站保存。

适应地区：适于甘肃陇南、天水、临夏等地区温凉湿润气候区域及甘肃省外类似气候区域种植。

早熟禾属
Poa L.

草 地 早 熟 禾
Poa pratensis L.

草地早熟禾又称蓝草、肯塔基蓝草。原产于欧洲各地、亚洲北部及非洲北部，后传至美洲，现在遍及全球温带地区。我国东北三省、山东、江西、河北、山西、甘肃、四川、内蒙古等省（区）都有野生分布。

多年生草本。疏丛型，具匍匐根茎。株高 30～60cm，茎光滑、直立，单生或丛生。叶狭线形，长 5～10cm，宽 1～6mm，叶尖船形，质软，蓝绿色，基部有明显的脊脉，上部脊脉不明显；叶鞘光滑或粗糙；叶舌膜质，短而钝，长约 2mm，有时退化。圆锥花序，长 5～20cm，分枝向上或散开；小穗密生顶端，长 3～6mm，扁平，含小花 3～5 朵，顶端卵圆形或卵状披针形，光滑或脊上粗糙，第一颖具 1 脉，第二颖具 3 脉；外稃长 2.5～3.5mm，尖锐，基部生网纹，有脉 5 条，脊及边脉在中部以下生丝状柔毛；内稃较外稃短，脊粗糙至具小纤毛。颖果纺锤形，具三棱，长约 2mm，千粒重 0.4g。

喜温暖而湿润气候，耐寒性极强，耐旱性较差。生长较慢，但生长年限可达 10 年以上，因而适宜种在长期草地，又因其属下繁草，而且耐牧性较强，故适于种在以牧为主的草地。可与猫尾草、红三叶、白三叶等混播，供放牧利用。叶柔嫩，营养丰富，各种牲畜都喜食。

草地早熟禾地下根茎发达，能固结表土；植株低矮，耐践踏，因而也是一种优良的草坪和地被植物。

青海冷地早熟禾
Poa crymophila Keng 'Qinghai'

品种登记号： 263

登记日期： 2003 年 12 月 7 日

品种类别： 野生栽培品种

申报者：青海省草原总站、青海省牧草良种繁殖场、青海省铁卜加草原改良试验站。巩爱岐、周青平、杨青川、杜玉红、汪新川。

品种来源：1972 年从青海省同德县巴滩地区海拔约 3 000m 的天然草地采集野生冷地早熟禾种子，经多年栽培驯化而成。

植物学特征：多年生疏丛型禾草。须根系发达，具沙套，根系多集中在 10～18cm 土层中。茎直立、稍压扁，株高 50～65cm，具 2～3 节。叶线形，对折或内卷，长 3～9.5cm，宽 0.7～1.3mm，叶鞘平滑，叶舌膜质，截平或半圆形。圆锥花序，长 4～5cm，通常每节具 2～3 个分枝，分枝直立或上升。整穗灰绿带紫色，小穗含 1～2 小花，小穗轴无毛，颖卵状披针形，外稃长圆形。颖果纺锤形，成熟后褐色，长约 3mm，千粒重 0.35～0.5g。

生物学特性：适应性强，在青海省海拔较低的东部到海拔 4 000m 的高寒牧区均能良好生长。抗旱、耐寒、耐阴。分蘖力强，再生性好，生长年限长，草质优良。开花期干物质中含粗蛋白质 9.04%，粗脂肪 2.84%，粗纤维 36.89%，无氮浸出物 45.89%，粗灰分 5.34%，钙 0.33%，磷 0.30%。在青海同德县、玛沁县和三角城羊场种植，年均干草产量 3 000kg/hm²。

基础原种：由青海省草原总站保存。

适应地区：适于青藏高原海拔 2 000～4 200m，年降水量 400mm 左右的地区种植。

康尼草地早熟禾

Poa pratensis L. 'Conni'

品种登记号：284

登记日期：2004 年 12 月 8 日

品种类别：引进品种

申报者：北京林业大学。韩烈保、邹玉新、尹淑霞、李鸿祥、曾会明。

品种来源：1996 年由丹农国际种子集团公司引进。

植物学特征：多年生根茎疏丛型禾草。地下根茎较发达。茎直立，株高 30～60cm。叶片纤细、光滑，质地细腻，浅绿色，宽 2～4mm，叶尖稍翘起，似船头龙骨，幼叶在叶鞘中的排列为折叠式。颖果纺锤形，具三棱，长 1.8～2.2mm，宽 0.7mm，红棕色，无光泽，顶端具茸毛，脐不明显，腹面具有沟、成舟形，种子千粒重 0.39g。

生物学特性： 叶片纤细，分蘖多。具有直立生长的习性，生长速度中等偏慢。耐霜冻能力强，绿期长。不易形成草垫层，秋季褪绿晚。抗热、耐旱、耐寒、耐盐碱、抗病能力强。中等管理水平下，在北京地区绿期 295 天左右。根茎发达，因而形成的草坪稠密、均匀、耐践踏。适用于绿化及运动场草坪建植。

基础原种： 由丹农国际种子集团公司保存。

适应地区： 适于我国东北、西北、华北大部分地区及西南高海拔地区种植。

大青山草地早熟禾
Poa pratensis L. 'Daqingshan'

品种登记号： 155

登记日期： 1995 年 4 月 27 日

品种类别： 野生栽培品种

申报者： 内蒙古畜牧科学院草原研究所。额木和、哈斯其其格、温素英、白古拉呼、李淑君。

品种来源： 内蒙古大青山、蛮汉山地区，野生种，多年驯化而成。

植物学特性： 多年生草本。茎直立，株高 90～104cm，叶宽 0.6～0.9cm。

生物学特性： 抗旱性强，能在 300mm 降水量地区生长，耐寒、耐践踏，在呼和浩特绿期达 250 天。可放牧或刈割利用。干草产量 2 500～3 000kg/hm²，种子产量 150kg/hm²。

基础原种： 由内蒙古畜牧科学院草原研究所保存。

适应地区： 适于内蒙古、西北地区种植。

菲尔金草地早熟禾
Poa pratensis L. 'Fylking'

品种登记号： 139

登记日期： 1993 年 6 月 3 日

品种类别： 引进品种

申报者：甘肃农业大学。曹致中、贾笃敬、聂朝相、温尚文。

品种来源：国外引进品种。

植物学特征：植株稍高，颜色嫩绿。须根密生于分蘖节部，根茎粗壮、粗糙，根茎节上须根多而长，根茎平均长约 10cm。叶带状对折或平展，质地较软，植株高 25～50cm。圆锥花序较紧密。种子黄色，千粒重 0.3g。

生物学特性：该品种耐寒性强，扩展性中等，适应性较广泛。

适应地区：为耐寒性强的草坪草品种，适于我国北方地区种植。

肯塔基草地早熟禾
poa pratensis L. 'Kentucky'

品种登记号：140

登记日期：1993 年 6 月 3 日

品种类别：引进品种

申报者：甘肃农业大学。贾笃敬、曹致中、聂朝相、符义坤、温尚文。

品种来源：国外引进。

植物学特征：植被低矮颜色深绿、种子较大。须根多密生于分蘖节部，根茎细而直，光滑白亮，节凸明显，根茎较短，叶细长，圆锥花序较扩散，种子微带紫色，千粒重 0.5g。

生物学特性：冷地型草坪草品种。耐寒、耐盐碱性较强。

适应地区：适于我国北方各省区种植，在云贵高原和西藏等地区表现亦好。

午夜草地早熟禾
Poa pratensis L. 'Midnight'

品种登记号：334

登记日期：2006 年 12 月 13 日

品种类别：引进品种

申报者：北京克劳沃草业技术开发中心、北京格拉斯草业技术研究所。刘自学、苏爱莲、范龙、刘艺杉、何军。

品种来源：由美国 Pure Seed Testing Inc. 选育而成的草坪型品种。1995 年由北京克劳沃草业技术开发中心引进。

植物学特征：多年生根茎疏丛型禾草。须根发达。茎直立，株高 20～50cm。叶片条形或细长披针形，呈蓝绿色，柔软光滑，长 6.5～13cm，宽 0.2～0.4cm。圆锥花序，小穗卵圆形，含 2～4 小花。颖果纺锤形，种子细小，千粒重 0.31～0.37g。

生物学特性：耐寒，耐践踏，较耐低修剪，耐阴性较好，形成的草坪整齐细密，景观效果好。绿期长，在北京地区为 290 天左右。适用于建植绿化及运动场草坪。

基础原种：由美国 Pure Seed Testing Inc. 保存。

适应地区：适于我国北方大部分地区以及西南部分地区种植。

青海草地早熟禾
Poa pratensis L. 'Qinghai'

品种登记号：304

登记日期：2005 年 11 月 27 日

品种类别：野生栽培品种

申报者：青海省畜牧兽医科学院草原研究所。马玉寿、王柳英、施建军、董全民、龙瑞军。

品种来源：1998 年在海拔 4 000m 的青海省果洛藏族自治州达日县采集野生草地早熟禾种子，经栽培驯化而成。

植物学特征：多年生根茎疏丛型禾草。须根系，根状茎横向蔓延。茎秆扁、直立、疏丛生，平滑无毛，具 3 节，秆高 60～130cm。叶片扁平，叶舌膜质，基生叶长达 60cm，茎生叶长 6.8～11.5cm，宽 3～7mm，光滑无毛。圆锥花序开展，长 6.5～20cm，穗轴每节有 1～5 个分枝，下部分枝长 4.5～7.5cm，小穗长 6.5～7mm，含 3～5 朵小花。颖果长 2.8～3.7mm，宽 0.6～0.72mm，千粒重 0.2～0.3g。

生物学特性：抗逆性强、耐寒，在 −35℃ 的低温下能安全越冬，生长良好。耐贫瘠，对土壤选择不严。茎叶柔软，叶量丰富，适口性好。盛花期干物质中含粗蛋白质 12.68%，粗脂肪 3.99%，粗纤维 31.94%，无氮浸出物

43.78％，粗灰分 7.61％，钙 0.30％，磷 0.24％。在青海省玛沁县（海拔 3 760m），达日县、同德县（海拔 3 289m），西宁市（海拔 2 295m）种植，年均干草产量 4 800～6 600kg/hm²。

基础原种： 由青海省畜牧兽医科学院草原研究所保存。

适应地区： 适于青藏高原海拔 2 000～4 000m 的高寒地区种植。

青海扁茎早熟禾

Poa pratensis L. var. *anceps* Gaud. ex Griseb 'Qinghai'

品种登记号： 278

登记日期： 2004 年 12 月 8 日

品种类别： 野生栽培品种

申报者： 青海省畜牧科学院草原研究所、青海省同德县良种繁殖场、青海省草原总站。颜红波、周青平、孙明德、汪新川、郭树栋。

品种来源： 1973 年从青海省共和县铁卜加地区和同德县巴滩地区采集野生扁茎早熟禾种子，经多年栽培驯化而成。

植物学特征： 多年生根茎疏丛型禾草。具匍匐根状茎，横向蔓延，茎秆扁平，直立，疏丛生，平滑无毛，具 3 节，株高 55～85cm。基生叶长 35cm，茎生叶长 6.8～11.5cm，叶片扁平，宽 3～7mm，光滑无毛。圆锥花序开展，长 6.5～20cm，穗轴每节有 2～4 个分枝，小穗长 6.5～7mm，每小穗含 5 朵小花。第一外稃长 3.5～4mm，先端尖，边缘膜质，具 5 脉，背部有脊，脊与边脉中部以下具长柔毛，基盘具稠密而长的白绵毛，内稃与外稃近等长。颖果长 2.8～3.7mm，千粒重 0.25～0.34g。

生物学特性： 耐寒性强，在 −35℃ 低温下能安全越冬，抗旱耐贫瘠，对土壤要求不严。茎叶柔软，叶量丰富，适口性好。开花期干物质中含粗蛋白质 12.84％，粗脂肪 2.18％，粗纤维 28.94％，无氮浸出物 47.55％，粗灰分 8.49％。在青海省西宁市、大通县、同德县、达日县、共和县种植，年均干草产量为 3 600～5 800kg/hm²。

基础原种： 由青海省畜牧科学院草原研究所保存。

适应地区： 适于青海省海拔 4 000m 以下高寒地区种植。

瓦巴斯草地早熟禾

Poa pratensis L. 'Wabash'

品种登记号： 045

登记日期： 1989 年 4 月 25 日

品种类别： 引进品种

申报者： 中国农业科学院畜牧研究所、北京市园林局。李敏、苏加楷、熊德邵、徐琳、佟瑾。

品种来源： 美国伊利诺斯州、伟顿、芝加哥高尔夫俱乐部选出 24 个无性系，经过 6 个世代的选育，1975 年由阿力纳农业种子改良委员会扩大繁殖，并于 1978 年登记。1980 年从美国 Jacklin 种子公司引入。

植物学特征： 多年生禾草，具细根状茎。秆丛生，高 50～80cm，具 2～3 节。叶舌膜质，长 1～2mm，叶片条形，宽 3～4mm，叶层高 15～20cm。圆锥花序开展，小穗长 4～6mm，含 3～5 朵小花。第一颖具 1 脉，第 2 颖宽披针形，具 3 脉，外稃纸质，基盘具稠密白色绵毛。

生物学特性： 分蘖多，根状茎发达，草层密集低矮，覆盖度高、绿色期长，可达 270 天左右。耐寒性强，在 −15℃ 低温下可安全越冬，亦较耐热、耐旱，在持续 36～38℃ 高温或 5～10cm 土壤含水量为 13.7％时，不发生夏枯和死苗，能正常生长。耐刈割、耐践踏，再生性好，草质柔软，适口性好，营养成分含量丰富，为混播用优质放牧型牧草。在北京、大连、兰州、上海、南京、杭州等地均作优良的草坪草。

基础原种： 原种保存在美国 Jacklin 种子公司。

适应地区： 适于东北、华北、西北、华东、华中等大部分地区种植。

新麦草属

Psathyrostachys Nevski

新 麦 草

Psathyrostachys juncea (Fisch.) Nevski

新麦草为多年生中旱生短根茎疏丛禾草，散生于草原与荒漠草原带。在我国主要产于新疆，分布于天山北坡、阿尔泰山山地草原及半荒漠带之地表多沙砾化的阳坡及山谷，西藏也有分布。国外在蒙古、俄罗斯、欧洲国家有分布。

新麦草株高 30～60cm，茎秆光滑无毛，仅于花序下部稍粗糙。叶片深绿色，扁平或边缘内卷，上下两面均粗糙。穗状花序长 9～12cm，宽 7～12mm，稠密，穗轴具关节，成熟后中部以上易断，逐节脱落。小穗 2～3 枚生于每节，淡绿色，成熟后变为棕色，长 8～11mm，含 2～3 朵花。颖锥状，长 4～8mm，外稃披针形，第一外稃长 7～10mm，被短硬毛，或长而软的柔毛，具 5～7 脉，先端渐尖，成 1～2mm 小尖头，内稃稍短或等长于外稃。花药黄色，长 4～5mm。

新麦草对水分要求较高，但也能在比较干旱、贫瘠的土壤上生长。属下繁草，基部叶片较多，耐践踏，耐牧，营养生长期长，再生性强，是良好的放牧型牧草。茎叶柔软，适口性良好，营养价值高，富含蛋白质与脂肪，纤维素含量较低，全株均为家畜喜食。

蒙农 4 号新麦草

Psathyrostachys juncea (Fisch.) Nevski 'Mengnong No. 4'

品种登记号：371

登记日期：2009 年 5 月 22 日

品种类别：育成品种

育种者：内蒙古农业大学。云锦凤、云岚、王勇、张众、王俊杰。

品种来源：1984 年从美国农业部农业研究局牧草饲料作物研究室引入新麦草品种 Bozoisky，作为育种原始材料，采用混合选择法育成。首先建立单株育苗移栽的选种圃，以叶丛直径大，生殖枝数量多为选择标准，经 2 次混合选择建立品系，再与原始群体及国内已登记品种进行品比试验，后经区域试验和生产试验选育而成。

植物学特征：多年生疏丛型下繁禾草。植株高大整齐，株高 130～160cm，叶丛高 60～70cm。叶片灰绿色，长 20～50cm，宽 3～6cm，叶鞘无毛，具白色膜质叶耳。穗状花序直立或稍弯曲，长 10～16cm，成熟时呈草黄色。颖果浅褐色，先端渐尖，外稃密生小硬毛，千粒重 3.6～3.8g。

生物学特性： 中旱生、长寿命。春季返青早，秋季枯黄晚。在呼和浩特地区 3 月中旬返青，生育期 100～110 天。饲草品质好，牛羊等家畜喜食。抗寒耐旱性强，并具一定的耐盐碱能力。正常年份干草产量 4 500～6 000kg/hm²、种子产量 250～450kg/hm²。孕穗期干草含干物质 91.95%，粗蛋白质 15.98%，粗脂肪 5.71%，粗纤维 32.20%，无氮浸出物 31.64%，粗灰分 6.42%，钙 0.41%，磷 0.16%。播种第 1、2 年多营养枝，少生殖枝，第 3 年后进入稳定的生殖生长期，在内蒙古东、中、西部地区均生长良好。适宜于放牧、青饲和调制干草，也可用于干旱区植被恢复及绿化。

基础原种： 由内蒙古农业大学保存。

适应区域： 适于内蒙古及我国北方干旱及半干旱地区种植。

山 丹 新 麦 草

Psathyrostachys juncea (Fisch.) Nevski 'Shandan'

品种登记号： 158

登记日期： 1995 年 4 月 27 日

品种类别： 野生栽培品种

申报者： 中国农业大学动物科技学院。史德宽、朱云生、潘玉林、耿永新、孙彦。

品种来源： 1968 年由山丹军马场职工家属从野外采回，放在草原队试种。1978 年从马场引入 150g 到河北坝上中国农业大学草地试验站进行适应性、产量、品质等方面的试验。

植物学特征： 多年生草本，丛生，叶层高 50cm。须根系，具有沙套和短而强壮的根茎。叶片扁平，质地较羊草柔软，营养枝叶片细长（长 40～50cm，宽 3～4mm），生殖枝叶片短宽（长 15～20cm，宽 4～5mm），生殖枝占分蘖总数的 10%～20%，高 100～120cm。穗状花序，直立或弯曲，成熟时为浅黄色。颖果褐色，长 4～5mm，宽 1～1.5mm，先端有白色绒毛。

生物学特性： 分蘖力与再生力强，营养枝占 80%～90%，故草质好，利用价值高。抗旱、耐低温性能比老芒麦、无芒雀麦好。年干草产量 7 500～15 000kg/hm²，种子产量 75～300kg/hm²。

基础原种： 由中国农业大学动物科技学院保存。

适应地区：在中国由东北沿长城向西至天山一线，年降水量 300～500mm 地区均可种植。

紫泥泉新麦草

Psathyrostachys juncea（Fisch.）Nevski 'Ziniquan'

品种登记号：106

品种类别：地方品种

登记日期：1992 年 7 月 28 日

申报者：新疆农业大学草原系。李建龙、肖凤、闵继淳、李正春、王建华。

品种来源：20 世纪 60 年代初期采自新疆天山草地野生草种，经过 30 多年人工引种、栽培驯化、筛选和良繁选育及大面积推广种植，形成的一种具高产、抗旱、耐牧等优良性状的地方品种。

植物学特征：多年生短根茎疏丛型禾草，染色体数 $2n=14$。须根系、稠密、具沙套。秆细直立、丛生、分蘖 60～115 个，株高 140～160cm。叶片长 20～50cm，宽 2～3mm，叶多基生。穗状花序，顶生，长 5～9cm，小穗呈两侧排列，颖及稃粗糙，子房上端具毛，小穗黄色，含 2～3 朵小花。种子小而饱满，千粒重 3～4g。

生物学特性：抗旱、抗寒、耐牧、耐盐碱，最适于沙性壤土生长，生育期 100～120 天。一般年干草产量 3 000～4 500kg/hm²，最高产量可达 7 500kg/hm²，种子产量 450～675kg/hm²。适口性好，为各类家畜喜食，可用于天然草地补播和建立放牧、刈割兼用人工草地。

基础原种：由新疆农业大学草原系保存。

适应地区：适于我国广大干旱半干旱农牧区种植。

碱 茅 属

Puccinellia Parl.

碱茅属为多年生，稀为一年生草本。叶片扁平，圆锥花序，开展或紧缩，小穗含小花 2～8 朵。分布于亚洲北部，欧洲中、北部，北美，我国的东北、内蒙古、华北均有分布。耐寒、耐旱、耐盐碱，为耐盐中旱生植物。本属重要的种有碱茅［*P. distans*（L.）Parl.］、朝鲜碱茅（*P. chinampoensis*

Ohwi)、小花碱茅［星星草 *P. tenuiflora* (Turcz.) Scribn. et Merr.］。我国有 6～7 种。

碱茅 多年生，秆丛生，直立或基部膝曲，高 15～50cm，基部膨大。叶片扁平或内卷。圆锥花序开展。为欧亚大队温带广布种，我国的东北、华北、内蒙古均有分布。耐盐中生植物，喜低湿碱地。各类家畜均喜食。

朝鲜碱茅 多年生，株高 50～60cm，叶片扁平。圆锥花序开展。分布于亚洲北部，我国的东北、华北地区也有。是盐碱地区较好的牧草之一，大牲畜喜食。

小花碱茅（星星草） 多年生，秆丛生，高 30～40cm。叶片内卷，圆锥花序开展。耐盐中生植物，生于盐化草甸或草原区盐渍草地。各类家畜均喜食。

白 城 朝 鲜 碱 茅
Puccinellia chinampoensis Ohwi. 'Baicheng'

品种登记号： 170

登记日期： 1996 年 4 月 10 日

品种类别： 野生栽培品种

申报者： 吉林省农业科学院畜牧分院草地研究所。吴青年、徐安凯、齐宝林、张平。

品种来源： 吉林省西部白城地区重盐碱地野生种，经长期人工筛选、栽培驯化而成。

植物学特征： 多年生丛生型草本，株高 60～80cm，茎粗 1.4mm，叶长 3～8cm，叶宽 2～3mm。

生物学特性： 耐盐，对碳酸盐盐土、硫酸盐盐土和氯化物盐土都具有较强的适应性，在 pH 9.4、表层土壤含盐量 2.0%～2.5%的条件下生长发育正常。返青早，生育期 98 天。抗寒性较强，在 −40℃时也能安全越冬。抗旱性强，年降水 50mm 条件下，在生育期内浇水一次，即可安全生长；在年降水 400mm 左右地区可以旱作栽培。年鲜草产量 7 500kg/hm² 左右。

基础原种： 由吉林省农业科学院畜牧分院草地研究所保存。

适应地区： 适于东北、西北、华北等不同类型盐碱地栽培。

吉农朝鲜碱茅

Puccinellia chinampoensis Ohwi. 'Jinong'

品种登记号：201

登记日期：1999 年 11 月 29 日

品种类别：育成品种

育种者：吉林省农业科学院畜牧分院草地研究所。徐安凯、齐宝林、张平、孙中心、王志峰。

品种来源：以吉林省西部地区野生朝鲜碱茅为育种原始材料，以－15℃±2℃恒温条件下 7 天发芽率达 50％以上为选种目标进行单株选择，建立优良株系并组建成综合品种。

植物学特征：多年生丛生型禾草。株高 80～400cm，茎直立或基部膝曲，具 2～3 节。叶片长 3～5cm，宽 2～3mm。圆锥花序开展，长 10～16cm，小穗含 5～7 朵小花。种子纺锤形，千粒重 0.1～0.14g。

生物学特性：在保持原野生种耐盐碱、抗寒、耐旱等特性的同时，改变了野生种需变温发芽和发芽期长的不良性状，在 15℃±2℃恒温发芽的条件下，7 天发芽率达到 75％，而野生种在同样恒温条件下 7 天发芽率仅为 5％。由于发芽不需要变温条件，在东北地区可在昼夜温差较小的 7、8、9 三个月雨季播种，减少灌溉投入，有更广泛的适应地区。在土壤 pH 9.5 以上，表土含盐量 1.5％，年降水量 400mm 的条件下能正常生长，在东北地区能安全越冬。在吉林西部盐碱地种植，年均鲜草产量为 3 600kg/hm²。

基础原种：由吉林省农业科学院畜牧分院草地研究所保存。

适应地区：适于我国东北、华北、西北地区，碳酸盐盐土、氯化物盐土和硫酸盐盐土等类型的盐碱地种植。

吉农 2 号朝鲜碱茅

Puccinellia chinampoensis Ohwi. 'Jinong No. 2'

品种登记号：494

登记日期：2015 年 8 月 19 日

品种类别：育成品种

育种者：吉林省农业科学院。徐安凯、刘卓、王志锋、齐宝林、任伟。

品种来源：由吉林省农业科学院利用吉农朝鲜碱茅为原始育种材料，以 2％浓度 NaCl 溶液对其进行盐胁迫，以幼苗生长发育良好为选择指标进行三代单株选择，建立无性系，育成干草产量高、耐盐碱的朝鲜碱茅新品种。

植物学特征：禾本科碱茅属多年生丛生型禾草。株高 80～100cm，茎直立或基部膝曲，具 2～3 节。叶片长 5～10cm，宽 2～3mm。圆锥花序开展，长 10～16cm，小穗含 5～7 朵小花。种子纺锤形，千粒重 0.1～0.19g。

生物学特性：该品种抗寒、耐旱、耐盐碱，在土壤 pH 9.5 以上，表土含盐量 1.5％，年降水量 400mm 的条件下能正常生长，在东北地区能安全越冬。在吉林 4 月中旬开始返青，6 月中下旬进入花期，7 月上中旬种子成熟，生育期 86 天左右。每年可刈割 2～3 次，年干草产量约 4 300kg/hm^2，种子产量可达 890kg/hm^2 左右。

基础原种：由吉林省农业科学院保存。

适应地区：适于我国东北、西北、华北地区盐碱地种植。

白城小花碱茅

Puccinellia tenuiflora （Turcz.）Scribn. et Merr. 'Baicheng'

品种登记号：169

登记日期：1996 年 4 月 10 日

品种类别：野生栽培品种

申报者：吉林省农业科学院畜牧分院草地研究所。吴青年、徐安凯、齐宝林、张平。

品种来源：吉林省西部白城地区重盐碱地野生种，经长期人工筛选、栽培驯化而成。

植物学特征：多年生丛生型草本，株高 30～60cm，茎粗 0.7～1.1mm，叶长 2～5cm，叶宽 1.3mm。

生物学特性：耐盐性强，适应于碳酸盐、硫酸盐和氯化物盐土，在 pH 10.56，表层土壤含盐量 2.0％～2.5％的条件下能安全生长。返青早，生育期 98 天，抗寒性很强，在 -40℃ 条件下可以安全越冬。年降水量 50mm 条件下，在生育期内浇水一次，即可安全生长。年鲜草产量 6 750kg/hm^2 左右。

基础原种： 由吉林省农业科学院畜牧分院草地研究所保存。

适应地区： 适于东北、西北、华北等不同类型盐碱地上栽培。

同德小花碱茅（星星草）

Puccinellia tenuiflora（Turcz.）Scribn. et Merr. 'Tongde'

品种登记号： 343

登记日期： 2008 年 1 月 16 日

品种类别： 野生栽培品种

申报者： 青海省畜牧兽医科学院草原研究所、青海省牧草良种繁殖场。周青平、孙明德、韩志林、颜红波、汪新川。

品种来源： 1971 年在青海省同德县巴滩地区采集的野生种，经 30 多年的栽培驯化而成。

植物学特征： 禾本科碱茅属多年生草本植物。株高 45～70cm，茎直立，基部节间膝曲，疏丛型。叶片线型，长 5～16cm，宽 0.15～0.40cm，叶舌膜质截平，长 0.1cm。圆锥花序，开展，长 10～18cm，主轴平滑，下部节分枝 3～6 枝。

生物学特性： 耐寒、耐旱、耐盐碱，在 pH 8.5～9.0 的土壤中生长良好。播种第二年及以后干草产量 3 000kg/hm²，种子产量 300kg/hm²。盛花期干物质中粗蛋白质含量 10.5%。

基础原种： 由青海省畜牧兽医科学院草原研究所保存。

适应区域： 适于东北、华北、西北及西南等地区及青海省高寒地区海拔 4 000m 以下地区种植。

鹅观草属

Roegneria C. Koch.

赣饲 1 号纤毛鹅观草

Roegneria ciliaris（Trin.）Nevski 'Gansi No. 1'

品种登记号： 052

登记日期： 1990 年 5 月 25 日

品种类别： 育成品种

育种者：江西省饲料科学研究所。周泽敏、谢国强。

品种来源：江西省弋阳县西山牛场采集的野生纤毛鹅观草种子，在不同生态型纤毛鹅观草群落中，选择优良植株，采用混合选择的方法，选出优良品系培育而成。

植物学特征：短期多年生疏丛型禾草。秆高 40～80cm，常被白粉。叶片宽 3～10mm。穗状花序稍下垂，长 10～20cm，小穗长 15～22mm，有 7～10 朵小花，颖椭圆状披针形，具 5～7 脉，边缘与边脉具纤毛，外稃背部有糙毛，边缘有长而硬的纤毛，芒反曲，长 10～20mm，内稃长为外稃的 2/3。

生物学特性：对土壤要求不严，我国各地均有分布。该品种早期生长快，春季萌发早。耐旱、耐瘠、耐寒，亦较耐热。再生能力较强、耐牧、耐刈，但拔节后再生能力降低。对锈病抵抗力较弱。鲜草和种子产量较高，年鲜草产量 52 500～67 500kg/hm^2，种子产量 1 350～1 800kg/hm^2。草质优良，适口性好。适于放牧或刈制干草利用。

基础原种：由江西省饲料科学研究所保存。

适应地区：我国北纬 23°～50°，海拔 3 000m 以下的平原、丘陵和山地均可种植。

川 引 鹅 观 草
Roegneria kamoji Ohwi 'Chuanyin'

品种登记号：532

登记日期：2017 年 7 月 17 日

品种类别：野生栽培品种

申报者：四川农业大学。张海琴、周永红、沙莉娜、王益、马啸。

品种来源：以日本京都收集的野生材料，经过多年栽培驯化而成。

植物学特征：禾本科鹅观草属多年生草本，须根系。植株斜生或直立，绿色，丛生，株高 90～120cm。叶片条形，长 14～21cm，平均叶宽 1.3mm。穗状花序弯曲，花序长 30～39cm，每穗小穗数 18～23 个，每小穗含 6～8 朵小花。颖披针形，芒长 3～4mm，内稃略高于外稃。颖果长圆形，千粒重 6.0g。

生物学特性：耐贫瘠，高抗锈病、白粉病。不耐热，气温超过 35℃时生长受阻，持续高温且昼夜温差小的条件下，往往会造成大面积死亡。对土壤要求不严，各种土壤均可生长。长江流域秋播，生育期 244 天，孕穗期刈割，一年可刈割 2～3 次，干草产量约 8 000kg/hm²。

基础原种：由四川农业大学保存。

适应地区：适于我国长江游流域海拔 2 500m 以下的丘陵、山地种植。

川 中 鹅 观 草

Roegneria kamoji Ohwi 'Chuanzhong'

品种登记号：491

登记日期：2015 年 8 月 19 日

品种类别：野生栽培品种

申报者：四川农业大学小麦研究所、西南大学荣昌校区。周永红、张海琴、凡星、曾兵、康厚扬。

品种来源：四川农业大学小麦研究所科技人员从收集的 110 余份野生鹅观草种质资源中经 10 余年筛选评价，最终选育出综合性状表现优良的"川中"鹅观草。

植物学特征：禾本科多年生草本。秆直立或基部倾斜，疏丛生，株高 80～130cm。叶鞘外侧边缘常被纤毛，叶舌截平，叶片扁平，光滑或稍粗糙。穗状花序弯曲，每节着生 1 枚小穗，每小穗含 3～10 小花，颖披针形，顶端具 2～7mm 短芒，外稃披针形，芒长 2～4cm，内稃几乎与外稃等长。自花授粉。千粒重 4～6g。

生物学特性：耐瘠薄，抗病虫性强。生育期 235 天。9 月中下旬至 10 月中旬播种最佳。抽穗期刈割，一年可刈割 2～3 次，再生能力强。年干草产量 5 100～5 400kg/hm²，种子产量 1 400～1 900kg/hm²。

基础原种：由四川农业大学小麦研究所保存。

适应地区：适于长江流域亚热带年降水量 400～1 700mm，海拔 500～2 500m 的丘陵、平坝、林下和山地种植。

同德贫花鹅观草

Roegneria pauciflora (Schwein.) Hylander 'Tongde'

品种登记号：492

登记日期：2015 年 8 月 19 日

品种类别：地方品种

申报者：青海省牧草良种繁殖场、青海省草原总站、青海省畜牧兽医科学院、中国科学院西北高原生物研究所。汪新川、周华坤、雷生春、乔安海、侯留飞。

品种来源：青海省牧草良种繁殖场从同德种植多年的贫花鹅观草大田中，以综合性状好、物候期一致、产量高、性状较稳定为目标进行多年的混合选择和提纯复壮而形成的地方品种。

植物学特征：须根系发达，多集中在 20cm 的土层中。茎直立，丛生，株高 100～135cm，具 4～6 节。叶扁平条状，长 10～24cm，宽 3～6mm，叶鞘光滑无毛。穗状花序直立细长，长 13～25cm，具 15～19 个穗节。颖宽披针形，先端尖，外稃长圆形，顶端具短芒或无芒，内稃较外稃稍短近等长。颖果长椭圆形，黄白色，千粒重 2.6～2.8g。

生物学特性：适应性很强，在青海省海拔 4 000m 以下的地区均能生长良好，抗旱性好。在 −36℃ 的低温下能安全越冬，生长良好。在 pH 8.3 的土壤上生长发育良好，分蘖能力强。播种当年株高 25cm，第 2～4 年株高 130cm 左右，年可产鲜草 27 700～30 000kg/hm²，种子产量 615～1 145kg/hm²。耐寒性强，适口性好。

基础原种：由青海省牧草良种繁殖场保存。

适应地区：适于青藏高原海拔 2 200～3 200m，年降水量 400mm 以上的地区种植。

川 西 肃 草

Roegneria stricta Keng 'Chuanxi'

品种登记号：565

登记日期：2019 年 12 月 12 日

品种类别：野生栽培品种

申报者：四川农业大学、四川省草原科学研究院。张昌兵、张海琴、周永红、沙莉娜、康厚扬。

品种来源：以四川省甘孜州炉霍县采集的野生肃草资源为原始材料，经多年栽培驯化而成。

植物学特征：禾本科鹅观草属多年生草本植物。秆直立，疏丛生，成熟期株高 121～136cm，全株浅灰绿色。穗状花序，每个穗轴节着生 1 枚小穗，芒长且粗糙。千粒重 3.6～4.2g。

生物学特性：较耐寒冷，种子结实率高，干草产量达 6 000kg/hm² 左右。

基础原种：由四川农业大学保存。

适应地区：适于青藏高原东部寒冷湿润地区及类似区域种植。

沱沱河梭罗草

Roegneria thoroldiana (Oliv.) Keng 'Tuotuohe'

品种登记号：558

登记日期：2018 年 8 月 15 日

品种类别：野生栽培品种

申报者：青海省畜牧兽医科学院、青海大学。施建军、马玉寿、李长慧、王彦龙、李世雄。

品种来源：以采集自海西蒙古族藏族自治州沱沱河，海拔 4 500m 地区的野生资源为材料，经过十多年栽培驯化而成。

植物学特征：禾本科鹅冠草属多年生草本。具下伸或横走根茎，茎秆直立，株高 21～56cm。叶片扁平或内卷，长 2～8cm，宽 2～4.5mm，无毛或上下两面密生短柔毛。穗状花序，长 12～16mm，含 3～6 小花，颖长圆形披针形。自花授粉，种子千粒重 3.4～3.8g。

生物学特性：抗旱、耐寒、耐盐碱、耐贫瘠，返青早，在 pH 7.7～8.7 土壤上生长发育良好。生育期 103 天左右。年平均干草产量 4 000kg/hm²，种子产量可达 240kg/hm² 左右。

基础原种：由青海省畜牧兽医科学院保存。

适应地区：适于年降水量 300mm 以上，海拔 3 500m 以上的高寒草原和高寒荒漠类区种植。

林西直穗鹅观草

Roegneria turczaninovii (Drob.) Nevski 'Linxi'

品种登记号：344

登记日期： 2008 年 1 月 16 日

品种类别： 野生栽培品种

申报者： 中国农业科学院草原研究所、中国农业大学、内蒙古林西县草原工作站、赤峰市草原工作站。孙启忠、韩建国、王赟文、赵淑芬、刘国荣。

品种来源： 以 1992 年采自内蒙古赤峰市林西县大冷山林场的野生种为原始材料，从 1993 年开始引种栽培驯化而成。

植物学特征： 多年生丛生型禾草。株高 100～120cm。须根系，具短根茎，基部分蘖数 3～7 个。叶片条形，长 20～24cm，宽 8～10mm，叶舌膜质，长约 1mm。穗状花序，直立，穗长 15～20cm，穗轴上小穗互生，每节 1 小穗，下部偶有 2 小穗。小穗排列疏松，颖披针形，稍短于外稃，外稃条状披针形，脉不明显，内、外稃近等长。结实初期颖果顶端着生白色绵状柔毛，种子带芒，长 3.6mm，种子成熟后，芒朝外向下弯曲，千粒重 3.2g。

生物学特性： 适应性强，抗寒，耐瘠薄，在人工栽培条件下干草产量 21 000～24 000kg/hm²，种子产量 650～790kg/hm²。叶量较丰富，抽穗期干物质中粗蛋白质含量达 14.53%，适口性好，各种家畜均喜食。主要用于人工草地建立和退化草地改良。

基础原种： 由中国农业科学院草原研究所保存。

适应地区： 适于北方年降水量 250～400mm 的地区种植。

甘 蔗 属

Saccharum L.

闽牧 42 饲用杂交甘蔗

(*Saccharum officinarum* L. 'Co419') × (*S. robustum*
Brandes.* 'DCIPT43 - 52') 'Minmu 42'

品种登记号： 204

登记日期： 1999 年 11 月 29 日

品种类别： 育成品种

育种者： 福建省农业科学院甘蔗研究所。卢川北、洪月云、刘建昌、郑芥丹、曾日秋。

品种来源：以甘蔗良种 Co419 为母本，以大茎野生种杂交后代 PT43-52 为父本，采用光周期诱导双亲开花的方法，经杂交选育成功的甘蔗属的种间杂交种。

植物学特征：多年生禾本科 C4 植物。丛生，植株高大，繁茂，株高400cm 以上。茎秆直立，不分枝，单株节数 20 以上，茎实心或微髓心，圆筒形黄绿色，有蜡质层。芽沟长而浅，芽卵形，节间长 10～17cm，茎粗1.7～2.0cm。叶片直立向上，表面光滑无毛，边缘有锯齿，中脉明显，叶长 100～130cm，宽 2.7～3.5cm。终年不开花，冬季不枯萎。

生物学特性：再生力强，可多次刈割，年鲜草产量 165 000kg/hm²。耐旱耐瘠薄，适口性好，冬季茎叶干物质中含粗蛋白质 8.43%，粗脂肪2.12%，粗纤维 36.10%，无氮浸出物 44.75%，粗灰分 8.60%，钙0.40%，磷 0.13%。可为我国南方冬春季节草食家畜提供优质饲草。

基础原种：由福建省农业科学院甘蔗研究所保存。

适应地区：适于亚热带地区丘陵坡地及"十边"地种植。

闽牧 101 饲用杂交甘蔗
(*Saccharum officinarum* L. 'ROC10') × (*S. officinarum* L. 'CP65-357') 'Minmu 101'

品种登记号：435

登记日期：2011 年 5 月 16 日

品种类别：育成品种

育种者：福建省农业科学院甘蔗研究所。曾日秋、洪建基、林一心、丁琰山、卢劲梅。

品种来源：以甘蔗新台糖 10 号（台湾糖业研究所育成）为母本、CP65-357（美国运河点甘蔗育种站育成）为父本，采用光周期诱导杂交育种技术，F₁ 代经多年培育筛选，利用无性繁殖保持其杂种优势选育而成。

植物学特征：多年生草本宿根植物。中茎，丛生，分蘖性强，平均每丛有 16～28 条茎。茎均匀，前期生长快，茎秆直立，株高可达 350～400cm，茎粗 1.9～2.5cm，茎实心或微髓心，圆筒形，不分支，黄绿色带紫红，节间长 12～15cm。叶片阔而长，叶长 120～130cm，叶宽 2.8～3.5cm，叶表面光滑无毛，边缘有小锯齿，中肋白色，叶鞘长于节间，青绿带紫红，鞘口有细毛，鞘背无刚毛，芽椭圆形。

生物学特性：耐寒、耐旱、再生性强、宿根性好。拔节中期干物质中含粗蛋白质 9.63%，粗脂肪 1.82%，粗纤维 30.72%，粗灰分 9.61%，钙 0.62%，磷 0.18%。生长温度 5~40℃，适宜生长温度 20~30℃，在亚热带地区终年不开花结实。年鲜草产量达 187 500kg/hm²。茎部微甜，适口性佳。

基础原种：由福建省农业科学院甘蔗研究所保存。

适应地区：适于福建、云南、广东、广西等省区热带、亚热带地区种植。

黑 麦 属

Secale L.

甘农 1 号黑麦

Secale cereale L. 'Gannong No. 1'

品种登记号：588

登记日期：2020 年 12 月 3 日

品种类别：育成品种

育种者：甘肃农业大学。杜文华、田新会、孙会东、宋谦、郭艳红。

品种来源：以引自澳大利亚悉尼大学的二倍体 Bevy 黑麦为母本，二倍体 Ryesun 黑麦为父本杂交育成。

植物学特征：禾本科黑麦属一年生草本。须根发达，入土较浅。茎秆纤细直立，株高 160~180cm，具 5~6 节，株高介于双亲之间，分蘖数 5~7 个/株，显著高于双亲。叶片颜色比 Bevy 品种深，比 Ryesun 品种略浅。穗状花序顶生，穗长 11~15cm。颖果细长，卵形，基部钝，先端尖，腹沟浅，自花授粉，千粒重 38.24g。

生物学特性：中熟品种，较抗寒、抗旱，抗倒伏性中等。在甘肃生育期 90~100 天。再生性较强，干草产量 12 700~15 300kg/hm²。

基础原种：由甘肃农业大学保存。

适应地区：适于青藏高原地区种植。

奥 克 隆 黑 麦
Secale cereale L. 'Oklon'

品种登记号：242

登记日期：2002 年 12 月 11 日

品种类别：引进品种

申报者：中国农业科学院作物育种栽培研究所、中国农业大学。胡跃高、孙元枢、曾昭海、陈秀珍、程霞。

品种来源：1997 年从美国引入。

形态特征：一年生或越年生草本，二倍体（$2n=14$）。株高 150cm。芽鞘淡红色，叶互生，叶片浓绿有蜡质，叶鞘紫绿色，有茸毛。穗状花序，长纺锤形，具芒，有小穗 36～40 个，每小穗有种子 2 粒。籽粒细长，长卵形，顶端较平，有茸毛，黄褐色，腹沟浅，千粒重 23～25g。

生物学特性：冬性品种，抗寒性强，可耐—20℃低温。适应性广。出苗快，越冬返青后在 5～15℃低温下生长快。早熟，一般在 4 月下旬抽穗，5 月下旬至 6 月上旬籽粒成熟。营养品质好，籽粒干物质中含粗蛋白质和赖氨酸分别为 15.9％和 0.54％。灌浆期植株干物质中含粗蛋白质 13.04％，粗脂肪 2.99％，粗纤维 37.46％，无氮浸出物 37.99％，粗灰分 8.52％。可青饲、青贮和晒制干草。干草产量 9 000～13 500kg/hm²，籽实产量 3 000～3 750kg/hm²。

基础原种：由美国 Oklahoma 作物改良协会保存。

适应地区：适于黄淮海地区秋播种植。

冬 牧 70 黑 麦
Secale cereale L. 'Wintergrazer - 70'

品种登记号：024

登记日期：1988 年 4 月 7 日

品种类别：引进品种

申报者：江苏省太湖地区农业科学研究所。华仁林、孟昭文、蔡惠林。

品种来源：20 世纪 60 年代由美国 Pennington 种子公司，在 1 031 个黑麦中选育出的品种。1979 年引入江苏省苏州地区种植。

植物学特征：禾本科黑麦属一年生作物。植株较高大，高 100cm 以上，秆坚韧、粗壮。叶鞘紫色，具茸毛，叶片浓绿。穗状花序，顶生紧密，小穗单生，含 3 朵小花，其中 2 花结实。种子淡褐或棕色。

生物学特性：播期弹性大，8—11 月均可播种。早期生长快，分蘖多。耐寒性强，再生性好，我国南方秋播、冬季可青刈利用 1～2 次，早春青刈 2～3 次，是解决春青饲料的优良牧草。我国北方各地种植，其耐寒性、丰产性均比普通黑麦强。对土壤要求不严，较耐贫瘠。抗病虫害能力强。营养期青刈，叶量大，草质软，蛋白质含量较高，是牲畜、兔、鹅的优质饲草，鲜草产量 70 000～100 000kg/hm^2，种子产量亦较高，可供作畜禽的精料。

基础原种：由美国 Pennington 种子公司保存。

适应地区：我国东北、华北、西北及云贵高原等地均有栽培，尤宜在我国南方各省推广。

中 饲 507 黑 麦

Secale cereale L. 'Zhongsi No. 507'

品种登记号：290

登记日期：2004 年 12 月 8 日

品种类别：育成品种

育种者：中国农业科学院作物育种栽培研究所。孙元枢、王增远、陈秀珍、李震、刘淑芬。

品种来源：1990 年选用中熟、结实好、繁茂性较差的荷兰四倍体黑麦 AR174 为母本，与抗寒、晚熟、繁茂性好，但结实性差的苏联四倍体黑麦 AR307 为父本进行杂交，经系统选择和混合选择培育而成。

植物学特性：一年生或越年生草本。全株被蜡质，分蘖多，茎秆粗壮，株高 150～170cm。芽鞘淡红色，叶片深绿，叶量大。穗状花序，长方形，有短芒，有小穗 30～40 个，每小穗有种子 2 粒。种子大而细长，长卵形，淡青色或黄褐色，顶端较平有绒毛，腹沟浅，千粒重 32～38g。

生物学特性：强冬性晚熟品种。适应性广，苗期生长快，可在冬春枯草季节提供优质饲草。灌浆期全株干物质中含粗蛋白质 12.38%，粗脂肪 3.20%，粗纤维 35.9%，无氮浸出物 37.88%，粗灰分 10.64%。种子干物质中含粗蛋白质 16.80%。高抗叶锈病，对条锈病和白粉病免疫。抗寒，抗倒伏。年鲜草产量为 45 000～50 000kg/hm²，种子产量为 3 000～3 750kg/hm²。

基础原种：由中国农业科学院作物育种栽培研究所保存。

适应地区：适于黄淮海、西北及东北地区秋播，长江以南地区可在 11 月份播种。

狗尾草属
Setaria Beauv.
纳罗克非洲狗尾草
Setaria sphacelate（Schum.）Stapf ex Massey.'Narok'

品种登记号：181

登记日期：1997 年 12 月 11 日

品种类别：引进品种

申报者：云南省肉牛和牧草研究中心。奎嘉祥、匡崇义、袁福锦、黄必志、钟声。

品种来源：1983 年云南省肉牛和牧草研究中心从澳大利亚昆士兰州引入。

植物学特征：刈牧兼用型多年生上繁禾草。须根发达，开花期株高 180cm 左右。叶片线状披针形，颜色浓绿，长 30～48cm，宽 1～1.6cm。穗长 20～30cm，种子较大，宽卵圆形，直径 3mm 左右，千粒重 0.835g。

生物学特性：喜热，耐寒，耐旱，草质柔嫩，体外消化率高于卡松古鲁（Kazungnla）和南迪（Nandi）非洲狗尾草。竞争力强，适宜与白三叶混播建立永久性人工草地。年干草产量 12 000～15 000kg/hm²。

基础原种：由澳大利亚昆士兰州初级产业部标准处保存。

适应地区：适于云南省绝大多数地方，我国南方海拔 800～2 000m 的低中山区种植。

高 粱 属
Sorghum Moench

高粱属也叫蜀黍属，一年生或多年生高大草本，茎秆粗壮；叶片平展、宽而长；圆锥花序顶生、小穗孪生，有芒或无芒。

本属约有 30 种，分布于全球热带及亚热带。多数种的谷粒为粮食作物或家畜的精料，茎叶也是优质粗饲料，但含有氢氰酸，注意利用方法。利用最多的有高粱 [S. *bicolor*（L.）Moench.]、苏丹草 [S. *sudanense*（Piper）Stapf.]。

高粱 一年生，秆直立，高 2～3m，叶宽大，穗圆锥状，紧缩或略开展，小穗有短芒。颖果白色、黄色或红色。喜热，不耐寒、耐旱、耐盐碱、耐涝，是重要的粮食和饲用作物。茎叶可青贮、青刈。籽实还可制作淀粉和酒等。

苏丹草 一年生，茎高 2～3m，直立，多分蘖，叶条形，疏散圆锥花序。颖果倒卵形，完全为颖片包围。喜温暖，不耐寒，耐干旱、耐盐碱，生长快，产量高，可青刈、调制干草或青贮。各种家畜均喜食。幼嫩时鱼、兔、鹿也喜食。

辽饲杂 1 号饲用高粱
Sorghum bicolor（L.）Moench. 'Liaosiza No. 1'

品种登记号： 054

登记日期： 1990 年 5 月 25 日

品种类别： 育成品种

育种者： 辽宁省农业科学院高粱研究所。潘世全、谢凤舟。

品种来源： 以引进并经鉴定的高粱雄性不育系 T×623A 为母本、糖高粱"1022"（恢复系）为父本杂交而成"623A×1022"。杂种优势利用，寻找强优势杂交组合，生产上栽培 F_1 代。

植物学特征： 株高 320～350cm，叶片 20～22 片，苗色紫红，平均分蘖 0.93 个。中紧穗，筒形，紫花，白粒，千粒重 25.3g。

生物学特性： 抗旱、抗涝、耐瘠薄。可粮饲兼用，也可综合利用。成熟时茎叶青绿，榨汁率 64.7％，汁液糖浓度 13％～15％。抗病虫，尤其对高粱丝黑穗病表现高抗，叶部病害亦较轻。生育期 134 天左右，播后 70～75 天即可用于青贮。鲜草产量 45 000～75 000kg/hm²，籽实产量 5 250～6 000kg/hm²。

基础原种：由辽宁省农业科学院高粱研究所保存父母本材料。

适应地区：在我国云南、上海、河南、河北、北京、天津、辽宁、吉林、黑龙江均可种植。

辽饲杂 2 号高粱

Sorghum bicolor（L.）Moench. 'Liaosiza No. 2'

品种登记号：164

登记日期：1996 年 4 月 10 日

品种类别：育成品种

育种者：辽宁省农业科学院高粱研究所。潘世全、朱翠云、谢凤舟、李景琳、李淑芬。

品种来源：1987 年采用人工杂交的方法，以自选饲用高粱不育系 LS3A 为母本，外引甜高粱恢复系 Rio 为父本配置杂交而成，1988—1989 年进行新组合鉴定和品比试验，1990—1995 年通过区域试验和生产试验，得到具有粮饲兼用、抗逆性强的新品种。

植物学特征：株高 340cm，茎粗 1.9m，穗长 31.2cm，平均有叶 20～22 片，分蘖能力较强。穗纺锤形至中紧，黑壳白粒，千粒重 27.3g。

生物学特性：抗倒伏，耐旱，耐涝，鲜茎叶产量 55 000～75 000kg/hm²，生育期 125～130 天。

基础原种：由辽宁农业科学院高粱研究所保存父母本材料。

适应地区：在我国辽宁、河北、河南、安徽、山东、广西、吉林、黑龙江、北京等地均可种植。

辽饲杂 3 号高粱

Sorghum bicolor（L.）Moench. 'Liaosiza. No. 3'

品种登记号：209

登记日期： 2000 年 12 月 25 日

品种类别： 育成品种

育种者： 辽宁省农业科学院高粱研究所。朱翠云、张志鹏、陈义、齐秀华、万修石。

品种来源： 1994 年以外引高粱不育系 IC24A 和甜高粱恢复系 1022 杂交组配成 ICS24A×1022，1995—1996 年进行新组合鉴定和品比试验，1997—1998 年区域试验，1998—1999 年生产试验，1999—2000 年生产示范。育成了具有粮饲兼用、产量高、品质好、抗逆性强的饲用高粱杂交种。

植物学特征： 一年生草本。株高 359cm，茎粗 2cm。全株有叶 20～22 片，叶脉蜡质，芽鞘红，分蘖力较强，成熟时茎叶青绿。穗纺锤形到中紧，穗长 34cm，紫壳，浅红粒，千粒重 30g。

生物学特性： 耐旱，耐涝，抗黑穗病，抗叶病，较抗倒伏。茎秆多糖多汁，茎汁含糖 15％～19％（锤度），茎秆出汁率 65％，青贮效果好，青贮产量 60 000～90 000kg/hm²，同时可产籽粒 6 000～7 500kg/hm²。成熟期茎叶干物质中含粗蛋白质 3.88％，粗脂肪 0.39％，粗纤维 29.15％，无氮浸出物 63.07％，粗灰分 3.51％，不含氰氢酸。从出苗到成熟 122～127 天。

基础原种： 由辽宁省农业科学院高粱研究所保存父母本材料。

适应地区： 在我国的辽宁、河南、河北、湖北、湖南、广东、广西、山东、山西、安徽、四川、宁夏、甘肃、陕西等省区大部分地区均可种植。

大力士饲用高粱

Sorghum bicolor （L.）Moench. 'Hunnigreen'

品种登记号： 292

登记日期： 2004 年 12 月 8 日

品种类别： 引进品种

申报者： 百绿（天津）国际草业有限公司。牟芝兰、陈谷、白淑娟、刘建平、梁新民。

品种来源： 1999 年百绿（天津）国际草业有限公司从澳大利亚 Hylam 种子公司引进。原品种由澳大利亚 Hylam 种子公司用澳大利亚籽实型高粱和外引甜高粱杂交选育而成。

植物学特征：一年生草本。须根发达，入土深度 25～30cm。株高 300～400cm，有分蘖 3～8 个。每茎平均有叶 12～14 片，叶长 80～110cm，宽 8～12cm，叶色深绿，叶脉白色。籽粒卵圆形，红褐色，光滑，硬质，千粒重 19～21g。

生物学特性：晚熟品种，营养生长时间长，在我国大部分地区不能开花结实。抽穗前全株干物质中含粗蛋白质 13.30%，茎秆含糖 6%，适口性好。在株高 70cm 以上刈割，不含氰氢酸。在北京地区生育期 160 天。鲜草产量 85 000～120 000kg/hm²

基础原种：由澳大利亚 Hylam 种子公司保存。

适应地区：适于东北、西北的南部，华东、华中和西南地区种植。

沈农 2 号饲用高粱

Sorghum bicolor （L.） Moench. 'Shennong No. 2'

品种登记号：080
登记日期：1991 年 5 月 20 日
品种类别：育成品种
育种者：沈阳农业大学农学系。马鸿周、华秀英、罗玉春、王志斌、马志泓。

品种来源：从美国引进母本材料 T×623A，从国外引进父本材料 Roma。通过 T×623A 与国内多个甜高粱配制杂交组合，从中选出 T×623A×Roma。

植物学特征：植株高大，株高 350cm 左右，生长繁茂，有分蘖性，成熟时茎叶青绿。穗纺锤形，紫壳，籽粒灰黄色，千粒重 30g 左右，不着壳。

生物学特性：耐瘠薄，耐盐碱，抗旱，抗黑穗病和叶部病害，抗倒伏，适应性较广。茎秆富含糖汁液，榨汁率为 65% 以上，含糖（锤度）16%，生育期在沈阳自出苗至成熟需 130 天左右，幼苗生长缓慢，后期生长发育迅速，开花后灌浆快。鲜草产量 55 000～75 000kg/hm²。

基础原种：由沈阳农业大学农学系保存。

适应地区：适于沈阳地区和沈阳以南种植，特别适合北京、天津、河南、河北、广西种植。在山西、山东、湖南和贵州等省试种，都获得成功。

原甜 1 号饲用甜高粱

Sorghum bicolor（L.）Moench.'Yuantian No. 1'

品种登记号： 234

登记日期： 2002 年 12 月 11 日

品种类别： 育成品种

育种者： 中国农业科学院原子能利用研究所。苏益民、宋高友、李桂英、刘录祥、张保明。

品种来源： 1983 年由丽欧（Rio）甜高粱品种分离出自然变异株，经过 8 个世代系统选育而成。

植物学特征： 一年生草本。株高 380cm，茎粗 1.7cm。有叶片 20～30 片，芽鞘绿色，分蘖 1～2 个。穗长 25～30cm，中紧纺锤形，无芒。紫壳白粒，千粒重 25～27g。

生物学特性： 中熟品种，抗旱、耐涝、耐盐碱、抗倒伏、较抗黑穗病，生育期 125～130 天。单株鲜重 800～1 000g，穗粒重 80～100g。蜡质叶脉，活秆成熟，叶片青绿，茎秆汁液含糖（锤度）18%～21%，茎秆出汁率 65%。适应性广，鲜茎叶产量 60 000～75 000kg/hm²。不仅是优良的饲用品种，又是粮、糖、酿综合利用品种。乳熟期茎叶干物质中含粗蛋白质 9.81%，粗脂肪 4.13%，粗纤维 31.67%，无氮浸出物 44.76%，粗灰分 9.63%，青贮效果好。

基础原种： 由中国农业科学院原子能利用研究所保存。

适应地区： 适于北京、天津、内蒙古、山东、山西、河北、河南等地种植。

吉甜 3 号甜高粱

Sorghum bicolor × *Saccharum sinensis* 'Jitian No. 3'

品种登记号： 330

登记日期： 2006 年 12 月 13 日

品种类别：育成品种

育种者：吉林省农业科学院。王鼎、刘洪欣、石贵山、李玉发、苏颖。

品种来源：高粱蔗 3 号自然变异群体。高粱蔗 3 号是由轻工业部甘蔗糖业科学研究所海南甘蔗育种场用高粱与甘蔗杂交育成的高粱蔗。

植物学特征：幼苗紫色，分蘖 3～4 个，株高 320cm 左右。主茎粗平均 2.1cm。叶 21～23 片。散穗，穗长 22.5cm，着壳率 85％。籽粒卵形，黄红色，红壳，千粒重 18.3g。

生物学特性：生育期 128～135 天。抗叶病，抗丝黑穗病，抗虫，抗倒伏。茎汁含糖（锤度）17.5％～19.2％。成熟期籽粒产量可达 4 500kg/hm^2，总生物量可达 82 000kg/hm^2。茎秆干物质中含粗蛋白质 2.18％，粗脂肪 0.42％，粗纤维 25.32％，无氮浸出物 70.24％，粗灰分 1.84％，可溶性总糖 51.45％。

基础原种：由吉林省农业科学院保存。

适应地区：适于吉林大部分地区，辽宁北部，黑龙江南部，内蒙古通辽地区种植。

乐食高粱—苏丹草杂交种

Sorghum bicolor × *S. sudanense* 'Everlush'

品种登记号：293

登记日期：2004 年 12 月 8 日

品种类别：引进品种

申报者：百绿（天津）国际草业有限公司。房丽宁、王树彦、陈谷、曹致中、成绍先。

品种来源：澳大利亚 Hylam 种子公司用澳大利亚籽粒型高粱为母本，苏丹草为父本杂交选育而成，1999 年在澳大利亚登记注册。2000 年从澳大利亚 Hylam 种子公司引进。

植物学特征：一年生草本。株高 250～400cm，茎圆形，有叶 10～15 片茎秆纤细，叶茎比高。叶片长条形，叶色深绿，光滑，叶脉白色，单株分蘖 4～8 个。籽粒扁卵圆形，红褐色，光滑，硬质，千粒重 15～18g。

生物学特性：晚熟品种，春季生长速度慢，夏季高温季节生长迅速，在北方地区不能开花结实。抽穗前全株干物质中含粗蛋白质 10.69％，粗纤维 24.57％。可多次刈割，在内蒙古、云南等地种植，鲜草产量可达 105 000kg/hm²。

基础原种： 由澳大利亚 Hylam 种子公司保存。

适应地区： 适于北京、内蒙古、云南等地种植。

冀草 2 号高粱—苏丹草杂交种
Sorghum bicolor × *S. sudanense* 'Jicao No. 2'

品种登记号： 393

登记日期： 2010 年 6 月 12 日

品种类别： 育成品种

育种者： 河北省农林科学院旱作农业研究所。刘贵波、李源、赵海明、谢楠。

品种来源： 利用自选高粱 A3 细胞质雄性不育系为母本，外引苏丹草为父本，杂交组配而成。2005 年利用多个高粱不育系和多个苏丹草品种组配杂交组合，从中选择配合力高的组合，2006—2007 年安排品比试验，筛选出优势明显组合 A3HG5A×S2006。2008—2009 年参加并通过了国家区域试验，同时安排生产试验。

植物学特征： 一年生草本。株型紧凑，须根系，根系发达。成熟时株高 305cm。茎秆较粗壮，多汁。叶片宽大，腊脉。纺锤形穗，中散型，黑壳红粒，穗长 27cm。

生物学特性： 在冀中南生育期 125 天，抗旱、耐盐碱、抗叶病、抗倒伏能力强。在南方地区全年可刈割 3～4 次，北方地区 2～3 次，一般鲜草产量 100 000～150 000kg/hm²。分蘖性强，刈割后再生能力强，拔节前期生长较慢，刈割太早不利于产量优势发挥，抽穗期或株高 200cm 左右时刈割，产量、品质最佳。为短日照作物，在北方表现营养生长时间增长，抽穗期偏晚，在南方地区表现营养生长时间变短，抽穗期提前。第一茬拔节期株高 141cm 时刈割取样分析，其全株风干物中含干物质 91.1％，粗蛋白质 11.7％，粗脂肪 3.17％，粗纤维 27.9％，无氮浸出物 40.43％，粗灰分 7.9％，钙 0.71％，磷 0.24％；中性洗涤纤维 57.4％，酸性洗涤纤维

28.7%。氢氰酸含量小于 20mg/kg。适口性好，适宜青饲或青贮。

基础原种：由河北省农林科学院旱作农业研究所保存。

适应地区：全国各地适于高粱、苏丹草种植的地区均可种植。

冀草 6 号高粱—苏丹草杂交种

Sorghum bicolor × S. sudanense 'Jicao No. 6'

品种登记号：566

登记日期：2019 年 12 月 12 日

品种类别：育成品种

育种者：河北省农林科学院旱作农业研究所。刘贵波、李源、赵海明、游永亮、武瑞鑫。

品种来源：以具有褐色中脉（Brown Midrib，BMR）的高粱不育系为母本，BMR 苏丹草稳定系为父本，进行远缘杂交以品质选育为目标选育而成。

植物学特征：禾本科一年生草本。须根系，单株分蘖数 2～3 个，株高 280cm 左右。主茎叶片数 14 片，中部叶片长 78.3cm，宽 6.4cm。穗形纺锤，中散型，穗长 24.4cm。种子圆形，黑壳黄粒。该品种在六叶期后，叶中脉为褐色，茎秆表皮及髓部具褐色沉着，成熟时叶中脉褐色沉着消失，但茎秆表面及髓部依然表现为褐色。

生物学特性：对土壤要求不高，较耐瘠薄、盐碱，青饲、青贮利用均可。饲用品质好，表现出较高利用价值。稳产性较好，具抗倒能力。在冀中南地区生育期 110 天。干草产量达 19 000kg/hm² 左右。

基础原种：由河北省农林科学院旱作农业研究所保存。

适应地区：适于东北、西北、华北等地区种植。

晋牧 1 号高粱—苏丹草杂交种

Sorghum bicolor × S. sudanense 'Jinmu No. 1'

品种登记号：448

登记日期：2012 年 6 月 29 日

品种类别：育成品种

育种者: 山西省农业科学院高粱研究所。平俊爱、张福耀、杜志宏、吕鑫、李慧明。

品种来源: 利用自选高粱 A₃ 细胞质雄性不育系为母本,自选苏丹草恢复系 SCR72 为父本,杂交组配而成。利用杂种优势,2005 年利用多个高粱不育系和多个苏丹草品种组配杂交组合,从中选择配合力高的组合,2006—2007 年安排品比试验,筛选出了优势明显的组合 A₃SX14A/SCR72。

植物学特征: 禾本科高粱属一年生草本植物。根系发达。株型直立,株高 300cm 左右。茎秆粗壮,茎粗 1.0cm 左右,平均分蘖 1.69 个,每株 19～20 个叶片。幼苗绿色,叶鞘绿色,种子籽粒红色。

生物学特性: 分蘖性强,刈割后再生能力强,拔节前期生长较慢,刈割太早不利于产量优势发挥,抽穗期或株高 200cm 左右时刈割,产量、品质最佳。在山西晋中生育期为 124 天。短日照作物。在北方地区全年可刈割 2～3 次,南方地区 3～4 次,鲜草产量 100 000～150 000kg/hm²,年干草产量 10 000kg/hm² 左右。在南方地区营养生长时间变短,抽穗期提前。抗紫斑病、耐旱、耐盐碱、抗叶病、抗倒伏能力强。抽穗期干物质中含粗蛋白 14.7%,粗脂肪 2.35%,中性洗涤纤维 55.95%,酸性洗涤纤维 30.0%,粗灰分 8.0%,钙 0.81%,磷 0.25%。适口性好,适宜青饲或青贮。

基础原种: 由山西省农业科学院高粱研究所保存。

适应地区: 适于我国南北方年活动积温达 2 300℃以上的温带、亚热带地区种植。

蒙农青饲 2 号苏丹草

Sorghum bicolor × *S. sudanense* 'Mengnongqingsi No. 2'

品种登记号: 294

登记日期: 2004 年 12 月 8 日

品种类别: 育成品种

育种者: 内蒙古农业大学。于卓、赵晓杰、赵娜、秦永梅、刘永伟。

品种来源: 以高粱雄性不育系 A4 为母本,以内蒙古自治区中西部栽培种白壳苏丹草为父本进行种间杂交选育,经 6 个世代的选择育成。

植物学特征：一年生禾本科饲用作物。须根发达，株高约 350cm，基部节间短缩粗壮。每个茎秆具叶片 10～15 片，叶片长披针形，深绿色，叶脉乳黄色或黄褐色，叶长 75～110cm，叶宽 4.1～7.8cm。圆锥花序较疏散，长 37～49cm，穗宽 30～36cm，顶端并生 2～5 个小穗，每小穗有小花 2～3 朵，有柄小花 1～2 朵，退化不结实，无柄小花 1 朵结实。种子长椭圆形，略扁，黄褐色，颖白色或乳黄色，略棕褐色斑纹，种子千粒重 21g。

生物学特性：苗期耐低温能力强，在内蒙古自治区中部地区 4 月中旬即可播种。耐旱性和耐盐性较强，抗倒伏，叶量大，适口性好。鲜草氰氢酸含量很低，饲喂安全。开花期干物质中含粗蛋白质 9.50%，粗脂肪 3.54%，粗纤维 38.27%，无氮浸出物 42.90%，粗灰分 5.79%。在内蒙古呼和浩特市、包头市和巴彦淖尔市种植，鲜草产量可达 132 000kg/hm²。

基础原种：由内蒙古农业大学保存。

适应地区：在≥10℃积温达 2 400℃的地区均可种植。年降水量 400mm 以上地区可旱作栽培。

蜀草 1 号高粱—苏丹草杂交种
Sorghum bicolor × *S. sudanense* 'Shucao No. 1'

品种登记号：551

登记日期：2018 年 8 月 15 日

品种类别：育成品种

育种者：四川省农业科学院土壤肥料研究所、四川省农业科学院水稻高粱研究所。朱永群、林超文、赵甘霖、丁国祥、许文志。

品种来源：选取高粱不育系 72A 与苏丹草 S1 杂交，以产草量高、生长速度快、粗蛋白高、粗纤维低为主要育种目标选育而成。

植物学特征：禾本科一年生草本。株型紧凑，株高可达 350cm。须根粗壮，茎节长 12～16cm。叶片线形或线状披针形，长 50～65cm，宽 3.5～5.0cm，中脉粗，在背面隆起，两面无毛。芽鞘、幼苗绿色。纺锤形穗，中散型，穗长 29cm，异花授粉。种子白色，千粒重 25.8～26.6g。

生物学特性：抗旱、耐热，抗叶锈病、抗倒伏能力强。在南方地区春夏播种均可，年种子产量为 2 900kg/hm²，年干草产量可达 21 000kg/hm²。该品种营养丰富，全株粗蛋白含量 10％以上，氢氰酸含量小于 20mg/kg，适口性好，适宜青饲或青贮。

基础原种：由四川省农业科学院土壤肥料研究所保存。

适应地区：适于我国长江流域地区种植。

天农 2 号高粱—苏丹草杂交种

Sorghum bicolor×*S. sudanense* 'Tiannong No. 2'

品种登记号：328

登记日期：2006 年 12 月 13 日

品种类别：育成品种

育种者：天津农学院。孙守钧、王云、刘惠芬、李子芳、吴锡冬。

品种来源：以从美国引进的粒用高粱不育系 TX622A 为母本，以含糖 17％（锤度）的抗蚜 140 粒用高粱与 IS720 苏丹草杂交、经系谱法选择的恢复系 TS175 为父本，配制而成的杂种一代（F_1）品种。

植物学特征：一年生高大禾草。苗期紫色，成熟期株高约 300cm，分蘖 4～5 个。圆锥花序，穗长约 50cm。种子红粒，黑壳，千粒重 32g。

生物学特性：抗旱，耐盐（NaCl）达 0.4％。在东北生育期 120 天左右，在天津 90 天即可成熟。成熟期茎叶鲜绿，茎汁含糖（锤度）15％，无叶病。成熟期一次性刈割可收青草 90 000kg/hm^2，并可兼收籽实 6 000kg/hm^2。茎叶干物质中含粗蛋白质 8.67％，粗脂肪 2.19％，粗纤维 20.18％，无氮浸出物 63.65％，粗灰分 6.31％。在天津做青贮可刈割二次。

基础原种：由天津农学院保存。

适应地区：适宜黑龙江、内蒙古、天津等地种植。

天农青饲 1 号高粱—苏丹草杂交种

Sorghum bicolor×*S. sudanense* 'Tiannongqingsi No. 1'

品种登记号：208

登记日期：2000 年 12 月 25 日

品种类别：育成品种

育种者：天津农学院。孙守钧、王云、郑根昌、李凤山、刘惠芬。

品种来源： 利用甜高粱与苏丹草进行种间杂交，采用系谱法在后代中选择抗病、含糖量高、分蘖和再生能力强、抗旱、耐盐、耐瘠、配合力高、品质优、遗传性和恢复性稳定的后代。经过对 34 个组合 7 个世代的选择，最后在甜高粱 Roma 与苏丹草 IS722 杂交组合后代中选出了符合育种目标要求的后代 TS185 恢复系，再与从美国引进的 TX623A 不育系杂交，从而配制了 TX623A×TS185 杂交组合，育成 F_1 代杂交种。

植物学特征： 一年生草本。苗期紫色，有分蘖 4～5 个，株高 300cm 左右。叶片平展宽大，叶色浓绿，叶脉蜡质。圆锥花序松散，穗长 30～50cm。壳黑褐色，籽粒红色，千粒重 32g。

生物学特性： 抗旱、耐盐（0.4%）、耐瘠，叶病较轻、蚜虫危害较轻，再生能力强。幼苗生长速度慢，但根系发达，拔节以后生长速度较快，生育期 90 天左右（天津）。在天津青贮用可刈割两次，鲜草产量约 150 000kg/hm²。成熟期收获不仅可获得较高茎叶产量，还可兼收 6 000kg/hm² 左右的籽粒。在上海可刈割 3～4 次。鲜草干物质中含粗蛋白质 8.31%，粗脂肪 2.17%，粗纤维 19.67%，无氮浸出物 63.14%，粗灰分 6.71%，氰氢酸含量低。茎汁含糖（锤度）14%～15%，草质优，可饲喂牛、马、羊，也可喂鱼。可用做青饲、晒制干草、青贮等。

基础原种： 由天津农学院保存。

适应地区： 全国各省区均可种植。

皖草 2 号高粱—苏丹草杂交种
Sorghum bicolor×S. sudanense 'Wancao No. 2'

品种登记号： 192

登记日期： 1998 年 11 月 30 日

品种类别： 育成品种

育种者： 安徽省农业技术师范学院、安徽省明光市高新技术研究所。钱章强、金德纯、詹秋文、林平、杨瑞新。

品种来源： 1982 年起利用多个高粱不育系和多个苏丹草品种进行杂交，选定饲草用的配合力高的高粱不育系和苏丹草品种，再行杂交选配新组合，以高产苏丹草品种作对照，反复进行品种比较试验和栽培技术研究，选出较理想的组合，组织生产试验和示范，选育出杂交草新品种皖草 2 号 TX623A×722（选）。

植物学特征：长相似高粱，根系发达。茎粗壮，色浓绿，脉有蜡质，主茎分蘖较整齐，分蘖力中等，株高 250～280cm。叶片 17～19 个，叶肥大。穗形松散，籽粒较高粱小，紫褐色，着壳率偏高。

生物学特性：耐旱，适应性广，对土壤要求不严。对氮肥敏感，再生能力强，增产潜力大，鲜草产量 150 000kg/hm² 以上，因鲜草茎叶氰酸含量低适于鲜喂。轻感紫斑病，易生蚜虫。

基础原种：由安徽省农业技术师范学院、安徽省明光市高新技术研究所保存。

适应地区：我国南方各省以及适宜种植高粱和苏丹草的地区。

皖草 3 号高粱—苏丹草杂交种
Sorghum bicolor×S. sudanense 'Wancao No. 3'

品种登记号：316

登记日期：2005 年 11 月 27 日

品种类别：育成品种

育种者：安徽科技学院、安徽省畜牧技术推广总站。詹秋文、刘明平、林平、姚淮平、钱章强。

品种来源：以高粱雄性不育系 TX623A 为母本，以苏丹草 Sa 为父本组配而成的种间杂交种一代（F_1）。

植物学特征：一年生禾本科草本植物。株形类似高粱，根系发达。株高约 290cm，茎秆粗壮，分蘖数 2～6 个。叶片肥大，叶长约 90cm、叶宽 6.4cm，叶片数 15～19 片。穗形松散，穗长约 38cm，穗粒重 24.6g。籽粒偏小，紫褐色，千粒重 14.5g。

生物学特性：刈割后再生能力强，生长速度快，产量高，一年可刈割 2～6 次。具有抗旱、耐涝、抗倒伏、抗蚜虫的特性。在水肥条件充足的情况下，全年干草产量可达 30 000kg/hm²。全株干物质中含粗蛋白质 8.65%，粗脂肪 3.50%，粗纤维 26.11%，无氮浸出物 51.91%，粗灰分 9.83%。适合饲喂牛、羊、鹿、草鱼等草食性动物。

基础原种：由安徽科技学院保存。

适应地区：适于北京、安徽、山西、江西、江苏、浙江等地种植。

蒙农青饲 3 号苏丹草

Sorghum sudanense（Piper）Stapf 'Mengnongqingsi No. 3'

品种登记号：372

登记日期：2009 年 5 月 22 日

品种类别：育成品种

育种者：内蒙古农业大学。于卓、马艳红、李小雷、刘志华、周亚星。

品种来源：母本高粱雄性不育系 A_3 是 1994 年从日本国立饲草研究中心引入，父本黑壳苏丹草是内蒙古中西部地区的栽培种，1996 年将这 2 种材料相组配进行人工授粉，获得了种间杂种 F_1 代。从高粱雄不育系 A_3×黑壳苏丹草种间杂种 F_2 代分离群体中开始选择优秀单株，通过 4 次单株选择、1 次混合选择及品比、区域和生产试验，历经 8 个世代育成。

植物学特征：禾本科一年生草本植物。植株高大，平均株高 380cm，全株浅绿色。叶片为长披针形，每株具叶片 11～17 个，叶长 75～82cm，叶宽 4.5～5.5cm。圆锥花序开展，穗长 40～58cm，穗宽 33～38cm。籽粒长椭圆形、略扁，颖壳为黑色、棕红色、乳白色，种子千粒重约 22g，二倍体（$2n＝2x=20$）。

生物学特性：生育期约 140 天，茎叶繁茂，绿秆成熟，植株生长势强，特别在发育前期生长速度很快。产草量和种子产量高，一般鲜草产量 135 000kg/hm²，干草产量 40 000kg/hm²。茎叶柔嫩，茎叶比 2.81，叶量大，草质好，营养价值高。开花期烘干物含干物质 98.33％，粗蛋白质 11.12％，粗脂肪 4.07％，粗纤维 36.11％，无氮浸出物 41.67％，粗灰分 5.36％。拔节期株高 150cm 时，鲜草氢氰酸含量仅为 17.56mg/kg，可直接饲喂牲畜。抗倒伏，并具有较强的抗旱性和耐盐性。

基础原种：由内蒙古农业大学保存。

适应地区：适于有效积温（≥10℃）2 400℃地区种植，内蒙古及毗邻省区均可种植，年降水量≥400mm 可旱作栽培。

内农 1 号苏丹草

Sorghum sudanense (Piper) Stapf 'Neinong No. 1'

品种登记号： 268

登记日期： 2003 年 12 月 7 日

品种类别： 育成品种

育种者： 内蒙古农业大学。支中生、张恩厚、高卫华、王建光、姚贵平。

品种来源： 1993 年以黑壳苏丹草为母本，同杂 2 号高粱为父本进行种间杂交，对其后代进行系统选择培育而成。

植物学特征： 一年生丛生型禾草。须根系。秆直立，高 315～350cm，基部茎粗 8～12mm，有效分蘖 4～7 个。叶鞘无毛，叶舌干膜质，长 2～2.5mm，顶端钝圆，叶长 70～78cm，宽 4.5～6.0cm，两面无毛，边缘具尖锐刺毛。圆锥花序直立，开展，卵形，长 34～46cm，宽 24～26cm，分枝近轮生。颖果椭圆形，长 3.8～4.2mm，宽 2.5～3.0mm，种壳颜色为黑、黄、红色，千粒重 24g。

生物学特性： 抗旱、抗病、抗倒伏。苗期生长慢，拔节后生长速度快，再生能力强，草质优，茎叶干物质中含粗蛋白质 14.73%，粗脂肪 3.74%，粗纤维 23.36%，无氮浸出物 48.93%，粗灰分 9.24%，钙 0.82%，磷 0.60%。在内蒙古呼和浩特市、包头市、乌兰察布市、西乌珠穆沁旗、赤峰市、巴林右旗等地种植，平均鲜草产量 95 000kg/hm^2。

基础原种： 由内蒙古农业大学保存。

适应地区： 适于内蒙古、河南、湖北及气候条件相类似地区种植。

宁 农 苏 丹 草

Sorghum sudanense (Piper) Stapf. 'Ningnong'

品种登记号： 166

登记日期： 1996 年 4 月 10 日

品种类别： 育成品种

育种者： 宁夏农学院草业研究所、宁夏盐池草原实验站。邵生荣、姚爱兴、耿本仁、刘彩霞、姬福。

品种来源：1997 年从盐池草原实验站种植的大田苏丹草混杂群体中选择优良单株，经 6 代混合选择培育而成。

植物学特征：一年生草本。株高 250～320cm，茎粗 6～11mm。叶片宽条形，茎生叶 9～11 片，长 40～80cm，宽 3～6cm。花序为周散或侧圆锥花序，穗长 30～50cm，小穗 2～3 个，其中 1 个结实无柄。颖厚尖端有芒，芒长 10～12mm，颖壳红色或紫红色，上面密生灰色柔毛。种子倒卵圆形，长 5～6mm，宽 3～4mm，千粒重 18～22g。

生物学特性：喜温，生长最适温度为 20～30℃，遇 0℃以下低温即遭冻害。抗旱，降水量＞300mm 地区均可种植。耐盐，耕层土壤含盐量在 0.3%～0.4%可正常生长。中等肥力，灌溉条件下，一般可刈割 2～3 次，干草产量 10 500～13 500kg/hm²。中等肥力的地块，种子产量可达 2 250kg/hm²，生育期 120～130 天，出苗—成熟期需≥10℃积温 2 200～2 500℃。

基础原种：由宁夏农学院草业研究所保存。

适应地区：青刈全国均可种植，收种适于北方绝对无霜期 150 天的地区种植。

奇 台 苏 丹 草

Sorghum sudanense（Piper）Stapf 'Qitai'

品种登记号：068

登记日期：1990 年 5 月 25 日

品种类别：地方品种

申报者：新疆奇台县草原工作站。张鸿书、陈明、艾比拜、张明生、闵继淳。

品种来源：1956 年从新疆畜牧厅引种苏丹草，原品种不详，经 30 多年栽培、推广，作为地方品种登记。

植物学特征：分蘖性强，单株平均分蘖 17.2 个，株高 213cm，周散形圆锥花序，果实卵圆形，杂色，具黄、红、黑色，千粒重 12.4g 左右。

生物学特性：晚熟，生育期 127 天。鲜草产量高，在当地可刈割 3 茬，在南方可刈割 6 茬以上。鲜草产量 75 000～150 000kg/hm²，种子产量

4 000～4 500kg/hm^2。抗旱性和耐盐能力强，栽培时须注意对散黑穗病和坚黑穗病的防治。

基础原种： 由新疆奇台县草原工作站保存。

适应地区： 我国北方热量和水源较充足地区和南方各省都适于种植。

乌拉特 1 号苏丹草

Sorghum sudanense（Piper）Stapf 'Wulate No. 1'

品种登记号： 165

登记日期： 1996 年 4 月 10 日

品种类别： 育成品种

育种者： 内蒙古乌拉特前旗草籽繁殖场、巴彦淖尔盟草原工作站。王祯、董志魁、樊强、阴瑞明、王霞。

品种来源： 1989 年从天然混杂的苏丹草中，选出黑秤苏丹草种子，自 1990 年开始，由内蒙古乌拉特前旗草籽繁殖场、巴彦淖尔盟草原工作站经过 5 年的隔离区多次混合选择，获得纯黑秤优良苏丹草品种。

植物学特征： 株高约 295cm。

生物学特性： 分蘖能力强，再生性好，抗病虫害能力和抗逆性强。在内蒙古西部地区栽培，种子产量 3 900kg/hm^2 左右，鲜草产量 48 000kg/hm^2 左右，用于牧草，一般可刈割 3～4 次，每年 4 月下旬播种，生育期为 130 天以上。

基础原种： 由内蒙古乌拉特前旗草籽繁殖场保存。

适应地区： 适于在我国有灌溉条件的地区推广，其中在北方产籽需无霜期达到 130 天以上。

乌拉特 2 号苏丹草

Sorghum sudanense（Piper）Stapf 'Wulate No. 2'

品种登记号： 202

登记日期： 1999 年 11 月 29 日

品种类别： 育成品种

育种者： 内蒙古巴彦淖尔盟草原站、乌拉特前旗草籽繁殖场。樊强、巴图斯琴、甄守信、任云宇、董志魁。

品种来源：在当地栽培的天然混杂的苏丹草群体中，采用系统选育法，经多年混合选择培育而成。

植物学特征：一年生丛生型禾草。须根系。茎秆直立，株高 290cm，具 8～10 节。叶片扁平，长 50～60cm，宽 2.5～3.0cm，光滑无毛。圆锥花序，长 35～40cm。成熟种子颖壳为红色，倒卵形，长 3.5～4mm，宽 2～2.5mm，光滑，千粒重 12.6g。

生物学特性：抗逆性强，再生性好，营养生长期干物质中含粗蛋白质 19.10%，粗脂肪 5.10%，粗纤维 28.50%，无氮浸出物 38.20%，粗灰分 9.10%。在乌拉特前旗和五原县种植，鲜草产量达 45 000kg/hm²。

基础原种：由内蒙古巴彦淖尔盟草原站保存。

适应地区：适于全国各地种植。干旱地区需有灌溉条件，采种田宜选北方无霜期 130 天以上的地区。

新草 1 号苏丹草

Sorghum sudanense（Piper）Stapf 'Xincao No. 1'

品种登记号：567

登记日期：2019 年 12 月 12 日

品种类别：育成品种

育种者：新疆畜牧科学院草业研究所、奇台县绿丰草业科技开发有限责任公司、中国农业科学院生物技术研究所。朱昊、陈捍东、阿斯娅·曼力克、林浩、任玉平。

品种来源：以奇台苏丹草和新苏 2 号苏丹草为亲本材料，采取集团混合选择育成。

植物学特征：禾本科一年生草本。须根系。秆圆柱状，高约 270cm。叶条形，长 45～60cm，宽 4.5cm 左右，每一茎上有叶 8～10 片。圆锥花序，半紧密直立型。颖果卵圆形，略扁平，黄色，千粒重 14.31g。

生物学特性：喜温暖湿润气候，相对不耐寒冷，种子耐受最低发芽温度为 10℃左右，适宜发芽温度 20～30℃。幼苗在低于 5℃的温度即受冻害。成株在低于 15℃生长变慢，10℃左右停止生长。抗旱能力强，相对不耐涝，在夏季相对炎热、雨量中等地区最适宜生长。对土壤要求不严，一般土壤均可种植，喜排水良好、土质肥沃的黏壤土和壤土，微酸及微碱性土壤均可栽培。生育期 113～120 天，属中晚熟品种，干草产量 21 000kg/hm² 左右。

基础原种：由新疆畜牧科学院草业研究所保存。

适应地区：适于在我国南方或北方无霜期 130 天以上有灌溉条件的地区种植。

新苏 2 号苏丹草

Sorghum sudanense (Piper) Stapf 'Xinsu No. 2'

品种登记号：116

登记日期：1992 年 7 月 28 日

品种类别：育成品种

育种者：新疆农业大学畜牧分院牧草生产育种教研室、奇台县草原站。闵继淳、张鸿书、肖凤、李淑平、陈明。

品种来源：以八一农学院及奇台苏丹草为原始材料，采取改良混合选择法，历时 6 代育成。

植物学特征：株高 225～270cm，叶片稍宽、淡绿色。圆锥花序松散，成熟籽粒颖壳颜色多黑色，黑红色的穗占 96％以上，千粒重 12.5～14g。

生物学特性：生育期 99～105 天，鲜草产量 52 500～90 000kg/hm²，种子产量 4 500kg/hm²，是我国南方养鱼的优良青饲料新品种。

基础原种：由新疆农业大学畜牧分院牧草生产育种教研室保存。

适应地区：凡无霜期在 130 天以上的有灌溉条件，或我国南方雨水充足的地区都能种植。

新苏 3 号苏丹草

Sorghum sudanense (Piper) Stapf 'Xinsu No. 3'

品种登记号：470

登记日期：2014 年 5 月 30 日

品种类别：育成品种

育种者：新疆农业大学。张博、李卫军、王玉祥、李陈建、隋晓青。

品种来源：亲本源于 2001 年新苏 2 号苏丹草种子田变异的种质材料，经过十余年时间，按照育种目标进行择优、筛选、种植、扩繁，培育而成。

植物学特征：一年生禾本科牧草。再生能力较强，每株分蘖数 8～10 个。茎秆细长，株高约 262cm，有 9 个茎节，直径 1cm，节长 23cm。叶片狭长，叶鞘长 20cm，叶长 26cm，叶宽 5.1cm。圆锥花序，每株约有 9 穗，穗长 37.5cm。种子卵圆形，淡褐色至黑色，种子千粒重 12.58g。

生物学特性：喜温暖湿润环境，抗旱不抗寒，耐旱和抗盐碱，对土壤要求不严。种子发芽最低温度 8～10℃，最适生长温度 20～30℃，生育期 120天。春播产量较高，北方有灌溉条件地区一年可刈割 2～4 茬，南方一年可刈割 6～8 茬。

基础原种：由新疆农业大学保存。

适应地区：适于我国南方或北方无霜期 130 天以上有灌溉条件的地区种植。

盐 池 苏 丹 草

Sorghum sudanense（Piper）Stapf 'Yanchi'

品种登记号：167

登记日期：1996 年 4 月 10 日

品种类别：育成品种

育种者：宁夏盐池草原实验站、宁夏农学院草业研究所。耿本仁、邵生荣、王民杰、姚爱兴、刘彩霞。

品种来源：从高型苏丹草和低型苏丹草杂交后代经多代杂交混合选择培育而成。

植物学特征：根系发达。茎秆圆形直立，高 160～190cm，茎粗 0.8cm以下。茎生叶带形，光滑平展，长 30～60cm，宽 1.5～3.5cm。圆锥花序疏散，长 35～45cm。小穗成对，无柄，结实。颖果黑色光亮，倒卵圆形，长约 6mm，宽约 3mm，尖端无芒或具长 1～2mm 的短芒，千粒重约 15g。

生物学特性：抗寒，苗期能耐－3℃低温霜冻。耐旱，旱作条件下，生长期内降水量＞180mm 可正常生长结实。早熟，出苗到种子成熟 90～110 天。再生性好，旱作可刈割 3 次，干草产量 4 500～6 000kg/hm²。灌水条件下每年可刈割 5 次，干草产量为 10 500～16 500kg/hm²。旱作条件下种子产量为 1 050～1 500kg/hm²，灌水条件下种子产量可达 1 350～1 950kg/hm²。

基础原种：由盐池草原实验站保存。

适应地区：≥10℃有效积温 1 100℃以上，年降水量＞300mm 没有灌溉条件的地区均可种植。

苏牧 3 号苏丹草—拟高粱杂交种

Sorghum sudanense × *S. propinquum* 'Sumu No. 3'

品种登记号：599

登记日期：2020 年 12 月 3 日

品种类别：育成品种

育种者：江苏省农业科学院畜牧研究所。钟小仙、吴娟子、顾洪如、张建丽、钱晨。

品种来源：以日本引进的一年生苏丹草自交系 2098 为母本、多年生野生种质资源拟高粱为父本远缘杂交后，以多年生、抗病、高产、优质为育种目标，历经 9 个世代定向选择而成。

植物学特征：禾本科高粱属多年生草本。根系发达，有根状茎。茎秆直立，茎粗 17mm 左右，抽穗期株高 340～360cm。叶片长披针形，长 80～125cm、宽 4.5～5.5cm，叶脉淡黄色，叶柄具沟槽。圆锥花序，穗长 35～52cm，小花粉紫色。种子椭圆形、一面偏平，棕红色至黑色，千粒重 2.4～2.7g，种子成熟时易落粒。

生物学特性：性喜湿热气候，温度 25～35℃时生长旺盛，最高温度达 40℃时植株仍能正常生长。耐寒性强，在江苏南京及其以南地区可自然越冬返青。对土壤要求不严，只要排水良好，都能生长。在长江中下游地区年干草产量 12 600～20 800kg/hm²。

基础原种：由江苏省农业科学院畜牧研究所保存。

适应地区：适于我国江苏南京及其以南地区作为多年生牧草种植，其他适于苏丹草种植的地区可作为一年生饲草种植。

摩擦草属
Tripsacum L.
盈江危地马拉草
Tripsacum laxum Nash 'Yingjiang'

品种登记号： 402

登记日期： 2010 年 6 月 12 日

品种类别： 地方品种

申报者： 云南省草地动物科学研究院、盈江县畜牧兽医局。钟声、罗在仁、薛世明、匡崇义、许艳芬。

品种来源： 盈江县水槽河畜牧场 1964 年引入当地试种，经长期栽培及大面积推广应用，成为当地农家品种，经多年整理研究而成。

植物学特征： 禾本科摩擦草属多年生高大粗壮禾草。须根发达，根系分布较浅，下部秆节上常有支撑根。秆直立丛生，粗壮，光滑，高 300～400cm，节间短，基部直径达 2～5cm。叶鞘压扁具脊，无毛，长于节间，老后常宿存，叶舌膜质，长约 1mm，叶片宽大，长披针形，长 100～150cm，宽 5～10cm，中脉白色，粗壮，叶色浓绿。圆锥花序顶生或腋生，由数枚细弱的总状花序组成，小穗单性，雌雄同序，雌花序位于总状花序之基部，轴脆弱，成熟时逐节断落；雄花序伸长，成熟后整体脱落。雌小穗单生穗轴各节，嵌于肥厚穗轴之凹穴中，第一颖质地硬，包藏着小花，第一小花中性，第二小花雌性，孕性小花外稃薄膜质，无芒。雄小穗孪生穗轴各节，均含 2 朵雄性小花，$2n=72$。

生物学特性： 喜高温高湿气候，但不耐水渍。喜肥沃土壤。持久性好。营养生长期长，优质高产，一般栽培条件下，全年两次刈割时，年干物质产量可达 12 700～17 700kg/hm^2。饲用价值中等，生长半年左右的危地马拉草拔节期风干样品中含干物质 91.58%，粗蛋白质 9.32%，粗脂肪 2.04%，中性洗涤纤维 69.36%，酸性洗涤纤维 43.70%，粗灰分 11.18%，钙 0.31%，磷 0.17%，干物质体外消化率 43.54%。

基础原种： 由云南省草地动物科学研究院保存。

适应地区：适于我国海南、广东、广西、福建以及云南、四川、贵州部分地区种植。

小黑麦属
Triticale wittmack

小 黑 麦
Triticale wittmack

小黑麦是由小麦和黑麦属间杂交，经染色体加倍人工合成的新物种。20世纪 70 年代以来，小黑麦在加拿大、法国、德国和欧洲的许多国家迅速发展。我国东北、华北、西北及云贵高原等地均有栽培。

小黑麦属一年生禾本科植物，须根系，根系发达。秆直立，植株高度为130～160cm。茎有分蘖，通常每株 5～6 个。叶片扁平。穗状花序顶生，穗长 10～15cm，呈纺锤状。果实为颖果，千粒重 34～38g。

小黑麦抗寒、耐旱和抗病能力强。分为冬性和春性两种。通常在高寒地区种植春性品种，能忍受－20℃甚至更低的温度，同时也耐干旱和阴湿。对土壤要求不严，对土壤氢离子浓度和铝离子的忍受力强于小麦和大麦。小黑麦在营养生长期茎叶鲜嫩，适口性好，牛、马、羊、兔等家畜均喜食。可作青饲、青贮或调制干草。小黑麦籽粒产量接近普通小麦，蛋白质含量高，是家畜的优质精料。收种后的秸秆也可作饲料。

甘农 2 号小黑麦
Triticale wittmack 'Gannong No. 2'

品种登记号：554

登记日期：2018 年 8 月 15 日

品种类别：育成品种

育种者：甘肃农业大学。杜文华、田新会、孙会东、赵方媛、蒲小剑。

品种来源：以六倍体小黑麦品种"DH265"为母本，六倍体小黑麦品种"AT315"为父本，采用杂交育种方法选育而成。

植物学特征：禾本科小黑麦属一年生草本。自花授粉，六倍体中熟小黑麦品种。须根系。茎秆粗壮直立，株高 110～150cm，分蘖数 5～15 个。叶片狭长形，长 25.2cm，宽 1.5cm，颜色较深。穗状花序，穗长 11～13cm。颖果细长呈卵形，基部钝，先端尖，腹沟浅，红褐色。千粒重 41.1g。

生物学特性： 干草产量达 16 000kg/hm²，种子产量 6 500～7 000kg/hm²。具有较强的抗寒、抗旱、抗倒伏和抗锈病能力。

基础原种： 由甘肃农业大学保存。

适应地区： 适于在海拔 1 200～4 000m、年均温 1.1～11.0℃、年降水量 350～1 430mm 干旱半干旱雨养农业区和灌区种植。

冀饲 3 号小黑麦
Triticale wittmack 'Jisi No. 3'

品种登记号： 552

登记日期： 2018 年 8 月 15 日

品种类别： 育成品种

育种者： 河北省农林科学院旱作农业研究所。刘贵波、游永亮、赵海明、李源、武瑞鑫。

品种来源： 用 WOH939 作母本，NTH1 888 作父本杂交选育而成。

植物学特征： 禾本科小黑麦属一年生草本。冬性品种。株高 167cm 左右，须根系。茎秆较粗壮。叶宽大，叶量丰富，茎叶颜色略显灰绿。复穗状花序，小穗多花，外稃绿色，花药黄色，自花授粉，结实性强。穗长纺锤形，长芒。粒棕色，长卵形，腹沟明显，千粒重 45.2g。

生物学特性： 对土壤条件要求不高。抗旱能力强，抗倒性强，抗三锈病，对白粉病免疫。孕穗期之前刈割可再生。年干草产量可达 14 000kg/hm²，种子产量 3 700～4 500kg/hm²

基础原种： 由河北省农林科学院旱作农业研究所保存。

适应地区： 适于黄淮海地区种植。

冀饲 4 号小黑麦
Triticale wittmack 'Jisi No. 4'

品种登记号： 593

登记日期：2020 年 12 月 3 日

品种类别：育成品种

育种者：河北省农林科学院旱作农业研究所。刘贵波、游永亮、李源、赵海明、武瑞鑫。

品种来源：以 NTH1888 小黑麦为母本，NTH1933 小黑麦为父本，以饲草产量高、抗旱、抗病为育种目标，杂交选育而成。

植物学特征：禾本科小黑麦属一年生六倍体草本。株高 165cm 左右，须根系。茎秆较粗壮，叶量丰富，茎叶颜色灰绿。复穗状花序，小穗多花，护颖绿色，花药黄色，结实性强。穗长纺锤形，长芒，每穗种子 45 粒左右。籽粒棕色，长卵形，腹沟明显，千粒重 47.4g。

生物学特性：适应性广，对土壤条件要求不严，抗旱性强，抗三锈病，对白粉病免疫。年干草产量 12 000kg/hm² 左右。

基础原种：由河北省农林科学院旱作农业研究所保存。

适应地区：适于黄淮海区域作为冬闲田种植，也可在长江流域秋播种植。

牧乐 3000 小黑麦

Triticale wittmack 'Mule 3000'

品种登记号：553

登记日期：2018 年 8 月 15 日

品种类别：育成品种

育种者：克劳沃（北京）生态科技有限公司。苏爱莲、侯湃、陈志宏、齐晓。

品种来源：用六倍体优良选系 WIN90 和六倍体 WOH113 杂交经 15 年系选培育而成。

植物学特征：禾本科小黑麦属一年生草本。冬性中晚熟品种。须根系，茎秆粗壮。株高 170～185cm，分蘖多。叶宽大，叶量丰富。穗状花序，穗长 12～15cm，呈纺锤形，白壳红粒、无芒，小穗多花，每穗小穗数 20～30 个。自花授粉，结实性强，每穗结实 40～45 粒，千粒重 39～41g。

生物学特性：丰产性好，年产干草可达 14 000kg/hm²，种子产量可达 4 900kg/hm²。抗条锈病和白粉病，抗旱、抗寒、抗倒伏。

基础原种： 由克劳沃（北京）生态科技有限公司保存。

适应地区： 适于黄淮海地区种植。

石大 1 号小黑麦
Triticale wittmack 'Shida No. 1'

品种登记号： 373

登记日期： 2009 年 5 月 22 日

品种类别： 育成品种

育种者： 石河子大学。曹连莆、孔广超。

品种来源： 从冬性小黑麦品系 10059 的自然变异材料中，经过连续单株选择而成。

植物学特征： 一年生草本，六倍体。株高 160～185cm，穗下节间长。茎秆粗壮，抗倒伏能力强。叶色嫩绿，穗状花序，穗为长方形，穗长 9～10cm，穗顶部几个小穗具 1～2cm 的短芒，与长芒小黑麦相比，提高了其青干草的适口性，每穗结实 38～42 粒。花浅黄色。种子为长圆形，浅红色，千粒重 40～48g，容重 740～760g/L。六倍体。

生物学特性： 冬性，春季返青早，生长速度较快，比对照中饲 237 早熟 3～4 天。抗寒性和抗旱性中上等，对白粉病免疫，对锈病高抗，比中饲 237 耐盐碱性更强。乳熟期风干物中含干物质 92.51%，粗蛋白质 11.94%，粗脂肪 6.21%，中性洗涤纤维 60.32%，粗灰分 7.20%，钙 0.44%，磷 0.15%。在中上等水肥条件下，乳熟期刈割的鲜草产量达 37500～45000kg/hm²。适宜于调制青干草或青贮。用青干草饲喂牛羊适口性良好。

基础原种： 由石河子大学保存。

适应区域： 适于我国西北冬麦区以及冬春麦兼种区种植。

中饲 237 小黑麦
Triticale wittmack 'Zhongsi No. 237'

品种登记号： 193

登记日期： 1998 年 11 月 30 日

品种类别： 育成品种

育种者：中国农业科学院作物育种栽培研究所。孙元枢、崔华、陈秀珍、程启方、武之新。

品种来源：1987—1992 年用小黑麦不育系 NTH101 与小黑麦 WOH18、WOH45 等 15 个品系杂交组群，经 3 个轮回选择培育而成。细胞染色体数 $2n=42$。采用杂交组合与轮回选择培育而成。

植物学特征：一年生草本。株高 150cm 左右，茎秆粗壮，芽鞘淡红，见光变绿，幼苗匍匐。叶片宽厚，淡蓝绿色，叶量大。穗长方形，长芒，白壳，红粒。种子长卵形，顶部有绒毛，腹沟较深，千粒重 38～40g。

生物学特性：冬性，抗寒性强，越冬总茎数较多。综合性状好，对白粉病免疫，高抗三锈和丛矮病毒病，较耐盐碱及酸性土壤。生长繁茂，抗倒伏，便于机械收割，产干草 8 500～12 500kg/hm^2，籽实 3 750kg/hm^2。茎叶柔软，适口性好。生育期 250～260 天。

基础原种：由中国农业科学院作物育种栽培研究所保存。

适应地区：北方黄淮地区可粮草兼用，长江以南冬闲田作青饲、青贮。

中饲 828 小黑麦

Triticale wittmack 'Zhongsi No. 828'

品种登记号：235

登记日期：2002 年 12 月 11 日

品种类别：育成品种

育种者：中国农业科学院作物育种栽培研究所、中国农业大学。孙元枢、王增远、胡跃高、陈秀珍、张鹏。

品种来源：以八倍体小黑麦 H4372 和六倍体小黑麦 WOH90 优良选系杂交，采用复合杂交系统选育而成。其母本 H4372（$2n=56$）表现抗病、抗寒、生长繁茂，蛋白质含量高，但比较晚熟，不抗倒伏。父本 WOH90 是用引自国际小麦玉米改良中心的六倍体早熟品系 FH125（$2n=42$）与自选的八倍体品系 H435（$2n=56$）杂交选育而成的次生六倍体（$2n=42$），表现早熟、茎秆粗壮、抗倒伏，但抗寒性稍差。通过 H4372 与 WOH90 杂交和利用染色体工程技术聚合双亲优良性状培育而成的中饲 828 小黑麦（$2n=42$），结合了双亲高产、优质、抗病、抗寒等优良特点。

植物学特征：一年生或越年生草本。植株高大繁茂，株高 150～180cm。芽鞘淡红色，叶互生，叶片浓绿有蜡质。穗呈纺锤形，芒长中等，白壳，红粒（半玻璃质），有蜡质，每穗小穗数 20～30 个，结实 40～45 粒，穗茎基部有绒毛，籽粒千粒重 35～37g。

生物学特性：中晚熟冬性品种，抗病性强，对白粉病免疫，高抗条锈病，中抗叶锈病。抗寒，可耐－25℃低温，耐瘠薄，适应性广。出苗快，越冬返青后在 5～15℃生长迅速，一般在 5 月上、中旬抽穗，6 月中下旬籽粒成熟。营养品质好，扬花期植株干物质中含粗蛋白质 16.58%，粗脂肪 4.15%，粗纤维 25.35%，无氮浸出物 41.45%，粗灰分 12.47%；籽粒干物质中含粗蛋白质 17.12%，赖氨酸 0.54%。抗倒伏能力强，适于机械收割。干草产量 13 125kg/hm²，籽实产量 3 750～5 250kg/hm²。可用作青饲、青贮和晒制干草。

基础原种：由中国农业科学院作物育种栽培研究所保存。

适应地区：黄淮海地区和东北、西北部分地区秋播，长江以南地区冬播，常利用冬闲田种植，提供冬春季节青绿饲料。

中饲 1048 小黑麦
Triticale wittmark 'Zhongsi No. 1048'

品种登记号：345

登记日期：2008 年 1 月 16 日

品种类别：育成品种

育种者：中国农业科学院作物科学研究所。王增远、陈秀珍、孙元枢、李震。

品种来源：选用中国农业科学院作物科学研究所自创的两个六倍体优良选系 NTH324 和 WOH8－461F7 杂交，系选 5 代，优良株系升入轮选群体进行基因聚合轮选 6 代后，进入鉴定圃观察选择培育而成。

植物学特征：植株高大繁茂，株高 150～180cm。芽鞘淡红色，分蘖多，茎秆粗壮。叶互生，叶量大，叶色浓绿有蜡质，叶茎比高，茎叶繁茂。穗呈纺锤形，白壳，红粒，芒长中等，穗轴基部有绒毛，每穗小穗数 20～30 个，结实 40～45 粒，千粒重 40～43g。

生物学特性：冬性强，中晚熟，抗病（对白粉病免疫，高抗条锈病，中抗秆锈病，但感叶锈病）。抗旱，耐寒，抗倒伏。鲜草产量 42 000～49 500kg/hm²，干草产量 10 500～16 500kg/hm²，籽粒产量 3 000～4 500kg/hm²。开花期干物质率为 25%～28%，植株干物质中粗蛋白质含量达 15.74%，籽粒蛋白质含量 18.28%。

基础原种：由中国农业科学院作物科学研究所保存。

适应区域：适于黄淮海地区、三北部分地区和江南地区种植。

中饲 1877 小黑麦

Triticale wittmack 'Zhongsi No. 1877'

品种登记号：394

登记日期：2010 年 6 月 12 日

品种类别：育成品种

育种者：中国农业科学院作物科学研究所。王增远、陈秀珍、孙元枢。

品种来源：选用自主创制的两个六倍体小黑麦优良选系 NTH364 和 WOH820 复合杂交系统选育而成。其母本 NTH364 是利用 MS_2 核不育基因轮选创育的优良选系，表现抗病、耐寒、抗倒伏，生物产量高，稳产性好；父本 WOH820 是通过杂交、系选培育的优良选系，表现起身早、制种产量高、早熟。NTH364 和 WOH820 杂交，通过优良饲用性状基因聚合、累加，新品种结合了双亲高产、优质、抗逆、早熟等优良特性。

植物学特征：一年生或越年生草本。须根系，分蘖 3～6 个，株高 160～170cm，植株高大繁茂，茎粗 5～6mm，生长整齐一致。穗长纺锤形，穗长 11～12cm，中芒，白壳，红粒，小穗多花，每穗小穗数 22～26 个，结实 40～45 粒，千粒重 35～37g。

生物学特性：强冬性、中晚熟。对条锈病和白粉病免疫，中抗赤霉病，慢感叶锈病，抗旱、耐寒、抗倒伏。鲜草产量 45 000～52 500kg/hm²，干草产量 13 500～16 500kg/hm²，籽粒产量 3 750～5 250kg/hm²。营养丰富，适口性好，抽穗期干物质中含粗蛋白质 17.16%，粗脂肪 2.87%，粗纤维 25.50%，无氮浸出物 42.58%，粗灰分 11.89%，钙 0.92%，总磷 0.32%，赖氨酸 0.64%。

基础原种：由中国农业科学院作物科学研究所保存。

适应区域：适于黄淮海地区和西北地区秋播，也可以在南方地区冬种。

中新 1881 小黑麦
Triticale wittmack 'Zhongxin No. 1881'

品种登记号：153

登记日期：1995 年 4 月 27 日

品种类别：育成品种

育种者：中国农业科学院作物育种栽培研究所。孙元枢、王崇义、陈秀珍、海林。

品种来源：以春性八倍体小黑麦 H221 为母本与匈牙利引进冬性六倍体小黑麦匈 64 为父本杂交育成。采用杂交育种法，利用春化、加光处理使冬、春性亲本花期相遇、杂交后代在海南岛、黑龙江和北京异地选育，使其对日照、温度不敏感，适应性广，经品比、区试和生产试验选育而成。

植物学特征：根系发达，茎秆粗壮有弹性，分蘖性强，株高 130～150cm，芽鞘淡红，幼苗匍匐，叶片宽肥浓绿。穗长 10～15cm，呈纺锤形，长芒，穗基部有绒毛，每穗小穗数 24～32 个，每小穗 2～4 粒，白壳黄粒，千粒重 34～38g。

生物学特性：春性，早熟，生育期 120 天左右。对白粉病免疫，高抗丛矮病毒病和锈病。苗期分蘖强，再生性好。耐寒，较耐盐碱和酸性土壤。扬花后收青草 30 000～35 000kg/hm²，可收籽粒 3 000～3 600kg/hm²。

基础原种：由中国农业科学院作物育种栽培研究所保存。

适应地区：北方春播，南方秋播。

玉蜀黍属
Zea L.

黑饲 1 号青贮玉米
Zea mays L. 'Heisi No. 1'

品种登记号：266

登记日期： 2003 年 12 月 7 日

品种类别： 育成品种

育种者： 黑龙江省农业科学院玉米研究中心。苏俊、李春霞、龚土琛、宋锡韦、阎淑琴。

品种来源： 1997 年以引自沈阳市农科院的自交系沈 125 为母本，以自选系 HR02 为父本，杂交选育而成的玉米单交种。

植物学特征： 一年生草本。幼苗健壮，成株高大，株高 300～330cm，穗位高 130cm，茎粗 2.8～3.2cm。叶色中绿，有叶 22 片，叶片较宽，上部叶片收敛。株形较紧凑，果穗粗大，群体整齐一致。果穗粗圆柱形，长26～28cm，粗 5.2cm，粒行数 18～20 行。籽粒黄色，马齿型，千粒重 380g。

生物学特性： 生育期 125～128 天，苗期至拔节期生长快，中后期生长平稳。抗玉米大小斑病、丝黑穗病、青枯病，抗倒伏。成熟时茎叶青绿，活秆成熟。籽粒中含蛋白质 11.11％，蜡熟期全株干物质中含粗蛋白质 7.08％，粗脂肪 2.22％，粗纤维 23.85％，无氮浸出物 62.90％，粗灰分 4.15％。鲜草产量 70 000～90 000kg/hm²，籽实产量 6 000kg/hm²。

基础原种： 由黑龙江省农业科学院玉米研究中心保存。

适应地区： 黑龙江省第一、二、三积温带（代表地区为哈尔滨市、大庆市和齐齐哈尔市）各地作专用青贮玉米。

吉青 7 号玉米

Zea mays L. 'Jiqing No. 7'

品种登记号： 081

登记日期： 1991 年 5 月 20 日

品种类别： 育成品种

育种者： 吉林省农业科学院玉米研究所。冯芬芬、常华章、李永忠、姜洪仁、谢军。

品种来源： 1985 年配制 8 个青贮玉米杂交组合，其后代经鉴定和选择，选出以 Pa91 玉米为母本、340 玉米为父本的杂交组合，通过品比试验、区域试验和生产试验，育成高产、抗倒伏的玉米杂交品种。

植物学特征： 根系发达，植株高大，株高达 300～320cm。果穗大，筒型，籽粒马齿型，穗行数 18～20 个，穗轴红色，籽粒浅黄色。

生物学特性： 高抗倒伏、抗叶斑病和黑粉病。幼芽顶土能力强。耐密植，适于机械化收割。生育期比辽源 1 号或白鹤青贮玉米品种短 5～8 天。生长繁茂，产草量高而稳定。蜡熟期收获，茎叶保持全部青绿，质地柔嫩，含水量大，适口性好，品质优良。适宜青贮利用。产鲜草 52 500～75 000kg/hm²。

基础原种： 由吉林省农业科学院玉米研究所保存。

适应地区： 适于吉林、辽宁省大部分地区和黑龙江省部分地区种植。

吉饲 8 号青贮玉米

Zea mays L. 'Jisi No. 8'

品种登记号： 267

登记日期： 2003 年 12 月 7 日

品种类别： 育成品种

育种者： 吉林省农业科学院玉米研究所。才卓、徐国良、刘向辉、代玉仙、李淑华。

品种来源： 1998 年以自交系吉 1238 为母本，自交系沈 135 为父本杂交育成的玉米单交种。

植物学特征： 一年生草本。根系发达，株高 310～340cm，穗位 120～130cm，茎粗 3.5～5.0cm。幼苗叶片浓绿，叶鞘紫色。全株叶片 22 片，株型半收敛上冲。果穗圆筒形，穗长 25cm，穗粗 5.5cm，籽粒 20～24 行，穗轴白色。籽粒黄色，马齿型，千粒重 376g。

生物学特性： 抗倒伏，活秆成熟。幼苗拱土能力强，早发性好，耐低温。在公主岭生育期为 130 天。鲜草产量高，一般可达 85 000～95 000kg/hm²。籽粒产量高，正常成熟可达 10 000kg/hm² 左右。抗玉米大、小斑病、弯孢菌叶斑病，高抗丝黑穗病、黑粉病、茎腐病，抗倒伏。蜡熟期全株干物质中含粗蛋白质 7.52%、粗脂肪 2.58%、粗纤维 19.15%、无氮浸出物 66.41%、粗灰分 4.34%。

基础原种： 由吉林省农业科学院玉米研究所保存。

适应地区： 吉林省大部分地区，黑龙江省中、南部，辽宁省北部均可作专用青贮玉米种植；吉林省中西部地区可作粮饲兼用型玉米种植。

吉饲 11 号青贮玉米

Zea mays L. 'Jisi No. 11'

品种登记号： 329

登记日期： 2006 年 12 月 13 日

品种类别： 育成品种

育种者： 吉林省农业科学院玉米研究所。才卓、徐国良、刘向辉、代玉仙、董亚琳。

品种来源： 采用杂交育种法育成。母本为 1997 年从辽宁省沈阳市农科院引进的高抗玉米丝黑穗病和黑粉病、活秆成熟、生物产量高的自交系沈131，父本为 1999 年自贵州省引进的从美国杂交种 78599 中选育出带有热带血缘的抗各种叶斑病，抗倒伏、保绿性好、活秆成熟、生物量高的自交系599 - 20 - 1。2000 年以沈 131 为母本、599 - 20 - 1 为父本组配而成的玉米单交种。

植物学特征： 一年生高大禾草。株高 320～340cm，茎秆粗 3.0～4.0cm。幼苗叶片浓绿，叶鞘紫色，每株叶片 21～23 片。花药黄色，花丝粉色。穗位 125～136cm，果穗圆筒形，穗长 26cm，穗粗 5.1cm，果穗占全株的比率达 35%。籽粒黄色，半马齿型，千粒重 366g，容重 726g/L。

生物学特性： 拱土能力强，适应性强，稳产性好。抗倒伏，抗玉米大、小斑病、弯孢菌叶斑病，高抗丝黑穗病、黑粉病、茎腐病。活秆成熟，鲜草产量 82 000～95 000kg/hm²，籽粒产量可达 10 000kg/hm²。蜡熟期全株干物质中含粗蛋白质 7.26%、粗脂肪 2.78%、粗纤维 21.33%、无氮浸出物63.81%、粗灰分 4.82%。

基础原种： 由吉林省农业科学院玉米研究所保存。

适应地区： 吉林大部分地区，黑龙江中南部，辽宁北部及内蒙古东部作为全株青贮玉米种植。

辽青 85 青饲玉米

Zea mays L. 'Liaoqing No. 85'

品种登记号： 149

登记日期：1994 年 3 月 26 日

品种类别：育成品种

育种者：辽宁省农业科学院原子能所、玉米所。陈庆华、张喜华、邓尔超、李哲、石清琢。

品种来源：以辽原 1 号为母本、桂群为父本杂交育成。采用杂交育种法，1987 年冬配制组合，于 1988—1989 年完成品比试验，1990—1991 年完成省内区域试验，1991—1992 年完成省内生产试验。

植物学特征：株高 307.2cm，穗位 139.4cm，茎粗 3.24cm。叶色浓绿，生长势强，籽粒白色，果穗呈圆锥形。

生物学特性：高抗丝黑穗病、青枯病和大、小斑病，高抗倒伏，并有较强抗盐碱性能。生育期在沈阳 134 天（出苗至成熟），耐盐碱、耐瘠薄，产鲜草 75 000kg/hm²，籽实 9 000kg/hm²。

基础原种：由辽宁省农业科学院玉米所保存。

适应地区：适于辽宁省内偏南地区和关内无霜期较长地区种植。

辽原 2 号青饲玉米

Zea mays L. 'Liaoyuan No. 2'

品种登记号：210

登记日期：2000 年 12 月 25 日

品种类别：育成品种

育种者：辽宁省农业科学院玉米研究所。陈庆华、张喜华、李凤海、王延波、李哲。

品种来源：采用杂交育种法，以自选系辽 2411B 为母本，改良系辐 413 为父本杂交育成的单交种。

植物学特征：一年生草本。株高 314.6cm（沈阳），穗位高 141cm。有叶 23 片，叶片深绿。果穗筒形，穗长 20.2cm，穗粗 5.2cm，穗行数 16～18，出籽率 86.6％。籽粒白色，马齿型，品质中等，千粒重 413g。

生物学特性：生育期在沈阳 130 天左右。抗大、小叶斑病，丝黑穗病，青枯病，抗倒伏。籽粒产量 7 500～9 000kg/hm²，青饲产量 65 000～75 000kg/hm²。茎叶干物质中含粗蛋白质 15.04％、粗脂肪 0.92％、粗纤维 43.89％、无氮浸出物 22.28%、粗灰分 17.87%。活秆成熟，适宜用作青饲和青贮。

基础原种：由辽宁省农业科学院玉米研究所保存。

适应地区：适于辽宁省内偏南地区和无霜期较长地区种植，如专用作青贮，全国各地均可种植。

龙辐单 208 青贮玉米

Zea mays L. 'Longfudan No. 208'

品种登记号：236

登记日期：2002 年 12 月 11 日

品种类别：育成品种

育种者：黑龙江省农业科学院玉米研究中心。李春秋、祁永红、王巍、戚长秋、武博。

品种来源：以自交系 967-3 为母本，自交系 913-8 为父本杂交选育而成的单交种。采用杂交育种法，母本 967-3 是通过 1 000 伦琴^{60}Co-γ 射线辐照处理玉米 543/78599F$_1$ 风干种子，后代经自交选育而成；父本 913-8 是用 340 和从苏联引入早熟、抗旱自交系 721 杂交，再用 340 回交两代后经自交选育而成、成熟期早于 340 的改良系。1996 年组配成专用型青贮玉米新品种。

植物学特征：一年生草本。幼苗健壮，叶色浓绿。成株高大，叶片较宽，上部叶片短而收敛，株型较紧凑。果穗粗而大，单穗，群体整齐一致。株高 300～340cm，穗位高 127～135cm，茎粗 2.3cm。成熟时茎叶青绿，活秆成熟。果穗圆柱形，穗长 24cm，穗粗 6.1cm。籽粒黄色，深马齿型，千粒重 395～410g。

生物学特性：苗期较耐低温，适应性广，抗倒伏。抗玉米大小斑病、丝黑穗病、青枯病。生育期 125～128 天，需≥10℃有效积温 2 650℃左右。鲜草产量 70 000～90 000kg/hm²。大穗，单穗重 0.75kg 以上，穗株比 35%～42%，籽粒干物质中含粗蛋白质 10.49%。蜡熟期全株干物质中含粗蛋白质 11.46%，粗脂肪 3.38%，粗纤维 18.10%，无氮浸出物 62.60%，粗灰分 4.46%。适口性好，可消化养分总量占 75.32%。成熟期适中，作专用青贮玉米栽培。

基础原种：由黑龙江省农业科学院玉米研究所保存。

适应地区：适于黑龙江省第一至第三积温带（代表地区分别为哈尔滨、大庆、齐齐哈尔等地）种植。

龙牧 1 号饲用玉米
Zea mays L. 'Longmu No. 1'

品种登记号：033

登记日期：1989 年 4 月 25 日

品种类别：育成品种

育种者：黑龙江省畜牧研究所。张执信、徐速、任礼先、孟昭仪、刘玉梅。

品种来源：20 世纪 60 年代以从河北省唐山引进白马牙玉米为选育材料，以穗位、株高为选育目标，在结穗 7～9 节、株高 280～300cm 范围内选择秆粗、叶大、双穗的植株，经多代混合选择而成。

植物学特征：株高 250～280cm，茎粗、叶宽大。双穗率 15％～20％。籽粒半马齿型，粒大、白色，千粒重约 400g。

生物学特性：粮饲兼用品种。生育期 120～13 天。耐寒性较强，抗大斑病。籽实成熟后，茎叶保持青绿。可作青贮利用，鲜草产量 52 500～60 000kg/hm²。

基础原种：由黑龙江省畜牧研究所保存。

适应地区：适于黑龙江省北纬 47°以南的齐齐哈尔、兰西、肇东、双城、肇源地区种植。

龙牧 3 号饲用玉米
Zea mays L. 'Longmu No. 3'

品种登记号：082

登记日期：1991 年 5 月 20 日

育种者：黑龙江省畜牧研究所。张执信、刘玉梅、张云芬、梁继惠、王晓春。

品种来源：以 GJ60 玉米为母本、GB47－1 为父本杂交育成的单交种。

GJ60 是 1980 年从日本引入的 J×162A 材料中选出的自交系，GB47－1 是 1983 年引自中国科学院遗传研究所选育的自交系。采用杂交育种法，1985 年配制 22 个青贮玉米杂交组合。1986 年后，通过田间鉴定和比较试验，从杂交组合中选出 GJ60×GB47－1 组合，定名为龙牧 3 号饲用玉米。

植物学特征：多茎多穗型玉米。秆高 280～310cm，茎粗，叶宽大。植株基部节上腋芽能发育成侧枝，平均每株分枝 2.7～3.5 个，结穗 2.0～3.5 个。果穗锥形，穗轴白色，穗粗约 4cm。种子浅黄色，马齿型，千粒重 300g 左右。

生物学特性：抗倒伏。对大斑病有一定抗御能力。茎叶产量和籽实产量比龙牧 1 号饲用玉米高，产鲜草 45 000～75 000kg/hm^2。果穗籽实成熟后，茎叶保持绿色，品质优良，适宜制作青贮词料。

基础原种：由黑龙江省畜牧研究所保存。

适应地区：适宜黑龙江省中南部和西部地区种植。

龙牧 5 号饲用玉米
Zea mays L. 'Longmu No. 5'

品种登记号：114

登记日期：1992 年 7 月 28 日

品种类别：育成品种

育种者：黑龙江省畜牧研究所。张执信、张云芬、蒋本学、鞠振铎、许金玲。

品种来源：以 j38 为母本，GB33 为父本杂交而成的单交种。j38 是 1980 年从日本引进的 j×162A 材料中选育出的自交系，GB33 是 1983 年从中国科学院引进的 GB 自交系。用 22 个青贮玉米杂交组合，1986 年进行观察试验，选出 j38×GB33 杂交组合于 1987—1988 年用龙牧 1 号及白鹤两个品种作对照进行比较试验，1989—1990 年在黑龙江省两个不同作物积温带 3 个试验基点同时进行区域试验及生产试验经 5 年选育而成。

植物学特征：多茎多穗型青贮玉米，平均每株分蘖 3.3 个，结穗 2.6 个。主茎株高 280cm，茎粗 2.6cm，叶长 82.5cm，宽 10.0cm。侧茎株高 296cm，茎粗 1.9cm，叶长 81.5cm，宽 6.5cm。主茎穗长 16cm，侧茎穗长

12.5cm，果穗长锥形，半马齿，籽粒白色，千粒重 300g。

生物学特性：喜肥，对大斑病有一定抗性。生育期 115 天，比龙牧 3 号早熟 10 天。果穗籽粒成熟后茎叶仍保持青绿，产鲜茎叶 55 000～62 500kg/hm²，籽实产量 7 300kg/hm²。

基础原种：由黑龙江省畜牧研究所保存。

适应地区：适于黑龙江省第二、三作物积温带及西部干旱半干旱地区种植。

龙牧 6 号青贮玉米
Zea mays L. 'Longmu No. 6'

品种登记号：237

登记日期：2002 年 12 月 11 日

品种类别：育成品种

育种者：黑龙江省畜牧研究所。王凤国、王晓春、曹利军、马野、张利军。

品种来源：以自选系 W19 为母本、自交系优 1 为父本组配成的单交种。采用杂交育种法。母本 W19 是以自交系黄早四经 3 个世代的抗逆性选育，引入早大黄的早熟性，注入产量好的基因回交，最后选育出青贮产量高的自交系。父本优 1 是以 7326、7922 作为基础材料，采用药物诱导，经 3 个世代自交，以青贮性状好的自交系进行杂交，最后选育成的优良自交系。1996 年配制成的单交种。

植物学特征：一年生草本。株高 290～320cm，茎粗 2.5～3.2cm。抽穗后全株叶片 18～19 片，叶色深绿，株型紧凑，叶片平展上举。穗长 16cm，粗 4cm，穗粒行数 14～16。籽粒马齿型，黄色，千粒重 280g。

生物学特性：抗大小斑病、丝黑穗病及青枯病，比较喜肥、喜水。根系发达，抗倒伏。生育期 125～130 天。生长特点为前期较慢，生长时间长，后期生长较快，枝叶繁茂，活秆成熟，籽实及青绿茎叶营养品质均较好。籽实干物质中含粗蛋白质 10.17%，鲜草干物质中含粗蛋白质 8.67%。鲜草产量 60 000～73 000kg/hm²。

基础原种：由黑龙江省畜牧研究所保存。

适应地区：适于黑龙江省大部分地区种植。

龙巡 32 号玉米

Zea mays L. 'Longxun No. 32'

品种登记号：317

登记日期：2005 年 11 月 27 日

品种类别：育成品种

育种者：黑龙江省龙饲草业开发有限公司。许金玲、温君、戚长秋、叶世峰、张鹏咏。

品种来源：龙巡 32 号玉米是黑龙江省龙饲草业开发有限公司与河北省宣化巡天种业公司合作，以自交系 X982 作母本，自选系 X613 作父本杂交选育而成。

植物学特征：禾本科一年生草本植物。株型为半收敛类型，较耐密植。根系发达，气生根较粗壮。株高 325cm。叶片浓绿，叶片数 21 片，穗上叶与茎秆夹角较小，叶片上举，上部株形为紧凑型，穗下叶片均为青绿色，茎基部直径 3.5cm 左右。果穗圆柱形，穗长 27.5cm，穗粗约 5cm，穗位145cm。籽粒黄色，马齿型，千粒重 410g。

生物学特性：抗玉米丝黑穗病、玉米大斑病、玉米小斑病和青枯病，抗倒伏和耐旱性均较强。苗期至拔节期生长快，中后期生长平稳。从出苗到蜡熟期生育天数为 117（河北宣化）～123（黑龙江）天，需≥10℃有效积温2 300℃。蜡熟期全株干物质中含粗蛋白质 10.95%，粗脂肪 3.42%，粗纤维 18.51%，无氮浸出物 62.32%，粗灰分 4.80%，含糖量 8.9%。可作为青贮玉米专用种植，鲜草产量 74 000～82 000kg/hm²。

基础原种：由黑龙江省龙饲草业开发有限公司保存。

适应地区：适于黑龙江第一、二积温带地区（代表地区为哈尔滨、大庆等地）种植。

龙优 1 号饲用玉米

Zea mays L. 'Longyou No. 1'

品种登记号：034

登记日期： 1989 年 4 月 25 日

品种类别： 育成品种

育种者： 黑龙江省畜牧研究所。刘玉梅、张执信、曹利军、梁继惠、张云芬。

品种来源： 以 046 系玉米为母本、6 系为父本杂交育成的单交种。046 系是以英国红和 O_2 杂交种作选系原始材料，经两次回交、两次自交选出的高赖氨酸玉米自交系（赖氨酸 0.5％以上）。6 系来源于沈阳农业大学引入的 84 - 766O_2。采用自交、回交或自、回交替等方式授粉，经自交系配合力测定，选出赖氨酸含量和配合力高的自交系，供作配制单交种的亲本。然后选育单交种，在大量杂交组合中，经田间鉴定、品比试验，选育出产量和赖氨酸含量均高的玉米单交种。

植物学特征： 秆粗壮，中秆型，株高约 240cm，叶绿色。穗轴红色。种子较小，黄色，马齿型，粉质胚乳不透明。

生物学特性： 抗倒伏，抗病虫害。赖氨酸含量高，占干物质的 0.5％～0.55％，比普通玉米高 61.3％～77.4％。生育期短，一般 126～130 天。种子成熟时，茎叶仍保持青绿。霜前收获果穗后，茎叶仍可青贮利用。收籽实 6 000kg/hm²，鲜草 35 000～45 000kg/hm²。

基础原种： 由黑龙江省畜牧研究所保存。

适应地区： 适于在黑龙江省北纬 47°以南的齐齐哈尔、肇东、肇源、双城等地区种植。

龙育 1 号青贮玉米

Zea mays L. 'Longyu No. 1'

品种登记号： 265

登记日期： 2003 年 12 月 7 日

品种类别： 育成品种

育种者： 黑龙江省农业科学院作物育种研究所。孙德全、陈绍江、李绥艳、张月学、马延华。

品种来源： 采用杂交育种法，1997 年以自选系育 106 为母本，以外引系 Gy798 为父本杂交选育而成的玉米单交种。

植物学特征：一年生草本。幼苗期第一叶鞘为紫色，株高 320cm，穗位高 140cm。全株叶片 18 片，叶片深绿，茎绿色。花丝粉红色，雄穗分枝多。果穗为圆柱形，穗长 24.0cm，穗粗 5.0cm，粒行数 16～18 行。籽粒为半硬粒型、橙黄色，千粒重 350g。

生物学特性：正常成熟生育日数 132 天，需≥10℃有效积温 2 750℃；青贮时的生育日数（籽粒乳熟末期）115 天，需≥10℃有效积温 2 400℃。抗大、小斑病、丝黑穗病及青枯病，抗倒伏。乳熟末期全株干物质中含粗蛋白质 8.22％，粗脂肪 4.54％，粗纤维 21.01％。活秆成熟，作专用青贮玉米。鲜草产量 75 000～90 000kg/hm^2。

基础原种：由黑龙江省农业科学院作物育种研究所保存。

适应地区：适于黑龙江省第二、三积温带（大庆地区的杜蒙县和齐齐哈尔的林甸县、富裕县、克东县等地）种植。

新多 2 号青贮玉米

Zea mays L. 'Xinduo No. 2'

品种登记号：127

登记时间：1993 年 6 月 3 日

品种类别：育成品种

育种者：新疆畜牧科学院草原研究所。罗廉衣、王明华、张晔、冯克明、孙凤英。

品种来源：以黄于 S-5-5 为母本、TG 为父本杂交组配成的单交种。自交系黄于 S-5-5 从新疆农业大学引进，自交系 TG 由中国科学院遗传所引进。为适应新疆畜牧业的发展，以选育高产、优质、适口性佳的青贮玉米为育种目标，利用杂交优势，采用自交系间杂交，1979 年用黄于 S-5-5×TG 经过系列试验，1992 年育成新多 2 号青贮玉米。

植物学特征：该品种为青饲青贮分蘖多穗玉米，株高 210～230cm，穗位高 110～140cm。单茎叶片数 23 片左右，中上部叶片稍往上冲，单株分蘖 4 个左右，结穗 7～8 个，多达 10 个以上。主茎和分蘖都可形成多果穗，果穗长圆锥形，穗长 14～16cm，穗粗 3cm 左右，穗行数 14，行粒数 35～45 粒。籽粒紫红色，硬粒型，千粒重 135～150g。

生物学特性：作青贮种植生育期为 110～120 天，产量一般 60 000kg/hm²，最高达 140 500kg/hm²。幼嫩果穗可加工制作玉米笋罐头。

基础原种：由新疆畜牧科学院草原研究所保存。

适应地区：适于新疆能够种植玉米的农区、半农半牧区及城郊畜牧业作青饲、青贮种植。

<h1 style="text-align:center">新青 1 号青贮玉米</h1>

Zea mays L. 'Xinqing No. 1'

品种登记号：238

登记日期：2002 年 12 月 11 日

品种类别：育成品种

育种者：新疆农业科学院粮食作物研究所。梁晓玲、雷志刚、阿不来提、冯国俊、李进。

品种来源：采用杂交育种法，以引自南斯拉夫优良玉米自交系 ZPL773 的自选改良系 773-1 为母本，自选改良分蘖多穗玉米自交系多穗 1 为父本，杂交选育而成。

植物学特征：一年生草本，多分蘖多穗型玉米。须根系，根系发达。分蘖 3～5 个，多者 10 个以上，有效分蘖 3～4 个。株高 300cm 左右，穗位高 160cm 左右，茎粗 2.3cm。多果穗，单株结穗一般 5～8 个，多者达 12 个。叶片深绿，叶片数 24，叶片长 81.4cm，宽 8.9cm。果穗筒形，长 16cm，穗粗 4.1cm。穗行数 16～18，单穗粒重 130g，出籽率 86.7%。籽粒红色，硬粒型，千粒重 180g。

生物学特性：春播生育期 110 天。苗期生长势强，抗逆性、抗病虫性和适应性强。适合新疆南北疆春播、南疆夏播，外省区 ≥10℃ 有效积温 2 400℃ 以上地区均可种植。全株干物质中含粗蛋白质 10.07%，粗脂肪 3.02%，粗纤维 16.78%，无氮浸出物 64.92%，粗灰分 5.21%。籽粒干物质中含粗蛋白 13.9%。鲜草产量 67 500～82 500kg/hm²，水肥条件好的可达 105 000kg/hm² 以上。籽粒产量 6 750kg/hm²。

基础原种：保存于新疆农业科学院粮食作物研究所。

适应地区：适于新疆、河北坝上、内蒙古、陕西、甘肃等地种植。

新沃 1 号青贮玉米
Zea mays L. 'Xinwo No. 1'

品种登记号： 291

登记日期： 2004 年 12 月 8 日

品种类别： 育成品种

育种者： 新疆沃特草业公司（原新疆兵团草业中心）。蒋明、贠旭疆、王代军、郭耿伟、尚新刚。

品种来源： 采用杂交育种法育成。1998 年以自选系沃 9518 为母本，自交系沃 9869 为父本组配成的玉米单交种。

植物学特征： 一年生草本，多茎多穗型玉米。一般每株分蘖 2～5 个，最多达 8 个以上。株高 280～320cm，主茎与分蘖高度相近，有叶 21～23 片。茎秆上下粗细均匀，主茎和分蘖都具有形成多果穗的能力，单株结果穗 6～8 个，最多达 10 个以上。果穗呈圆锥形，平均穗长 15～19cm，粗约 4cm。籽粒黄白色，硬粒型，千粒重 350～400g。

生物学特性： 生育期 125～130 天，前期生长速度一般，后期生长迅速，活秆成熟。籽粒干物质中含粗蛋白质 9.08%，粗脂肪 4.82%，无氮浸出物 70.47%；蜡熟期全株干物质中含粗蛋白质 7.90%，粗脂肪 2.22%，粗纤维 20.60%，无氮浸出物 63.82%，粗灰分 5.46%。作为青贮品种种植。鲜草产量 70 000～90 000kg/hm²，种子产量 3 750～4 500kg/hm²。

基础原种： 由新疆沃特草业公司保存。

适应地区： 适于无霜期 110 天以上的地区种植。

耀青 2 号玉米
Zea mays L. 'Yaoqing No. 2'

品种登记号： 318

登记日期： 2005 年 11 月 27 日

品种类别： 育成品种

育种者： 广西南宁耀洲种子有限责任公司。赵维肖、王华校、顾兴建、谢孝源。

品种来源：采用杂交育种法，以自选的自交系 60-6 作母本，自交系 78-2 为父本组配而成的单交种。

植物学特征：禾本科一年生草本植物。根系发达。茎秆粗壮，株高 280～300cm，茎粗 3cm，穗位 135～140cm。主茎有叶 22 片，叶片长且宽，叶鞘绿色，叶色浓绿。花药黄色，花丝红色。果穗圆筒形，穗长约 20cm，穗粗约 6cm，穗粒行数 14～16 行。籽粒白色，半马齿型，千粒重 360g。

生物学特性：抗玉米丝黑穗病、玉米大斑病、玉米小斑病和青枯病，抗倒伏，耐旱、耐涝、耐低温。在华东地区春播或秋播出苗至乳熟后期的生长天数为 90～100 天。蜡熟期全株干物质中含粗蛋白质 9.82%，粗脂肪 1.89%，粗纤维 22.37%，无氮浸出物 43.47%，粗灰分 8.55%。可作青贮专用种植，鲜草产量为 75 000～90 000kg/hm^2。

基础原种：由广西南宁耀洲种子有限责任公司保存。

适应地区：适于华东、华南和西北地区种植。

中原单 32 号玉米
Zea mays L. 'Zhongyuandan No. 32'

品种登记号：178

登记日期：1997 年 12 月 11 日

品种类别：育成品种

育种者：中国农业科学院原子能利用研究所。唐秀芝、任继明、张维强、杨延芬、王小强。

品种来源：1991 年以"原辐黄"为父本、"齐 318"为母本杂交选育而成的单交玉米种。1986 年采用 ^{60}Co-γ 射线辐照加上叠氮化钠复合处理自交系"黄早四"，1990 年获得比黄早四配合力好、抗病性较强的"原辐黄"。从山东省玉米研究所引入的高代系 78599，1990 年经选育获得穗位较低、早熟、抗病性强、配合力高、产量也高的稳定系定名为"齐 318"。采用辐射与杂交相结合的选育方法，1991 年配制了 200～300 个杂交组合，1992 年通过田间鉴定和品比试验，从杂交组合中选育出"齐 318×原辐黄"组合，1993 年在所内外品比试验，1994 年参加河北省和北京市预试，1995—1996 年参加河北省区试和全国区试。

植物学特征： 株高 220～320cm，穗位 80～110cm，半紧凑型。

生物学特性： 中早熟，适应性广，综合性能好。抗病，耐旱、耐涝、耐阴雨、耐高温、亦耐冷害，抗倒、光合效率高、活籽成熟，是一个优良的粮饲兼用玉米新品种。高产、稳产，一般中高水肥条件下产籽粒 7 500～10 500kg/hm²，鲜秸秆 22 500～45 000kg/hm²。优质籽粒和秸秆蛋白质含量均比一般玉米品种高 4～5 个百分点，增产蛋白质 70～80kg/hm²。

基础原种： 由中国农业科学院原子能利用研究所保存。

适应地区： 适于黄淮海地区夏播，华中、华南、中南、西南以及新疆春、夏、秋播，又适于中南、西南等地冬播种植。

华农 1 号青饲玉米
Zea mays L. var. *rugosa* Bonaf×*Euchlaena mexicana* Schrad.
'Huanong No. 1'

品种登记号： 126

登记日期： 1993 年 6 月 3 日

品种类别： 育成品种

育种者： 华南农业大学。卢小良、张德华、陈德新、李贵明、梁伟德。

品种来源： 以超甜玉米自交系甜 111 号为母本、墨西哥类玉米自交系 A_1 为父本杂交育成的单交种。采用杂交育种法。1988—1990 年配制了 104 个青饲玉米杂交组合并试种观察，在其中挑选了 36 个组合进行小面积试种比较，选出甜 111 号×A_1 组合，定名为华农 1 号青饲玉米。

植物学特征： 多茎型玉米。根系发达，有分蘖 1～20 个，株高 290～380cm，每株可结果穗 30～100 个，果穗上有苞衣并长出花丝接受花粉。穗轴扁形，长 5～8cm，着生 2～4 行种子，种子一部分呈皱缩形，一部分具小尖头，无颖壳包裹，千粒重 40～50g。

生物学特性： 果穗及植株形状介于甜玉米和类玉来之间。该品种在植株生长中表现出较强的远缘杂种优势，在 pH 4.4 的酸性土壤上生长良好，对大、小斑病有较强的抗病力。能忍受 35℃ 以上的高温，当水分充足时，40℃高温下生长良好，生长期 80～90 天，夏季栽培可以获得 60 000～90 000kg/hm² 的青饲料产量。

基础原种：由华南农业大学保存。

适应地区：北京以南地区均可种植。

玉草 5 号玉米—摩擦禾—大刍草杂交种
(*Zea mays* L. × *Tripsacum dactyloides* L.) ×
Z. perennis L. 'Yucao No. 5'

品种登记号：579

登记日期：2019 年 12 月 12 日

品种类别：育成品种

育种者：四川农业大学。唐祈林、程明军、李华雄、严旭、李杨。

品种来源：以玉米、摩擦禾和大刍草为亲本材料，经过人工杂交创制合成多倍体群体、通过单株选择育种方法培育而成。

植物学特征：直立丛生禾草，茎秆粗壮，形似玉米，抽雄期平均株高295.2cm，主茎粗 5.0～6.4cm。茎秆顶端着生圆锥花序雄花，茎秆节点着生多个分枝，分枝顶端为穗状花序雌花。

生物学特性：具有产量高、稳产性好、抗寒能力强、品质优、抗病虫和多年生等特点。叶量丰富，适口性好，越冬后返青早，再生快，刈割后可青饲和青贮利用。干草产量 22 000～25 000kg/hm²。属于无性系品种，生产采用扦插和分蔸繁殖方式。

基础原种：由四川农业大学保存。

适应地区：适于我国长江流域或类似地区种植。

类蜀黍属
Euchlaena Schrad.

墨 西 哥 类 玉 米
Euchlaena mexicana Schrad.

品种登记号：135

登记日期：1993 年 6 月 3 日

品种类别：引进品种

申报者：华南农业大学。陈德新、卢小良、林坚毅。

品种来源：1980 年由中国农业科学院畜牧所引入广东种植。

植物学特征：一年生草本。植株高大，根系粗壮发达。茎扁圆，实心，分蘖多，丛生，株高 150～400cm。叶量大，叶长披针形，长 90～120cm，宽 7～12cm，叶鞘包茎，叶舌膜质，叶背光滑，着生短小茸毛，叶缘具密齿，中肋白色。单性花，雌雄同株，雄花为圆锥花序，雌花长在叶腋处，穗状花序，数量较多。颖果呈串珠状，颖壳革质、坚实、光滑，成熟后呈灰褐色，长椭圆形或菱形，千粒重约 80g。

生物学特性：该品种适应高温气候，能忍耐 35℃以上气温，耐寒性差，遇霜冻会死亡。有一定的再生能力，产青草 15 000～20 000kg/hm²。

基础原种：由中国农业科学院畜牧研究所保存。

适应地区：辽宁以南各省均可种植作青饲用。

玉草 1 号杂交大刍草

(*Zea mays* L. × *Z. perennis* L.) × *Z. perennis* L. 'Yucao No. 1'

品种登记号：374

登记日期：2009 年 5 月 22 日

品种类别：育成品种

申报者：四川农业大学。唐祈林、荣廷昭、黄玉碧、潘光堂、夏蓉。

品种来源：以染色体工程合成的大刍草代换系材料为母本与四倍体多年生大刍草杂交育成的新品种。

植物学特征：禾本科类蜀黍属多年生丛生草本。根系发达，株高可达 300cm，主茎粗 1.7～2.1cm，叶片长 80～105cm，宽 6～8cm，每株叶片 110～140 片；分蘖力强，第一茬分蘖 6～16 个，后期分蘖 60 个以上。

生物学特性：多年生草本，通常作一年生利用。再生性强，种植当年可刈割 3～5 次；抗寒、抗旱、抗病虫能力强，生态适应性强。全年鲜草产量 169 000kg/hm²，干草产量 22 000kg/hm²。抽雄始期干物质中含粗蛋白 14.2%，粗脂肪 3.9%，粗纤维 24.3%，无氮浸出物 51.3%，粗灰分 6.3%。

基础原种：由四川农业大学保存。

适应地区：西南区亚热带及温带地区。

结缕草属
Zoysia Willd.

结 缕 草
Zoysia japonica Steud.

结缕草又称日本结缕草、阔叶结缕草、地铺拉草。原产于亚洲东南部，我国山西、陕西、甘肃、江苏、浙江、山东、河北、辽宁诸省及日本、朝鲜等国家均有分布。

结缕草为多年生草本，须根系。具有发达的根茎，根茎节间短，每节具3～4条根，根上着生锥状芽。直立茎高8～45cm，基部常宿存枯叶鞘，分枝基部着生近乎平伸的叶。叶鞘无毛，下部松弛而相互跨覆，上部紧密包茎；叶舌不明显，具白柔毛；叶片厚硬而近革质，上面常具柔毛，长2～5cm，宽约5mm，通常扁平而卷折。总状花序长2～4cm，宽3～5mm；小穗卵圆形，常变为紫褐色，外稃膜质，具1脉。颖果卵形，细小。

结缕草喜温暖湿润的气候条件，适宜生长区域为温带和暖温带的夏季不太热，冬季不太冷，无霜期在180～250天的地方。

结缕草草质坚，弹性好，耐践踏，是建植草坪的理想草种，尤其是运动场草坪。

广 绿 结 缕 草
Zoysia japonica Steud. 'Guanglv'

品种登记号：555

登记日期：2018年8月15日

品种类别：育成品种

申报者：华南农业大学。张巨明、曹荣祥、邓铭、李龙保、刘天增。

品种来源：以兰引3号草坪型结缕草为原始材料，采用辐射育种方法选育而成。

植物学特征：禾本科结缕草属多年生草本。叶色鲜绿，具有匍匐茎和根状茎，高约 15cm，匍匐茎为黄绿色，节间短。叶鞘无毛，下部松弛而上部紧密，叶舌纤毛状，叶片扁平，长 5～8cm，宽 3～4mm。总状花序呈穗状，长 3～4cm，宽约 1.5mm，直立。花药为淡黄色，初乳期颖壳颜色为黄绿色。

生物学特性： 青绿期较长，在华南地区长达 330 天以上。可结种，但产量低，主要靠匍匐茎和根状茎繁殖。喜温，在沙质、壤质土上生长良好，形成的草坪色彩亮绿，低矮，致密，耐践踏。

基础原种： 由华南农业大学保存。

适应地区： 适于我国长江流域以南的热带、亚热带地区用于草坪建植。

胶 东 青 结 缕 草

Zoysia japonica var. *pollida* Nakai ex Honda 'Jiaodong'

品种登记号： 357

登记日期： 2007 年 11 月 29 日

品种类别： 野生栽培品种

申报者： 中国农业大学、青岛海源草坪有限公司。王赟文、孙洁峰、韩建国、周禾、马春晖。

品种来源： 1994 年采自胶州市郊丘陵和坡地上的野生青结缕草，经多年栽培驯化而成。

植物学特征： 禾本科结缕草属多年生草本植物，为结缕草的一个变种，匍匐茎淡绿色，小穗为浅黄色，种子千粒重 0.7g。

生物学特性： 种子产量达 373.6kg/hm²。种子休眠性弱，未处理种子的发芽率达到 76％。草坪草质量评价结果密度评分 8.4，均一性 7.0，色泽 6.5，质地 5.8，综合评分为 6.4，在华北和胶东半岛地区绿期为 183～210 天。

基础原种： 由中国农业大学保存。

适应区域： 适于河北、山东、四川盆地、长江中下游过渡带、华南热带亚热带地区用于草坪建植。

兰引 3 号草坪型结缕草

Zoysia japonica Steud. 'Lanyin No. 3'

品种登记号： 162

登记日期： 1995 年 4 月 27 日

品种类别： 引进品种

申报者： 甘肃省草原生态研究所。张巨明、赵鸣、孙吉雄、牟建明。

品种来源： 1988 年从美国加利福尼亚州引入。

植物学特征： 禾本科结缕草属多年生草本。株高 15～20cm，具发达的根茎和匍匐茎。叶片短而密集，宽 2～4mm，呈狭披针形，色深绿，光滑，叶舌具茸毛。穗形总状花序，穗长 3～4cm，有小穗 30～50 个。种子七八月份成熟，色黄。

生物学特性： 匍匐茎扩展性强，生长速度是青岛结缕草的 2 倍。茎叶密集，耐磨性强。耐高温，38℃仍能正常生长。抗寒性差。－10℃以下越冬困难。在海南能获得种子，但产量很低。该品种是优良的运动型草坪草，适合建植足球场、高尔夫球道草坪。

基础原种： 由甘肃省草原生态研究所保存。

适应地区： 适于长江以南地区用于草坪建植。

辽 东 结 缕 草

Zoysia japonica Steud. 'Liaodong'

品种登记号： 230

登记日期： 2001 年 12 月 22 日

品种类别： 野生栽培品种

申报者： 辽宁大学生态环境研究所。董厚德、宫莉君、王艳、张绵、张学勇。

品种来源： 从辽宁省沿海平原、丘陵和低山等地生长的野生结缕草群落中采集。

植物学特征： 禾本科结缕草属多年生草本。匍匐茎和根状茎极其发达，在 0～5cm 的土层内形成致密的根茎层。秆直立，高 10～20cm。叶片线状披针形，长 3～30cm，宽 4～6mm。夏季叶片呈蓝绿色，秋季呈紫红色。穗形总状花序顶生，长 2～4cm，宽 3～5mm，小穗卵形，两侧压扁，含 1 朵小花，第一颖退化，第二颖革质。平均每个花序结种子 42 粒，千粒重 0.71g。

生物学特性：抗干旱、弹性好、耐践踏、抗病虫害、耐低修剪、寿命长。其生态幅广，适应性强，温度适应范围−38.6～45℃，在湿润和半湿润气候区可成为雨养型草坪。在 pH 5.4～8.5，沙土、壤土和重黏土质地的土壤直播，50～60 天内即可形成致密平整的草坪。是建植运动场草坪及城市开放型草坪的优良草种，也是用于公路、堤坝、山地护坡和矿山废弃地生态修复的首选草种。

基础原种：由辽宁大学保存。

适应地区：在南北纬 42°30′范围内的湿润和半湿润气候区可建成雨养型草坪。在中国除青藏高原、新疆和大兴安岭北部外，大部分地区均可种植。

青 岛 结 缕 草

Zoysia japonica Steud. 'Qingdao'

品种登记号：071

登记日期：1990 年 5 月 25 日

申报者：山东省青岛市草坪建设开发公司、青岛市园林科学研究所。董令善、陈宝勋、张春静、王凤亭、田有凤。

品种来源：山东省胶州湾一带的山地、丘陵、河漫滩、海岸边生长的野生结缕草群落，采种栽培而成。

植物学特征：禾本科结缕草属多年生草本植物，具根状茎，秆高达15cm。叶片条状披针形，宽达 5mm。总状花序长 2～6cm；小穗卵形，两侧压扁，含 1 朵小花，第一颖缺，第二颖革质，边缘于下部合生，包裹内外稃。

生物学特性：该品种与杂草竞争力强，极易形成单一成片、覆盖度高的草皮。草皮平整、美观、弹性好、耐践踏。耐寒性强，在哈尔滨能安全越冬。抗高温，在 36～38℃持续高温天气下不发生枯萎。抗干旱，病虫害少，繁殖容易，是园林、庭院、体育场中的优良草坪草，也是坡地、堤坝的良好水土保持和护坡植物。草质柔软，适口性好，营养丰富，亦是优良牧草，可作为放牧型人工草地的草种。

基础原种：由青岛市草坪建设开发公司保存。

适应地区：全国各地均可种植。

上 海 结 缕 草
Zoysia japonica Steud. 'Shanghai'

品种登记号： 388

登记日期： 2009 年 5 月 22 日

品种类别： 野生栽培品种

申报者： 上海交通大学、上海博露草坪有限公司。胡雪华、安渊、何亚丽、孙明、王兆龙。

品种来源： 在上海郊区采集当地 3 个野生结缕草草丛经多年栽培驯化而成。

植物学特征： 禾本科结缕草属多年生草本植物。具有发达的根状茎和匍匐茎，根系入土深，根量大，集中分布在 0～10cm 的土层内。抽穗时草层自然高度 15～20cm，叶片呈条状披针形，表面疏生柔毛，叶长 4.0～6.0cm，叶宽 2.3～3.3mm，叶色深绿，质地柔软。穗形总状花序，小穗卵形，平均每穗种子数 20～30 粒，千粒重 0.27～0.37g。

生物学特性： 草丛低矮、致密，但不起球，耐践踏、耐高温、耐旱、抗病性能强。在长江中下游地区绿期为 250～260 天，花果期 4～5 月。适宜建植粗放管理草坪和耐践踏运动草坪。

基础原种： 由上海交通大学和上海博露草坪有限公司保存。

适应区域： 适于长江中下游及以南地区种植。

苏植 1 号杂交结缕草
Zoysia japonica × *Z. tenuifolia* 'Suzhi No. 1'

品种登记号： 410

登记日期： 2010 年 6 月 12 日

品种类别： 育成品种

申报者： 江苏省中国科学院植物研究所。刘建秀、郭海林、宣继萍、宗俊勤、陈静波。

品种来源： 以优质抗逆的结缕草（*Z. japonica*）种源 Z004 为母本，以细叶结缕草（*Z. tenuifolia*）Z059 为父本，两者进行人工杂交而获得的杂交种，其中杂交后代 31－3 具有密度高，质地柔韧细致，弹性好，叶色宜人，均一性高，匍匐茎发达，生长速度快等优点。以江苏广为栽培的"兰引 3 号"结缕草和青岛结缕草为对照设置品比试验、区域试验以及生产试验，最后将 31－3 重新命名为"苏植 1 号"杂交结缕草。

植物学特征：结缕草属多年生匍匐型禾草。自然生长草层平均高 22.22cm；叶色深绿，质地柔韧，叶片平均长 5.51cm，宽 0.36cm。匍匐茎发达，匍匐茎节间长和直径平均值分别为 4.84cm 和 0.14cm，草坪密度高，每 100cm^2 的直立枝数目为 243.3 个。生殖枝高平均为 9.1cm，花序密度为 5.9 个/100cm^2，生殖枝密度低且高度较低，提高了其坪用价值。花序长 2.46cm，花序宽 0.15cm，穗轴长 4.73cm。颖果，种子包裹在颖壳内，卵圆形，浅褐色，小穗长 2.7～3.3mm，宽 0.95～1.30mm，千粒重 0.60～0.62g。种子有休眠性，经 80% 的 NaOH 处理后可显著提高其发芽率。

生物学特性：青绿期长，在南京地区一般 3 月中下旬返青，12 月上旬枯黄，青绿期为 250～260 天。具有抗病虫、抗旱、抗寒性强以及养护费用低的优点。主要以种茎进行无性繁殖，成坪速度较快，以 1∶5 比例进行种茎直播，90～105 天即可成坪。

基础原种：由江苏省中国科学院植物研究所保存。

适应区域：适用于长江三角洲及以南地区的观赏草坪、公共绿地、运动场草坪以及保土草坪的建植。

苏植 5 号结缕草

(Zoysia japonica × Z. tenuifolia) × Z. matrella 'Suzhi No. 5'

品种登记号：556

登记日期：2018 年 8 月 15 日

品种类别：育成品种

申报者：江苏省中国科学院植物研究所。宗俊勤、郭海林、陈静波、李建建、李丹丹。

品种来源：以国审品种"苏植 1 号"杂交结缕草为母本、以美国引进的沟叶结缕草品种 Diamond（*Zoysia matrella* 'Diamond'）为父本人工杂交选育而成。

植物学特征：禾本科结缕草属多年生草本。具发达的匍匐茎和地下茎，自然草层高度 8.0～9.0cm。叶色深绿，质地柔韧，叶片长度 4～6cm，宽度 0.13～0.15cm。匍匐茎发达，呈浅紫色，匍匐茎节间平均长度 1.5～2.0cm，直径 0.08～0.12cm。草坪密度高，每 100cm^2 的直立枝数目为 900～1 000 个。总状花序，生殖枝高度 4.5～5.0cm，花药紫色，花序长度 1.5～1.8cm，花序小穗数为 15～18 个，小穗长度 2.5～2.9mm，宽度 0.7～0.9mm。颖果浅紫色。

生物学特性：种子产量很低，主要以匍匐茎和根状茎进行繁殖。该品种最突出特征为草坪密度高、质地细腻柔软、草层低矮、青绿期长、抗寒性较强，也具有抗病虫和抗旱性，在广州地区可保持四季常绿。

基础原种：由江苏省中国科学院植物研究所保存。

适应地区：适于长江中下游及以南地区建植广场庭院草坪、运动场草坪以及边坡水保草坪。

华南沟叶结缕草

Zoysia matrella（L.）Merr. 'Huanan'

品种登记号：199

登记日期：1999 年 11 月 29 日

品种类别：地方品种

申报者：中国热带农业科学院。白昌军、刘国道、韦家少、王东劲、周家锁。

品种来源：1990 年从甘肃草原生态研究所引进。

植物学特征：多年生匍匐型禾草。具发达的根状茎和匍匐茎，根系入土深 15～24cm。秆直立，草层自然高 5～10cm。叶色深绿，叶片长披针形，光滑，长 5～8cm、宽 0.2cm，叶舌具茸毛，包茎或半包茎，叶丛密集而富有弹性。生殖枝较长，小穗排列于穗轴成紧凑的圆锥花序，花序长 1～2cm。每花序发育 20～25 个小穗，小穗披针形两侧压扁，每小穗发育小花 1 朵，花药 3 枚，紫色。种子成熟时种穗暗褐色，颖果细小，种子卵圆形，千粒重 0.238g。

生物学特性：叶色深绿，质地优良，成坪速度快，密度高，耐践踏，耐修剪。恢复生长快，抗热性强，在滨海沙地种植表现良好，越夏性能优良，耐旱。抗病虫害，抗杂草性能强。

基础原种：由中国热带农业科学院保存。

适应地区：适于长江以南的热带、亚热带地区建植草坪。

苏植 3 号杂交结缕草

Zoysia sinica Hance×Z. matrella（L.）Merr.'Suzhi No. 3'

品种登记号：495

登记日期：2015 年 8 月 19 日

品种类别：育成品种

申报者：江苏省中国科学院植物研究所。郭海林、宗俊勤、陈静波、刘建秀、郭爱桂。

品种来源：由中华结缕草（*Z. sinica*）与沟叶结缕草（*Z. matrella*）杂交获得的草坪草育成品种。

植物学特征：结缕草属多年生匍匐型禾草。草层自然高度约 13.36cm。叶片长度平均 3.48cm，宽度约 0.21cm。匍匐茎节间长度约 2.99cm，直径约 0.11cm。草坪密度平均 290 个枝条/100cm² 。

生物学特性：质地细致，柔软，均一性好，具有较高的坪用价值。以营养体繁殖。

基础原种：由江苏省中国科学院植物研究所保存。

适应区域：适于北京及以南地区作为观赏草坪、公共绿地、运动场草坪以及水土保持草坪建植。

苏植 4 号中华结缕草—沟叶结缕草杂交种

Zoysia sinica×Z. matrella'Suzhi No. 4'

品种登记号：598

登记日期：2020 年 12 月 3 日

品种类别：育成品种

申报者：江苏省中国科学院植物研究所、中国科学院华南植物园。郭海林、陈静波、宗俊勤、刘建秀、简曙光。

品种来源：以中华结缕草为母本，沟叶结缕草为父本，以抗寒优质为目标，杂交而成。

植物学特征：禾本科结缕草属多年生草本。根状茎和匍匐茎发达，草层高度为 7.8～12.1cm。叶条形，叶色深绿，叶片长 2.2～4.4cm，宽度为 0.3～0.4cm。匍匐茎紫褐色，节间长 3.2～7.4cm，直径 0.12～0.15cm，生殖枝高度 5.4～9.6cm。总状花序，花药紫褐色，花序密度为 9～18 个/100cm^2，长度 1.7～2.5cm，宽度 0.14～0.16cm。

生物学特性：具有抗寒性较强、绿期长、成坪快、养护费用低等优点。可在京津冀地区安全越冬。草坪每 100cm^2 拥有直立枝 264.7～336.7 个。在南京和武汉青绿期为 230～250 天，在广州为 300～337 天，在北京为 178～199 天。以 1∶5 比例进行种茎直播，60～90 天即可成坪。

基础原种：由江苏省中国科学院植物研究所保存。

适应地区：适于我国北京及以南地区作为观赏草坪、公共绿地、运动场草坪以及保土草坪建植。

二、豆 科

LEGUMINOSAE

合 萌 属

Aeschynomene L.

美 国 合 萌

Aeschynomene americana L.

品种登记号： 163

申报者： 广西壮族自治区畜牧研究所。赖志强、宋光漠、唐积超、苏平、罗双喜。

品种类别： 引进品种

品种来源： 1987 年从美国佛罗里达州引入。

植物学特征： 一年生或短期多年生草本。茎直立，分枝多。株高 70～200cm，主根入土深 15～50cm。偶数羽状复叶，长 2～15cm，宽 0.5～2.5cm，有小叶两排，各 10～33 对，小叶长圆形，受外界或光照影响，小叶可自行折叠。总状花序，腋生有花 1～4 朵，花冠浅黄色带深色条纹。荚果线状长圆形，微弯，有 6～8 个荚节，成熟后易断裂成单节。种子肾形，千粒重 3.5g，带荚种子千粒重 5.3g。

生物学特性： 适宜在年降水量 800mm 以上，海拔 500m 以下的热带、亚热带地区生长。较耐旱、耐涝、耐阴。全年可刈割 4 次，产鲜草 35 000 kg/hm²，折合干草 13 500kg/hm²。第一次刈割宜在高度 80cm 时，留茬 18cm，当再生草高 30cm 再割。刈割和放牧的草地都应在 9 月中旬至 10 月下旬停止利用，以便开花，结籽，有足够的种子落地供更新利用。可采收种子 600kg/hm²。营养价值较高，全株粗蛋白质达 23.1%，干物质消化率为 63.16%，富含赖氨酸、微量元素和矿物质，适口性好，牛、羊、兔、鹅、鱼、猪等均喜食，特别是兔，适口性较好。

基础原种：由美国保存。

适应地区：我国华南地区，福建、江西、湖南、湖北、云南、贵州、浙江等省部分地区也可种植。

落花生属
Arachis L.

阿玛瑞罗平托落花生
Arachis pintoi Krap. & Greg. 'Amarillo'

品种登记号：256

登记日期：2003 年 12 月 7 日

品种类别：引进品种

申报者：福建省农业科学院农业生态研究所、福建省山地草业工程技术研究中心。黄毅斌、应朝阳、郑仲登、陈恩、翁伯奇。

品种来源：1990 年引自澳大利亚。

植物学特征：多年生匍匐型、蔓生性草本植物。茎贴地生长，分枝多，草层高 10～30cm。羽状复叶，小叶 4 片，长卵形，互生。总状花序腋生，蝶形花冠，色淡黄，花多。果针长 1～27cm，斜向插入土壤，深度 10～20cm，大部分入土的果针能结荚。荚果长桃形，每荚有一粒种子，种子千粒重约 70g。

生物学特性：具有耐酸、耐瘠薄、耐铝、耐旱、抗热等特点，有较强的耐阴能力，适应果园套种。营养丰富，花期干物质中含粗蛋白质 15.88%，粗脂肪 1.36%，粗纤维 29.43%，无氮浸出物 41.68%，粗灰分 11.65%，钙 1.38%，磷 0.19%。适口性好，消化率高。覆盖地面速度快，草被紧贴地面，较矮且整齐。花期长，出苗后 3～4 周就开始开花，除寒冷的冬天外，通常一年花期不断，具有良好的美化、绿化效果。结实率及种子产量较低，主要以无性繁殖为主。适宜作为牧草或地被植物使用。

基础原种：保存于澳大利亚。

适应地区：适于海南、福建、广东等热带、南亚热带地区种植。

热研 12 号平托落花生

Arachis pintoi Krap. & Greg. 'Reyan No. 12'

品种登记号： 277

登记日期： 2004 年 12 月 8 日

品种类别： 引进品种

申报者： 中国热带农业科学院热带作物品种资源研究所。⬚白昌军⬚、刘国道、何华玄、王东劲、王文强。

品种来源： 1991 年 10 月从哥伦比亚国际热带农业中心引入。

植物学特征： 多年生草本植物。茎贴地生长，草层高 20cm，全株被稀疏茸毛。羽状复叶，2 对小叶，上部 1 对较大，长 32～45mm，宽 20～28mm，倒卵形，下部 1 对较小，长 30～40mm，宽 15～25mm，矩圆形。总状花序腋生，小花无柄，有托状苞片，旗瓣浅黄色，有橙色条纹，翼瓣钝圆，橙黄色，龙骨瓣咏状。果针长 1～27cm，穿透土壤表层，入土深度小于 7cm，果针前端膨大成荚，每荚一粒种子，种子褐色，千粒重 69.5g。

生物学特性： 喜热带潮湿气候，适应性强。从重黏土到沙土均能良好生长，耐酸瘦土壤，特别耐重铝土壤和低肥力土壤。耐阴性较强，耐旱，在年降水量 650mm 以上的地区均能良好生长。具有较高的茎叶产量，耐牧性、持久性、饲用价值较好。易于用种子或无性繁殖建成草地，特别是花期长，开花时一片金黄，具有良好的园林绿化效果，为牧草与草坪兼用型品种。茎叶干物质中含粗蛋白质 15.27%，粗脂肪 1.99%，粗纤维 25.54%，无氮浸出物 47.01%，粗灰分 10.19%。

基础原种： 由中国热带农业科学院热带作物品种资源研究所保存。

适应地区： 适于年降水量 650mm 以上的热带、南亚热带地区种植，在海南、广东、广西、云南、福建等省（区）表现最优。

黄 耆 属
Astragalus L.

沙 打 旺
Astragalus adsurgens Pall.

多年生草本，高 100～200cm，全株被丁字形毛。茎直立或近直立，粗壮、丛生。单数羽状复叶，具小叶 3～11 对，椭圆形或卵状椭圆形，托叶膜质，卵形。总状花序常腋生，每个花序有小花 17～79 朵；花冠蝶形，蓝色、紫色或蓝紫色。荚果长圆形，内有褐色种子十余粒。体细胞染色体数 $2n=160$。沙打旺适应性强，产草量高，抗寒、耐旱、耐瘠、耐盐碱、抗风，除了作牧草外，还有改良盐碱土、防风固沙、保持水土、沤制绿肥等用途。到 1982 年底，我国栽培面积近 20 万公顷，是我国西北地区飞播牧草的主要草种之一。

沙打旺栽培种原产于我国的黄河故道地区，即江苏北部和山东、河南、河北的部分地区。其野生种斜茎黄芪在我国的东北、华北、西北和西南地区均有分布。将沙打旺引种至我国北方诸省、区栽培，由于无霜期短、积温低，导致不结籽或种子产量很低。近年来，各地培育出一批早熟沙打旺品种，解决了生产上的问题。

黄河 2 号沙打旺
Astragalus adsurgens Pall. 'Huanghe No. 2'

品种登记号： 050

登记日期： 1990 年 5 月 25 日

品种类别： 育成品种

育种者： 水利部黄河水利委员会天水水土保持科学试验站。雷元静、汪习军、王宽堡、庞小明、张守孝。

品种来源： 采用系统选育法，从引进的辽宁早熟沙打旺 II 号、IV 号品系（辐射诱变的中间材料）中，选择播种当年开花结实的单株，经选育而成。

植物学特征： 植物学特征与其它沙打旺无明显差异。

生物学特性： 主要特性表现在生殖生长提早，现蕾开花期明显提前，种子早熟丰产。播种当年，黄河 2 号比对照品种辽宁早熟沙打旺开花提早 11～12 天，成熟期提早 8 天。第二年开花期和成熟期均比对照品种提早 12～18 天。产草量和对照品种相近。种子产量高，播种当年产 280kg/hm² 左右，以后各年平均产 375kg/hm² 左右，最高可达 750kg/hm²。

基础原种：由水利部黄河水利委员会天水水土保持科学试验站保存。

适应地区：在甘肃省及其相邻省区，无霜期 150 天以上，≥10℃活动积温 2 000℃以上，海拔在 2 000m 以下的广大地区种植均可正常开花结实。

龙牧 2 号沙打旺

Astragalus adsurgens Pall. 'Longmu No. 2'

品种登记号：031

登记日期：1989 年 4 月 25 日

品种类别：育成品种

育种者：黑龙江省畜牧研究所。王殿魁、曾昭惠、李红、郭宝华。

品种来源：原始材料引自陕西榆林地区的普通沙打旺。利用人工诱变的方法，从 ^{60}Co-γ 射线照射的 M_3 代中和 N_2 激光 5min 照射的 M_2 代中选出早熟突变体，经株系选育、品比和中间试验，历经 8 年五代系统选育而成。

植物学特征：分枝多，茎较细，花序多，成穗率高。

生物学特性：早熟，高产，生育期 126～132 天，种子产量 180～375kg/hm²。在 ≥10℃活动积温 2 600℃左右，无霜期 130 天以内地区均可获得种子。株高比原品种矮 6～8cm。

基础原种：由黑龙江省畜牧研究所保存。

适应地区：无霜期 120～130 天的黑龙江省中、西部地区均可种植。

绿帝 1 号沙打旺

Astragalus adsurgens Pall. 'Lvdi No. 1'

品种登记号：429

登记日期：2010 年 6 月 12 日

品种类别：育成品种

育种者：内蒙古绿帝牧草种业技术开发中心。王春疆、赵景峰、何为平、马金星、牛呼和。

品种来源：母本为野生斜茎黄耆，1983 年 8 月下旬种子采集于通辽市奈曼旗太和乡牧场；父本为膜荚黄耆，1983 年 10 月种子购于山东省。1984年以野生斜茎黄耆作母本，膜荚黄耆为父本，进行人工杂交，获得杂交种 F_1 代，经 8 个世代集团选择培育而成。

植物学特征：豆科黄耆属多年生草本。主根粗壮，根系发达，株型直立，株高 90～150cm，分枝较多，为 25～40 个。奇数羽状复叶，有小叶13～27 枚，总状花序，花冠白色。荚果扁长，有种子 8～12 粒，种子扁圆型，千粒重 1.4～1.5g。染色体 $2n=16$，核型 $2n=16=6m+6sm+4st$。

生物学特性：适应性广，抗逆性强，耐瘠薄，耐干旱，耐严寒，耐风沙，可用于草牧场改良及防风固沙，防止水土流失。早熟，在内蒙古年降水量 300～400mm 地区，干草产量为 3 375～3 836kg/hm²，种子产量可达300～450kg/hm²。初花期风干样品中含干物质 95.03%，粗蛋白质17.60%，粗脂肪 6.67%，粗纤维 22.03%，无氮浸出物 36.54%，粗灰分12.19%，钙 3.63%，磷 0.37%。

基础原种：由内蒙古绿帝牧草种业技术开发中心保存。

适应地区：适于内蒙古通辽、赤峰、鄂尔多斯、临河、包头、乌海、乌兰察布南郊地区及辽宁、吉林地区种植。

彭阳早熟沙打旺

Astragalus adsurgens Pall. 'Pengyang Zaoshu'

品种登记号：118

登记日期：1992 年 7 月 28 日

品种类别：育成品种

育种者：中国科学院水利部西北水土保持研究所、宁夏彭阳县科委、彭阳县草原站、固原地区草原站。伊虎英、鱼红斌、赵廷喜、惠连俊、王林江

品种来源：该品种于 1984 年用 ^{60}Co-γ 射线 1 万～5 万拉德剂量照射辽宁早熟沙打旺干种子，经多代单株选择和集团选择相结合的方法，1988 年选育而成。

植物学特征：豆科多年生草本植物。茎直立，圆而中空，茎秆青绿色，

有的紫红色、播种当年主茎明显，第二年后主茎不明显，从根颈部长出分枝，丛生。奇数羽状复叶。小叶 3～31 片，叶片绿色，被白茸毛，背面毛密。总状花序，圆柱形，腋生，长 7.8～11.8cm，每花序有小花 50 朵左右，花呈紫红色、蓝紫色。荚果圆筒状，具三棱，长 1.0～1.2cm，先端具下弯的短喙，内含褐色肾形种子 3～11 粒。千粒重 1.6g 左右。

生物学特性： 在≥10℃年积温 1 847℃左右的地区，播种当年，从出苗到初花期约 70 天左右，比原品种提早 30 天以上。平均株高 60cm。开花株达 93.3％，比辽宁 2 号多 10 倍。产草量 2 000kg/hm²，产籽量 28kg/hm²。生长第二年比原品种早开花 66 天，平均株高 137.2cm，产鲜草 25 000kg/hm²，产籽量约 225kg/hm²。

基础原种： 由中国科学院水利部西北水土保持研究所保存。

适应地区： 可在我国≥10℃年积温 1 847℃，年平均气温 5.2℃等值线以上的地区开花结籽。

杂 花 沙 打 旺

Astragalus adsurgens Pall. 'Zahua'

品种登记号： 032

登记日期： 1989 年 4 月 25 日

品种类别： 育成品种

育种者： 内蒙古农牧学院。王春江。

品种来源： 在辽宁早熟沙打旺 M_6 代的基础上，利用自由异花授粉和单株选择、混合选择的方法育成。

植物学特征： 茎秆细，分枝多，叶多，花穗较多。花冠白色、蓝紫色、紫红色、粉红色等混杂。平均株高一年生植株 95～120cm，二年生植株 150～170cm，高者达 210cm。种子肾形，棕褐色，比辽宁早熟沙打旺种子颜色略浅，千粒重 1.4～1.5g。

生物学特性： 种子早熟高产，在无霜期 120 天左右，≥10℃活动积温 2 500℃以上地区种植，平均产种子 375～750kg/hm²。

基础原种： 由王春江本人保存（通讯地址：内蒙古自治区科学技术协会）。

适应地区： 适宜无霜期 120 天左右，≥10℃活动积温 2 500℃以上地区种植，如内蒙古的哲里木盟、赤峰市，乌兰察布盟中、南部等。

早熟沙打旺

Astragalus adsurgens Pall. 'Zaoshu'

品种登记号：049

品种类别：育成品种

登记日期：1990 年 5 月 25 日

育种者：辽宁省农业科学院土壤肥料研究所、黑龙江省农业科学院嫩江农业科学研究所、黄河水利委员会绥德水土保持试验站。苏盛发、汪仁、高玉春、范瑞兰、王笃庆。

品种来源：将原产于黄河故道，在辽宁省西部栽培驯化多年的沙打旺干种子，1973 年用 ^{60}Co-γ 射线照射，采取多代系统选择和集团选择相结合的方法，于 1983 年在变异后代中选育成功。

植物学特征：在形态特征方面与原品种基本相似。

生物学特性：本品种除保留原品种的全部抗逆特性外，又具有现蕾、开花早，种子产量高的特点。播种当年的开花期平均比原品种提前 20～24 天，多的超过一个月。第二年平均提前 17～20 天，有的也达一个月。初花期鲜、干草产量同原品种相近，而种子产量，第一年平均比原品种增产 178.6%，第二年平均增产 79.2%，种子产量 450～600kg/hm²，高的可达 970kg/hm²。

基础原种：由辽宁省农业科学院土壤肥料研究所保存。

适应地区：在无霜期＞120 天，≥10℃活动积温 2 500℃以上地区，均可繁衍后代。适于我国东北、华北、西北地区（部分高寒山区除外）种植。

中沙 1 号沙打旺

Astragalus adsurgens Pall. 'Zhongsha No. 1'

品种登记号：324

登记日期：2006 年 12 月 13 日

品种类别：育成品种

育种者：中国农业科学院北京畜牧兽医研究所。李聪、苗丽宏、李蕾蕾、王兆卿、王永辰。

品种来源：以航天搭载诱变选择的河南栽培沙打旺早熟优株和五台山野生沙打旺优株为亲本杂交选育而成。1996 年利用我国返回式卫星搭载河南栽培沙打旺进行空间诱变处理。1997—1999 年通过对 M_0、M_1 和 M_2 材料进行测试分析，获得沙打旺的早熟变异优株。1999 年 7 月将该优株与山西五台山野生沙打旺优选单株进行控制授粉，获杂种一代。2000 年对 F_1 代优株进行控制授粉，获 F_2 代。2001 年对 F_2 代采用混合选择法育成。

植物学特征：多年生草本。具半匍匐生长特性，植株分枝多，枝条细，开花期株高 85～100cm。奇数羽状复叶，小叶长椭圆形，叶量大。总状花序，腋生，花紫色。荚果矩形，种子较小，扁椭圆形，褐色，千粒重 1.2～1.5g。

生物学特性：属中早熟品种，比河南栽培沙打旺提前开花 10～15 天。适口性好，饲草品质优良，与河南栽培沙打旺相比，初花期地上部分干物质中粗蛋白质含量高出 2.0％，为 15.60％（河南栽培沙打旺为 13.60％），粗纤维降低 2.46％，为 29.34％（河南栽培沙打旺为 31.80％），现蕾期和盛花期烘干茎叶中有毒物质 3-硝基丙酸含量分别为 5.43mg/kg 和 4.12mg/kg，同期对照品种（河南栽培沙打旺分别为 11.05mg/kg 和 11.30mg/kg），分别较对照品种降低 50.86％和 63.54％。在北京地区干草产量 7 000～8 000kg/hm²，种子产量 300～450kg/hm²。既可作饲草利用，又能作为防风固沙和水土保持用草。

基础原种：由中国农业科学院北京畜牧兽医研究所保存。

适应地区：北方无霜期 120 天以上的地区作为饲草种植，种子生产需要在无霜期 150 天以上的地区。

中沙 2 号沙打旺

Astragalus adsurgens Pall. 'Zhongsha No. 2'

品种登记号：375

登记日期：2009 年 5 月 22 日

品种类别：育成品种

育种者：中国农业科学院北京畜牧兽医研究所。李聪、方唯、苗丽宏、李蕾蕾、王永辰。

品种来源：利用卫星搭载的空间诱变效应，从栽培沙打旺中选出早熟优株与采自五台山的野生沙打旺优株杂交，针对匍匐生长习性、分枝数、单株生长覆盖面积、开花期长短、茎/叶比等农艺性状进行选优去劣，经多代轮回选育而成。

植物学特征：豆科黄耆属多年生草本。根系发达，主根粗长，侧根多。茎以斜生为主，分枝多，枝条细，并有匍匐生长习性，在有足够生长空间单株栽植时，主要贴地面匍匐生长，开花期自然株高 25～40cm，但在条播密植时，匍匐生长则受到抑制而呈向上斜生趋势，此时，开花期自然株高可达 75～95cm。叶为奇数羽状复叶，叶片大且密、卵形，叶茎比高。总状花序，花红紫色或蓝紫色。荚果矩形，内含种子较小，呈扁椭圆形，褐色，千粒重 1.2～1.5g。

生物学特性：苗期生长缓慢，在北京春播约有 50 天的蹲苗期，此后生长迅速，属早熟品种。在北京生长第二年的植株从 6 月中旬至 9 月中下旬均可见花，无限花序，花期延续时间约 100 天。分枝多、茎秆细、叶量大、叶/茎比为 1.45，草质柔软、适口性好。在北京可年刈割 2 次，鲜草产量为 25 000～30 000kg/hm²，干草产量 7 000～8 000kg/hm²，种子产量为 300～450kg/hm²。初花期干草中含干物质 94.5%，粗蛋白质 14.75%，粗脂肪 2.21%，粗纤维 27.73%，无氮浸出物 41.52%，粗灰分 8.29%。具有很强的抗逆性，既可作为饲草利用，又能作为水土保持、防风固沙和园林绿化之用。

基础原种：由中国农业科学院北京畜牧兽医研究所牧草遗传育种室保存。

适应地区：适于我国北方年降水量 300～600mm 地区种植。

春疆 1 号斜茎黄耆—膜荚黄耆杂交种

Astragalus adsurgens×A. membranaceus 'Chunjiang No. 1'

品种登记号：587

登记日期：2020 年 12 月 3 日

品种类别：育成品种

育种者：内蒙古自治区草原工作站。赵景峰、夏红岩、王智勇、高霞、王梓伊。

品种来源：以野生斜茎黄耆为母本、膜荚黄耆为父本杂交，经多年多代选育而成。

植物学特征：豆科黄耆属多年生草本植物。根系发达，主根粗壮。株型直立，高 90～150cm，分枝 3～5 个。奇数羽状复叶，小叶 13～27 枚，长椭圆形，下面疏生绵毛。总状花序腋生，紧密呈穗状，花穗长 8～13cm，花冠蝶形，以白色和紫色为主。荚果扁长，成熟时呈褐色，内含 6～12 粒种子，种子扁肾形，千粒重 1.5g。

生物学特性：较抗旱、适应性较强，在内蒙古生育期 120 天左右，属早熟品种。适于在栗钙土与沙质土种植，干草产量 3 000～45 000kg/hm²，种子产量 300～450kg/hm²。

基础原种：由内蒙古自治区草原工作站保存。

适应地区：适于在无霜期 120 天以上的西辽河流域、内蒙古境内黄河流域及阴山南麓种植。

鄂尔多斯草木樨状黄耆

Astragalus melilotoides Pall. 'Eerduosi'

品种登记号：430

登记日期：2010 年 6 月 12 日

品种类别：野生栽培品种

申报者：内蒙古农牧业科学院草原研究所、鄂尔多斯市草原工作站。贾明、丁海君、余奕东、杨锁晓、赵和平。

品种来源：从内蒙古鄂尔多斯市伊金霍洛旗境内毛乌素沙地采集野生草木樨状黄耆种子，经过多年栽培驯化而来。

植物学特征：豆科黄耆属多年生草本。高 60～150cm，茎直立，由基部丛生，平均有分枝 35 条。奇数羽状复叶，具小叶 3～7 片。总状花序腋生，花冠粉红色。荚果近圆形，长 2～3mm，种子千粒重 4.85g。

生物学特性：耐旱、抗寒、耐轻度盐渍化土壤。干草产量 990.5～1 833kg/hm²，种子产量 139.5～420kg/hm²。开花期风干样品中含干物质 89.68％，粗蛋白质 19.40％，粗脂肪 3.12％，粗纤维 30.53％，无氮浸出物 30.83％，粗灰分 5.80％，钙 1.42％，磷 0.03％。适应于沙质及轻壤质土壤，可作为水土保持植物。

基础原种：由内蒙古农牧业科学院草原研究所保存。

适应地区：适于内蒙古中西部及毗邻地区推广种植。

升 钟 紫 云 英
Astragalus sinicus L. 'Shengzhong'

品种登记号： 522

登记日期： 2017 年 7 月 17 日

品种类别： 地方品种

申报者： 四川省农业科学院土壤肥料研究所、四川省农业科学院。朱永群、林超文、许文志、黄晶晶、彭建华。

品种来源： 将在南充地区种植多年的紫云英栽培整理而成。

植物学特征： 豆科黄耆属一年生或越年生草本，主根肥大，从分枝期起根茎以下根上可着生根蘖，根蘖枝 4～9 个，分枝多，茎直立或匍匐，长 120cm。叶为奇数羽状复叶，每复叶具小叶 7～13 枚，小叶倒卵形或椭圆形。总状花序近伞形，腋生，每花序有小花 7～13 朵，花冠淡红或紫红色。荚果细长，顶端啄状，黑色，每荚含种子 5～10 粒。种子肾形，黄绿色或红褐色，千粒重 3.05～3.28g。

生物学特性： 喜温暖湿润气候，耐寒、耐湿，耐酸性较强。对土壤要求不严，以 pH 5.5～7.5 的砂质和黏质壤土较为适宜；耐盐性差，不宜在盐碱地上种植。9 月中下旬播种，翌年 4 月中旬开花，5 月下旬种子成熟，生育期 245～250 天。冬前可刈割 1～2 次，开春后可再刈割 2～3 次，鲜草产量 20 000～30 000kg/hm²，营养价值较高，草质柔软。

基础原种： 由四川省农业科学院土壤肥料研究所保存。

适应地区： 适于长江流域及以南地区种植。

锦鸡儿属
Caragana Fabr.

鄂尔多斯中间锦鸡儿
Caragana intermedia Kuang et H. C. Fu 'Eerduosi'

品种登记号： 431

登记日期： 2010 年 6 月 12 日

品种类别： 野生栽培品种

申报者： 内蒙古农牧业科学院草原研究所、鄂尔多斯市草原工作站、内蒙古自治区草原工作站、乌兰察布市草原工作站。赵和平、顾宽和、杨晓东、李润虎、贾明。

品种来源： 从内蒙古鄂尔多斯市杭锦旗塔然高勒乡采集野生中间锦鸡儿种子，经过多年栽培驯化而成。

植物学特征： 豆科锦鸡儿属多年生落叶灌木。株高 100～125cm，茎黄灰色或黄绿色，长枝上的托叶宿存并硬化成刺状，长 4～7mm。偶数羽状复叶，小叶 6～18 片。花单生，黄色。荚果披针形，种子肾形，千粒重 49g。

生物学特性： 抗旱、耐寒、耐热、耐风沙、枝条萌蘖力强，生长旺盛。对土壤要求不严，寿命长，一般在 20 年以上。苗期生长较为缓慢，第 1～3 年需围封，第 4～5 年可平茬利用，以促进分枝，增加幼嫩枝叶，提高牲畜可食利用率。生长第 5 年平均株高 2.46m，分枝数 79 个，干草产量 2 593.5kg/hm²。开花期风干样品含干物质 92.37%，粗蛋白质 19.86%，粗脂肪 5.13%，粗纤维 18.88%，无氮浸出物 46.26%，粗灰分 8.24%，钙 2.67%，磷 0.26%。

基础原种： 由内蒙古农牧业科学院草原研究所保存。

适应地区： 适于内蒙古中西部及毗邻地区栽培，作为饲用灌木，用于防风固沙、保持水土、蜜源、薪柴等多种用途。

鄂尔多斯柠条锦鸡儿

Caragana korshinskii Kom. 'Eerduosi'

品种登记号： 376

登记日期： 2009 年 5 月 22 日

品种类别： 野生栽培品种

申报者： 内蒙古自治区草原工作站、内蒙古农牧业科学院草原研究所、鄂尔多斯市草原工作站。高文渊、赵和平、余奕东、贾明、顾宽和。

品种来源： 从内蒙古鄂尔多斯市杭锦旗采集野生优良柠条锦鸡儿种子，经过多年多代栽培驯化而成。

植物学特征：豆科锦鸡儿属多年生落叶灌木。高 150～300cm，枝条细长，具条棱枝，密被绢状柔毛。长枝上的托叶宿存并硬化成刺状，长 5～7mm，有毛。羽状复叶，具小叶 12～16 片，叶轴长 3～5cm，密被绢状柔毛，后脱落，小叶倒披针形或矩圆状倒披针形，先端钝尖，基部楔形，两面密生柔毛。花单生，长约 25mm，花梗密被短柔毛，长 12～25mm，中部以上有关节。花萼筒状，长 7～10mm，萼齿三角形，花冠黄色，旗瓣宽卵形，翼瓣爪长为瓣片的 1/2，耳短，牙齿状，龙骨瓣基部楔形，子房密生短柔毛。荚果披针形，长 20～35mm，宽 6～7mm，深红褐色，顶端渐尖，近无毛。种子呈不规则肾形，淡褐色，千粒重为 58g。

生物学特性：具有广泛的适应性和很强的抗逆性，对土壤选择不严，耐低温及酷热，在 -39℃ 的低温下能安全越冬，在夏季沙地表面温度高达 45℃ 时也能正常生长，抗旱性很强，在内蒙古中西部干旱地区生长发育良好。花期 5—6 月，果期 6—7 月。生育期 190～197 天。苗期生长缓慢，种植第 5 年达到产量高峰，株高达 250cm。可食枝叶干草产量 4 870kg/hm²，种子产量 784.5kg/hm²。开花期干草中含干物质 86.02%，粗蛋白质 19.14%，粗脂肪 4.62%，粗纤维 29.74%，中性洗涤纤维 37.18%，酸性洗涤纤维 36.76%，无氮浸出物 27.65%，粗灰分 4.86%，钙 2.02%，磷 0.19%。营养丰富，适口性好，是家畜优良的饲用灌木。

基础原种：由内蒙古农牧业科学院草原研究所保存。

适应地区：适于内蒙古中西部干旱地区及毗邻省区种植。

晋北小叶锦鸡儿

Caragana microphylla Lam. 'Jinbei'

品种登记号：276

登记日期：2004 年 12 月 8 日

品种类别：野生栽培品种

申报者：山西省农业科学院、中国农业科学院畜牧研究所。牛西午、高洪文、牛宇、蒙秋霞、张丽珍。

品种来源：晋北小叶锦鸡儿是山西省农业科学院等单位从内蒙古、山西、陕西三省区 27 个县市的小叶锦鸡儿群体中采集优良植株种子，经混合播种和扩大繁殖而成。

植物学特征：豆科多年生小灌木。株高 165～204cm，枝条粗壮通直，次级分枝多，株型紧凑挺拔，当年生枝条绿色，具棱，老枝黄绿色或绿褐色，三年生枝条粗 12～14mm。羽状复叶，小叶 4～8 对，倒卵形，叶面无毛或疏被平伏白毛，叶长 8～20mm，宽 4～10mm，托叶成刺状，短而柔弱，一年生枝条上刺长不到 3mm，二、三年生枝条上刺长 4～5mm，质脆易折。蝶形花，单生或 2～3 朵簇生，花黄色。种子肾形，黄绿色或具紫黑色斑纹，千粒重 27～39g。

生物学特性：抗寒，可抵御 -30～-40℃ 严寒。抗旱，在年降水量 150～200mm 的干旱荒漠地区可正常生长。耐热，最高温度为 48～49℃ 时生长正常。耐盐碱，可在 pH 8～10.5 的土壤上正常生长。耐瘠薄。年均干草产量 7 800～8 600kg/hm²，种子产量 330～400kg/hm²。叶片干物质中含粗蛋白质 23.46%，粗纤维 12.38%，粗脂肪 3.77%，适口性好。

基础原种：由山西省农业科学院保存。

适应地区：适于西北、华北、东北的干旱、半干旱地区种植。

内蒙古小叶锦鸡儿

Caragana microphylla Lam. 'Neimenggu'

品种登记号：157

登记日期：1995 年 4 月 27 日

品种类别：野生栽培品种

申报者：内蒙古赤峰市草原工作站。王润泉、李玉忱、华玉东、姚志勇、王国成。

品种来源：原为科尔沁草原西部，大兴安岭南端东南麓，西辽河上游西拉木伦河流域丘陵草原覆沙地野生种。经长期栽培，飞播驯化为野生栽培种。

植物学特征：豆科锦鸡儿属旱生灌木。株高 100～150cm，茎黄灰色或灰绿色。托叶缩存成针刺，小叶羽状排列。花单生，花冠蝶形，黄色。荚果扁条形，深红褐色。

生物学特性：抗旱、抗寒、耐热、耐风沙。枝条萌蘖力强，根系发达，寿命长，产量稳定，产鲜草 1 200～1 500kg/hm²。对土壤要求不严，在沙性土壤生长旺盛。不但适口性强，营养品质好，有较高饲用价值，而且有很强的抗逆性，是防风固沙、保持水土、治理退化沙化草地和荒山荒坡的优良灌木。

基础原种：由内蒙古赤峰市草籽工作站保存。

适应地区：适于华北、西北等地区的丘陵沙地与干草原类型区种植。

决 明 属
Cassia L.

闽引羽叶决明
Cassia nictitans（L.）Moench 'Minyin'

品种登记号：224

登记日期：2001 年 12 月 22 日

品种类别：引进品种

申报者：福建省农业科学院农业生态研究所、福建省山地草业工程技术研究中心。黄毅斌、应朝阳、翁伯奇、曹海峰、方金梅。

品种来源：1999 从澳大利亚热带牧草种质资源中心引进，原产于巴拉圭。

植物学特征：多年生直立型热带草本植物。直根系，主根长 80～120cm，侧根发达，主要分布在 0～30cm 土层。茎圆形，直立，株高 110～150cm。羽状复叶，互生，小叶条形，长 54～57mm，宽 18～21mm。花腋生，黄色，蝶形花冠。荚果扁平，成熟后易爆裂。种子黑褐色，种皮坚硬，不规则扁平长方形，千粒重 4.6～4.8g。

生物学特性：喜高温、耐旱、耐瘠薄、耐酸、耐高铝、无病虫害、根部有效根瘤多且固氮活性强。冬季初霜后地上部分逐渐干枯死亡，在中亚热带及其以南地区可自然越冬和越夏。干草产量为 14 690～14 975kg/hm²。种子产量高，可达 225～300kg/hm²，落地种子次年自然萌发再生能力强，可一年播种多年利用。盛花期干物质中含粗蛋白质 14.96%，粗脂肪 4.19%，粗纤维 27.06%，无氮浸出物 44.24%，粗灰分 9.55%。结荚前的鲜草牛、羊、猪、鹅、鱼喜食，对兔适口性较差，可放牧、青饲、青贮或制作干草。结荚后茎易老化，影响适口性与饲喂效果，还可作水土保持或绿肥利用。

基础原种：由澳大利亚热带牧草种质资源中心（ATFGRC）保存。

适应地区：适于海南、福建、广东、湖南、江西等热带、亚热带红壤地区种植，尤其适合中亚热带、南亚热带地区。

闽引圆叶决明

Cassia rotundifolia（Pers.）Greene 'Minyin'

品种登记号：314

登记日期：2005 年 11 月 27 日

品种类别：引进品种

申报者：福建省农业科学院农业生态研究所、福建省山地草业工程技术研究中心。应朝阳、黄毅斌、翁伯奇、曹海峰、林永生。

品种来源：1996 年从澳大利亚热带牧草种质资源中心引进，原品系号为 CPI86134。

植物学特征：多年生草本植物。直根系，侧根发达，主要分布在 0～20cm 土层。茎圆形，半直立，长 50～150cm，草层高 60～80cm。叶互生，复叶，由两片小叶组成，不对称，倒卵圆形，长 34～40mm，宽 18～25mm。花腋生，黄色。荚果扁平，种子褐色，不规则扁平四方形，千粒重 5.0～5.1g。

生物学特性：喜高温，极耐旱、耐瘠薄、耐酸、耐高铝，抗热、基本无病虫害。种子产量高，落地种子自然萌发再生能力强。冬季初霜后地上部逐渐死亡、干枯，表现出一年生性状，次年要靠落地种子萌发繁殖。盛花期干物质中含粗蛋白质 17.59%，粗脂肪 4.23%，粗纤维 27.89%，无氮浸出物 44.14%，粗灰分 6.15%，干物质产量为 9 000～10 500kg/hm^2。适宜于饲用和作为水土保持植物利用。

基础原种：由澳大利亚保存。

适应地区：适于福建、广东、江西等热带、亚热带红壤地区种植。

闽引 2 号圆叶决明

Cassia rotundifolia（Pers.）Greene 'Minyin No. 2'

品种登记号：443

登记日期： 2011 年 5 月 16 日

品种类别： 引进品种

申报者： 福建省农业科学院农业生态研究所、福建省山地草业工程技术研究中心。应朝阳、李春燕、罗旭辉、陈恩、詹杰。

品种来源： 原产哥伦比亚，于 1996 年从澳大利亚热带牧草种质资源中心（ATFGRC）引入我国，原品系号为 ATF3248。

植物学特征： 豆科决明属多年生草本。直立型，主根系，株高 120～150cm，茎圆柱状，绿色至红褐色，具稀短柔毛。叶具 2 小叶，总柄长，托叶三角形、草质，小叶倒卵圆形，全缘，无毛，叶色浅绿。花腋生，花瓣 5 片，黄色。荚果深褐色。种子淡褐色，扁平四棱形，种脐突出，种子千粒重 3.80～4.05g。

生物学特性： 7—11 月为生长盛期，7 月下旬至 8 月上旬初花，花期长，可延续至初霜，10—12 月种子成熟，成熟期长，易自裂。抗逆性强、耐瘠、耐酸，但抗寒性较差。干草产量 10 000～18 000kg/hm²，种子产量 200～400kg/hm²，种子具一定休眠性。初花期干物质中含粗蛋白质 16.9％，粗脂肪 2.84％，粗纤维 35.41％，酸性洗涤纤维 23.49％，中性洗涤纤维 61.43％，粗灰分 3.58％，钙 0.587％，磷 0.056％。适用于加工草粉饲料、绿肥和水土保持。

基础原种： 由澳大利亚保存。

适应地区： 适于福建、广东、广西、海南等热带、亚热带（红壤）地区种植。

闽育 1 号圆叶决明

Cassia rotundifolia (Pers.) Greene 'Minyu No. 1'

品种登记号： 442

登记日期： 2011 年 5 月 16 日

品种类别： 育成品种

育种者： 福建省农业科学院农业生态研究所、福建省山地草业工程技术研究中心。翁伯琦、徐国忠、郑向丽、叶花兰、王俊宏。

品种来源： 辐射材料为闽引圆叶决明（品系号为 CPI86134），1996 年从澳大利亚热带牧草种质资源中心（ATFGRC）引入我国。以^{60}Co-γ射线辐照处理闽引圆叶决明种子，通过诱变育种方法选育而成。

植物学特征：豆科决明属多年生草本。茎半直立，半木质化，株高80～120cm。叶互生，由两片小叶组成，小叶长25～35mm，宽15～20mm，托叶披针形。花腋生，黄色，荚果成熟时黑褐色，种子黄褐色，为不规则扁平四方形，千粒重4.5～5.1g。

生物学特性：8—11月为生长高峰，9—10月为初花期，花期可延续至初霜，11月下旬叶片开始转黄，晚熟品种。喜热，耐酸性瘦土，能抗铝毒。干物质产量10 000～15 000kg/hm^2，种子产量220～320kg/hm^2。营养丰富，初花期干物质中粗蛋白质含量19.15%，适用于加工草粉饲料。

基础原种：由福建省农业科学院农业生态研究所保存。

适应地区：适于福建、广东、江西等热带、亚热带（红壤）地区种植。

闽育 2 号圆叶决明

Cassia rotundifolia (Pers.) Greene 'Minyu No. 2'

品种登记号：452

登记日期：2012 年 6 月 29 日

品种类别：育成品种

育种者：福建省农业科学院农业生态研究所、福建省山地草业工程技术研究中心。徐国忠、翁伯琦、郑向丽、叶花兰、王俊宏。

品种来源：辐射材料为闽引圆叶决明（品系号为 CPI86134），原产墨西哥，1996 年从澳大利亚热带牧草种质资源中心（ATFGRC）引入我国。利用^{60}Co-γ射线对闽引圆叶决明进行辐射处理选育而成。

植物学特征：豆科决明属多年生草本。半木质化半直立，株高约100cm。叶互生，由两片小叶组成，倒卵圆形，长约30mm，宽约20mm。花腋生，黄色。荚果长条形，长约30mm，宽约5mm，荚果易裂。种子黄褐色，呈不规则正方形，千粒重4.8～5.2g。

生物学特性：喜高温、耐旱、耐酸、耐瘠、耐铝毒、抗病虫力强。种子落地次年自然萌发力强。干草产量7 000～14 000kg/hm^2。种子产量240～300kg/hm^2。初花期干物质中含粗蛋白质14.8%，粗纤维37.7%。

基础原种：由福建省农业科学院农业生态研究所保存。

适应地区：适于我国福建、广东等热带、亚热带红壤区种植。

威 恩 圆 叶 决 明

Cassia rotundifolia (Pers.) Greene 'Wynn'

品种登记号：222

登记日期：2001 年 12 月 22 日

品种类别：引进品种

申报者：中国农业科学院土壤肥料研究所祁阳红壤实验站。文石林、徐明岗、罗涛、张久权、谢良商。

品种来源：原产于巴西，1964 年引入澳大利亚，1984 年在昆士兰州通过品种审定登记。

形态特征：为短期多年生热带牧草。直根系，主根长达 80cm。茎半直立，中度木质化，株高 45～110cm。复叶，由 2 片小叶组成，不对称，近圆形至倒卵圆形，长 1.2～3.8cm，宽 0.5～2.5cm。花腋生，黄色，萼片披针形，具纤毛，长 5mm，花瓣倒卵形，长 6mm。荚果扁平状，长 2.0～4.5cm，宽 0.25～0.5cm，成熟后易爆裂。种子黄褐色，不规则扁平四方形，千粒重 3.9～4.1g，种皮坚硬，硬实率高达 80%。

生物学特性：喜酸，土壤 pH<4.7 时生长良好。耐旱性强，在土壤水分低于 6.5% 时才出现轻度萎蔫。耐瘠薄，耐重牧，耐践踏，适于粗放管理。具有一定的耐阴性，适于果园间套种。不耐霜冻，只有在轻霜或无霜区才能安全越冬。固氮能力强，每公顷可固氮 180kg 以上。在红壤荒地旱地及幼龄橘园下种植，干草产量平均为 7 212～7 604kg/hm²。种子产量高，约 480kg/hm²，种子成熟后散落，第二年春天大量萌发，可一年播种多年利用。初花期干物质中含粗蛋白质 20.40%，粗脂肪 4.70%，粗纤维 29.50%，无氮浸出物 39.10%，粗灰分 6.30%。钙、镁含量丰富，可加工成草粉，能与大多数禾本科牧草混播。

基础原种：由澳大利亚昆士兰州 CSIRO 热带作物与牧草研究所保存。

适应地区：适于南方热带、亚热带红黄壤地区种植。

距瓣豆属
Centrosema Benth.

金 江 蝴 蝶 豆
Centrosema pubescens Benth. 'Jinjiang'

品种登记号： 560

登记日期： 2019 年 12 月 12 日

品种类别： 地方品种

申报者： 中国热带农业科学院热带作物品种资源研究所、海南大学。虞道耿、刘国道、罗丽娟、丁西朋、严琳玲。

品种来源： 以海南澄迈县种植多年的蝴蝶豆栽培整理而成。

植物学特征： 豆科距瓣豆属缠绕性草质藤本，茎纤细，长 100～400cm，稍有分枝，植株被柔毛。叶为羽状复叶，具叶柄，小叶 3 片，椭圆形或卵形，长 5～7cm，宽 3.5～5cm，中间叶片较大。总状花序有花 3～4 朵，花冠淡紫色。荚果长 10～13cm，宽约 5mm。种子扁平状，棕绿色，具条纹斑驳，千粒重 23.4g。

生物学特性： 抗旱能力强，较耐荫蔽，对土壤要求不严，可在沙质至黏质的土壤上生长，pH 4.9～5.5 为好；不耐瘦瘠、耐寒能力差、不耐水浸。早期生长缓慢，种植初期分枝较少，3～4 个月后分枝开始增多，以后生长较快，种植一年后的蝴蝶豆，其覆盖厚度达 40cm 以上，耐刈割，每年刈割 4～6 次。在海南 5—10 月为生长旺季，若 10 月以后刈割，再生速度缓慢，生长量降低，叶片变小。干草产量可达 1 000kg/hm² 左右。

基础原种： 由中国热带农业科学院热带作物品种资源研究所保存。

适应地区： 适于在年降水量 1 000mm 以上的潮湿热带、亚热带地区种植。

小冠花属
Coronilla L.

多变小冠花
Coronilla varia L.

别名： 小冠花

多变小冠花原产于南欧和东地中海地区，在美国、加拿大、亚洲西部和非洲北部都有栽培。我国 1973 年开始引进，在南京、山西、陕西、甘肃、北京等地种植，表现良好。

多年生草本植物，根系粗壮，主根 1 年后入土深达 80cm，侧根发达，横向扩展可达 100cm 以上，根上长有不规则根瘤。主根和侧根上都长有不定芽，生活力很强，可形成新的植株。茎中空，有棱，质软而柔嫩，匍匐或半匍匐生长，长 90～150cm，草层高 60～70cm。奇数羽状复叶，有小叶 11～27 片，小叶长卵圆形或倒卵圆形。伞形花序，腋生，有小花约 14 朵，花冠粉红色，环状紧密排列于花梗顶端，呈冠状。荚果细长似指状，长 2～3cm，多分节，成熟干燥后易于节处断成单节，每节有种子 1 粒。种子细长，红褐色，千粒重 4.1g。

多变小冠花喜温暖干燥气候，适宜在年均温 10℃、年降水量 400～600mm 的地区种植。抗寒、抗旱性强，对土壤要求不严格。除用种子繁殖外，还可用根蘗芽或分株移栽进行无性繁殖。一旦建植则可抑制杂草生长。

多变小冠花营养物质与苜蓿相近，但茎叶含有毒物质 β-硝基丙酸，因此不适宜饲喂单胃家畜，而反刍家畜瘤胃微生物可分解此物质，故而可饲喂反刍家畜。此外，多变小冠花还是很好的水土保持和绿肥作物。

彩云多变小冠花
Coronilla varia L. 'Caiyun'

品种登记号： 451

登记日期： 2012 年 6 月 29 日

品种类别： 育成品种

育种者： 甘肃创绿草业科技有限公司、甘肃农业大学草业学院。曹致中、马乐元、王敬龙、秦爱琼、崔亚飞。

品种来源： 从绿宝石多变小冠花大田中选择株型直立，自然高度超过原始群体平均高度 30％以上的单株，采用扦插繁殖建立无性系，隔离收种，再按株系条播，进行母系选择，经多年多代选择而成。

植物学特征： 豆科小冠花属多年生草本。株高 80～130cm，株型较直立。主根较长，侧根发达，具有根蘖特性，扩展能力强。茎中空，具条棱。奇数羽状复叶，小叶长椭圆形，全缘光滑无毛，托叶三角形，渐尖。伞形花序，腋生，花粉红色或紫红色，花序有小花 16～24 朵，花萼短钟状，小花蝶形。荚果呈鸡爪状，每荚具 4～11 个荚节，每荚节含 1 粒种子。种子肾形，红褐色，千粒重 4.1g。

生物学特性： 生育期 120 天左右，有耐旱、较耐盐碱和较强耐瘠薄能力。根瘤发达，固氮能力强，具有根蘖性，扩展能力强，在草层中竞争性强，建植成功的草地一般没有杂草。生命力强，繁殖快，枝叶繁茂，覆盖面大，是优良的水土保持植物，常用于护坡固土和矿迹地恢复。花色鲜艳，亦为较好的观赏和蜜源植物。其茎叶草质柔软，营养丰富，是反刍动物的优良牧草。因其鲜草对猪、鸡、兔等非反刍动物有小毒，饲喂时应掌握用量。

基础原种： 由甘肃创绿草业科技有限公司保存。

适应地区： 适于西北、华北及南北方过渡带种植，最适宜黄土高原地区和北方风沙沿线地区。

绿宝石多变小冠花
Coronilla varia L. 'Emerald'

品种登记号： 112

登记日期： 1992 年 7 月 28 日

品种类别： 引进品种

申报者： 山西农业大学、中国农业科学院畜牧研究所、山西省畜牧局草原站。万淑贞、商作璞、杨松锐、田德成、白原生。

品种来源： 1981 年中国农业科学院畜牧研究所引自加拿大（为美国

品种）。

植物学特性：豆科小冠花属多年生草本。根蘖芽丰富，萌发力强。草层高 60～90cm，最高 110cm，单株覆盖 2～4m^2。株形紧凑，较直立。枝条较短粗，奇数羽状复叶，小叶多而大，7～23 片，叶色深绿，叶占全株重 54.8％。伞形花序，小花 12～20 朵，花深紫红色。花期集中，成熟整齐易采籽。荚果细长有 3～10 节，每节含种子 1 粒。种子肾形，棕褐色，较大，千粒重 3.4～4.1g，硬实率 40％～60％。

生物学特性：生长速度快，与杂草竞争性强。生长期 253～285 天，生育期 105 天。营养成分好，蛋白质及钙含量丰富。产草量高，产干草 10 500～13 500kg/hm^2，种子 300kg/hm^2。抗寒、耐旱、耐瘠，是饲喂反刍家畜的优良草种，适于丘陵荒坡、沙滩建立人工草地，还可用于保持水土，作绿肥和观赏用。

基础原种：由美国保存。

适应地区：同宾吉夫特多变小冠花。还可在果园间作、护坡护路以及不宜种植其它作物的土石山区种植，也可供花卉栽培。

宁引多变小冠花

Coronilla varia L. 'Ningyin'

品种登记号：072

登记日期：1990 年 5 月 25 日

品种类别：引进品种

申报者：南京中山植物园。朱光琪、陈贤祯、徐志明、孙浩。

品种来源：1965 年和 1973 年从联邦德国亚深莱茵高等技术学校植物园引入。

植物学特征：豆科小冠花属多年生草本。茎直立或斜生，单数羽状复叶，具小叶 9～25 片，长圆形或倒卵状长圆形，先端圆形或微凹，基部楔形，全缘，光滑无毛。伞形花序，具花 14～22 朵，花小，下垂，花冠蝶形，初为粉红色，以后变为紫色。荚果圆柱形，具 3～13 荚节（多数 4～6 荚节），每荚节含种子 1 粒。种子肾形，红褐色，千粒重 3.5～4.0g。

生物学特性：根蘖延伸扩展力强，在黏土内一年可扩展 200～250cm，沙壤土内可达 300cm 以上，花期集中、花型大。适应性强，耐寒、耐热，亦较耐盐碱。我国北方高原、黄淮海地区，以及长江中下游地区种植、均表现良好。草质柔软，适口性良好，是反刍动物的优良牧草，产鲜草 30 000～45 000kg/hm^2，籽实 225kg/hm^2。生命力强，繁殖快，枝叶繁茂，覆盖面大，亦可作公路、铁路、水坝、河道、坡地的水土保持、护坡植物。花多色艳，亦为较好的观赏和蜜源植物。

基础原种：由联邦德国亚深莱茵高等技术学校植物园保存。

适应地区：适宜黄土高原、华北平原，以及长江中下游地区种植。

宾吉夫特多变小冠花

Coronilla varia L. 'Penngift'

品种登记号：113

登记日期：1992 年 7 月 28 日

品种类别：引进品种

申报者：山西农业大学、中国农业科学院畜牧研究所、山西省畜牧局草原站。万淑贞、商作璞、杨松锐、田德成、白原生。

品种来源：1974 年美国友人韩丁引入山西昔阳大寨大队。

植物学特征：豆科小冠花属多年生草本。株丛松散，草层高 70～106cm，最高 130cm，单株覆盖 4～8m^2。主根较粗，侧根分 4 级，最长达 400cm。根上不定芽能发育成株，每年植株生长可向四周延伸 100cm。根瘤不规则。茎中空有棱，分枝性强。奇数羽状复叶，有小叶 7～27 片，叶量多，占全株重的 55.3％，叶色淡绿。伞形花序，花淡紫色到紫红色，结实率 35.8％。荚果长指状，具 4～13 节。种子肾形，千粒重 3.08～3.26g。

生物学特性：耐寒、耐热、耐旱、耐盐碱、耐阴不耐淹，无病虫害。返青早枯萎迟，生长期 250～290 天，生育期 110～130 天。生命力强，覆盖率高，鲜草用于饲喂反刍家畜，产干草 9 000～13 500kg/hm^2，种子 450kg/hm^2。既是优良牧草，又是很好的水土保持植物，还可作绿肥、蜜源及观赏用。

基础原种：由美国保存。

适应地区：黄土高原丘陵沟壑及水土流失严重地区；西北、华北、东北海拔 2 000m 以下至黄河沙滩轻盐碱地区；年降水量 300mm 左右的干旱土石山区，以及长江以南 pH 5.2 以上的酸性土均宜种植。

西福多变小冠花

Coronilla varia L. 'Xifu'

品种登记号：117

登记日期：1992 年 7 月 28 日

品种类别：育成品种

育种者：中国科学院水利部西北水土保持研究所，宁夏固原地区草原站。伊虎英、鱼红斌、陈凡、马建中、王林江。

育种方法：1984 年用 ^{60}Co - γ 射线 6 千拉德照射联邦德国小冠花根蘖芽，产生芽变，对毒素 β-硝基丙酸进行分析、单株选择，1989 年选育而成。

植物学特征：豆科小冠花属，根系发达，横向走串，单株覆盖面积可达 6m^2，根系主要分布 0～30cm 土层，深者可达 60cm。茎长 90～160cm，草层高达 60cm 左右，半匍匐生长。奇数羽状复叶，互生，绿色，成株复叶最长可达 25cm 以上，有小叶 11～27 片，小叶长椭圆形或倒卵圆形。伞形花序，腋生，粉红色，开花期长。荚果细长，有节，每节一粒种子。紫褐色，种皮坚硬，透水性差，千粒重 4.1g。

生物学特性：抗寒性强，最低温度达 −18℃尚能安全越冬。耐瘠薄，耐盐碱，但不适应酸性土壤，耐湿性差。抗旱性强，在比较干旱的宁南山区，仍然生长繁茂。产干草 4 500～9 000kg/hm^2，种子 150kg/hm^2。由于该品种枝叶繁茂，覆盖面大，已在西延（西安—延安）和西宝（西安—宝鸡）高速公路两侧种植，起到了护坡和观赏的作用。并在我国西北、西南、华北和华南等地区的水土流失区广泛种植，达到了保水保土的作用。

基础原种：由中国科学院水利部西北水土保持研究所保存。

适应地区：在我国西北、华北、西南、华南等地均可种植。

山蚂蝗属
Desmodium Desv.

热研 16 号卵叶山蚂蝗
Desmodium ovali folium Wall. 'Reyan No. 16'

品种登记号： 313

登记日期： 2005 年 11 月 27 日

品种类别： 引进品种

申报者： 中国热带农业科学院热带作物品种资源研究所。刘国道、白昌军、何华玄、唐军、李志丹。

品种来源： 1981 年从澳大利亚引入（原编号 C1AT350）。原产于湿润、半湿润的东南亚地区。

植物学特征： 蝶形花科山蚂蝗属多年生平卧生长的灌木状草本植物。株高 100～150cm，基部木质化，茎粗 0.5～1.5cm。三出复叶或下部小叶单叶互生，小叶近革质，绿色，顶端小叶阔椭圆形，长 2.5～4.5cm，宽 2.2～2.8cm，侧生小叶阔椭圆形，长 1.6～2.5cm，宽 1.0～1.5cm。总状花序顶生，花冠蝶形，长 6～8mm，初开时粉红色，后转为蓝紫色，旗瓣阔卵形，翼瓣倒卵状长圆形，龙骨瓣弯曲。荚果长 1.5～1.9cm，具 4～5 个节荚。种子扁肾形，微凹，淡黄色，长 2mm，宽 1.5mm，千粒重 1.54g。

生物学特性： 喜潮湿的热带、南亚热带气候，适应性广，抗逆性强，牧草产量较高。对湿热地区酸性土壤的适应性较好，对土壤营养需求不高。其根系发达，可吸收深层土壤中的水分和养分。适于高铝、高锰和低磷土壤生长。具有较强的耐阴性、耐涝性和抗水淹能力，也具有一定的耐旱性。营养生长期干物质中含粗蛋白质 13.43%，粗脂肪 2.48%，粗纤维 36.52%，无氮浸出物 41.46%，粗灰分 6.11%，钙 0.83%，磷 0.11%。适宜于饲用和作为水土保持植物利用。

基础原种： 由中国热带农业科学院热带作物品种资源研究所保存。

适应地区： 适于我国长江以南、年降水量 1 000mm 以上的热带、南亚热带地区种植。

镰扁豆属
Dolichos L.

海 沃 扁 豆
Dolichos lablab L. 'Highworth'

品种登记号： 425

登记日期： 2010 年 4 月 14 日

品种类别： 引进品种

申报者： 百绿（天津）国际草业有限公司、北京安多霖科技发展有限公司。石岩、陈谷、王树林、朱得新、邰建辉。

品种来源： 1973 年在澳大利亚通过审定登记，2001 年由百绿（天津）国际草业有限公司从澳大利亚引进。

植物学特征： 豆科镰扁豆属一年生或越年生蔓生草本植物。直根系，具有固氮活性的根瘤，根瘤为扁卵圆形，直径最大可达 2cm。茎蔓长达 300～700cm，生长前期直立，株高 40～50cm 以后开始匍匐缠绕，绿色，六菱形。三出羽状复叶，托叶基生，披针形，长 0.3～0.4cm，小叶宽三角状阔卵形，长 6～15cm，宽约与长相等；侧生小叶两边不等大，偏斜，先端急尖，基部近截平，掌状脉；叶柄长 10～20cm。总状花序腋生直立，长 15～25cm，花序轴粗壮，总花梗长 8～14cm；小苞片近圆形，长 0.3cm，脱落，花 2 至多朵簇生于每一节上，花萼钟状，长 0.6cm，上方 2 裂齿几完全合生，下方的 3 枚近相等；花冠淡紫色，旗瓣圆形，基部两侧具 2 枚长而直立的小附属体，附属体下有 2 耳，翼瓣宽倒卵形，具截平的耳，龙骨瓣呈直角弯曲，基部渐狭成瓣柄；子房线形，无毛，花柱比子房长，弯曲不逾 90°，侧偏平，近顶部内缘被毛。荚果长圆状镰形，长 5～7cm，宽 1.4～1.8cm，扁平，直或稍向背弯曲，顶端有弯曲的尖啄，基部渐狭。种子 3～5 颗，扁平，长椭圆形，种皮为黑色，种脐线形呈白色，长约占种子周长的 2/5，百粒重 45g。

生物学特性： 夏季生长旺盛，喜高温，气温在 25～35℃生长最迅速，对霜冻敏感。为中熟品种。茎、叶柔软，适口性良好，各种家畜喜食。叶不易脱落和枯黄，易加工，可与禾本科牧草混合青贮。对不同土壤和气候适应性强，抗旱和耐贫瘠性突出。抗根腐病和抗豆蝇能力强。不耐水淹，不能在涝洼地种植。在北部地区为典型的一年生，在福建及以南地区可越年生长，但荚果易受霜冻危害，不能成熟。年产鲜草 25 000～55 000kg/hm²。北方产量较低，南方产量较高。茎叶干物质中含粗蛋白质 13.33%，粗脂肪 3.17%，粗纤维 27.8%，此外还含有丰富的维生素。

基础原种： 由澳大利亚北昆士兰热带种子公司（North Queensland Tropical Seeds）保存。

适应地区： 适于生长在年降水量 750～2 500mm 的地区，干旱地区需灌溉以保证产量。

润　高　扁　豆

Dolichos lablab L. 'Rongai'

品种登记号： 424

登记日期： 2010 年 4 月 14 日

品种类别： 引进品种

申报者： 四川农业大学、百绿国际草业（北京）有限公司。陈谷、刘伟、张新全、何胜江、李传富。

品种来源： 1962 年由澳大利亚选育而成，登记品种名称为 Rongai。2001 年，由中国百绿公司从澳大利亚引进。

植物学特征： 豆科镰扁豆属一年生或越年生蔓生草本植物。茎生长活力强，爬蔓生长高度可达 300～600cm。直根系发达，侧根多。三出复叶，单叶成卵菱形，叶长约 7.5～15cm，有明显的叶尖，叶片正面光滑，背面被细毛，叶柄细长。总状花序，花白色。豆荚长 4～5cm，呈弯刀形，表面光滑，内具种子 2～4 粒。种子呈浅棕色，扁卵形，长 1cm，宽 0.7cm，具明显的线型白色种脐，千粒重约 250g。

生物学特性： 茎叶柔软，适口性良好，具晚熟的特性，夏季生长迅速，秋季长势也很旺，茎、叶鲜嫩，不枯黄，产量高，年产鲜草 55 000kg/hm²，干草 10 500kg/hm²。营养生长期风干样品中含干物质 94.17%，粗蛋白质 18.60%，粗脂肪 3.46%，粗纤维 24.82%，无氮浸出物 34.28%，粗灰分 13.01%，钙 1.96%，磷 0.25%，中性洗涤纤维 43.1%，酸性洗涤纤维

38.5％。具有高产、抗根腐病、抗豆蝇能力强、抗旱、耐阴等特点，适宜于各种土壤条件，在高肥水下表现极佳。

基础原种：由澳大利亚北昆士兰热带种子公司（North Queensland Tropical Seeds）保存。

适应地区：适宜在年降水量650～2 000mm且无霜期120天以上，有效积温＞2 100℃的广大区域种植，如四川、重庆、贵州、云南、广西、江苏及黑龙江等地。

山羊豆属
Galega L.

新引1号东方山羊豆
Galega officinalis Lam. 'Xinyin No. 1'

品种登记号：275

登记日期：2004年12月8日

品种类别：引进品种

申报者：新疆畜牧科学院草原研究所。张清斌、李柱、朱忠艳、杨志忠、张江玲。

品种来源：1999年1月和12月引自哈萨克斯坦饲料研究所和俄罗斯圣彼得堡国立农业大学。

植物学特征：豆科山羊豆属多年生草本植物。茎直立，中空，具7～10节，株高90～120cm，茎秆多为绿秆紫节。奇数羽状复叶，长8～20cm，由7～15片小叶组成，下部叶为卵形，上部叶为椭圆形或长椭圆形，每茎着生8～13片复叶。总状花序，顶生，每个枝条有3～4个花序，花序长15～35cm，每花序有15～50朵小花，花为蓝紫色或浅紫色。荚果马刀状，褐色，长1.7～4cm，宽0.2～0.4cm，每荚有种子1～7粒。种子肾形，新鲜种子呈淡黄绿色，旧种子呈浅褐色，千粒重6～6.2g。

生物学特性：具有根蘖性状，繁殖能力强，春季返青早，生长快，叶量丰富，反刍家畜青饲后不得鼓胀病。抗寒性好，有雪覆盖时，可在－25～－40℃低温下安全越冬，在pH 5.3～8.0的偏酸性或轻度盐碱化土壤上生长发育良好。生育期 110～115 天，年可刈割 3 次，在 2000—2002 年区域试验和生产试验中，播种当年产草量低，第 2 年以后干草产量分别为 15 209kg/hm² 和 12 492kg/hm²。生长第三年的种子产量为 450～600kg/hm²。初花期干物质中含粗蛋白质 26.30%，粗脂肪 2.05%，粗纤维 28.06%，无氮浸出物 32.83%，粗灰分 10.76%。各种家畜均喜食，饲喂奶牛可促进泌乳，提高产奶量。

基础原种：由哈萨克斯坦和俄罗斯保存。

适应地区：我国干旱、半干旱地区有浇水条件的地方可种植，也可在年降水量 600mm 以上地区旱作。

大 豆 属
Glycine Willd.

公农 535 茶秣食豆
Glycine max（L.）Merr.'Gongnong No. 535'

品种登记号：039

登记日期：1989 年 4 月 25 日

品种类别：地方品种

申报者：吉林省农业科学院畜牧分院。吴青年、洪绂曾、叶信章、陈自胜、吴义顺。

品种来源：20 世纪 50 年代于吉林省西部地区收集了散落的种子，结合繁殖进行了去劣去杂而成。

植物学特征：根为轴根型。生长初期茎直立，后期茎蔓生，株高达 100～160cm。无限花序，紫色花。荚成熟后呈黄褐色，每荚有 2～3 粒种子。种子扁椭圆形，粒小，百粒重 9～15g。

生物学特性：生育期 130～140 天，为自花授粉植物。耐旱、耐阴性较强、耐盐碱、耐涝。对土壤要求不严，沙土、黏壤土均可栽培。产鲜草 40 000～45 000kg/hm²，籽实 2 700kg/hm²。在低洼地生长良好，耐刈、不耐践踏。

基础原种：由吉林省农业科学院畜牧分院保存。

适应地区：吉林、辽宁、黑龙江、内蒙古、河北等省（区）均可种植。

牡 丹 江 秣 食 豆

Glycine max（L.）Merr. 'Mudanjiang'

品种登记号：454

登记日期：2013 年 5 月 15 日

品种类别：野生栽培品种

申报者：东北农业大学。崔国文、胡国富、王明君、殷秀杰、陈雅君。

品种来源：以 1994 年在黑龙江省牡丹江穆棱市采集到野生的秣食豆种子为育种材料，采用单株混合选择法，经过连续 10 年驯化而成。

植物学特征：豆科大豆属一年生植物，介于大豆和野生大豆之间的半直立中间种。株高平均 200cm 左右，最高可达 280cm，分枝多，茎圆形，半直立。叶互生，有细长柄，小叶两面有茸毛。总状花序簇生在叶腋或枝腋间，每个花序有花 15 朵左右，花紫色。荚果长矩形，密被茸毛，内有种子 2～3 粒，无限结荚习性。种子椭圆形或长椭圆形，扁平，黑色，百粒重 12～14g。

生物学特性：喜温作物，生育期 110～130 天，生长期间需要的积温为 2 200～2 300℃。生长期间最适温度为 18～22℃。幼苗抗寒性较强，能忍受 −3～−1℃的低温，当真叶出现后，抗寒力减弱。开花期喜水耐涝。种子较易萌发；幼苗期间地上部分生长缓慢，叶面积小，地下根系生长迅速；开花期需要较多水分，短期水淹不会影响正常生长，干旱则会引起植株矮小、落花等现象。喜光同时又耐阴，因此可与青贮玉米等高秆作物混播。对土壤要求不严，喜肥沃疏松的黑钙土或壤土，稍耐碱性，但不耐酸性。干草产量平均可达 11 500kg/hm²，结实性较好。营养丰富，饲用价值高，干草中粗蛋白质含量大于 18%。干草调制时，即使遇雨，叶片也不易脱落。

基础原种：由东北农业大学保存。

适应地区：适于东北北部及内蒙古东北部种植。

松 嫩 秣 食 豆

Glycine max（L.）Merr. 'Songneng'

品种登记号：455

登记日期：2013 年 5 月 15 日

品种类别：地方品种

申报者：黑龙江省畜牧研究所。李红、罗新义、杨曌、黄新育、杨伟光。

品种来源：20 世纪 60 年代在黑龙江省松嫩平原西部经过长期栽培、推广种植，形成适应当地气候、土壤条件的地方品种。

植物学特征：豆科大豆属一年生草本植物。轴根型，根系发达。株高 180～190cm，生长初期直立，后期上部蔓生或缠绕，茎密被黄色硬毛。三出羽状复叶，小叶 3 片，大而较厚，顶生小叶卵形或椭圆形，侧生小叶卵圆形，叶柄长，托叶披针形。总状花序腋生，通常有花 5～6 朵，花冠蝶形，淡紫色。荚果矩圆形，成熟时为黑褐色，每荚种子 2～3 粒。种子扁椭圆形，黑色，百粒重 12～14g。

生物学特性：喜温，出苗发芽的最低温度为 6～8℃，生长最适温度 18～22℃。适应性强，在黑龙江省不同生态区均生长良好；抗旱，根系发达；耐阴，耐瘠薄，较耐盐碱。对土壤要求不严，以排水良好，土层深厚，肥沃的黑壤土、黑沙壤土为宜。在黑龙江地区生育天数 130 天左右。干草产量达 9 400～11 500kg/hm^2，种子产量达 1 846.89～2 095.08kg/hm^2。结荚初期粗蛋白质含量 18.24%，是优质的蛋白饲草和混播饲草作物。

基础原种：由黑龙江省畜牧研究所保存。

适应地区：适于东北、内蒙古东部等类似地区种植。

岩黄耆属

Hedysarum L.

赤峰山竹岩黄耆

Hedysarum fruticosum var. *fruticosum* 'Chifeng'

品种登记号：311

登记日期：2005 年 11 月 27 日

品种类别：野生栽培种

申报者：赤峰润绿生态草业技术开发研究所、赤峰市草原工作站、巴林右旗草原工作站。王润泉、王霄龙、刘国荣、王国成、刘建宇。

品种来源：在内蒙古巴林右旗采集的野生山竹岩黄芪，经长期栽培驯化而成。

植物学特征：豆科岩黄芪属多年生半灌木。根粗壮，红褐色。茎直立，多分枝，株高100～150cm，形成明显主茎。单数羽状复叶，具小叶9～21片，小叶长卵形或卵状矩圆形，全缘，长1.3～2.3cm，宽0.3～0.5cm。总状花序腋生，具4～10朵小花，花冠蝶形，紫红或粉红色。荚果1～4节，单节含一粒种子。种子呈椭圆不规则肾形，黄色或黄褐色，千粒重8g左右。

生物学特性：抗寒、耐旱、抗风沙，根系发达，枝条萌蘖力强，喜沙性土壤。既是营养品质好、有较高饲用价值的饲用半灌木，又是抗逆性强、防风固沙、保持水土的长寿命植物。盛花期干物质中含粗蛋白质16.09%，粗脂肪2.99%，粗纤维35.69%，无氮浸出物41.45%，粗灰分3.78%。在赤峰地区干草产量为4 000kg/hm²。适于饲用和作为水土保持植物利用。

基础原种：由赤峰润绿生态草业技术开发研究所保存。

适应地区：适于我国东北、华北和内蒙古等地区的沙地、黄土丘陵区种植。

内蒙塔落岩黄耆（羊柴）

Hedysarum fruticosum var. *leave* 'Neimeng'

品种登记号：094

登记日期：1991年5月20日

品种类别：野生栽培种

申报者：中国农业科学院草原研究所、内蒙古自治区草原工作站和内蒙古清水河县草原工作站。王国贤、刘春和、刘文清、杨珍、额尔德尼。

品种来源：原为内蒙古阴山山地以南黄土丘陵覆沙地、库布齐、毛乌素沙地野生种，经长期栽培驯化为栽培种。

植物学特征：株高100～200cm，根深200～300cm。

生物学特性：具有强大的地下横走根状茎，无性繁殖力强。返青早，生长快，利用年限长。割草、防风固沙兼用。适应性强，耐旱、耐寒、耐瘠薄、抗风蚀沙埋，能耐－35℃寒冻和 45℃沙地高温。喜沙性土壤，耐盐性较差。适口性好，营养丰富，是一种各种家畜喜食的割草型牧草，产干草 3 000～5 000kg/hm²。

基础原种： 由中国农业科学院草原研究所和内蒙古自治区草原工作站保存。

适应地区： 我国北纬 38°45′～45°15′、东经 106°45′～114°的广大地区，≥10℃活动积温 2 300～2 900℃，年降水量 250～450mm 的沙地或覆沙地均宜种植。

中草 1 号塔落岩黄耆

Hedysarum fruticosum var. *leave* 'Zhongcao No. 1'

品种登记号： 190

登记日期： 1998 年 11 月 30 日

品种类别： 育成品种

育种者： 中国农业科学院草原研究所。黄祖杰、闫贵兴、武保国、周淑清。

品种来源： 单株选择与混合选择相结合培育的新品种。将 40 份高产单株种子和高产单株混合种子分别种植，通过株系比较、室内外观察和测定，进一步优选的合成种。

植物学特征： 株高 200cm 以上。茎直立多分枝，树皮灰黄色或灰褐色，茎节间距 10cm 以上。奇数羽状复叶，具小叶 7～23 个。总状花序腋生，具小花 10～30 朵，结果时花序伸长可达 30cm，花紫红色。荚果通常具 1～3 荚节，荚节具圆状椭圆形，表面具隆起的网状脉纹，无毛。种子肾形，褐色，千粒重 15～17g。

生物学特性： 根系发达，横走的根蘖向四周延伸，其节处长出不定根和不定芽，其芽伸出地面形成新植株。花期 6—9 月，果期 9—10 月。一般种植 3 年地上部产量进入高峰期，干草产量可达 14 500kg/hm²。兼有防风固沙、饲用、蜜源和灌木花卉等多种用途。

基础原种： 由中国农业科学院草原研究所保存。

适应地区： 适宜我国华北、西北地区草原、半荒漠中半固定沙丘、流动沙丘和黄土丘陵浅覆沙地种植。

中草 2 号细枝岩黄耆

Hedysarum scoparium Fisch. et Mey. 'Zhongcao No. 2'

品种登记号： 205

登记日期： 1999 年 11 月 29 日

品种类别： 育成品种

育种者： 中国农业科学院草原研究所。黄祖杰、阎贵兴、周淑清、钟乌拉、冯子玉。

品种来源： 从毛乌素沙漠大面积细枝岩黄耆野生灌木林中选择高产单株为原始材料，经单株选择与混合选择相结合，选育而成。

形态特征： 多年生沙生灌木，二倍体（$2n=16$）。株高 200～300cm，表皮暗黄色。主根明显，侧根发达，地下根状茎向四周呈放射状延伸，其节处产生不定根和不定芽，芽伸出地面形成植株。奇数羽状复叶，有小叶 7～11 个。总状花序腋生，花紫红色。荚果卵形、具网纹，密生白色毡状柔毛。种子圆形、褐色，千粒重 20～25g。

生物学特性： 耐旱、耐热、抗寒、耐瘠薄、抗风沙。建植初期产草量低，3 年以后进入产量高峰期，干草产量可达 15 000kg/hm²，比原始群体增产 20％左右。可食部分营养丰富，盛花期干物质中含粗蛋白质 13.83％，粗脂肪 3.55％，粗纤维 32.50％，无氮浸出物 44.66％，粗灰分 5.46％，是干旱沙地的优良灌木，除饲用外，还可用于防风固沙。

基础原种： 由中国农业科学院草原研究所保存。

适应地区： 我国华北、西北地区半固定沙丘和覆沙地种植，也可以在其他地区的沙地、覆沙地试种。

木 蓝 属

Indigofera L.

鄂西多花木蓝

Indigofera amblyantha Craib 'Exi'

品种登记号： 093

登记日期： 1991 年 5 月 20 日

品种类别： 野生栽培品种

申报者： 湖北省农业科学院畜牧兽医研究所。鲍健寅、李平、冯蕊华、周芝昕。

品种来源： 采自湖北省宜昌地区长阳县山地的野生种子，栽培驯化而成。

植物学特征： 直立灌木，高 80～200cm，枝条密被白色丁字毛。单数羽状复叶，具小叶 7～11 个，倒卵形或倒卵状长圆形，先端圆形，基部宽楔形，全缘，两面被丁字毛。总状花序腋生，蝶形花冠淡红色。荚果条形，棕褐色。种子长圆形，褐色，千粒重约 7g。

生物学特性： 适应性广，抗逆性强，耐热、耐干旱，夏秋在高温干旱地区，仍可生长良好。较耐寒，冬季以休眠状态越冬。耐酸瘠土壤，抗病虫害。再生性强，茎秆与根茎着生大量休眠芽，早春可萌发大量嫩枝。成长后的枝叶、花果，均可青刈、青饲或放牧利用，牲畜喜食，产鲜草 30 000～37 500kg/hm²，籽实 1 500kg/hm²。种子含粗蛋白质约 30%，是牛、羊冬季育肥保膘饲料。枝叶茂盛，覆盖度大，根系发达，寿命长，也是生物围栏和水土保持的良好灌木。花期长达 5 个月，花多、色鲜艳，亦是良好的蜜源和观赏植物。

基础原种： 由湖北省农业科学院畜牧兽医研究所保存。

适应地区： 适于长江中下游低山、丘陵地，江西、福建、浙江等省部分地区种植。

胡枝子属

Lespedeza Michx.

胡 枝 子

Lespedeza bicolor Turcz.

别名： 二色胡枝子。

胡枝子原产中国、日本和朝鲜。广泛分布于我国东北、华北、西北及长江流域各地。多生长在海拔 400～1 200m 的山坡地，耐寒、耐旱性都很强，也耐瘠薄，对土壤适应范围很广。

多年生落叶小灌木，根系发达，侧根沿水平方向发展。茎直立，株高200～300cm，多分枝，下部多木质化。三出复叶，小叶倒卵形或椭圆形，先端钝圆，下面被疏柔毛。总状花序，腋生，花冠紫、白两色。荚果倒卵形，疏生柔毛，成熟时不开裂，内含种子1粒，种子千粒重8.3g。当株高达100cm时即可刈割青饲，亦可用于放牧，再生性好。除用作饲草外，还是水土保持和绿肥植物。

赤城二色胡枝子
Lespedeza bicolor Turcz. 'Chicheng'

品种登记号：171

登记日期：1996 年 4 月 10 日

品种类别：野生栽培品种

申报者：中国农业大学动物科技学院，河北省赤城县畜牧局。陈默君、夏景新、刘志、高步云、杜勇。

品种来源：河北省赤城县野生种，经栽培驯化、人工选择而成。

植物学特征：灌木，株高 200～300cm。

生物学特性：比延边二色胡枝子开花期晚 10～15 天。抗寒、耐旱、耐瘠薄、病虫害少，生长年限长。适口性好，营养价值高，为牛、羊所喜食。可放牧、刈草利用。冬前平茬，翌年促进分枝可提高产草量，产干草 12 000～15 000kg/hm²。

基础原种：由河北省赤城县畜牧局保存。

适应地区：适于华北、西北、东北种植。

延边二色胡枝子
Lespedeza bicolor Turcz. 'Yanbian'

品种登记号：044

登记日期：1989 年 4 月 25 日

品种类别：野生栽培品种

申报者：吉林省延边朝鲜族自治州农业科学研究所、延边朝鲜族自治州草原管理站。崔日顺、林炯龙、任秀龙、李南沫、金雄俊。

品种来源：东北地区野生植物，采自延边山区，从 20 世纪 60 年代开始人工栽培。

植物学特征：多年生落叶灌木。根系发达，直根系，侧根密集在 10～15cm 土层中。茎直立，高 120～300cm，分枝多，下部木质化。叶由三小叶组成复叶。总状花序，花密生、紫红色。荚果斜卵形，不开裂，疏生柔毛。每荚有种子一粒，千粒重 8.3g。

生物学特性：生长于海拔 300～1 000m 的低山丘陵、山坡、林缘地带。耐干旱、耐瘠薄、抗寒、对土壤适应性广。春季萌发早，再生力强。幼嫩枝叶为各种家畜喜食，产鲜草 30 000～60 000kg/hm^2。根系发达，保土能力强，也是一种水土保持植物和蜜源植物，枝可编织，茎皮纤维可造纸、药用等多种用途。

基础原种：由吉林省延边朝鲜族自治州农业科学研究所保存。

适应地区：东北、华北、西北及长江流域各地的山区、丘陵、沙地上均可种植。

晋农 1 号达乌里胡枝子

Lespedeza daurica (Laxm.) Schindl. 'Jinnong No. 1'

品种登记号：466

登记日期：2014 年 5 月 30 日

品种类别：育成品种

育种者：山西农业大学。赵祥、朱慧森、杜利霞、董宽虎、姚继广。

品种来源：2000 年从山西省太行山区（太谷县凤山 N37°14′，E112°23′，海拔 925m）采集野生达乌里胡枝子为材料，在人工栽培条件下，采用两次混合选择法，从野生群体中选出叶量丰富、主枝较长、分枝数较多、生育期表现接近和小花颜色相对一致的优良单株，混合收种引种驯化而成。

植物学特征：豆科胡枝子属多年生草本状半灌木。直根系，侧根发达，主要分布在 0～30cm 土层。茎斜生，主枝长 80cm 左右，一级分枝 6～13 个。羽状三出复叶，小叶披针状。总状花序，腋生，荚果内含 1 粒种子。种子卵形，千粒重 2.0g。

生物学特性： 分枝多，叶量丰富，抗旱性强，耐瘠薄土壤，抗病虫害。在盐碱和低洼湿地生长不良，生育期约 175 天左右。该品种在山西省太谷县旱作条件下干草产量为 5 000～6 000kg/hm²，灌水施肥条件下为 7 000～9 000kg/hm²，种子产量约为 500kg/hm²。生长 2 年太行达乌里胡枝子头茬草营养成分平均为：水分 6.1%，粗蛋白质 14.0%，粗灰分 4.5%，粗纤维 32.6%，粗脂肪 12.0%，中性洗涤纤维 56.3%，钙 0.88%，磷 0.3%。

基础原种： 由山西农业大学保存。

适应地区： 适于我国华北、西北年降水量 350～700mm 温暖半干旱半湿润地区种植。

林西达乌里胡枝子

Lespedeza daurica（Laxm.）Schindl. 'Linxi'

品种登记号： 437

登记日期： 2011 年 5 月 16 日

品种类别： 野生栽培品种

申报者： 中国农业科学院草原研究所、中国农业大学、内蒙古林西县草原工作站。孙启忠、玉柱、陶雅、赵金梅、赵淑芬。

品种来源： 从内蒙古赤峰市林西县新城子镇采集的野生达乌里胡枝子，经引种、驯化而获得。

植物学特征： 豆科胡枝子属中旱生草本状半灌木。直根系，主根发达，主要分布在 0～20cm 土层。茎直立或斜生，花期株高 75～85cm。羽状三出复叶，小叶披针状短圆形，长 1.5～3.0cm，宽 0.5～1.0cm。总状花序腋生，每个小花结 1 个荚果，每个荚果含 1 粒种子，种子千粒重 2.27～2.34g。

生物学特性： 抗寒、耐旱、耐瘠薄，病虫害少。生育期为 103～108 天。大田干草产量 5 403～6 052kg/hm²，种子产量 539～621kg/hm²。收种当年种子硬实率 30～55%。枝条较细，二级分枝和叶量丰富，适口性好。开花期风干草含水量 7.31%，含粗蛋白质 13.48%，粗脂肪 5.72%，粗纤维 39.23%，无氮浸出物 28.62%，粗灰分 3.92%，钙 0.84%，磷 0.21%。适合放牧、调制干草或青贮。

基础原种：由中国农业科学院草原研究所保存。

适应地区：适于东北、华北和西北干旱、半干旱地区种植。

陇东达乌里胡枝子

Lespedeza daurica（Laxm.）Schindl. 'Longdong'

品种登记号：459

登记日期：2013 年 5 月 15 日

品种类别：野生栽培品种

申报者：甘肃创绿草业科技有限公司、甘肃农业大学草业学院。曹致中、马彦军、于林清、柴永青、邹伟。

品种来源：以甘肃省平凉市灵台县龙门乡采集的野生达乌里胡枝子为材料，在人工栽培条件下，采用混合选择法，从野生群体中选出植株高度较高、分枝数较多、生育期相近、花色相对一致的优良单株，混合收种，形成野生栽培品种。

植物学特征：豆科胡枝子属多年生旱生草本状灌木。直根系，主根发达，多分布于 0~20cm 土层。开花期株高约 86cm，茎直立或斜生。羽状三出复叶，小叶披针形。总状花序腋生，一级分枝和二级分枝均有花序，生长 2 年的陇东达乌里胡枝子平均每个花序小花数为 21.9 个，每荚果 1 粒种子。

生物学特性：抗寒抗旱耐瘠薄，病虫害少。在良好栽培条件下，干草产量可达 7 000~12 500kg/hm²，种子产量 300~700kg/hm²。开花前适口性好，开花后草质较粗糙。可用于改良退化沙化草地和建植人工草地，以及用于水土保持。

基础原种：由甘肃创绿草业科技有限公司保存。

适应地区：适于黄土高原半干旱、半湿润地区和北方类似地区种植。

科尔沁尖叶胡枝子

Lespedeza hedysaroides（Pall.）Kitag. 'Keerqin'

品种登记号：325

登记日期：2006 年 12 月 13 日

品种类别：野生栽培品种

申报者：中国农业科学院草原研究所、中国农业大学、内蒙古林西县草原土作站。孙启忠、韩建国、王赟文、赵淑芬、冯志茹。

品种来源：1996 年在内蒙古林西县采集野生尖叶胡枝子，经多年栽培驯化而成。

植物学特征：多年生草本状半灌木。基部分枝 2～7 个，茎直立，枝条上部形成大量分枝，呈扫帚状，开花期株高 60～90cm。直根系。叶片条状长圆形。总状花序，腋生，具 3～5 朵小花，花白色有紫斑。荚果圆形，有短柔毛，内含种子 1 粒，千粒重 1.57～1.84g。

生物学特性：生育期 120 天左右。适应性广，抗旱、耐寒、耐瘠薄，病虫害少。通常散生在立地条件严酷的碎石干旱山坡上。干草产量 4 700～5 100kg/hm^2，种子产量 550kg/hm^2 左右。营养价值较高，适口性好，各类家畜均喜食，二年生孕蕾期干物质中含粗蛋白质 16.22%，粗脂肪 2.36%，粗纤维 33.69%，无氮浸出物 41.93%，粗灰分 5.80%，钙 1.73%，磷 1.31%。是家畜的优良饲料，也可用于干旱地区沙化、退化草地改良。

基础原种：由中国农业科学院草原研究所保存。

适应地区：适于内蒙古东部，东北、华北干旱与半干旱地区种植。

中草 16 号尖叶胡枝子

Lespedeza hedysaroides (Pall.) Kitag. 'Zhongcao No. 16'

品种登记号：594

登记日期：2020 年 12 月 3 日

品种类别：育成品种

申报者：中国农业科学院草原研究所、东北农业大学、中国农业科学院农业资源与农业区划研究所。陶雅、赵金梅、孙雨坤、徐丽君、李峰。

品种来源：以栽培驯化的科尔沁尖叶胡枝子群体为原始材料，经过株选和多次多代混合选育而成。

植物学特征：豆科胡枝子属多年生草本状半灌木，直根系。茎直立，枝条密而较细。羽状三出复叶，托叶刺芒状，叶片条状长圆形，叶密集。总状花序腋生，花冠白色，具 3～5 朵小花。荚果包于宿存的花萼内，内含 1 粒种子，千粒重 1.68g。

生物学特性： 播种当年草产量较低，第 2 年和第 3 年干草产量可达 5 200～5 800kg/hm²。在内蒙古生育期约 134 天。

基础原种： 由中国农业科学院草原研究所保存。

适应地区： 适于在我国西北、华北、东北等干旱、半干旱、半湿润的平原地区和山地草原区种植。

银合欢属

Leucaena Benth.

热研 1 号银合欢

Leucaena leucocephala（Lam.）de Wit 'Reyan No. 1'

品种登记号： 100

登记日期： 1991 年 5 月 20 日

品种类别： 育成品种

育种者： 华南热带作物科学研究院。蒋侯明、邢诒能、刘国道、何华玄、王东劲。

品种来源： 1961 年从中美洲引入原始材料。1980 年后，又从美国、泰国、菲律宾等国家引入 30 多个品系。后经多年田间鉴定、比较试验，选择、品比、区试，选育出的新品种。

植物学特征： 灌木或小乔木，高 200～1 000cm。叶为二回羽状复叶，羽片 4～8 对，小叶 4～15 对，条状长椭圆形。头状花序球形，1～2 个腋生，直径 2～3cm，具长梗，花白色。荚果条形，扁平，无毛，褐色，有种子 12～25 粒。种子卵形，扁平，有光泽。

生物学特性： 耐旱、耐瘠，但不耐寒、不耐涝。对土壤酸度极敏感，强酸性土壤生长不良。固氮能力强，较抗病。速生高产，萌蘖再生力强，茎枝叶产量达 45 000～60 000kg/hm²，营养价值高，适口性好，可直接青饲和放牧，或干饲、青贮利用。种子产量高，成熟后脱落能自然繁殖。种荚亦可作牲畜精料。枝叶和种子中含有毒的含羞草碱，喂饲时应注意用量和配合。适应性强，利用年限长，用途广泛，是热带地区优良的饲料，也是绿肥、燃料、建材、绿化、水土保持综合利用的木本植物。

基础原种：由华南热带作物研究院保存。

适应地区：适于我国海南、广东、广西、云南、福建、浙江、台湾等热带和南亚热带地区种植。

罗顿豆属
Lotononis（DC.）Eckl. et Zeyh.

迈尔斯罗顿豆
Lotononis bainesii Baker 'Miles'

品种登记号：223

登记日期：2001 年 12 月 22 日

品种类别：引进品种

申报者：中国农业科学院土壤肥料研究所祁阳红壤实验站。文石林、徐明岗、黄平娜、秦道珠、王伯仁。

品种来源：1993 年从澳大利亚热带农业研究所引进，原产于南非。

形态特征：豆科罗顿豆属多年生热带草本植物。直根系，侧根发达，匍匐茎节上也能长出发达的根系。茎匍匐，细长，达 120～150cm，光滑无毛，分枝不规则，草层高度可达 60cm。掌状三出复叶，偶有四叶或五叶，单生或多个簇生于茎节上，叶片长条形，先端尖，中间叶片长 3.8cm，宽 1.7cm，其余叶片小。总状花序，顶部可集中呈伞状，具 8～23 朵小花，花黄色。荚果长条形，内含种子多且相连，成熟时易迸裂。种子米黄色或品红色，椭圆形或不对称心形，千粒重 0.3g。

生物学特性：耐酸、耐瘠薄，在 pH 4.5、未施肥的荒地上生长良好。较耐高温干旱，抗霜冻。耐阴，适于果园种植。根系发达，根瘤多，固氮能力强。茎节着地生根，繁殖速度快，竞争能力强，能与多种禾本科牧草混播，同时具有良好的水土保持能力。生长季节长，一年四季可提供鲜草。在湖南祁阳的幼龄及中龄橘园和幼龄枇杷园生产试验中，干草产量为 6 165～7 080kg/hm²。种子产量为 45～75kg/hm²。盛花期干物质中含粗蛋白质 20.20%，粗脂肪 4.40%，粗纤维 27.30%，无氮浸出物 40.10%，粗灰分

8.00%。适口性好，牛、羊、猪、兔、鹅均喜食。

基础原种：由澳大利亚 CSIRO 热带作物与牧草研究所保存。

适应地区：适于长江以南红黄壤地区种植。

大翼豆属
Macroptilium （Benth.） Urban

色拉特罗大翼豆
Macroptilium lathyroides （L.） Urban 'Siratro'

品种登记号：248

登记日期：2002 年 12 月 11 日

品种类别：引进品种

申报者：中国热带农业科学院热带牧草研究中心。易克贤、何华玄、刘国道、 白昌军 、符南平。

品种来源：1965 年从澳大利亚引进。

形态特征：豆科大翼豆属多年生缠绕性草本植物。直根系，根系发达，具根瘤。茎匍匐蔓生，长达 400cm 以上，柔软，能缠绕它物而生，茎具节，茎节着地生根。三出复叶，深绿，叶背具银灰色短茸毛，叶片卵圆形，长 3~8cm，宽 2~5cm，两侧小叶外缘常具浅裂。花深紫色，两枚翼瓣较大，花梗长，有花 2~15 朵，闭花受精。荚果长而细，顶端稍弯曲，具种子 8~15 粒，成熟时呈褐色。种子卵圆形，种皮光滑，千粒重 12~13g。

生物学特性：抗旱性强，覆盖性好，可用作铁路、公路两侧的覆盖植物和水土保持植物。耐酸性土壤，可在 pH 4.5 的土壤中正常生长，耐瘠薄，较耐阴。与禾本科的臂形草、坚尼草混播，亲和性和持续性好。耐牧，叶量大，茎叶柔软，适口性好，是青饲及刈制干草的优良豆科牧草。在海南东方市、云南普洱市等地种植，鲜草产量为 50 000~60 000kg/hm²。种子产量达 581kg/hm²。盛花期干物质中含粗蛋白质 20.38%，粗脂肪 2.71%，粗纤维 30.76%，无氮浸出物 38.65%，粗灰分 7.50%。

基础原种：由澳大利亚保存。

适应地区：适于我国热带、南亚热带地区种植。

硬皮豆属

Macrotyloma（Wight et Arn.）Verdc.

崖州硬皮豆

Macrotyloma uniflorum（Lam.）Verdc. 'Yazhou'

品种登记号：480

登记日期：2015 年 8 月 19 日

品种类别：地方品种

申报者：中国热带农业科学院热带作物品种资源研究所。虞道耿、刘国道、白昌军、钟声、罗丽娟。

品种来源：据 1965 年《热带牧草绿肥引种栽培及利用》文献记载，已经作为地方品种在海南岛西南部等地长期栽培，但最初的来源已无从考证。

植物学特征：豆科硬皮豆属一年生半直立型缠绕草本。茎纤细，被白色短柔毛，直立部分高 30～60cm。小叶 3 枚，质薄，总叶柄长 1～7cm，托叶披针形，长 4～10mm。总状花序短缩，通常 2～5 朵腋生成簇，花梗及花序轴长 0～1.5cm，苞片线形，长约 2mm，花瓣淡黄绿色。荚果线状长圆形，长 3～6cm，宽 4～8mm，每荚具种子 5～8 粒。种子长圆形或肾形，长 4～6mm，宽 3～5mm，浅或深红棕色，千粒重 15～30g。

生物学特性：喜湿热气候环境，生长适宜温度为 25～35℃。温度低至 20℃以下时，生长速度显著降低。耐旱、耐贫瘠能力强，萌芽及早期生长迅速。播种 6 周后即可刈割，干草产量 4 300kg/hm²，种子产量 500kg/hm²。叶量丰富，适口性好，营养价值较高。盛花期干物质中含粗蛋白质 16.93%，粗脂肪 3.75%，粗纤维 9.58%，无氮浸出物 66.78%，粗灰分 0.04%，钙 0.08%，镁 1.26%，钾 1.35%，磷 0.23%。

基础原种：由中国热带农业科学院热带作物品种资源研究所保存。

适应地区：适于在长江以南、亚热带中低海拔气候区，作为夏季短期性豆科牧草种植；在南亚热带及更热地区，常用于果园、经济林等地表覆盖作物种植或用作热带地区多年生草地先锋豆科牧草种植。

苜　蓿　属
Medicago L.

苜蓿原产于古代的米甸国，即今日之伊朗。公元前2世纪，汉武帝两次派遣张骞出使西域，到过大宛（今中亚费尔干纳盆地）、乌孙（今伊犁河南岸）、罽宾（今克什米尔一带）等国，带回紫花苜蓿种子，先在长安宫廷中栽培，其后逐渐传播开，在我国北方地区广为栽培。

我国有苜蓿属植物12个种3变种，其中人工栽培的有紫花苜蓿（*M. sativa* L.）、黄花苜蓿（*M. falcata* L.）、杂花苜蓿（*M. varia* Martin. = *M. media* Pers = *M. sativa* L. × *M. falcata* L.）、花苜蓿〔*M. ruthenica*（Linn.）Trautv.〕、金花菜（*M. polymorpha* L.）和天蓝苜蓿（*M. lupulina* L.）6个种。栽培面积较大的在北方是紫花苜蓿和杂花苜蓿，在南方是金花菜。

苜蓿属为一年生或多年生草本。三出复叶。花小，组成腋生的短总状花序或头状花序，蝶形花冠黄色或紫色；雄蕊10，二倍体。荚果螺旋形或镰形，不开裂，有种子1至数粒。

紫花苜蓿为多年生草本。花紫色或蓝紫色。荚果螺旋形。染色体数目为$2n=32$。紫花苜蓿产量高、品质好，是中国最主要的栽培牧草。据1989年统计，全国栽培面积为135万公顷。

黄花苜蓿根系纤细，茎较细、匍匐，花黄色，荚果镰刀状。染色体数目为$2n=32$及$2n=16$。产草量比紫花苜蓿低，由于落粒性强，所以收获种子困难。刈割后再生十分缓慢，比紫花苜蓿更抗寒、抗旱。该种在北方草原上有野生，亦可用于建立混播草地，在农业上的重要性较小。

黄花苜蓿与紫花苜蓿容易杂交，杂交种正常结实，这类杂种称为杂花苜蓿，介于两亲本的中间型。根茎较宽阔，茎半直立或半匍匐。花色很杂，有紫、浅紫、白、黄绿、浅黄、深黄及血青色等多种。荚果为松散螺旋形及镰刀形等。染色体数目为$2n=32$。产草量较高，抗寒性、抗旱性往往优于紫花苜蓿亲本类型，适宜在寒冷地区和较高海拔地区种植。

呼伦贝尔黄花苜蓿
Medicago falcata L. 'Hulunbeier'

品种登记号： 269

登记日期： 2004 年 12 月 8 日

品种类别： 野生栽培品种

申报者： 内蒙古自治区呼伦贝尔市草原研究所、内蒙古农业大学、鄂温克旗大地草业公司。刘英俊、云锦凤、王俊杰、张明、洪杰。

品种来源： 从内蒙古呼伦贝尔市鄂温克旗草原采集野生黄花苜蓿，经栽培驯化而成。

植物学特征： 豆科多年生草本植物。株型直立或半直立，株高 100cm。多个主茎，每茎有较多的 1 级和 2 级分枝。三出复叶，小叶倒卵形或披针形，距地面 30～43cm 高的草层内小叶长 1.3～2.0cm，宽 0.3～1.0cm，先端钝圆，基部楔形，边缘有微小锯齿。总状花序，生于叶腋或茎的顶端，每花序具小花 20 朵左右，花鲜黄色。荚果扁平，弯曲成半月形或镰形。种子为不规则肾形，鲜黄至黄褐色，千粒重 1.4g。

生物学特性： 生育期约 120 天。抗寒，在内蒙古最寒冷的地区能安全越冬。同时具有耐旱、抗病虫及持久性长的特点。在呼伦贝尔市种植，年均干草产量为 7 000～9 000kg/hm²。种子产量 180～225kg/hm²。现蕾期干物质中含粗蛋白质 19.92%，粗脂肪 1.90%，粗纤维 30.54%，无氮浸出物 40.15%，粗灰分 7.49%，蛋白质消化率 65.68%。适口性好，各种家畜喜食。

基础原种： 由内蒙古自治区呼伦贝尔市草原研究所保存。

适应地区： 适于我国北方高寒及干旱地区种植。

秋柳黄花苜蓿
Medicago falcata L. 'Syulinskaya'

品种登记号： 346

登记日期： 2007 年 11 月 29 日

品种类别： 引进品种

申报者： 东北师范大学草地科学研究所。周道玮、黄迎新、武祎。

品种来源： 2003 年从俄罗斯雅库特共和国北方草地研究所引进。

植物学特征： 豆科苜蓿属多年生草本。植株半匍匐生长，株高 40～60cm，叶片分布较均匀，属于半上繁草类型。

生物学特性： 抗寒、抗旱，在吉林省西部、黑龙江地区可安全越冬，在年降水量 300mm 地区可正常生长。耐盐碱，在 0.75％NaCl 溶液中发芽率 83.7％，在 1.25％ NaCl 溶液中发芽率为 34.8％，在吉林省西部土壤 pH 8.5～9.0 的盐碱地上可以种植。播种当年干草产量达到 2 000kg/hm²，生长第四年产量最高，可达 5 000kg/hm²。适口性好，初花期干草粗蛋白质含量为 20.12％。

基础原种： 由俄罗斯雅库特共和国北方草地研究所保存。

适应地区： 适于我国北方寒冷、半干旱地区，与多年生禾本科牧草混播或建植放牧草地。

楚 雄 南 苜 蓿

Medicago polymorpha L. 'Chuxiong'

品种登记号： 347

登记日期： 2007 年 11 月 29 日

品种类别： 地方品种

申报者： 云南省肉牛和牧草研究中心、云南省楚雄彝族自治州畜牧兽医站。薛世明、袁希平、杨培昌、徐驰、陈兴才。

品种来源： 云南省楚雄彝族自治州栽培 60～70 年的农家品种。

植物学特征： 豆科苜蓿属一年生或越年生豆科草本植物。茎丛生，匍匐或直立，株高 30～100cm，基部多分枝，无毛或稍有毛。三出复叶，小叶倒卵形或心脏形，长 1.0～1.5cm，宽 0.7～1.0cm，顶端钝圆或微凹，上部边缘有锯齿，下面有疏毛，侧生小叶略小，托叶裂刻较深。花腋生，总状花序，有花 2～6 朵，花萼钟状，深裂，花萼筒有疏柔毛，花冠蝶形，黄色。荚果螺旋形，直径约 0.6cm，边缘有刺毛，刺端有钩，含种子 3～7 粒。种子肾形，黄褐色，千粒重约 2.0g。二倍体，染色体数为 $2n=14$。

生物学特性： 在土壤 pH 5.0～8.6 范围内均能正常生长。草质优良，具有较高的饲用价值，干物质产量达 5 980kg/hm²。

基础原种：由云南省肉牛和牧草研究中心保存。

适应地区：适于长江中下游及以南地区种植。

淮 扬 金 花 菜

Medicago polymorpha L. 'Huaiyang'

品种登记号：457

登记日期：2013 年 5 月 15 日

品种类别：地方品种

申报者：扬州大学、扬中市绿野秧草专业合作社。魏臻武、曹德明、武自念、李伟民、雷艳芳。

品种来源：从长江下游江苏沿江稻区搜集金花菜种质资源栽培，采用混合选择法，以产草量和生长速度为指标，经多年筛选而成。

植物学特征：豆科苜蓿属一年生草本。主根系，侧根较多。子叶出土，株高 30～80cm。茎斜生或匍匐，分枝能力强，可刈割再生。根瘤圆形或扇形，较多。三出羽状复叶，叶片较薄，叶菱形、倒卵形或倒披针形，有大叶和小叶之分。小叶顶端圆，中肋稍凸出，叶缘上部 2/3～1/2 有锯齿。总状花序腋生，蝶形花较小，从叶腋中抽生，花梗细，花黄色，小花 1～4 枚。雄蕊 9+1，自花授粉，花期 30～40 天。荚果螺旋形，边缘有毛，具带钩柔刺。每荚 3～6 粒种子。种子黄褐色、粒较小，肾形，千粒重 1.8g。

生物学特性：对土壤要求不严，喜排灌良好、肥沃疏松的沙壤土。前期生长慢，后期生长快，冬季生长良好。淮扬金花菜属小叶型，产草量高且稳定，抗寒、抗病虫能力较强。蛋白质含量高，经济价值高。可多季栽培，春、夏、秋播均可，常以秋播为主，长江流域适于 9—11 月播种。可以多次刈割利用。生长状况易受水分条件影响，不耐涝，抗旱性差。冬春季病虫害发生较少。营养生长期烘干样中含干物质 83.86%，粗蛋白质 29.4%，粗灰分 7.94%，中性洗涤纤维 21.71%，酸性洗涤纤维 10.29%。

基础原种：由扬州大学保存。

适应地区：适于长江中下游地区种植。

陇 东 天 蓝 苜 蓿

Medicago lupulina L. 'Longdong'

品种登记号：246

登记日期：2002 年 12 月 11 日

品种类别：野生栽培品种

申报者：甘肃农业大学、甘肃创绿草业科技有限公司。曹致中、冯毓琴、柴惠、仇良德、容维中。

品种来源：1998 年从甘肃灵台县等地采集的野生种子经栽培驯化而成。

植物学特征：一年生或越年生草本植物。主根细长，茎匍匐或半直立，长 20～40cm。叶为三出复叶，宽倒卵形或似菱形，长宽相似，1～1.5cm，小叶边缘上部具锯齿。头状或总状花序，长 1～1.5cm，密生小花 10～18 朵，花冠黄色，蝶形。荚果黑色，弯曲呈肾形，有网纹，每荚有种子 1 粒。种子肾形，黄褐色，千粒重 0 9～1.1g。

生物学特性：耐寒、耐旱性强，可耐受−28℃的低温。在干旱坡地植株低矮，高 20cm 左右。一年生植株生育期约 80 天，越年生植株约 240 天。在生长期内可修剪 3～5 次，不会影响更新和再生。作为草坪地被密植时，叶小花黄，整齐美观。适用于建植公共绿地以及作为牧草或绿肥利用，在麦类作物夏收后复种和玉米田行间套种，单播时干草产量达 6 000～9 000kg/hm²。

基础原种：由甘肃农业大学保存。

适应地区：适于我国北方除高寒地区和荒漠半荒漠地区以外的大部分地区种植，尤宜在黄土高原种植。

土 默 特 扁 蓿 豆

Medicago ruthenica（L.）Sojak 'Tumote'

品种登记号：379

登记日期：2009 年 5 月 22 日

品种类别：野生栽培品种

申报者：中国农业科学院草原研究所。王照兰、杜建材、王育青、胡卉芳、赵丽丽。

品种来源：以采自内蒙古土默特左旗沙尔沁乡的野生扁蓿豆为原始材料，以匍匐型、枝条长、高产为选择性状，经多年栽培驯化而成。

植物学特征：多年生草本。根系发达，主根不明显。植株匍匐型，枝条长，株丛直径大，分枝多，株高 30～50cm。三出羽状复叶，叶片长 5～15mm，宽 3.5～6mm。总状花序，具花 2～15 朵，花正面黄色，背面红褐色。荚果扁平，矩圆形，长 7～15mm，宽 3～5.1mm，先端有短喙，含种子 2～7 粒。种子椭圆形，黄褐色，千粒重 2.54g，硬实率达 60％。

生物学特性：适应性强，抗旱、抗寒、抗病虫害，耐瘠薄、耐风沙，在极端最低气温－41.5℃地区越冬返青率 100％。叶量丰富，适口性好，饲用价值高，年干草产量可达 3 500～4 100kg/hm²。开花期青干草中含干物质 93.07％，粗蛋白质 13.58％，粗脂肪 1.49％，粗纤维 22.85％，无氮浸出物 48.22％，粗灰分 6.93％，钙 1.31％，磷 0.11％。

基础原种：由中国农业科学院草原研究所保存。

适应地区：适于我国北方干旱、半干旱地区种植。

直立型扁蓿豆

Medicago ruthenica （L.）Sojak 'Zhilixing'

品种登记号：130

登记日期：1993 年 6 月 3 日

品种类别：育成品种

育种者：内蒙古农牧学院草原科学系。乌云飞、石凤翎、玉柱、阿拉塔。

品种来源：由野生扁蓿豆经过多次混合选择育成的直立型、高产新品种。1980 年，在黑龙江省采集野生扁蓿豆，1980—1989 年，经过多次混合选择，筛选出直立型扁蓿豆。1990 年开始进行品比试验，接着又进行了区域试验及多点生产试验。已在内蒙古、青海等地区栽培推广。

植物学特征：多年生草本植物。植株直立，株高达 90～110cm，分枝多，每株分枝数 30～50 个，叶片较大，柔嫩，叶量丰富。

生物学特性：该品种抗寒性强，可在－40℃地区越冬。抗旱，耐风沙、耐瘠薄，抗蓟马，适应性强。青绿期达 180～200 天，特别适合北方干旱、寒冷地区栽培利用。适口性好，饲用价值高。鲜草产量 37 500～45 000kg/hm²，干草产量 7 500～11 000kg/hm²，比原种增产 18.8%～24.5%。种子产量 150～180kg/hm²，比原种增产 50.6%，同时种子硬实率由 60%～30% 下降到 10% 左右。

基础原种：由内蒙古农牧学院草原科学系保存。

适应地区：适于内蒙古、青海、新疆、吉林、黑龙江等地区种植。

龙 牧 801 苜蓿

Medicago ruthenica（L.）Sojak.×*Medicago sativa*

L. 'Longmu No. 801'

品种登记号：132

登记日期：1993 年 6 月 3 日

品种类别：育成品种

育种者：黑龙江省畜牧研究所。王殿魁、李红、罗新义、李敬兰、多立安。

品种来源：以野生二倍体扁蓿豆作母本，地方良种四倍体肇东苜蓿作父本。为克服远缘杂交不育性，1976—1977 年对亲本进行辐射处理；1980—1983 年用突变体实行人工封闭杂交，共获得正反交杂种 64 株；1984—1987 年以集团选择法进行继代选育；1988—1992 年开展品种比较试验、区域试验和生产试验；1992 年末育成新品种。

植物学特征：豆科苜蓿属多年生草本，近似肇东苜蓿的中间型，株形比较直立。在齐齐哈尔地区开花期株高 70～80cm，成熟期株高 90～110cm。叶形和大小不一致，多为窄叶形。花序长短不齐，长者 3～4cm，短者 1～2cm，花色为深浅不同的紫色，杂花率为 6～8%。荚果螺旋形，有旋 1～7 圈。种子黄色，肾形和不规则肾形，千粒重 2～3.5g。

生物学特性：返青比肇东苜蓿晚 2～3 天，生育期 110 天左右。抗寒，冬季少雪−35℃和冬季有雪−45℃以下安全越冬，气候不正常年份越冬率为 82%。耐碱性较强，在 pH 8.4 的白城地区盐碱地上，春播当年干草产量 6 000kg/hm²，比对照公农 1 号苜蓿增产 69.4%。在温暖湿润的松辽平原，每年可刈割 3 次，鲜草产量 12 000kg/hm²。在松嫩平原温和湿润区一般干草产量 7 500～9 000kg/hm²。再生性好，叶量略高于肇东苜蓿（49%），为 50%～52%。叶量分布部位较低。不发生扁蓿豆的白粉病，对蓟马也有一定抗性。对土壤要求不严格，从黑龙江省北部小兴安岭寒冷湿润地区至南部松辽平原温暖湿润区的黑土、pH 8.16～8.4 的盐碱地以及东部温凉湿润区的白浆土均可种植。

基础原种： 由黑龙江省畜牧研究所保存。

适应地区： 适于小兴安岭寒冷湿润区和松嫩平原温和半干旱区种植。

驯鹿紫花苜蓿
Medicago sativa L. 'AC Caribou'

品种登记号： 348

登记日期： 2008 年 1 月 16 日

品种类别： 引进品种

申报者： 北京克劳沃草业技术开发中心。刘自学、苏爱莲、范龙、刘艺杉、杨桦。

品种来源： 由加拿大 Brett-Young Seeds 公司选育而成。1998 年由北京克劳沃草业技术开发中心引进。

植物学特征： 豆科苜蓿属多年生草本。株型直立，自然高度 100cm 左右。根系发达，主根入土深。茎秆较细，分枝多。叶为三出复叶，有小叶 3 片，中等大小。花多为淡紫色、少量为紫色。荚果螺旋形，种子褐色，肾形，千粒重 2.1～2.3g。

生物学特性： 生育期 128 天左右，为早熟品种。秋眠级为 1，抗寒、耐旱，综合抗病性强。干草产量较高，可达 13 000～15 500kg/hm²，初花期干物质中含粗蛋白质 22.38%。

基础原种： 由加拿大 Brett-Young Seeds 公司保存。

适应地区： 适于华北、西北和东北较寒冷地区种植。

阿迪娜紫花苜蓿
Medicago sativa L. 'Adrenalin'

品种登记号： 511

登记日期：2017 年 7 月 17 日

品种类别：引进品种

申报者：北京佰青源畜牧业科技发展有限公司、甘肃省草原技术推广总站。钱莉莉、房丽宁、韩天虎、向金城、李继伟。

品种来源：引自美国 Cal-west Seeds 公司。

植物学特征：豆科苜蓿属多年生草本植物。主根粗壮，根系发达。茎直立、中空，略呈方形。分枝多，茎柔软、纤细。多叶，每个复叶有 3～5 个叶片，叶为羽状三出复叶，小叶长圆形或卵圆形，中叶略大。总状花序，蝶型小花簇生于主茎和分枝顶部，花几乎全为紫色，有白色或黄色斑点。果实为 2～4 回螺旋形荚果，每荚内含种子 2～6 粒。种子肾形，黄色或淡褐黄色，千粒重 2.1g。

生物学特性：苗期生长较快，再生性能强，每年可刈割 3～4 次。多叶率 89%，叶茎比高，易于干燥，适合制作优质干草。属于中熟品种，秋眠级 4，抗病指数 30，对疫霉根腐病、青枯病、枯萎病和黄萎病具有高抗性。

基础原种：由美国 Cal-west Seeds 公司保存。

适应地区：适于北京、兰州、太原等地及气候相似的温带区域种植。

牧歌 401＋Z 紫花苜蓿
Medicago sativa L. ‘AmeriGraze 401＋Z’

品种登记号：272

登记日期：2004 年 12 月 8 日

品种类别：引进品种

申报者：北京克劳沃草业技术开发中心、北京格拉斯草业技术研究所。刘自学、苏爱莲、刘艺杉、吴序卉、王继朋。

品种来源：北京克劳沃草业技术开发中心 1998 年从美国引进，原品种由美国赛贝科国际种子公司育成。

植物学特征：豆科多年生草本植物。株型直立，自然株高 110cm，分枝多。三出复叶，叶片较大，距地面 30～40cm 草层内小叶平均长 2.98cm，宽1.66cm。总状花序，主枝花序长平均为 3.98cm，花紫色。荚果螺旋形，每荚含种子 10 粒。种子不规则肾形，千粒重约 2.3g。

生物学特性：生育期 123 天。较晚熟，耐刈性好，刈割后恢复生长快。抗寒、抗旱性强，具有良好的生产潜力。在河北石家庄、甘肃张掖、新疆乌鲁木齐等地种植，年均干草产量 20 000kg/hm²。初花期干物质中含粗蛋白质 23.78％，粗脂肪 2.10％，粗纤维 30.89％，无氮浸出物 31.78％，粗灰分 11.45％。适口性好，各种家畜喜食。

基础原种：由美国赛贝科国际种子公司保存。

适应地区：适于华北大部分地区、西北、东北、华中部分地区种植。

敖 汉 苜 蓿

Medicago sativa L. 'Aohan'

品种登记号：059

登记日期：1990 年 5 月 25 日

品种类别：地方品种

申报者：内蒙古农牧学院、内蒙古赤峰市草原站和敖汉旗草原站。吴永敷、厉如兰、张爱春、田向东、刘建宇。

品种来源：20 世纪 50 年代初引自甘肃省，经过在敖汉旗 40 年之久的栽培驯化，成为适应当地气候土壤条件的地方品种。

植物学特征：豆科苜蓿属多年生草本，株型直立，根系入土深。叶片小，茎叶上疏生白色柔毛。花冠淡紫色。

生物学特性：生育期 100～105 天。抗旱、抗寒性强，抗风沙、耐瘠薄，适应性广，适宜旱作栽培。产干草 52 500～82 500kg/hm²，种子 300kg/hm²。

基础原种：由内蒙古农牧学院和内蒙古赤峰市草原站保存。

适应地区：凡年平均温度 5～7℃、最高气温 39℃、最低气温 −35℃，≥10℃年活动积温 2 400～3 600℃，年降水量 260～460mm 的我国东北、华北和西北各省、区均宜栽培。

保 定 苜 蓿

Medicago sativa L. 'Baoding'

品种登记号：245

登记日期：2002 年 12 月 11 日

品种类别：地方品种

申报者：中国农业科学院北京畜牧兽医研究所。张文淑、张玉发、李聪、方唯、李敏。

品种来源：1951 年采自河北省保定市的农家品种，经多年整理评价而成。

植物学特征：豆科多年生草本植物。株型直立，晚秋和早春斜生。根系发达，主根入土深，生长第四年 0～100cm 土层中根系干重为 4 995kg/hm²，0～30cm 根重占总根重的 73.5％。开花期株高 90～105cm。茎粗 0.52cm。叶片较大，小叶长 3.1～3.3cm，宽 1.4～1.5cm。总状花序，花色浅紫或中紫。荚果螺旋状，2～4 圈，有种子 6～9 粒。种子肾形，黄色或黄褐色，千粒重 2.07g。

生物学特性：属中熟品种，在北京生育期 102 天，在内蒙古赤峰市生育期 108 天。再生性好，刈割后再生迅速；持久性好，生长第三年、第四年为产量高峰期。耐盐性较好，在土壤含盐量 0.3％（NaCl 为主）的土地上生长良好。抗寒、耐旱性较好，抗病虫较强。年均干草产量为 12 000～16 000kg/hm²，草质好，盛花期叶茎比为 0.64：1，干物质中含粗蛋白质 18.47％、粗脂肪 2.21％、粗纤维 34.72％、无氮浸出物 35.81％、粗灰分 8.79％；第四茬再生草叶茎比为 0.9：1，干物质中含粗蛋白质 21.12％、粗脂肪 1.78％、粗纤维 30.19％、无氮浸出物 36.40％、粗灰分 10.51％。适口性好，各种家畜喜食。

基础原种：由中国农业科学院北京畜牧兽医研究所保存。

适应地区：适于北京、天津、河北、山东、山西、甘肃、宁夏、青海东部、内蒙古中南部、辽宁、吉林中南部等地区种植。

北　疆　苜　蓿

Medicago sativa L. 'Beijiang'

品种登记号：008

登记日期：1987 年 5 月 25 日

品种类别：地方品种

申报者：新疆农业大学畜牧分院。闵继淳、肖凤、朱懋顺、李淑平、阿不都热合曼。

品种来源：从分布在新疆北部的苜蓿农家品种整理而来。

植物学特征：豆科苜蓿属多年生草本，叶片比新疆大叶苜蓿略小，刈割后再生缓慢，苗期株型斜生。花以紫色为主，兼有少许深紫色和淡紫色。

生物学特性：在乌鲁木齐市生育期 93～100 天，产草量较高，产干草 7 500～10 500kg/hm²。抗旱、抗寒性强。在北疆有积雪覆盖条件下，极端最低气温－42.3～－49.8℃下能安全越冬，抗寒性较新疆大叶苜蓿强，感染苜蓿霜霉病较新疆大叶苜蓿轻。

基础原种：由新疆农业大学畜牧分院牧草生产育种教研室保存。

适应地区：主要分布在北疆准噶尔盆地及天山北麓林区、伊犁河谷等农牧区，我国北方各省、区普遍适宜种植。

北林 201 紫花苜蓿

Medicago sativa L. 'Beilin201'

品种登记号：536

登记日期：2018 年 8 月 15 日

品种类别：育成品种

育种者：北京林业大学。卢欣石、王铁梅、吕世海。

品种来源：从 Travois、Ranger、Teton、WL232HQ、Algonquin、草原 2 号、敖汉苜蓿等 16 个苜蓿品种中，以抗寒性为主要育种目标，采用混合选择培育而成。

植物学特征：豆科苜蓿属多年生草本植物。根系以侧根为主，深根颈型，根颈分枝多。株型近直立，开花期株高 80～110cm。三出复叶，叶片中等大小。总状花序，以淡紫色花为主。荚果螺旋状，2～3 回。种子肾形，黄色，千粒重约 2.0g。

生物学特性：北方草原区旱作条件下生育期 109 天左右，耐寒性强，在冬季极端低温达－38.5℃的呼伦贝尔地区，越冬率超过 90％。匍柄霉叶斑病整株接种病情指数为 14.70％，为抗病类型。北方草原区灌溉条件下，年刈割 2～3 次，干草产量 8 000～11 000kg/hm²。

基础原种： 由北京林业大学保存。

适应地区： 适于内蒙古东北部及东北气候类似地区种植。

草原 4 号紫花苜蓿
Medicago sativa L. 'Caoyuan No. 4'

品种登记号： 477

登记日期： 2015 年 8 月 19 日

品种类别： 育成品种

育种者： 内蒙古农业大学生态与环境学院。特木尔布和、米福贵、石凤翎、王建光、云锦凤。

品种来源： 1987 年从中国农科院畜牧所和原内蒙古农牧学院的原始材料圃中选出 148 个不感染蓟马的单株，建立无性系。同时利用 ^{60}Co - γ 辐射处理草原 2 号杂花苜蓿、公农 1 号紫花苜蓿、新疆黄花苜蓿和加拿大的 15 个苜蓿品种，从中选出 160 个不感染蓟马的单株，建立无性系。1988 年，对其重新进行抗虫性鉴定，选出 17 个抗蓟马的无性系，同时进行表型选择，最后选出抗虫性较强的 11 个无性系。1988—1989 年对 11 个无性系建立多远杂交圃。1989—1990 年，对 11 个无性系进行表型选择和配合力测定，1990 年选出抗虫性特强的 9 个无性系，然后将这 9 个无性系自由开放授粉，待种子成熟后等量混合收获。1991—2004 年，重复上述选择过程，经过 3 次轮回选择，育出了抗蓟马苜蓿新品系。

植物学特征： 豆科苜蓿属多年生草本。直根系，具有水平生长的根。茎直立具棱，绿色，有茸毛。三出羽状复叶，叶表面有茸毛。花为紫色。螺旋形荚果 2～3 回，褐色，每荚 2～9 粒种子，千粒重 1.8～2.3g。

生物学特性： 喜温暖、湿润的气候条件。种子最适宜发芽温度为 25～30℃，植株生长最适宜温度为日平均 17～25℃。适应性强，抗旱，抗寒，抗病虫害，耐瘠薄。田间最低持水量在 70%～80% 时，生长良好。在苜蓿蓟马危害严重的地区干草产量显著高于其它品种。在内蒙古呼和浩特地区每年可刈割 3 茬，干草产量 12 000～16 000kg/hm^2。粗蛋白质含量 19.0%～21.2%，粗脂肪 1.9%，钙 2.2%，磷 0.18%。

基础原种： 由内蒙古农业大学生态与环境学院保存。

适应地区：适于我国山东、河北、内蒙古中南部、陕西、山西等省区种植。

沧 州 苜 蓿
Medicago sativa L. cv. 'Cangzhou'

品种登记号：056

登记日期：1990 年 5 月 25 日

品种类别：地方品种

申报者：河北省张家口市草原畜牧研究所、沧州市饲草饲料站。孟庆臣、吕兴业、张玉成、刘凤泉、刘学仕。

品种来源：河北省东南部长期栽培的地方品种。

植物学特征：豆科苜蓿属多年生草本，植株斜生型，主根明显，侧根发达。三出复叶，总状花序腋生，花冠浅紫色。荚果螺旋形，种子肾形，千粒重 1.71～2.01g。

生物学特性：在当地生育期 107 天左右，属中熟品种。适应性广，寿命长，耐热，较耐盐碱。自然条件下收两茬草一茬种子，产干草 15 500～16 850kg/hm²，种子 255～285kg/hm²。

基础原种：由河北省沧州市饲草饲料站保存。

适应地区：适于河北省东南部，山东、河南、山西部分地区栽培。

康 赛 紫 花 苜 蓿
Medicago sativa L. 'Concept'

品种登记号：513

登记日期：2017 年 7 月 17 日

品种类别：引进品种

申报者：北京佰青源畜牧业科技发展有限公司、黑龙江省草原工作站。钱莉莉、房丽宁、刘昭明、刘东华、滕晓杰。

品种来源：引自美国 Cal-west Seeds 公司。

植物学特征：豆科苜蓿属多年生草本植物。主根粗壮，根系发达，茎直立、中空，略呈方形。分枝多，茎柔软、纤细。多叶，每个复叶有 3～5 个叶片，羽状三出复叶，小叶长圆形或卵圆形，中叶略大。总状花序，蝶型小花簇生于主茎和分枝顶部，花色 97％为紫色、3％杂色。荚果多为螺旋形，2～4 回，每荚内含种子 2～6 粒。种子肾形，黄色或淡褐黄色，千粒重 2.1g。

生物学特性：耐寒性较强，丰产性和稳定性较好，秋眠级为 3 级，属于中熟品种。在华北地区一年可收割 3～4 茬，干草产量 16 000kg/hm² 左右。对疫霉根腐病、青枯病、枯萎病和黄萎病具有高抗性。

基础原种：由美国 Cal-west Seeds 公司保存。

适应地区：适于国华北及西北东部地区种植。

德钦紫花苜蓿

Medicago sativa L. 'Deqin'

品种登记号：415

登记日期：2010 年 6 月 12 日

品种类别：野生栽培品种

申报者：云南农业大学、迪庆藏族自治州动物卫生监督所。毕玉芬、马向丽、墨继光、姜华、薛世明。

品种来源：2001 年云南农业大学在迪庆藏族自治州德钦县采集的野生紫花苜蓿，经过多年栽培驯化而成。

植物学特征：豆科苜蓿属多年生草本。株高 15～50cm。主根粗壮，长 2～6m，直径 2～3cm，侧根不发达，着生根瘤较少。总状花序腋生，具花 5～30 朵，花冠紫红色至深紫色。荚果螺旋形，2～4 圈。种子肾形，黄色或棕色，千粒重 1.5～1.8g。

生物学特性：喜暖热气候，适应性强、生产性能稳定，抗干热性尤为突出。对土壤选择不严，喜中性和微酸性土壤，以 pH 6～8 为宜。除强酸、强碱和重黏土外，从沙土到黏土都能生长，耐贫瘠，最适宜在中性的钙质壤土或沙壤土上生长，无严重病虫害。生育期 150 天。在德钦地区种植，年鲜草产量可达 37 652kg/hm²，干草产量可达 10 053kg/hm²。初花期收获干物质中含粗蛋白质 24.5％。可用于中长期混播放牧或割草草地。

基础原种：由云南农业大学保存。

适应地区： 适于云南迪庆州海拔 2 000～3 000m 及类似地区种植。

德宝紫花苜蓿
Medicago sativa L. 'Derby'

品种登记号： 253

登记日期： 2003 年 12 月 7 日

品种类别： 引进品种

申报者： 百绿（天津）国际草业有限公司。陈谷、曹致中、周禾、杨军炜、房丽宁。

品种来源： 1998 年由荷兰百绿集团公司引进。原品种是荷兰百绿公司在法国南部育种站以法国北部的古老地方品种与匈牙利的秋眠型品种杂交组配成的综合品种，1982 在法国首先登记，现已在多个国家注册登记。

植物学特征： 豆科多年生草本植物。株型直立，株高约 100cm。主根粗壮，入土深，根系发达。茎光滑，多分枝。三出复叶，小叶卵圆形或椭圆形，叶片较大。总状花序，长 4～6cm，长于普通品种（2～4cm），花以紫色或浅紫色为主，深紫色约占 20％，黄花率小于 1％。螺旋形荚果，成熟时深褐色。种子肾形，黄色，千粒重 1.8～2.3g。

生物学特性： 持久性好，春季和夏季产量高，秋季产量中等。抗倒伏和抗寒性较强，对土壤和气候条件适应性广，秋眠级为 4～5，生育期约 110 天，年可刈割 3～4 次。在河北、北京、甘肃等地种植，年均干草产量为 14 000～17 000kg/hm² 。初花期干物质中含粗蛋白质 19.29％，中性洗涤纤维 37.06％，酸性洗涤纤维 29.45％，消化率 65.96％。适口性好，各种家畜喜食。

基础原种： 由荷兰百绿种子集团公司保存。

适应地区： 适于我国华北大部分地区及西北、华中部分地区种植。

DG4210 紫花苜蓿
Medicago sativa L. 'DG4210'

品种登记号： 541

登记日期： 2018 年 8 月 15 日

品种类别：引进品种

申报者：北京正道生态科技有限公司。邵进翚、李鸿强、齐丽娜、赵利、罗建涛。

品种来源：引自美国国际牧草资源公司（Forage Genetics International，LLC.）。

植物学特征：豆科苜蓿属多年生草本植物。直根系，主根发达，主要分布于 0～30cm 土层。由根茎处生长新芽和分枝，一般有 25～40 个分枝。株高 100～150cm。茎直立，光滑，粗 2～4mm。多叶型品种，常见 5～7 出羽状复叶，叶片大，小叶长圆形。蝶形花，花蓝色或紫色。

生物学特性：秋眠级 4，抗寒指数 1，具有较强的抗寒能力。再生速度快，刈割后恢复能力强，牧草产量高，每年可刈割 3～4 次，干草产量为 15 000～18 000kg/hm²。

基础原种：由美国国际牧草资源公司保存。

适应地区：适于我国东北、华北及西北地区等气候相似的气候区域种植。

东苜 1 号紫花苜蓿
Medicago sativa L. 'Dongmu No. 1'

品种登记号：419

登记日期：2010 年 6 月 12 日

品种类别：育成品种

育种者：东北师范大学。李志坚、王德利、穆春生、刘立侠、张宝田。

品种来源：从我国北方优良抗寒苜蓿品种公农 1 号、公农 2 号、肇东苜蓿、龙牧 801 苜蓿和龙牧 803 苜蓿优良单株，以及内蒙古呼伦贝尔盟鄂温克旗大面积种植的加拿大品种 Able、美国的 CW200 和 WL252HQ 苜蓿品种受严重冻害后剩余的优良单株中，经过单株选择、混合选择和轮回选择方法育成。

植物学特征：豆科苜蓿属多年生草本。株型直立紧凑，开花期株高 70～105cm。三出复叶，叶片大小中等。总状花序，花色以紫色为主，兼有少许深紫和淡紫色。千粒重 2.19g。

生物学特性：在吉林省西部，生育期 95～115 天。抗寒性强，在吉林省西部无积雪覆盖条件下仍能安全越冬。抗旱性强，在年降水量 300～400mm

地区，生长第二年无需灌溉可正常生长，并且具有良好的丰产性能。在吉林省西部无灌溉条件下干草产量 8 000～10 000kg/hm²。初花期干物质中含粗蛋白质 19.70%，粗脂肪 3.54%，粗纤维 29.10%，无氮浸出物 39.17%，粗灰分 8.49%，中性洗涤纤维 41.55%，酸性洗涤纤维 32.21%。适宜于调制干草和青饲。

基础原种：由东北师范大学保存。

适应地区：适于我国东北干旱寒冷地区种植。

东苜 2 号紫花苜蓿
Medicago sativa L. 'Dongmu No. 2'

品种登记号：512

登记日期：2017 年 7 月 17 日

品种类别：育成品种

申报者：东北师范大学。李志坚、穆春生、周帮伟、巴雷、王俊锋。

品种来源：以 5 个国内紫花苜蓿品种（公农 1 号、公农 2 号、肇东、龙牧 801、龙牧 803）和 5 个国外紫花苜蓿品种或资源（CW200、CW201、CW300、AE702、AE733）为亲本，采用杂交育种和混合选择方法选育而成。

植物学特征：豆科苜蓿属多年生草本植物。根系发达，主根粗大明显，圆锥形。开花期株高 90～110cm，直立或半直立。三出复叶或部分复叶为多叶型，小叶片较大。花色以紫色为主，兼有少许深紫色和淡紫色。荚果螺旋状，2～3 圈，每荚含种子 4～8 粒。种子肾形、浅黄色，千粒重 2.10g 左右。

生物学特性：具有较强的抗寒性、抗旱性和良好的丰产性能。干草产量 13 000kg/hm² 左右。

基础原种：由东北师范大学保存。

适应地区：适于吉林、黑龙江及相似气候地区种植。

东农 1 号紫花苜蓿
Medicago sativa L. 'Dongnong No. 1'

品种登记号：516

登记日期：2017 年 7 月 17 日

品种类别：育成品种

育种者：东北农业大学。崔国文、殷秀杰、胡国富、张攀、秦立刚。

品种来源：以 8 个紫花苜蓿品种（肇东、龙牧 803、公农 1 号、敖汉、新疆大叶、润布勒、和平和阿尔冈金）为原始材料，以提高紫花苜蓿蛋白质含量和产草量为育种目标，采用混合选择法育成。

植物学特征：豆科苜蓿属多年生草本植物。主根明显，侧根发达。茎秆直立，光滑具棱，多分枝，株高 70～120cm。三出羽状复叶，小叶片椭圆形，略带波纹状。短总状花序腋生，蝶形花冠浅紫色。荚果螺旋形，千粒重 1.6g。

生物学特性：生长茂盛，返青苗鲜绿粗壮，叶片大、肥厚且略显波纹状褶皱。初花期刈割平均叶茎比达 1.56。最佳刈割时期为现蕾期至初花期，大叶片特征明显。适宜土壤 pH 6.5～8.0，中等耐旱，抗寒性强。干草产量 10 000kg/hm² 左右，利用年限 5～7 年。

基础原种：由东北农业大学保存。

适应地区：适于东北三省及内蒙古东部地区种植。

游客紫花苜蓿

Medicago sativa L. 'Eureka'

品种登记号：323

登记日期：2006 年 12 月 13 日

品种类别：引进品种

申报者：江西省畜牧技术推广站、百绿（天津）国际草业有限公司。欧阳延生、陈谷、李翔宏、于徐根、叶华。

品种来源：由澳大利亚南澳研究与发展中心（SARDI）1994 年育成并登记。2000 年百绿（天津）国际草业有限公司引进。

植物学特征：豆科多年生草本。多分枝，株高 100cm 左右。根系发达，入土深，主根粗长呈圆锥形，侧根多根瘤。茎直立光滑。三出复叶，叶片卵圆形或椭圆形。总状花序，花紫色或深紫色。荚果螺旋形，种子肾形，黄褐色，千粒重 2.2g。

生物学特性：具有耐热性好、抗病和抗虫能力强的特点，在我国南方可安全越夏。引进中国后，在江西、上海、江苏和云南等省市的区域试验和生产试验中以 WL－323HQ、淮阴苜蓿为对照，游客紫花苜蓿干草产量 15 000～22 500kg/hm²，均高于对照品种。营养丰富，现蕾前期干草的粗蛋白质含量达 23.80％，总的可消化能为 11.76MJ/kg，总的可消化物质占 61％～75％。适口性好，各种家畜均喜食。

基础原种：由澳大利亚南澳研究与发展中心保存。

适应地区：适于长江中下游丘陵地区种植。

甘农 3 号紫花苜蓿
Medicago sativa L. 'Gannong No. 3'

品种登记号：173

登记日期：1996 年 4 月 10 日

品种类别：育成品种

育种者：甘肃农业大学。曹致中、李逸民、贾笃敬。

品种来源：从捷克引进的 6 个品种、美国引进的 3 个品种、新疆大叶苜蓿、矩苜蓿等 14 个品种中选出 78 个优良单株，在隔离区扦插成无性繁殖系，淘汰长势较差及易罹病的 46 个无性系，保留的 32 个无性系开放传粉、分系收种，进行配合力测验。选择一般配合力较好的 7 个无性系，在隔离区扦插、多系杂交、种子等量混合形成综合品种。

植物学特征：豆科苜蓿属多年生草本，株型紧凑直立，茎枝多，高度整齐。叶片中等大小，叶色浓绿。花紫色，荚果螺旋状。种子肾形，千粒重2.2g。

生物学特性：春季返青早，初期生长快，在灌溉条件下产草量高，干草产量为 12 000～15 000kg/hm²，为灌区丰产品种。

基础原种：由甘肃农业大学草业学院保存。

适应地区：适于西北内陆灌溉农业区和黄土高原地区种植。

甘农 4 号紫花苜蓿
Medicago sativa L. 'Gannong No. 4'

品种登记号：310

登记日期： 2005 年 11 月 27 日

品种类别： 育成品种

育种者： 甘肃农业大学、甘肃创绿草业科技有限公司。曹致中、席亚丽、刘云芬、徐智明、周玉雷。

品种来源： 从欧洲引进的安达瓦（Ondava）、普列洛夫卡（Prerovaka）、尼特拉卡（Nitranka）、塔保尔卡（Tabor-ka）、巴拉瓦（Palava）、霍廷尼科（Hbdonika）等 6 个品种中选择多个优良单株，经母系选择法选育而成。

植物学特征： 多年生草本。主根明显。株型紧凑直立，茎枝多。叶色嫩绿，叶片稍大。总状花序，长 5～8cm，花紫色。荚果为螺旋状，2～4 圈，黄褐色和黑褐色，荚果有种子 6～9 粒。种子肾形，黄色，千粒重 2.2g。

生物学特性： 节间长，草层较整齐。在灌溉条件下产草量高。抗寒性和抗旱性中等，春季返青早，生长速度较快，适宜灌区高产栽培。和甘农 3 号相比，生态适应性更强一些。初花期干物质中含粗蛋白质 19.79％，粗脂肪 2.79％，粗纤维 30.26％，无氮浸出物 39.38％，粗灰分 7.78％。在甘肃河西走廊灌概条件下，年可刈割 3～4 次，干草产量达 15 000kg/hm² 。适宜于调制干草、青饲和放牧。

基础原种： 由甘肃农业大学保存。

适应地区： 适于西北内陆灌溉农业区和黄土高原地区种植。

甘农 5 号紫花苜蓿

Medicago sativa L. 'Gannong No. 5'

品种登记号： 421

登记日期： 2010 年 6 月 12 日

品种类别： 育成品种

育种者： 甘肃农业大学。贺春贵、曹致中、章显光、武德功、王森山。

品种来源： 2003 年以来自澳大利亚三个高抗蚜虫品种 SARDI 10、Rippa 和 Sceptre 混合配置和选择，经室内和田间抗蚜虫、抗蓟马筛选育成。由收集抗蚜种质资源、筛选鉴定抗性单株、混合选择后聚合而成。

植物学特征： 豆科苜蓿属多年生草本。根系发达，主侧根明显。植株直立，茎上着生有稀疏的绒毛，多为绿色，少数为紫红色，具有非常明显的四条侧棱。三出羽状复叶，表面有柔毛，叶色深绿。荚果多为螺旋形，少数为镰刀形，大多数为 2～3.5 圈，最多达到 6 圈，每荚有种子 1～15 粒，平均 7.7 粒。种子肾形，千粒重 1.76～2.32g。

生物学特性： 在甘肃兰州和临夏生育期约 120～150 天。高抗蚜虫，兼抗蓟马，秋眠级高（9～10 级）。干草产量 16 000～27 000kg/hm²，种子产量可达 450kg/hm²。初花期风干样品含干物质 93.59%，粗蛋白质 22.05%，粗纤维 22.01%，粗脂肪 2.65%，无氮浸出物 38.42，粗灰分 8.46%。

基础原种： 由甘肃农业大学保存。

适应地区： 适于我国北纬 33°～36° 的西北地区种植。

甘农 6 号紫花苜蓿

Medicago sativa L. 'Gannong No. 6'

品种登记号： 413

登记日期： 2010 年 6 月 12 日

品种类别： 育成品种

育种者： 甘肃农业大学草业学院。曹致中、张文旭、张咏梅、刘爱云、席亚丽。

品种来源： 从新疆大叶苜蓿、陕西矩苜蓿、秘鲁苜蓿、Moapa、Ariyona、Cherokee、Williamspury、Caliverde65、Veral、Acacia、Saranac 等 11 个国内外苜蓿品种中，选择长穗、种子产量高的单株作为原始材料。采用多次单株选择法，从 11 个品种的穴播区和大田中，每年选择长穗类型扦插，在隔离区繁殖收种，连续进行多次单株选择后，进行株系比较、品系比较试验，选择穗长 8cm 以上，种子和干草双高产的 7 个无性繁殖系，组成综合品种。

植物学特征： 豆科苜蓿属多年生草本。主根明显，根系发达，株型直立。三出复叶，叶色纯绿。总状花序长 8～12cm，每花序小花数 37～147 个，平均 79 个。结荚果序直立，荚果数约为 24 个，每果序种子数约为 65 粒，荚果螺旋形，1～3 圈。种子肾形，黄色，千粒重 2.02g。

生物学特性： 抗旱性、抗寒性中等水平，在甘肃景泰县生育期 114～125 天，属中熟品种。在水浇地鲜草产量 60 000～65 000kg/hm²，干草产量 14 000～16 000kg/hm²，种子产量 650～700kg/hm²；在旱地干草产量

8 000～10 000kg/hm²，种子产量 300～400kg/hm²。初花期干物质中含粗蛋白质 18.90％，粗脂肪 2.03％，粗纤维 34.13％，无氮浸出物 34.13％，粗灰分 9.26％，钙 1.22％，磷 0.25％，中性洗涤纤维 40.67％，酸性洗涤纤维 28.70％。

基础原种：由甘肃农业大学草业学院保存。

适应地区：适于我国西北内陆绿洲灌区和黄土高原地区种植。

甘农 7 号紫花苜蓿
Medicago sativa L. 'Gannong No. 7'

品种登记号：460

登记日期：2013 年 5 月 15 日

品种类别：育成品种

育种者：甘肃创绿草业科技有限公司、甘肃农业大学草业学院。曹致中、徐智明、吕文坤、赵春花、柳茜。

品种来源：从霍廷尼科（Hodchika）、德宝（Derby）、新疆大叶苜蓿、陕西矩苜蓿、C/W5、普列洛夫卡（Prerovaka）、哥萨克（cossack）等 26 个国内外苜蓿品种的穴播田中，选择株型直立、叶色浓绿、茎叶脆嫩、绿秆活熟的单株和类型，扦插并移栽到隔离区收种繁殖。将收到的种子种成株行、继续进行选择，在隔离区连续单株选择 3～4 代。对所选单株不同生育阶段的营养成分进行分析，保留粗纤维含量低、粗蛋白质含量高的单株，经茎秆拉伸、茎秆剪切、茎秆抗弯曲试验以及人工瘤胃消化试验等，最终选出低粗纤维含量的 24 个无性繁殖系形成综合品种。

植物学特征：豆科苜蓿属多年生草本。主根发达，株型直立，盛花期株高 80～90cm。茎圆至四棱形，分枝数约 70 个左右。羽状三出复叶，小叶长圆状或倒卵形。花萼筒状针形，花冠蝶形，花紫色或淡紫色。荚果螺旋形，螺旋数 2.7 个。种子肾形，千粒重 2.08g。

生物学特性：在兰州地区种植，生育期约 112 天。抗寒、抗旱性中等水平。生长速度快，产量高，干草产量 13 000～17 000kg/hm²，种子产量 450～750kg/hm²。枝条脆嫩，易折断，粗纤维含量低，其 ADF 和 NDF 比一般苜蓿低约 2 个百分点，粗蛋白质高约 1 个百分点，适口性好。

基础原种：由甘肃创绿科技有限公司保存。

适应地区：适于我国北方温带地区，尤其适合在西北内陆绿洲灌区和黄土高原地区推广种植。

甘农 9 号紫花苜蓿
Medicago sativa L. 'Gannong No. 9'

品种登记号：517

登记日期：2017 年 7 月 17 日

品种类别：育成品种

育种者：甘肃农业大学。胡桂馨、师尚礼、景康康、寇江涛、贺春贵。

品种来源：以抗蓟马为育种目标，以来自澳大利亚南澳研究与开发中心的 HA－3 苜蓿为原始材料，采用轮回选择法育成。

植物学特征：豆科苜蓿属多年生草本植物。根系发达，主根明显。植株高大直立，株高 90～100cm，茎秆春秋多为紫红色。三出羽状复叶，小叶片较大，颜色深绿。总状花序，长 2.3～6.4cm，每花序有小花 22～41 朵，花冠为紫色。荚果螺旋形，2～3 回，每荚有种子 2～15 粒，平均 7.7 粒。种子肾形，千粒重 3.1g。

生物学特性：春季返青后初期生长快，花期较早，成熟期早，生育期 123～140 天。干草产量 10 000kg/hm² 左右。对以牛角花齿蓟马（*Odonto-thrips loti*）为优势种的蓟马类害虫具有较强抗性。

基础原种：由甘肃农业大学保存。

适应地区：适于我国北方温暖的干旱半干旱灌区和半湿润地区种植。

杰斯顿紫花苜蓿
Medicago sativa L. 'Gemstone'

品种登记号：585

登记日期：2020 年 12 月 3 日

品种类别：引进品种

申报者：西北农林科技大学草业与草原学院、甘肃亚盛田园牧歌草业集团有限责任公司、北京正道农业股份有限公司、蓝德雷（北京）贸易有限公司。呼天明、李元昊、邵进羣、晏荣、赵娜。

品种来源：引自美国国际牧草资源公司（Forage Genetics International，LLC.）。

植物学特征：豆科苜蓿属多年生草本。直根系，根系发达，主要分布于0～30cm 土层。茎秆纤细，直立，初花期株高可达 110cm。羽状复叶，叶色深绿，叶量丰富。总状花序，蝶形花冠，花紫色。种子肾形，黄色到浅黄色。

生物学特性：秋眠级 4 级，抗寒指数 2。对土壤要求不严，除太黏重的土壤、瘠薄的沙土及过酸或过碱的土壤外都能生长，在干旱、半干旱地区具有广泛的适应性。再生速度快，耐刈割能力强，牧草产量较高。具一定的抗旱能力，适宜在雨水较少的地区推广种植。年干草产量 18 000kg/hm² 左右。

基础原种：由美国国际牧草资源公司保存。

适应地区：适于我国的西北、华北和内蒙古西部等地区种植。

金皇后紫花苜蓿

Medicago sativa L. 'Golden Empress'

品种登记号：251

登记日期：2003 年 12 月 7 日

品种类别：引进品种

申报者：北京克劳沃草业技术开发中心、北京格拉斯草业技术研究所。刘自学、苏爱莲、张世君、杨桦、牟新待。

品种来源：1998 年从美国引进。

植物学特征：豆科多年生草本植物。株型直立，株高 102cm。叶为三出复叶，30% 左右的植株有多叶现象（即复叶有小叶 4 片以上）。总状花序，长 3.88cm，花紫色。荚果螺旋形，每荚平均有种子 9.5 粒。种子肾形，淡黄褐色，千粒重 2.24g。

生物学特性：生育期 120 天左右。生长速度快，第一茬产量高。再生性好，刈后生长迅速。抗寒耐旱性较好，综合抗病性较强，适应性强。在北京、河北石家庄、甘肃张掖、新疆乌鲁木齐等地种植，年均干草产量

18 000～20 000kg/hm²，种子产量 450～600kg/hm²。初花期干物质中含粗蛋白质 22.79%，粗脂肪 3.41%，粗纤维 28.42%，无氮浸出物 36.18%，粗灰分 9.20%。适口性好，各种家畜喜食。

基础原种：由美国保存。

适应地区：适于我国北方有灌溉条件的干旱、半干旱地区种植。

公农 1 号苜蓿
Medicago sativa L. 'Gongnong No. 1'

品种登记号：004

登记日期：1987 年 5 月 25 日

品种类别：育成品种

育种者：吉林省农业科学院畜牧分院。 吴青年 、 洪绂曾 、吴义顺、陈自胜、孟昭仪。

品种来源：1922 年从美国引进"格林"苜蓿品种，经过在吉林公主岭连续 26 年 10 多代次的大面积的风土驯化、自然淘汰后的群体作为基础材料，于 1948—1955 年间通过表型选择，按高产、抗寒和生育期一致为目标，进行连续四代选优去劣，最后逐渐形成稳定群体。

植物学特征：豆科苜蓿属多年生草本，半直立型，叶量大。

生物学特性：再生性较好，耐寒，生育期 92～110 天，病虫害少而轻，适应性广，产草量高。产干草 12 000～15 000kg/hm²，种子 450kg/hm²。

基础原种：由吉林省农业科学院畜牧分院保存。

适应地区：适于东北和华北各省、区种植。

公农 2 号苜蓿
Medicago sativa L. 'Gongnong No. 2'

品种登记号：005

登记日期：1987 年 5 月 25 日

品种类别：育成品种

育种者：吉林省农业科学院畜牧分院。 吴青年 、 洪绂曾 、吴义顺。

品种来源： 在 1922 年以来所开展的大量苜蓿引种试验结果的基础上，于 1948—1955 年间，选用适应性强、丰产性好的蒙他拿普通苜蓿、特普 28 号苜蓿、加拿大普通苜蓿、格林 19 号和格林选择品系 5 个苜蓿材料中，选择各品种中丰产性状好、生物学特性和植物学特征近似、越冬好的优良植株种子，等量混合而成。

植物学特征： 豆科苜蓿属多年生草本，株型为半直立，分枝多。根系发达，主根比公农 1 号苜蓿粗，侧根少。

生物学特性： 耐寒性强、病虫害少，生育期 100 天左右。产鲜草 45 000～67 500kg/hm²。

基础原种： 由吉林省农业科学院畜牧分院保存。

适应地区： 适于东北和华北各省、区种植。

公农 5 号紫花苜蓿

Medicago sativa L. 'Gongnong No. 5'

品种登记号： 414

登记日期： 2010 年 6 月 12 日

品种类别： 育成品种

育种者： 吉林省农业科学院。徐安凯、王志锋、于洪柱、周艳春、齐宝林。

品种来源： 从公农 1 号紫花苜蓿、公农 2 号紫花苜蓿、肇东苜蓿、龙牧 801 苜蓿和龙牧 803 苜蓿混合杂交后代中选择优良植株集团，再从优良集团中选择优良单株，用优良单株种子混合而成。

植物学特征： 豆科苜蓿属多年生草本。株型直立或半直立，叶为羽状三出复叶。总状花序，花以紫色为主。荚果螺旋形，成熟时褐色至黑褐色。种子为不规则肾形，淡黄色至黄褐色，千粒重 1.99g。

生物学特性： 抗寒、抗旱性强，在半湿润森林草原气候地带中的暖湿气候类型（公主岭）和温暖气候类型（农安）及半干旱草原气候地带中的温暖气候类型（大安）越冬率可达 98％以上。无灌溉条件下，在吉林省中西部地区生长良好，也未发现严重病虫害。干草产量 12 000～15 000kg/hm²，种子产量 268～485kg/hm²。初花期风干样品中含干物质 90.52％，粗蛋白质

19.88%，粗脂肪 2.57%，粗纤维 28.64%，无氮浸出物 31.87%，粗灰分 7.56%。

基础原种：由吉林省农业科学院保存。

适应地区：适于我国北方温带地区种植。

关 中 苜 蓿
Medicago sativa L. 'Guanzhong'

品种登记号：058

登记日期：1990 年 5 月 25 日

品种类别：地方品种

申报者：西北农业大学。杨惠文、卢得仁、曹社会、刘永旺。

品种来源：分布在陕西关中及渭北旱塬古老的苜蓿地方品种，其栽培历史可追溯到 2000 年以前。据史记记载，公元前 2 世纪汉使张骞二次出使西域，带回苜蓿种子，先在长安宫廷种植，其后传到民间，再逐渐扩散到西北、华北一带。因此，关中苜蓿是中国最古老的地方品种。

生物学特性：返青早，生长速度快，属早熟品种。植株高度中等，叶片偏小。较适应温热湿润条件，抗旱性、抗寒性中等。产鲜草 45 000～60 000kg/hm²，种子 300～450kg/hm²。

基础原种：由西北农业大学畜牧系保存。

适应地区：适于陕西渭水流域、渭北旱塬及与关中、山西晋南气候类似的地区种植，是南方种植苜蓿时可供选择的品种之一。

歌纳紫花苜蓿
Medicago sativa L. 'Gunner'

品种登记号：604

登记日期：2020 年 12 月 3 日

品种类别：引进品种

申报者：新疆农业大学、北京正道农业股份有限公司、蓝德雷（北京）贸易有限公司、新疆大漠工匠环境科技有限公司。张博、邵进翚、赵利、晏荣、苗福红。

品种来源：引自美国国际牧草资源公司（Forage Genetics International，LLC.）。

植物学特征：苜蓿属多年生草本。直根系，主根发达。株高100～150cm，茎直立，茎粗2～4mm。多叶型品种，多叶率83%，常见5～7出羽状复叶，叶片大。总状花序，蝶形花冠，花蓝色或紫色。种子肾形，黄色到浅黄色。

生物学特性：秋眠级5.0，抗寒指数1。再生速度快，每年可刈割4～6次，牧草产量高，品质好，年干草产量为18 000kg/hm² 左右。

基础原种：由美国国际牧草资源公司保存。

适应地区：适于我国黄淮海地区种植。

河 西 苜 蓿
Medicago sativa L. 'Hexi'

品种登记号：086

登记日期：1991年5月20日

品种类别：地方品种

申报者：甘肃农业大学、甘肃省畜牧厅、甘肃省饲草饲料技术推广总站。曹致中、贾笃敬、王无怠、申有忠、张景雨。

品种来源：由武威、张掖、酒泉三地区长期种植的地方品种类型整理而来。

生物学特性：主要特征是晚熟，在甘肃武威市返青至开花约需75天，返青至种子成熟需135天。幼苗生长缓慢，植株较矮，茎细而分枝多，生长势和产量均低于陇中苜蓿。耐旱性和耐盐碱性较强，在河西走廊降水量100mm以上地区，只灌一次冬水就能生存下来。在pH 8.5左右，含硫酸盐为主，总盐分1%的盐碱地上，在合理的栽培措施下尚能生长。刈割再生能力差，易感白粉病。干草产量6 000～9 000kg/hm²。

基础原种：由甘肃农业大学草原系保存。

适应地区：适于黄土高原及西北各省荒漠、半荒漠、干旱地区有灌水条件的地方种植。

淮 阴 苜 蓿

Medicago sativa L. 'Huaiyin'

品种登记号： 055

登记日期： 1990 年 5 月 25 日

品种类别： 地方品种

申报者： 南京农业大学。梁祖铎、王槐三、陈才夫、周建国、姚爱兴。

品种来源： 江苏徐州、淮阴、盐城地区种植的地方品种。

植物学特征： 豆科苜蓿属多年生草本，茎直立，少数斜生。叶片较晋南苜蓿、关中苜蓿大，叶面积 2.74cm² 。花深紫色。

生物学特性： 为极早熟品种，适应南方湿热环境条件，较关中苜蓿耐热、耐湿、耐酸。在长江中下游夏季有高温伏旱的丘陵平原、较酸瘠的红黄壤、沿海含盐分较高的土地上，淮阴苜蓿比关中苜蓿、晋南苜蓿生长好，表现为生长发育快，再生性好，干物质产量高，种子产量高，越夏率高，为当前我国能良好适应长江流域环境条件的优良苜蓿地方品种。鲜草产量 45 000～65 000kg/hm² ，种子产量 300～450kg/hm² 。

基础原种： 由南京农业大学保存。

适应地区： 适于黄淮海平原及其沿海地区，长江中下游地区种植，并有向南方其他省份推广的前景。

晋 南 苜 蓿

Medicago sativa L. 'Jinnan'

品种登记号： 006

登记日期： 1987 年 5 月 25 日

品种类别： 地方品种

申报者： 山西省畜牧兽医研究所、山西省运城地区农牧局牧草站。陆廷璧、吴增禄、梁廷相。

品种来源： 为山西省南部的地方品种。

植物学特征： 豆科苜蓿属多年生草本，叶呈长椭圆形，叶量多，叶小，花紫色。

生物学特性： 在当地生育期为 110 天左右，属早熟品种，比一般晚熟品种早熟 10～15 天。再生速度快，抗旱、抗寒性中等，籽实丰产性能好。干草产量 7 500～9 000kg/hm²，种子产量 450kg/hm²。较适应温热湿润环境条件。

基础原种： 由山西省畜牧兽医研究所保存。

适应地区： 凡年平均温度在 9～14℃，≥10℃ 活动积温 2 300～3 400℃，绝对低温不低于－20℃，年降水量在 300～550mm 的地区均能种植。如晋南、晋中、晋东南地区低山丘陵和平川农田，以及我国西北地区的南部宜种植。

乐金德紫花苜蓿
Medicago sativa L. 'Legendairy XHD'

品种登记号： 603

登记日期： 2020 年 12 月 3 日

品种类别： 引进品种

申报者： 内蒙古农业大学、北京普瑞牧农业科技有限公司、北京正道农业股份有限公司、北京蓝德雷（北京）贸易有限公司。石凤翎、刘文奇、邵进羣、齐丽娜、晏荣。

品种来源： 引自美国国际牧草资源公司（Forage Genetics International，LLC.）。

植物学特征： 苜蓿属多年生草本。直根系，根系发达，主要分布于 0～30cm 土层。茎秆纤细，直立。羽状复叶，叶色深绿。总状花序，蝶形花冠，花紫色。种子肾形，黄色到浅黄色。

生物学特性： 秋眠级 3，抗寒指数 1，在北方寒冷地区冬季越冬率高。刈割后再生速度快，每年可刈割 3～4 次，年干草产量为 14 000kg/hm² 左右。

基础原种： 由美国国际牧草资源公司保存。

适应地区： 适于我国华北、东北南部地区种植。

凉苜 1 号紫花苜蓿
Medicago sativa L. 'Liangmu No. 1'

品种登记号： 505

登记日期：2016 年 7 月 21 日

品种类别：育成品种

育种者：凉山彝族自治州畜牧兽医科学研究所、凉山丰达农业开发有限公司。柳茜、敖学成、傅平、姚明久、郝虎。

品种来源：四川省凉山彝族自治州畜牧兽医科学研究所以适宜西南地区并高产为育种目标，经多次混合选择育成的新品种。

植物学特征：豆科苜蓿属植物。主根可达 100cm 以上，侧根和须根主要分布在 30～40cm 深的土层中，根茎处着生显露的茎芽，生长出 20～50 余条新枝。主茎直立、略呈方形，株高约 70～98cm，多小分枝。每花序小花 17～46 朵。荚果 2～4 圈螺旋形，每荚内含种子 2～6 粒。种子肾形，黄色或淡黄褐色，千粒重 2.38g。

生物学特性：秋眠级 8.4，播种当年出苗到种子成熟 230 天。初花期叶茎比为 1.20，鲜干比为 4.55，在亚热带区域每年可刈割 6～8 次，年干草产量 20 000～25 000kg/hm²。营养物质丰富，第一茬风干样品中含粗蛋白17.0%，粗脂肪 2.5%，中性洗涤纤维 39.3%，酸性洗涤纤维 27.9%。

基础原种：由凉山彝族自治州畜牧兽医科学研究所保存

适应地区：适于我国西南地区海拔 1 000～2 000m、年降水量 1 000mm左右的亚热带生态区种植。

陇 东 苜 蓿

Medicago sativa L. 'Longdong'

品种登记号：089

登记日期：1991 年 5 月 20 日

品种类别：地方品种

申报者：甘肃草原生态研究所、甘肃农业大学、甘肃省畜牧厅、甘肃省饲草饲料技术推广总站。李琪、曹致中、刘照辉、王无怠、申有忠。

品种来源：主要分布在甘肃六盘山以东的庆阳、平凉两地区的 13 个县、市。

植物学特征：豆科苜蓿属多年生草本，叶小而色浓绿，花序短而紧凑，花色深紫。

生物学特性：长寿，在旱作条件下生产持续期长，第 2～7 年产量高而均衡，头茬草产量高。耐旱性强，耐寒性中等，为中早熟品种，苗期生长缓慢，刈割后再生能力不强。鲜草产量 30 000～45 000kg/hm²。

基础原种：由甘肃草原生态研究所庆阳黄土高原试验站保存。

适应地区：北方许多省区已引种并大面积种植，最适宜栽培区域为黄土高原地区。

龙牧 808 紫花苜蓿

Medicago sativa L. 'Longmu No. 808'

品种登记号：420

登记日期：2010 年 6 月 12 日

品种类别：育成品种

育种者：黑龙江省畜牧研究所。李红、罗新义、黄新育、杨曌、毛小涛。

品种来源：1996 年，在龙牧 803 苜蓿群体中，采用系统混合选育方法，选择表型性状符合育种目标的单株。经过多次继代选育，对入选株系选优去劣，无性扦插繁殖，建立无性株系材料圃，优选出株型整齐一致、性状稳定的优良株系，实行开放授粉，多元杂交，再进行品比试验、区域试验和生产试验选育而成。

植物学特征：豆科苜蓿属多年生草本。株型直立，株高 100～120cm。直根系，根系发达。三出羽状复叶，叶片长卵圆形，长 2～3cm。总状花序，花色为深浅不同的紫色。荚果螺旋形，2～4 圈，每荚有种子 4～9 粒，千粒重 2.4g。

生物学特性：适应性广，生长速度快，再生能力强。在黑龙江省生育期 120 天左右。抗寒，在冬季无雪覆盖－39.5℃和有雪覆盖－44℃可安全越冬，越冬率达 97％～100％。耐碱性强，在 pH 8.2 的盐碱地生长良好。抗旱性强，在年降水量 300～400mm 的地区生长良好；在土壤含水量为 6.56％左右的严重干旱情况下，表现出稳产、高产。在黑龙江省 3 个不同生态区、4 种土壤类型，平均干草产量 12 000kg/hm²。初花期风干物中含干物质 93.21％，粗蛋白质 20.49％，粗脂肪 1.53％，粗纤维 28.31％，无氮浸出物 35.21％，粗灰分 7.67％，钙 2.65％，磷 0.25％。

基础原种：由黑龙江省畜牧研究所保存。

适应地区：适于东北、西北、内蒙古等地区种植。

龙牧 809 紫花苜蓿
Medicago sativa L. 'Longmu No. 809'

品种登记号：561

登记日期：2019 年 12 月 12 日

品种类别：育成品种

育种者：黑龙江省农业科学院畜牧兽医分院。李红、杨曌、杨伟光、李莎莎、王晓龙。

品种来源：以龙牧 801 紫花苜蓿为亲本，以高产、抗寒、优质为育种目标，经多代系统选择育成。

植物学特征：豆科苜蓿属多年生草本。根系发达，直根型。株型直立，株高 90～110cm。茎多为四棱形、分枝多。叶卵圆形，叶量丰富。总状花序腋生，蝶形花冠，花色为不同深浅的紫色。荚果螺旋状卷曲，种子肾形浅黄色，千粒重 2.2g。

生物学特性：在黑龙江省西部地区生育期 110 天左右。该品种不仅保持了龙牧 801 苜蓿的抗寒性、抗旱性和适应性广的特点，而且分枝多、叶量丰富、生长速度快、再生能力强。喜光照，不耐阴。对土壤要求不严，黑风沙土、暗棕壤土、白浆土、黑钙土等均可种植。抗寒、抗旱性强。在东北寒区冬季有雪－34℃可以安全越冬，在冬季无雪情况下越冬率 95％以上，在土壤 pH 8.4 的盐碱地可稳产、高产。在东北地区年干草产量为 10 000～14 000kg/hm^2。

基础原种：由黑龙江省农业科学院畜牧兽医分院保存。

适应地区：适于东北、华北地区推广种植。

陇 中 苜 蓿
Medicago saliva L. 'Longzhong'

品种登记号：088

登记日期： 1991 年 5 月 20 日

品种类别： 地方品种

申报者： 甘肃省饲草饲料技术推广总站、甘肃省畜牧厅、甘肃农业大学。申有忠、江月兰、王无怠、曹致中、向德福。

品种来源： 系地方品种，由当地长期种植的地方类型整理而来。主要分布在甘肃省定西地区、临夏州、兰州市、平凉地区的庄浪、静宁等地。

生物学特性： 植株形态和陇东苜蓿大体相同，开花期较陇东苜蓿迟 5～7 天，抗旱性强，耐瘠薄，抗寒性中等。在旱作条件下，生长势比陇东苜蓿稍差，产量与陇东苜蓿相近或稍低。长寿，生长持续期长。产量、株高、生长势、再生能力均比河西苜蓿强，但比陇东苜蓿稍差。干草产量 9 000kg/hm²。

基础原种： 由甘肃省饲草饲料技术推广总站保存。

适应地区： 适应性广，我国北方各省大都引种栽培。最适区域为黄土高原地区，在长城沿线干旱风沙地区亦可种植。

玛格纳 551 紫花苜蓿
Medicago sativa L. 'Magna551'

品种登记号： 537

登记日期： 2018 年 8 月 15 日

品种类别： 引进品种

申报者： 克劳沃（北京）生态科技有限公司。侯湃、苏爱莲、范龙、张静妮、王海亭。

品种来源： 引自美国 Dairyland Seed Co. 种子公司。

植物学特征： 豆科苜蓿属多年生草本植物。直根系，株高 90～110cm。茎秆直立，秆较细，分枝多。叶量丰富，叶片较大，距地面 30～40cm 高草层内小叶平均长 2.75cm，宽 1.8cm。总状花序，以紫色花为主。种子肾形或宽椭圆形，两侧扁，黄色至浅褐色，千粒重约 2.2g。

生物学特性： 秋眠级 5，抗寒指数 2。抗病、抗倒春寒能力强，耐刈割，再生性好。生产潜力大，产草量突出，每年可刈割 3～5 次，干草产量约 17 000kg/hm²。饲草品质好，利用价值高。适口性好，各种家畜均喜食。

抗病虫性出色，对 6 种主要苜蓿病害都有很强的抗性。持久性好，利用年限长。

基础原种： 由美国 Dairyland Seed Co. 种子公司保存。

适应地区： 适于我国北方暖温带地区及类似地区种植。

<h2 style="text-align:center">玛格纳 601 紫花苜蓿</h2>

Medicago sativa L. 'Magna601'

品种登记号： 520

登记日期： 2017 年 7 月 17 日

品种类别： 引进品种

申报者： 克劳沃（北京）生态科技有限公司、秋实草业有限公司。苏爱莲、徐智明、李晓光、徐瑞轩、刘艺杉。

品种来源： 引自美国 Dairyland Seed Co. 公司。

植物学特征： 豆科苜蓿属多年生草本植物。主根发达。茎秆直立、较细，自然株高 90～110cm。叶量丰富、分枝较多。三出复叶，小叶片较大，距地面 30～40cm 草层内小叶平均长 2.75cm，宽 1.8cm。总状花序，主枝花序长平均 3.56cm，紫色花占 92%。种子肾形或宽椭圆形，两侧扁，黄色至浅褐色，千粒重 2.23g。

生物学特性： 秋眠级 6 级。较耐刈割，再生性较好，年产干草 20 000kg/hm² 左右。饲草品质好，利用价值高。适口性好，各种家畜均喜食。耐热、耐旱、抗病虫能力强，对 6 种主要苜蓿病害都有很强的抗性。持久性好，利用年限长。

基础原种： 由美国 Dairyland Seed Co. 公司保存。

适应地区： 适于我国西南、华东和长江流域等地区种植。

<h2 style="text-align:center">玛格纳 995 紫花苜蓿</h2>

Medicago sativa L. 'Magna 995'

品种登记号： 539

登记日期： 2018 年 8 月 15 日

品种类别： 引进品种

申报者：克劳沃（北京）生态科技有限公司。孙建明、侯湃、苏爱莲、张静妮、范龙。

品种来源：引自美国 Dairyland Seed Co. 公司。

植物学特征：豆科苜蓿属多年生草本植物。主根发达，茎秆直立。株高 90～110cm，分枝数 5～15 个，叶片较大。总状花序以紫色花为主，具 5～30 朵小花。荚果螺旋状，直径 5～9mm，成熟时棕色，有种子 10～20 粒。种子卵形，长 1.0～2.5mm，种皮平滑，黄色或棕色，千粒重 2.23g。

生物学特性：适应性强，喜温暖、半湿润的气候条件。对土壤要求不严，除太黏重的土壤、极瘠薄的沙土及过酸或过碱的土壤外都能生长，最适宜在土层深厚疏松且富含钙质的壤土中生长。秋眠级 9.0，具有一定的耐热性能，年干草产量 21 000kg/hm² 左右。

基础原种：由美国 Dairyland Seed Co. 公司保存。

适应地区：适于我国西南地区及南方丘陵地区种植。

内蒙准格尔苜蓿

Medicago sativa L. 'Neimeng Zhungeer'

品种登记号：084

登记日期：1991 年 5 月 20 日

品种类别：地方品种

申报者：内蒙古农牧学院、内蒙古草原工作站。吴永敷、特木尔布和、李秀珍、刘志遥、刘凤玲。

品种来源：由陕北引入，在内蒙古准格尔旗经过 100 年左右的栽培驯化，成为适应当地气候和土壤条件的地方品种。

植物学特征：豆科苜蓿属多年生草本，株型多为直立，轴根型。主根粗而长，侧根少。分枝数较多，叶片较小。

生物学特性：生育期 113 天，抗旱、耐瘠薄，适于旱作栽培，产草量中等，干草产量 7 500～10 500kg/hm²。

基础原种：由内蒙古农牧学院保存。

适应地区：适于内蒙古中、西部地区以及相邻的陕北、宁夏部分地区种植。

皇冠紫花苜蓿

Medicago sativa L. 'Phabulous'

品种登记号： 271

登记日期： 2004 年 12 月 8 日

品种类别： 引进品种

申报者： 北京克劳沃草业技术开发中心、北京格拉斯草业技术研究所。刘自学、苏爱莲、王继朋、王海亭、刘艺杉。

品种来源： 北京克劳沃草业技术开发中心从 Ag-vision 公司引进。原品种由美国国际牧草资源公司（Forage Genetics International，LLC.）育成。

植物学特征： 豆科多年生草本植物。株型直立，自然株高平均 98cm。分枝多，单株分枝平均达 66.4 个。属多叶型苜蓿品种，多叶度达 85%（复叶小叶数 5～7 片），叶片较大，距地面 30～40cm 草层内小叶平均长 2.77cm，宽 1.38cm。总状花序，花冠紫色。荚果螺旋形，每荚平均有种子 11.9 粒。种子不规则肾形，千粒重 2.1～2.3g。

生物学特性： 生育期 120 天左右。抗寒、抗旱性较好，秋眠级为 4.1，再生性好，综合抗病性较强。刈割后生长快，在北京、河北、河南、山东、甘肃等地种植均表现出良好生产性能。在河北石家庄、甘肃张掖、新疆乌鲁木齐等地种植，年均干草产量为 19 000～20 000kg/hm²。初花期干物质中含粗蛋白质 24.13%，粗脂肪 2.42%，粗纤维 31.19%，无氮浸出物 30.69%，粗灰分 11.57%。适口性好，各种家畜喜食。

基础原种： 由加拿大保存。

适应地区： 适于华北、西北、东北地区南部，华中及苏北等地种植。

偏 关 苜 蓿

Medicago sativa L. 'Pianguan'

品种登记号： 123

登记日期： 1993 年 6 月 3 日

品种类别： 地方品种

申报者： 山西省农业科学院畜牧研究所、偏关县畜牧局。陆廷璧、王运琦、吴增禄、刘斌。

品种来源：由忻州地区偏关等县长期种植的地方品种整理出来。

生物学特性：晚熟品种，生育期 143 天左右。抗逆性较强，特别是在冬季最低温度为 −32℃ 的晋北、晋西北地区干草产量达到 6 450～7 200kg/hm²，适应我国黄土高原寒冷丘陵区。品质优良，叶量丰富，株高达 120～160cm。产草量高，为黄土高原的优良苜蓿地方品种。

基础原种：由山西省农业科学院畜牧研究所保存。

适应地区：适于黄土高原海拔高度为 1 500～2 400m，年最低气温在 −32℃ 左右的丘陵地区，以及晋北、晋西北地区推广种植。

清水紫花苜蓿
Medicago sativa L. 'Qingshui'

品种登记号：412

登记日期：2010 年 6 月 12 日

品种类别：野生栽培品种

申报者：甘肃农业大学、中国农业科学院北京畜牧兽医研究所。师尚礼、南丽丽、李聪、张雪婷、李玉珠。

品种来源：2002 年从甘肃清水县灌丛草原地带采集野生根茎型紫花苜蓿单株，经多年栽培驯化而成。

植物学特征：豆科苜蓿属多年生草本。主根不明显，侧根发达，根茎较宽，距地表较深，形成根茎混杂区。根茎末端向上生长发育成地上茎枝。地上茎斜生或半平卧，绝对生长高度 70～90cm。羽状三出复叶。短总状花序腋生，密集小花 16～23 个。荚果螺旋形，被毛，顶端具喙，常卷曲 1～2 圈，不开裂，含种子 3～4 粒。种子长约 2mm，肾形，黄褐色，千粒重 1.3g。

生物学特性：抗旱、抗寒性强，春季返青早，秋季枯黄晚，青绿期长，干草产量 7 500kg/hm²。初花期干物质中含粗蛋白质 21.05％、粗脂肪 3.30％、粗纤维 42.70％、无氮浸出物 24.07％，粗灰分 8.88％，钙 1.82％，磷 0.25％。

基础原种：由甘肃农业大学保存。

适应地区：适于我国甘肃海拔 1 100～2 600m 半湿润、半干旱区，可作为刈割草地或水土保持用草。

三得利紫花苜蓿
Medicago sativa L. 'sanditi'

品种登记号：247

登记日期：2002 年 12 月 11 日

品种类别：引进品种

申报者：百绿（天津）国际草业有限公司。陈谷、曹致中、柳小妮、白原生、王彦荣。

品种来源：1998 年由百绿公司引入中国。原品种是荷兰百绿公司在法国南部育种站选育而成，它的亲本材料包括 6 个品系，全部为弗拉芒德型（Flamamde）苜蓿，1995 年在法国登记注册。

植物学特征：豆科多年生草本植物。根系发达，主根粗长呈圆锥形，入土深，侧根着生根瘤多。株高 100cm 左右，茎直立光滑，多分枝。三出复叶，小叶卵圆形或椭圆形。总状花序，从叶腋生出，花冠蝶形，花紫色或深紫色。荚果螺旋形，成熟时深褐色。种子肾形，黄色，千粒重 2.2g。

生物学特性：抗倒伏和抗茎线虫能力较强，抗寒。生育期约 100 天。丰产性和再生性好，刈割后生长迅速，夏秋季生长旺盛，年可刈割 3～4 次，在山西、甘肃、新疆等地种植，年均干草产量为 12 500～17 000kg/hm²。初花期干物质中含粗蛋白质 19.4%～21%，适口性好，各种家畜喜食。

基础原种：由荷兰百绿种子集团公司保存。

适应地区：适于我国华北大部分地区及西北、华中部分地区种植。

赛迪 5 号紫花苜蓿
Medicago sativa L. 'Sardi 5'

品种登记号：538

登记日期：2018 年 8 月 15 日

品种类别：引进品种

申报者：青岛农业大学、百绿（天津）国际草业有限公司。孙娟、杨国锋、苗福泓、刘洪庆、周思龙。

品种来源： 引自南澳大利亚研发中心。

植物学特征： 豆科苜蓿属多年生草本植物。主根粗壮，茎四棱形，叶片较大。总状花序，荚果，种子肾形，千粒重 1.8～2.0g。

生物学特性： 秋眠级 5。喜中性或偏碱性土壤，以 pH 7～8 为宜，不宜种植在强酸、强碱土壤中。抗病虫害能力强，尤其在抗斑点紫花苜蓿蚜虫、蓝绿蚜虫方面表现突出。耐寒、耐旱，再生性好，持久性强，中等管理水平下可利用 7 年以上。年干草产量约 17 000/hm^2。

基础原种： 由南澳研究与发展中心保存。

适应地区： 适于我国北方暖温带地区及类似地区种植。

赛迪 7 号紫花苜蓿

Medicago sativa L. 'Sardi 7'

品种登记号： 514

登记日期： 2017 年 7 月 17 日

品种类别： 引进品种

申报者： 北京草业与环境研究发展中心、百绿（天津）国际草业有限公司。孟林、毛培春、周思龙、邰建辉、田小霞。

品种来源： 引自南澳研究与发展中心。

植物学特征： 豆科苜蓿属多年生草本植物。直根系，侧根多。株高 100～150cm，茎斜生。羽状三出复叶，小叶椭圆形。总状花序，腋生，小花紫色。荚果 2～4 圈螺旋形。种子肾形，黄褐色，千粒重约 2.5g。

生物学特性： 休眠级为 7 级，再生速度较快。适应性强，喜温暖半湿润的气候条件。适宜在干燥疏松、排水良好的土壤中生长，忌积水，对土壤选择不严，pH 6～8 为宜。苗期生产缓慢，分枝后生长较快，刈割后再生能力强，北方可刈割 4～5 茬，南方可刈割 5～7 茬，干草产量 17 000kg/hm^2 左右。

基础原种： 由南澳研究与发展中心保存。

适应地区： 适于我国河北、河南、四川、云南等地区种植。

赛 迪 10 号

Medicago sativa L. 'Sardi 10'

品种登记号：540

登记日期：2018 年 8 月 15 日

品种类别：引进品种

申报者：福建省农业科学院畜牧兽医研究所、百绿（天津）国际草业有限公司。高承芳、李文杨、张晓佩、刘远、周思龙。

品种来源：引自南澳研究与发展中心。

植物学特征：豆科苜蓿属多年生草本植物。直根系，侧根多，主根粗大，入土深。茎直立，株高 100～120cm。羽状三出复叶，叶色深绿，叶量大。总状花序，蝶形花，紫色。荚果螺旋形，种子千粒重 2.3g。

生物学特性：秋眠级 10。最适生长温度为 15～21℃，种子发芽适宜温度 25～30℃。具有较强的抗倒伏性、抗病性，但该品种在积水条件下，生长受到阻碍，不耐涝。年均干草产量 21 000kg/hm² 左右。

基础原种：由南澳研究与发展中心保存。

适应地区：适于我国西南地区及南方丘陵地区种植。

陕 北 苜 蓿

Medicago sativa L. 'Shanbei'

品种登记号：057

登记日期：1990 年 5 月 25 日

品种类别：地方品种

申报者：西北农业大学。杨惠文、卢得仁、曹社会、刘永旺。

品种来源：系地方品种，分布在陕西北部黄土丘陵沟壑区及风沙滩地，主要包括陕西省榆林和延安两地区。

植物学特征：茎分枝少而细，叶小、近卵圆形。

生物学特性：晚熟，比关中苜蓿晚 10 天左右，也比关中苜蓿返青晚、枯黄早。生长速度慢，抗旱性较强，综合性状不如关中苜蓿。鲜草产量 30 000～45 000kg/hm²，种子产量 375kg/hm²。

基础原种：由西北农业大学畜牧系保存。

适应地区：适于陕西北部、甘肃陇东、宁夏盐池、内蒙古准格尔旗等黄土高原北部、长城沿线风沙地区种植。

赛 特 紫 花 苜 蓿

Medicago sativa L. 'Sitel'

品种登记号：254

登记日期：2003 年 12 月 7 日

品种类别：引进品种

申报者：百绿（天津）国际草业有限公司。陈谷、曹致中、房丽宁、冯毓琴、董其军。

品种来源：由荷兰百绿集团公司法国育种站以法国北部古老的地方苜蓿群体为原始材料选育而成，1980 年在法国首先登记注册。1998 年由荷兰百绿集团中国代表处引进。

植物学特征：豆科多年生草本植物。根系发达，主根呈圆锥形。株型直立，株高 100cm 左右。茎直立而光滑。三出复叶，小叶卵圆形或椭圆形。总状花序，花浅紫、紫或深紫色。荚果螺旋形，成熟时深褐色。种子肾形，黄色，千粒重 1.8～2.3g。

生物学特性：适应性、持久性及丰产性好，抗倒伏，抗黄萎病和茎线虫病的能力强。生长速度快，在良好的栽培条件下增产潜力大，年可刈割 3～4 次，生育期 110 天，秋眠级 4.2。在甘肃、北京、河北等地种植，年均干草产量为 13 000～19 000kg/hm²。初花期干物质中含粗蛋白质 20.94%，中性洗涤纤维 40.54%，酸性洗涤纤维 27.76%。叶量大，茎秆较细，适口性好，各种家畜喜食。

基础原种：由荷兰百绿种子集团公司保存。

适应地区：适于我国华北大部分地区，西北地区东部、新疆部分地区种植。

斯 贝 德 紫 花 苜 蓿

Medicago sativa L. 'Spyder'

品种登记号：562

登记日期： 2019 年 12 月 12 日

品种类别： 引进品种

申报者： 克劳沃（北京）草业科技研究有限公司、内蒙古蒙草生态环境（集团）股份有限公司、安徽省农业科学院畜牧兽医研究所。张静妮、刘英俊、李争艳、吴建锁、苏爱莲。

品种来源： 引自加拿大碧青公司（BrettYoung Seeds Ltd.）。

植物学特征： 豆科苜蓿属多年生草本植物，秋眠级为 1.0。侧根发达，为根蘖型品种。茎直立，株高 90～110cm，多分枝。叶量丰富，三出复叶。总状花序平均长 3.56cm，蝶形花冠，紫色。种子肾形或阔椭圆形，黄色到浅褐色，千粒重 2.23g。

生物学特性： 耐寒、耐旱、抗倒春寒能力强，在 pH 6.5～8.5 的土壤上均能生长。耐刈割能力强，再生性好，生产潜力大。抗病虫能力突出，对 6 种主要苜蓿病害都有很强的抗性。耐牧、耐机械碾压，持久性好，利用年限长。年干草产量为 12 000kg/hm² 左右。

基础原种： 由加拿大碧青公司保存。

适应地区： 适于我国华北、西北和东北等寒冷地区种植。

天 水 苜 蓿

Medicago sativa L. 'Tianshui'

品种登记号： 087

登记日期： 1991 年 5 月 20 日

品种类别： 地方品种

申报者： 甘肃省畜牧厅、天水市北道区种草站。王无怠、卫平、熊德明、方全贵、张剑波。

品种来源： 系地方品种，有悠久的栽培历史，主要分布在甘肃省天水地区，陇南地区有少量分布。

生物学特性： 植株中等大小，属中熟品种。再生能力较好，刈割后生长较快，这一点比其他甘肃苜蓿突出，叶片稍大，产量亦比陇东苜蓿稍高。生育期比陇东苜蓿稍晚，生长势在 4 个甘肃苜蓿地方品种中最好。干草产量 10 500kg/hm²。

基础原种：由甘肃省天水市北道区种草站保存。

适应地区：适于黄土高原地区种植。我国北方冬季不甚严寒的地区均可种植。

翠博雷紫花苜蓿
Medicago sativa L. 'Triple play'

品种登记号：590

登记日期：2020 年 12 月 3 日

品种类别：引进品种

申报者：贵州省草业研究所、北京正道农业股份有限公司、个旧市畜牧技术推广站、建水县畜牧技术推广站。吴佳海、朱雷、钟理、许娅虹、周建雄。

品种来源：引自美国国际牧草资源公司（Forage Genetics International，LLC.）。

植物学特征：豆科苜蓿属多年生草本。根系发达，主根粗大，入土深度 50～100cm，侧根主要分布在 20～30cm 土层。茎直立，株高 100～150cm。多叶品种，常见 5～7 出羽状复叶。总状花序腋生，蝶形花冠，紫色。

生物学特性：秋眠级 10，越夏能力强。年干草产量 15 000kg/hm² 左右。

基础原种：由美国国际牧草资源公司保存。

适应地区：适于四川中东部年降水 1 000mm 以上的地区种植。

图牧 2 号紫花苜蓿
Medicago sativa L. 'Tumu No. 2'

品种登记号：077

登记日期：1991 年 5 月 20 日

品种类别：育成品种

育种者：内蒙古图牧吉草地研究所。程渡、崔鲜一、彭玉梅、李红霞、黎立升。

品种来源：母本为当地散佚的紫花苜蓿，系 20 世纪 40 年代图牧吉军马场牧草地种植的苜蓿；父本为苏联 0134 号、印第安、匈牙利和武功 4 个紫花苜蓿。1976 年采用自然隔离自由授粉杂交方式进行杂交，然后以越冬率高、品质优良、长势好和产量高为目标，从 1977 至 1982 年共进行 3 次混合选择而成。

植物学特征：株型半直立，主根粗而明显。三出复叶，叶量多。短总状花序，花紫色或蓝紫色，荚果多呈螺旋形。

生物学特性：适应性强，在极端最低温度达－48℃时，仍可安全越冬，越冬率达 98％以上。抗旱性强，耐瘠薄，对水肥要求不严，产量高，干草产量 10 500～13 500kg/hm²。

基础原种：由内蒙古图牧吉草地研究所保存。

适应地区：适于内蒙古东部地区和吉林、黑龙江省种植。1993 年在新疆巴音布鲁克高寒地区试种成功。

维克多紫花苜蓿
Medicago sativa L. 'Vector'

品种登记号：252

登记日期：2003 年 12 月 7 日

品种类别：引进品种

申报者：中国农业大学。周禾、胡跃高、韩建国、王堃、戎郁苹。

品种来源：1999 年从加拿大 Peterson 种子公司引进。

植物学特征：豆科多年生草本植物。株高 90～110cm，茎直立，被疏茸毛。三出复叶，叶片较大，叶色浓绿。总状花序，生于叶腋，花为紫色和蓝紫色。荚果螺旋形，内有种子 4～8 粒。种子肾形，光滑，黄褐色，千粒重 1.8～2.0g。

生物学特性：抗旱、抗病虫、较耐热，生长快，再生性好，产量较高。在河北省南皮县的生育期约 90 天。在华北、华中地区每年可刈割 3～4 次，产量稳定；在河北、北京、江苏等地种植，年均干草产量为 13 000～14 000kg/hm²。初花期风干物中含粗蛋白质 18.01％，粗纤维 23.87％，粗脂肪 1.82％。适口性好，各种家畜喜食。

基础原种：由加拿大 Peterson 种子公司保存。

适应地区：适于华北、华中地区种植。

维多利亚紫花苜蓿

Medicago sativa L. 'Victoria'

品种登记号： 270

登记日期： 2004 年 12 月 8 日

品种类别： 引进品种

申报者： 北京克劳沃草业技术开发中心、北京格拉斯草业技术研究所。刘自学、苏爱莲、闫宝生、王莉莉、张新鹏。

品种来源： 北京克劳沃草业技术开发中心从加拿大引进。原品种由加拿大 Brett-Young 公司育成。

植物学特征： 豆科多年生草本植物。茎秆直立，自然株高平均 106cm。三出复叶，距地面 30～40cm 草层内小叶长 3.01cm，宽 1.66cm。总状花序，主枝花序长 3.12cm，花紫色。荚果螺旋形，每荚平均有种子 8.6 粒。种子不规则肾形，淡黄至黄褐色，千粒重 2.1～2.3g。

生物学特性： 在北京生育期 120 天左右。属中等抗寒品种，耐热性好，秋眠级 6.0。返青早，再生迅速，耐多次刈割，在江苏北部、湖北西北部、贵州六盘水等地种植表现良好。在河北石家庄、新疆乌鲁木齐种植，年均干草产量为 20 000～22 000kg/hm²。初花期干物质中含粗蛋白质 21.45%，粗脂肪 1.98%，粗纤维 27.15%，无氮浸出物 38.98%，粗灰分 10.44%。适口性好，各种家畜喜食。

基础原种： 由加拿大 Brett - Young 公司保存。

适应地区： 适于华北、华中、苏北及西南部分地区种植。

威斯顿紫花苜蓿

Medicago sativa L. 'Weston'

品种登记号： 418

登记日期： 2010 年 6 月 12 日

品种类别： 引进品种

申报者： 北京克劳沃种业科技有限公司。范龙、刘自学、苏爱莲。

品种来源： 2000 年北京克劳沃种业科技有限公司从加拿大 Brett -

Young 公司引入。

植物学特征：豆科苜蓿属多年生草本植物。自然株高 110cm，分枝数平均 79.2（49～141）个，茎直立。总状花序，花冠大部分紫色，小部分为浅紫色。荚果螺旋形，种子肾形，黄褐色，千粒重 2.3g。

生物学特性：秋眠级 8，属非秋眠品种。耐湿热、抗病虫能力强。丰产性和再生性好，产草量高，年干草产量 18 000～22 000kg/hm²。营养丰富、品质佳。初花期风干物中含干物质 91.67%，粗蛋白质 20.02%，粗脂肪 2.57%，粗纤维 29.99%，无氮浸出物 31.78%，粗灰分 7.31%，钙 1.92%、磷 0.66%。

基础原种：由加拿大 Brett - Young 公司保存。

适应地区：适于海拔 1 500～3 400m，年均温 5～16℃，夏季最高温不超过 30℃，年降水量≥560mm 的温带至中亚热带地区。尤其适于我国西南和南方山区种植。

WL168HQ 紫花苜蓿
Medicago sativa L. 'WL168HQ'

品种登记号：518

登记日期：2017 年 7 月 17 日

品种类别：引进品种

申报者：北京正道生态科技有限公司。邵进羣、李鸿强、齐丽娜、赵利、朱雷。

品种来源：引自美国国际牧草资源公司（Forage Genetics International，LLC.）公司。

植物学特征：豆科苜蓿属多年生草本植物。根蘗型，株型直立，株高 100～150cm。茎直立，光滑，粗 2～4mm。三出羽状复叶，小叶长圆形。蝶形花，各花在主茎或分枝上集生为总状花序。种子千粒重 2.2g。

生物学特性：秋眠级为 2.0 级。抗病性强，高抗炭疽病、细菌性萎蔫病、镰刀菌萎蔫病、黄萎病、疫霉根腐病、丝囊霉根腐病等常见病害。为根蘗型紫花苜蓿，可以通过水平根系进行自我繁殖，不断形成新的植株。每年可刈割 2～3 次，年干草产量 7 500～12 000kg/hm²，刈割后再生速度快。

基础原种： 由美国国际牧草资源公司保存。

适应地区： 适于吉林、辽宁和内蒙古中部种植。

WL232HQ 紫花苜蓿
Medicago sativa L. 'WL232HQ'

品种登记号： 274

登记日期： 2004 年 12 月 8 日

品种类别： 引进品种

申报者： 北京中种草业有限公司。浦心春、程霞。

品种来源： 从美国国际牧草资源公司（Forage Genetics International, LLC.）引进。

植物学特征： 豆科多年生草本植物。株型直立，株高 90～135cm。茎秆绿色。三出复叶，叶色深绿，部分叶片有多叶现象。总状花序，长 2.5～4.8cm，花紫色。荚果螺旋形。千粒重 2.23g。

生物学特性： 生育期 120 天左右。抗寒性强，秋眠级为 2.2，在内蒙古通辽市越冬率为 92%，与敖汉苜蓿相当，单株分枝数和株高较敖汉苜蓿高，产草量较敖汉苜蓿增加 49%。刈割后恢复生长迅速，长势好，再生性强。综合抗病性好。在土壤黏重、排水不良的土壤上比其它品种表现优良。在辽宁省锦州市，河北省沧州市、保定市、承德市、吴桥县，内蒙古通辽市，山西省大同市、阳高县，新疆呼图壁县、本垒县等地的中等肥力、灌溉条件下种植，年干草产量为 15 000～17 000kg/hm²。在北京年刈割 4 次。初花期干物质中含粗蛋白质 22.18%，粗脂肪 2.52%，中性洗涤纤维 49.58%，酸性洗涤纤维 35.33%。秆纤细，适口性好，各种家畜喜食。

基础原种： 由美国国际牧草资源公司保存。

适应地区： 适于我国北方干旱、半干旱地区种植。

WL323ML 紫花苜蓿
Medicago sativa L. 'WL323ML'

品种登记号： 273

登记日期： 2004 年 12 月 8 日

品种类别： 引进品种

申报者： 北京中种草业有限公司。浦心春、程霞。

品种来源： 从美国国际牧草资源公司（Forage Genetics International, LLC.）引进。

植物学特征： 豆科多年生草本植物。株型直立，株高 94～165cm。茎秆绿色。叶片深绿色，为多叶型品种，每个复叶有小叶 3～7 片，其中 5 片小叶以上的复叶占 80%。总状花序，花序长 2.5～4.6cm，花紫色。荚果螺旋形，2～4 圈。种子不规则肾形，浅黄至黄褐色，千粒重 2.25g。

生物学特性： 生育期约 115 天。抗寒，春季返青早，秋眠级为 4.1，生长快，再生性和持久性好，综合抗病性强，在有灌溉条件、中等肥力的土地上表现出良好的丰产性能。在河北省吴桥县，河南省郑州市、南阳市，山东省滨州市、东营市等地种植，年均干草产量为 20 000～23 000kg/hm²。初花期干物质中含粗蛋白质 20.49%，粗脂肪 2.31%，中性洗涤纤维 47.52%，酸性洗涤纤维 34.51%。适口性好，各种家畜喜食。

基础原种： 由美国国际牧草资源公司保存。

适应地区： 适于河北、河南、山东和山西等省种植。

WL343HQ 紫花苜蓿
Medicago sativa L. 'WL343HQ'

品种登记号： 476

登记日期： 2015 年 8 月 19 日

品种类别： 引进品种

申报者： 北京正道生态科技有限公司。邵进羣、齐丽娜、李鸿强、周思龙、朱雷。

品种来源： 引自美国国际牧草资源公司（Forage Genetics International, LLC.）。

植物学特征： 豆科苜蓿属多年生草本植物。直根系，主根发达，可入土 300～700cm，根系主要分布在 0～30cm。一般有 25～40 个分枝，茎直立或斜上，具 18～27 节，粗 2～5mm。株高 100～150cm，羽状复叶。总状花序，花蓝色或紫色，异花授粉，虫媒为主。

生物学特性：秋眠级为 3.9，抗寒指数为 1.7。抗寒性中等，高抗苜蓿常见病虫害。年平均干草产量 13 000～18 000kg/hm²。粗蛋白含量可达 24.3%，粗脂肪 2.5%，中性洗涤纤维 36.6%，酸性洗涤纤维 32.7%。

基础原种：由美国国际牧草资源公司保存。

适应地区：适于我国北京以南地区种植。

WL525HQ 紫花苜蓿

Medicago sativa L. 'WL525HQ'

品种登记号：377

登记日期：2009 年 5 月 22 日

品种类别：引进品种

申报者：云南省草山饲料工作站、北京正道生态科技有限公司。吴晓祥、杨仕林、马兴跃、李成、杜杰亮。

品种来源：2004 年从美国国际牧草资源公司（Forage Genetics International，LLC.）引入。原品种为借助近红外光谱分析技术（NIRS）利用表型轮回选择法，最终由 120 个植株组成的综合品种。

植物学特征：豆科苜蓿属多年生草本。根系发达，主根入土深度达 100cm，侧根和须根主要分布于 30～40cm 深的土层中。三出羽状复叶，小叶长圆形或卵圆形，中叶略大。总状花序，着生于主茎和分枝顶部，每花序具小花 20～30 朵。果实为 2～4 圈的螺旋形荚果，每荚内含种子 2～6 粒。种子肾形，黄色或淡黄褐色，千粒重 1.8g。

生物学特性：秋眠级 8，在云南秋播第一个生育周期的生育期为 300～310 天。对病虫害抗性出色。播后第 2～4 年的鲜草产量为 120 000～180 000kg/hm²，干草产量 22 131.7～28 359.0kg/hm²。现蕾期风干物质占 94.5%，粗蛋白质 24.1%，粗纤维 19.8%。

基础原种：由 WL Research Company 在亚利桑那州生产并保存。

适应地区：适于云南温带和亚热带地区种植。

WL656HQ 紫花苜蓿
Medicago sativa L. 'WL656HQ'

品种登记号： 591

登记日期： 2020 年 12 月 3 日

品种类别： 引进品种

申报者： 云南农业大学、北京正道农业股份有限公司、贵州省草地技术试验推广站。姜华、吴晓祥、赵利、袁中华、朱欣。

品种来源： 引自美国国际牧草资源公司 （Forage Genetics International, LLC.）。

植物学特征： 豆科苜蓿属多年生草本植物。株高 100cm 左右，株型半直立，轴根型。单株分枝多，茎细而密。羽状复叶，叶色浓绿。总状花序紧凑，蝶形花深紫色。荚果暗褐色，螺旋形，2～3 圈。种子肾形，黄色，千粒重 1.8g。

生物学特性： 秋眠级 9.3。喜温暖湿润气候，适于中性到酸性土壤，磷肥可明显增产。干草产量可达 14 700kg/hm^2。

基础原种： 由美国国际牧草资源公司保存。

适应地区： 适于海拔 400～1 000m、年降水量 1 000mm 左右的长江流域及相似气候区域种植。

沃苜 1 号紫花苜蓿
Medicago sativa L. 'Womu No. 1'

品种登记号： 515

登记日期： 2017 年 7 月 17 日

品种类别： 育成品种

申报者： 克劳沃（北京）生态科技有限公司。刘自学、苏爱莲、侯湃、王圣乾、丁旺。

品种来源： 以种子和干草高产为选育目标，采用综合品种选育方法育成。

植物学特征： 豆科苜蓿属多年生草本植物。株型直立，株高 90～

120cm。根系发达，侧根较多，主要分布于 10～50cm 土层。分枝多，茎秆粗壮，叶量丰富。总状花序，花淡紫色或紫色。荚果螺旋形，种子肾形，黄褐色，千粒重 2.13g。

生物学特性：花期较晚，在北京地区生育期 110 天左右。生长速度快、再生性好，在华北地区每年可刈割 4 次，干草产量 15 000～17 000kg/hm²，种子产量 450kg/hm² 左右。抗旱、耐寒性较强，综合抗病虫性好。

基础原种：由克劳沃（北京）生态科技有限公司保存。

适应地区：适于华北大部分、西北部分地区种植。

无 棣 苜 蓿

Medicago sativa L. 'Wudi'

品种登记号：124

登记日期：1993 年 6 月 3 日

品种类别：地方品种

申报者：中国农业科学院畜牧研究所、山东省无棣县畜牧局。耿华珠、李聪、舒文华、张传高、刘海燕。

品种来源：系长期栽培的地方品种，分布在鲁西北一带。据当地县志记载，1522 年就有种植，距今 470 多年。

植物学特征：主根深，侧根大，根颈入土深 0.64～1.33cm。株形直立，较散开，株高 100cm 以上。茎绿色，叶片中等大小，花浅紫色。种子较小，千粒重 1.67～1.81g。

生物学特性：抗旱性好，生长季节连续 70 天干旱，无死亡现象。耐瘠薄，稍耐盐碱，由于长期生长在滨海盐碱地上已有数百年历史，形成一定抗性，可在 0.3％以下轻盐碱地种植，干草产量 6 750～7 500kg/hm²。

基础原种：由中国农业科学院畜牧研究所，山东省无棣县畜牧局保存。

适应地区：适于鲁西北渤海湾一带以及类似地区种植。

新 疆 大 叶 苜 蓿

Medicago sativa L. 'Xinjiang Daye'

品种登记号：007

登记日期： 1987 年 5 月 25 日

品种类别： 地方品种

申报者： 新疆农业大学畜牧分院。闵继淳、肖凤、朱懋顺、李淑平、阿不都热合曼。

品种来源： 由分布在南疆绿洲的苜蓿农家品种整理而来。

生物学特性： 在中国苜蓿地方品种中，该品种叶片特大，株型直立，刈割后再生迅速，晚熟，产草量高。干草产量 9 000～10 500kg/hm² 。花色较淡，叶色亦较淡。抗旱性和抗寒性较好，在南疆－35.2℃低温下可安全越冬，生育期 95～103 天。缺点是易感染苜蓿霜霉病。

基础原种： 由新疆农业大学畜牧分院牧草生产育种教研室保存。

适应地区： 适于南疆塔里木盆地、焉耆盆地各农区，甘肃省河西走廊、宁夏引黄灌区等地种植。在我国北方和南方一些地区试种表现较好。

新牧 2 号紫花苜蓿
Medicago sativa L. 'Xinmu No. 2'

品种登记号： 131

登记日期： 1993 年 6 月 3 日

品种类别： 育成品种

育种者： 新疆农业大学畜牧分院牧草生产育种教研室。闵继淳、肖凤、李淑平、阿不都热合曼。

品种来源： 1982 年以 85 个苜蓿为原始材料，以高产及抗寒、抗旱、耐盐等特性，不低于新疆大叶苜蓿为育种目标，通过表型选择、无性繁殖、比较选优、开放授粉、分系收种，再经过连续 3 年的基因型选择，获得 9 个优良无性系，种子等量混合成综合品系，最后经过品比试验、生产试验及多点试验，历时 11 年选育而成。

植物学特征： 株型直立，属大叶型，叶片形状多样。花以紫色为主，荚果螺旋形，2.0～2.5 旋。种子黄色肾形，千粒重 1.8～2.0g。

生物学特性： 生育期 108 天，具再生快、早熟、高产、耐寒、抗旱、耐盐特性。与新疆大叶苜蓿相比早熟 3～5 天，增产 12.19%，轻感染霜霉病，干草产量 9 000～45 000kg/hm² 。

基础原种：由新疆农业大学畜牧分院牧草生产育种教研室保存。

适应地区：凡新疆大叶苜蓿、北疆苜蓿能种植的省区均可种植。

新牧 4 号紫花苜蓿

Medicago sativa L. 'Xinmu No. 4'

品种登记号：417

登记日期：2010 年 6 月 12 日

品种类别：育成品种

育种者：新疆农业大学。张博、王玉祥、李克梅、陈爱萍、李卫军。

品种来源：亲本之一为 1990 年从美国犹他州 USDA-ARS 洛根牧草与草地实验室引进的具广谱抗病性的苜蓿育种材料 KS220（抗寒性较差），另一亲本为适应性强而抗霜霉病能力较差的地方品种新疆大叶苜蓿。将两亲本的优选单株相间种植，开放授粉，混合采种，对其后代以抗霜霉病、抗寒和丰产为主要育种目标，采用轮回选择法育成。

植物学特征：豆科苜蓿属多年生草本。株型直立，株高 90～105cm。叶片较大，卵圆形或椭圆形。总状花序，长 3～6cm，花以紫色或浅紫色为主，深紫色约占 20%。荚果螺旋形，2～4 圈，黄褐色至黑褐色，每荚有种子 6～9 粒，千粒重 1.8～2.2g。

生物学特性：秋眠级为 3～4，生育期约 110 天左右。抗病性强，抗霜霉病、褐斑病能力强于新疆大叶苜蓿，抗倒伏和抗寒性较强。在新疆昌吉地区灌溉条件下，年可刈割 3～4 次，干草产量达 15 000～18 000kg/hm²；在新疆南疆大多数地区的灌溉条件下，年可刈割 4～5 次，干草产量达 16 000～20 000kg/hm²。盛花期干物质中含粗蛋白质 17.38%，粗纤维 27.82%。

基础原种：由新疆农业大学保存。

适应地区：适于有灌溉条件的南北疆及甘肃河西走廊、宁夏引黄灌区等地种植。

渝苜 1 号紫花苜蓿

Medicago sativa L. 'Yumu No. 1'

品种登记号：378

登记日期： 2009 年 5 月 22 日

品种类别： 育成品种

育种者： 西南大学。玉永雄、胡艳、刘卢生、戚志强、王有国。

品种来源： 从日本引进的夏若叶（Natsuwakaba）、立若叶（Tachiwak-aba）、露若叶及"中间材料"等 4 个品种和材料中选择多个优良单株，采用混合选择法育成。

植物学特征： 豆科苜蓿属多年生草本。根系比较多，分布比较浅。植株较直立。叶色嫩绿，叶片稍大。总状花序，长 4～6cm，花紫色。荚果为螺旋状，2～4 圈，荚果为黑褐色，荚果有种子 5～11 粒。种子肾形，黄色，千粒重 2.05g。

生物学特性： 苗期生长较快，再生力比较强。耐湿热、抗病、持久性比较强，耐微酸性，适于湿热地区种植。在重庆，年可刈割 5～6 次，干草产量 15 000kg/hm²。初花期干物质中含粗蛋白质 22.41%，粗脂肪 2.34%，粗纤维 23.05%，无氮浸出物 44.50%，粗灰分 7.70%。

基础原种： 由西南大学保存。

适应地区： 我国西南等地区作为饲草种植，其种子生产需要在西北地区种植。

蔚 县 苜 蓿

Medicago sativa L. 'Yuxian'

品种登记号： 085

登记日期： 1991 年 5 月 20 日

品种类别： 地方品种

申报者： 河北省张家口市草原畜牧研究、河北省蔚县畜牧局和阳原县畜牧局。孟庆臣、吕兴业、段玉梅、王清雯、赵金才。

品种来源： 河北省北部地区的地方品种。

植物学特征： 豆科苜蓿属多年生草本，株型斜生，主根明显、侧根发达。三出复叶，深绿色。总状花序腋生，花冠紫色或深紫色。荚果螺旋形，种子肾形，千粒重 2.1～2.6g。

生物学特性： 抗旱、抗寒性强，耐瘠薄，适应性广，长寿，产量较高。

在旱作条件下，收一茬干草产量 5 560～7 150kg/hm²，种子产量 360～450kg/hm²。在当地生育期 96 天左右。

基础原种：由河北省张家口市草原畜牧研究所保存。

适应地区：河北省北部、西部，山西省北部和内蒙古自治区中、西部地区均宜种植。

肇 东 苜 蓿
Medicago sativa L. 'Zhaodong'

品种登记号：040

登记日期：1989 年 4 月 25 日

品种类别：地方品种

申报者：黑龙江省畜牧研究所。王殿魁、罗新义、李红、郭宝华、张执信。

品种来源：20 世纪 30 年代从外地引到原肇东种马场的紫花苜蓿，1960 年定名为肇东苜蓿，为地方品种。

植物学特征：豆科苜蓿属多年生草本，植株多为直立。花紫色，有深有浅，叶片大小和叶形不整齐。

生物学特性：抗寒性强，丰产性能好，干草产量 6 750～10 500kg/hm²。在无雪或少雪的半干旱区，在－33℃低温下可安全越冬；在有雪覆盖的大、小兴安岭严寒地区－45℃下尚能安全越冬。

基础原种：由黑龙江省畜牧研究所保存。

适应地区：适于北方寒冷湿润及半干旱地区种植，是黑龙江省豆科牧草当家草种之一，在北方一些省区引种普遍反映较好。

中草 3 号紫花苜蓿
Medicago sativa L. 'Zhongcao No. 3'

品种登记号：416

登记日期：2010 年 6 月 12 日

品种类别：育成品种

育种者：中国农业科学院草原研究所。于林清、侯向阳、张利军、孙娟娟、萨仁。

品种来源： 来源于 12 个苜蓿品种材料，其中中国苜蓿品种 6 个：敖汉苜蓿、武功苜蓿、肇东苜蓿、新疆抗旱苜蓿、公农 2 号苜蓿、天水苜蓿；国外苜蓿品种 6 个：阿尔冈金（Algonquin）、拉达克（Ladak）、杜普梯（Dupuits）、猎人河（Hunter river）、苏联 36、OK18。通过对以上 6 个中国苜蓿品种和 6 个国外苜蓿品种材料进行田间筛选，获得抗旱优良单株，对优良单株进行三次杂交并经三个世代混合选择培育而成。

植物学特征： 豆科苜蓿属多年生草本。株丛直立，高大整齐，株高 92～108cm。分枝多，叶量大。总状花序，花色浅紫、紫色。荚果螺旋形，2～4 圈。种子肾形，黄色，千粒重 2.26g。四倍体，染色体 $2n=32$。

生物学特性： 在呼和浩特地区生育期约为 104 天。对干旱适应性较强、耐寒、持久性较好，生长速度较快、再生性较好。干草产量 7 882.5～16 176kg/hm²，种子产量 117～296.5kg/hm²。初花期风干物中含干物质 92.54％，粗蛋白质 20.48％，粗脂肪 1.48％，粗纤维 29.72％，中性洗涤纤维 38.36％，酸性洗涤纤维 31.04％，无氮浸出物 32.49％，粗灰分 8.37％。

基础原种： 由中国农业科学院草原研究所保存。

适应地区： 适于我国北方干旱寒冷地区，尤其适于内蒙古及周边地区种植。

中兰 1 号苜蓿

Medicago sativa L. 'Zhonglan No. 1'

品种登记号： 188

登记日期： 1998 年 11 月 30 日

品种类别： 育成品种

育种者： 中国农业科学院兰州畜牧与兽药研究所。马振宇、易克贤、李锦华、邹胜文。

品种来源： 应用国内外 69 份以紫花为主的苜蓿品种（材料），采用多元杂交法，先建植 4 000 株的单选区，鉴定出 420 株单株。用枝条扦插成无性系圃，选出 31 个抗病系，进行多元杂交，分系收种。测验各系配合力，确定出 5 个高产抗病系。再回到原多元杂交圃中，汰除劣系，让这 5 个系开放授粉，混合收种育成新品系。再经过品比、区试和生产试验，育成新品种。

植物学特征：豆科苜蓿属多年生草本，植株茎粗直立，叶片大，长椭圆形，叶色嫩绿有光泽。花多为淡紫色，主茎分枝，花序和单株总荚数多。

生物学特性：主要特性是高抗霜霉病，无病枝率达 95%～100%，中抗褐斑病和锈病，生长后期轻感白粉病。植株生长快，在营养期平均每天长高 1.3～2.0cm，生长旺期，每 10～13 天生长 1 片新叶。再生能力强，每茬青草比对照高 22.4～52.8cm。全年青草产量较高，播种当年干草产量为 5 250～9 000kg/hm²，在管理较好的情况下，第二年干草产量高达 25 500kg/hm² 左右，比陇中苜蓿增产 22.4%～39.9%。

基础原种：由中国农业科学院兰州畜牧与兽药研究所保存。

适应地区：适于年降水量 400mm 左右，年均气温 6～7℃，海拔 990～2 300m 的黄土高原半干旱地区种植。

中兰 2 号紫花苜蓿

Medicago sativa L. 'Zhonglan No. 2'

品种登记号：519

登记日期：2017 年 7 月 17 日

品种类别：育成品种

育种者：中国农业科学院兰州畜牧与兽药研究所、甘肃农业大学。李锦华、师尚礼、田福平、何振刚、刘彦江。

品种来源：以杜普梯、埃及、图牧 2 号、陇中等苜蓿品种为主要原始材料，以黄土高原旱作栽培条件下的草地丰产、稳产和利用持久性为主要育种目标，采用杂交混合选育法育成。

植物学特征：豆科苜蓿属多年生草本植物。根系发达，主根入土较深。株型较紧凑，株高近 100cm，有 10～30 个分枝，多直立。小叶长椭圆形或披针形为主，大小中等。总状花序，长 5cm 以下，花紫色或浅紫色。荚果为螺旋状，1.5～2.5 圈，有种子 2～5 粒。种子肾形，黄色或黄褐色，千粒重 1.9～2.1g。

生物学特性：适于半干燥、半湿润区的温暖气候条件，以及深厚、疏松、排水良好的土壤。较耐旱。在旱作栽培条件下，中兰 2 号苜蓿每年可刈割 2～4 次；灌溉栽培时，每年可刈割 3～5 次，干草产量约 14 000kg/hm²。

基础原种：由中国农科院兰州畜牧与兽药研究所保存。

适应地区：适于黄土高原半湿润区以及北方年降水量大于 320mm 类似地区种植。

中苜 1 号苜蓿
Medicago sativa L. 'Zhongmu No. 1'

品种登记号：177

登记日期：1997 年 12 月 11 日

品种类别：育成品种

申报者：中国农业科学院畜牧研究所。耿华珠、杨青川、舒文华、李聪、郝吉国。

品种来源：保定苜蓿、秘鲁苜蓿、南皮苜蓿、RS 苜蓿及细胞耐盐筛选的优株种植在 0.4％的盐碱地上开放授粉，经田间混合选择四代培育而成的耐盐品种。

植物学特征：豆科多年生草本。株形直立，株高 80～100cm，叶色深绿。主根明显，侧根较多，根系发达，总状花序，花紫色和浅紫色。荚果螺旋形 2～3 圈。

生物学特性：耐盐性好，在 0.3％的盐碱地上比一般栽培品种增产 10％以上，耐旱，也耐瘠。干草产量 7 500～13 500kg/hm²。

基础原种：由中国农业科学院畜牧研究所保存。

适应地区：适于黄淮海平原及渤海湾一带的盐碱地种植，也可在其他类似的内陆盐碱地试种。

中苜 2 号紫花苜蓿
Medicago sativa L. 'Zhongmu No. 2'

品种登记号：255

登记日期：2003 年 12 月 7 日

品种类别：育成品种

育种者：中国农业科学院北京畜牧兽医研究所。杨青川、郭文山、孙彦、张文淑、康俊梅。

品种来源：以 101 份国内外苜蓿品种、种质资源为原始材料，选择没有明显主根，分枝根或侧根强大，叶片大、分枝多、植株较高的优良单株相互杂交，完成第一次混合选择形成 RS 苜蓿，而后又对其进行三代混合选择育成。

植物学特征：豆科多年生草本植物。无明显主根，侧根发达的植株占 30％以上。株型直立，株高 80～110cm，分枝较多。叶色深绿，叶片较大。总状花序，花浅紫色到紫色。荚果 2～4 圈螺旋形。种子肾形，黄色或棕黄色，千粒重 1.8～2.0g。

生物学特性：因侧根发达，有利于改善根的呼吸状况及根瘤菌活动，较耐质地湿重、地下水位较高的土壤。在北京、河北省南皮县，生育期 100 天左右。长势好，刈割后再生性好，每年可刈割 4 次。耐寒及抗病虫较好，耐瘠性好。在华北平原、黄淮海地区种植，年均干草产量为 14 000～16 000kg/hm²。种子产量为 360kg/hm²。初花期干物质中含粗蛋白质 19.79％，粗脂肪 1.87％，粗纤维 32.54％，无氮浸出物 36.15％，粗灰分 9.65％，钙 1.76％，磷 0.26％。适口性好，各种家畜喜食。

基础原种：由中国农业科学院北京畜牧兽医研究所保存。

适应地区：适于黄淮海平原非盐碱地及华北平原类似地区种植。

中苜 3 号紫花苜蓿

Medicago sativa L. 'Zhongmu No. 3'

品种登记号：321

登记日期：2006 年 12 月 13 日

品种类别：育成品种

育种者：中国农业科学院北京畜牧兽医研究所。杨青川、侯向阳、郭文山、康俊梅、张文淑。

品种来源：以耐盐苜蓿品种中苜 1 号为亲本材料，通过盐碱地表型选择，得到 102 个耐盐优株，经耐盐性一般配合力的测定，将其中耐盐性一般配合力较高的植株相互杂交，完成第一次轮回选择。然后又经过二次轮回选择，一次混合选择育成。

植物学特征：多年生草本。直根系，根系发达。株型直立，分枝较多，株高80～110cm。叶片较大，叶色深。总状花序，花紫色到浅紫色。荚果螺旋形2～3圈。种子肾形，黄色或棕黄色，千粒重1.8～2.0g。

生物学特性：返青早，再生速度快，较早熟，在河北黄骅地区从返青到种子成熟约110天。耐盐性好，在含盐量为0.18％～0.39％的盐碱地上，比中苜1号紫花苜蓿增产10％以上。产量高，在黄淮海地区干草产量平均达15 000kg/hm²，种子产量达330kg/hm²。营养丰富，初花期干物质中含粗蛋白质19.70％，粗脂1.91％，粗纤维32.44％，无氮浸出物36.31％，粗灰分9.64％。可用于调制干草、青饲和放牧。

基础原种：由中国农业科学院北京畜牧兽医研究所保存。

适应地区：适于黄淮海地区轻度、中度盐碱地种植。

中苜4号紫花苜蓿

Medicago sativa L. 'Zhongmu No. 4'

品种登记号：438

登记日期：2011年5月16日

品种类别：育成品种

育种者：中国农业科学院北京畜牧兽医研究所。杨青川、康俊梅、孙彦、郭文山、张铁军。

品种来源：在中苜2号、爱菲尼特（Affinity）、沙宝瑞（Sabri）3个紫花苜蓿品种中选择多个优良单株，经二次混合选择、一次轮回选择育成。

植物学特征：豆科苜蓿属多年生草本。直根型或侧根型。株型直立，分枝多，株高80～115cm。叶色深绿，叶片较大。总状花序。花紫色到浅紫色。荚果螺旋形2～3圈，种子肾形，黄色，千粒重1.85～1.91g。

生物学特性：再生快、产草量高、返青早，在黄淮海地区干草产量达14 000～17 000kg/hm²。初花期干物质中含粗蛋白质19.68％，粗脂肪1.90％，粗纤维23.90％，无氮浸出物38.33％，粗灰分8.68％。

基础原种：由中国农业科学院北京畜牧兽医研究所保存。

适应地区：适于黄淮海地区种植。

中苜 5 号紫花苜蓿

Medicago sativa L. 'Zhongmu No. 5'

品种登记号：463

登记日期：2014 年 5 月 30 日

品种类别：育成品种

育种者：中国农业科学院北京畜牧兽医研究所。杨青川、康俊梅、张铁军、孙彦、郭文山。

品种来源：亲本中苜 3 号具有耐盐、产量高、返青早、适应黄淮海地区种植等特点，国外苜蓿亲本种质材料 AZ-SALT-Ⅱ具有耐盐、再生快、产量高的特点。以两者为亲本进行相互杂交，获得杂交一代材料，然后将第一代材料种植在盐碱地，通过盐碱地三代耐盐性表型混合选择（选择耐盐性好、叶量大、节间短、分枝多、再生快、适应性好的优株），结合分子标记辅助育种技术，育成耐盐苜蓿新品系，在河北南皮试验地完成了三年的品种比较试验，并进行了区域试验、生产试验。

植物学特征：豆科苜蓿属多年生草本。根系发达，直根系具侧根。株型直立，株高 80～115cm。茎秆上部有棱角，略呈方形，分枝多。叶色深绿，叶片较大。总状花序，花紫色到浅紫色。荚果螺旋形 2～3 圈，每荚果含种子 2～9 粒。种子肾形，黄褐色，千粒重 1.8～2.0g。

生物学特性：耐盐高产型品种，在含盐量 0.21％～0.35％的盐碱地上，干草产量约 14 000kg/hm²。初花期干物质中含粗蛋白质 18.7％，粗纤维 31.3％，粗灰分 8.8％，粗脂肪 1.77％，无氮浸出物 37.82％，中性洗涤纤维 43.6％，酸性洗涤纤维 34.3％。

基础原种：由中国农业科学院北京畜牧兽医研究所保存。

适应地区：适于黄淮海地区种植。

中苜 6 号紫花苜蓿

Medicago sativa L. 'Zhongmu No. 6'

品种登记号：422

登记日期：2010 年 6 月 12 日

品种类别：育成品种

育种者：中国农业科学院北京畜牧兽医研究所。李聪、苗丽宏、王永辰、张银敏、杨宝英。

品种来源：来自"保定苜蓿"和"自选苜蓿"（源于本所苜蓿种质资源圃 101 份国内外苜蓿种质材料混选优株后代的种质）空间诱变优株的杂交后代。利用卫星搭载上述两个亲本材料种子的空间诱变效应，围绕株形较高、紧凑、从根茎长出的分枝多且以斜生为主、枝叶繁茂、生长势强、再生速度快等丰产表型性状，杂交混合轮回选育而成。

植物学特征：豆科苜蓿属多年生草本。轴根型，根系发达。茎分枝多，植株较高，自然高度平均 97cm。叶中等大小，倒卵形或长椭圆形。总状花序长 2.5～5.1cm，小花密集，每花序有小花 20～32 个，花紫色或蓝紫色，偶有淡紫色。荚果螺旋形，2～3 圈，每荚含种子 3～10 粒。种子肾形或宽椭圆形，千粒重 1.8～2.1g。

生物学特性：中熟型丰产品种，在北京生育期为 110 天，年刈割 4 茬，干草产量 17 000kg/hm²。盛花期干物质中含粗蛋白质 18.70%，粗脂肪 1.67%，粗纤维 30.62%，无氮浸出物 39.47%，粗灰分 9.54%，中性洗涤纤维 68.84%，酸性洗涤纤维 47.40%。

基础原种：由中国农业科学院北京畜牧兽医研究所牧草遗传育种室保存。

适应地区：适于我国华北中部及北方类似条件地区种植。

中苜 7 号紫花苜蓿

Medicago sativa L. 'Zhongmu No. 7'

品种登记号：534

登记日期：2018 年 8 月 15 日

品种类别：育成品种

育种者：中国农业科学院北京畜牧兽医研究所。杨青川、张铁军、康俊梅、龙瑞才、王珍。

品种来源：以中苜 1 号、中苜 2 号、保定苜蓿品种的优良早熟单株为亲本材料，建立无性系并相互杂交，经过三代表型混合选择育成。

植物学特征：豆科苜蓿属多年生草本植物。根系发达，直根型。株型直立，株高 80～110cm。分枝多，叶片较大，叶色深绿。总状花序，花色紫到浅紫色。荚果螺旋形 2～3 圈。种子肾形，黄色或黄棕色，千粒重 1.9～2.0g。

生物学特性： 具有早熟、产量高、再生快。对土壤选择不严，除重黏土、低湿地、强酸强碱外，从粗沙土到轻黏土皆能生长，但以排水良好、土层深厚、富于钙质土壤生长最好。生长期内最忌积水，连续淹水 24～48h 即大量死亡。在黄淮海地区，雨养条件下干草产量达 14 000～15 000kg/hm^2。

基础原种： 由中国农业科学院北京畜牧兽医研究所保存。

适应地区： 适于我国黄淮海地区种植。

<h2 style="text-align:center">中苜 8 号紫花苜蓿</h2>

Medicago sativa L. 'Zhongmu No. 8'

品种登记号： 521

登记日期： 2017 年 7 月 17 日

品种类别： 育成品种

育种者： 中国农业科学院北京畜牧兽医研究所。李聪。

品种来源： 以武功、和田、拉达克等苜蓿为育种材料，以耐盐、丰产为主要选育目标，采用综合品种选育等方法育成。

植物学特征： 豆科苜蓿属多年生草本植物。主根明显，侧根比较发达，多分布于 10～40cm 土层中。株型较直立、初花期株高 85～100cm。分枝多，茎叶深绿色，叶形偏长椭圆形。总状花序，花浅紫色。荚果螺旋形，2～3 圈，每荚含种子 3～8 粒。种子肾形或宽椭圆形，黄褐色，千粒重 2.0g。

生物学特性： 耐盐碱性、耐瘠薄性和再生性较好。在黄淮海地区种植春季返青起身快，每年可以刈割 4～5 茬，干草产量达 14 000kg/hm^2。在山东省无棣县 0～40cm 土层含盐量为 0.29%～0.35%、pH 7.62～8.60 的盐碱地上产量比对照品种中苜 1 号紫花苜蓿和无棣苜蓿增产 9.87%～16.42%。

基础原种： 由中国农业科学院北京畜牧兽医研究保存。

适应地区： 适于黄淮海盐碱地或华北、华东气候相似地区种植。

中苜 9 号紫花苜蓿
Medicago sativa L. 'Zhongmu No. 9'

品种登记号：563

登记日期：2019 年 12 月 12 日

品种类别：育成品种

育种者：中国农业科学院北京畜牧兽医研究所。杨青川、康俊梅、张铁军、龙瑞才、王珍。

品种来源：以中苜 2 号紫花苜蓿、保定紫花苜蓿和 Rodeo 紫花苜蓿为亲本材料，建立无性系并相互杂交，经过 3 代表型混合选择育成。

植物学特征：豆科多年生草本植物。根系发达，株型直立，株高 85～100cm。分枝较多，叶片较大，叶色较深。总状花序，花色紫到浅紫色。荚果螺旋形，2～3 圈。种子肾形，黄色或棕黄色，千粒重 1.91～2.0g。

生物学特性：干草产量为 16 000kg/hm² 左右。

基础原种：由中国农业科学院北京畜牧兽医研究所保存。

适应地区：适于我国黄淮海及类似地区推广种植。

中天 1 号紫花苜蓿
Medicago sativa L. 'Zhongtian No. 1'

品种登记号：535

登记日期：2018 年 8 月 15 日

品种类别：育成品种

育种者：中国农业科学院兰州畜牧与兽药研究所、天水市农业科学研究所、甘肃省航天育种工程技术研究中心。常根柱、杨红善、柴小琴、包文生、周学辉。

品种来源：以三得利紫花苜蓿为原始材料，采用航天诱变育种技术，经混合选择培育而成。

植物学特征：豆科苜蓿属多年生草本植物。主根发达，根颈粗大。茎直立或斜生，分枝 8～23 个，株高 80～140cm。三出复叶有异形叶，多叶率约为 30%。花蝶形，深紫色。荚果螺旋状，每荚含种子 2～9 粒。种子肾形，黄褐色，千粒重 2.4g。

生物学特性：喜光照充足的温暖半干燥气候，最适生长温度为 25～30℃。对土壤要求不严，喜中性或微碱性土壤，可溶性盐在 0.3% 以下，以排水良好、土层深厚、富含钙质的土壤生长最好。生长期内忌积水，开花期如遇高温、连绵多雨则会影响授粉率，使种子产量降低。在兰州地区 4 月中下旬播种，7 月中下旬开花，9 月中下旬种子成熟。播种当年种子产量较低，11 月中旬地上部分干枯，生长期 240 天左右。第二年 3 月底或 4 月初返青，8 月初种子成熟。自第二年起每年可刈割 3 次，平均干草产量可达 15 000kg/hm²，种子产量约 390kg/hm²。

基础原种：由中国农业科学院兰州畜牧与兽药研究所保存。

适应地区：适于西北内陆绿洲灌区、黄土高原以及华北等地区种植。

龙牧 803 苜蓿

Medicago sativa L. ×*Medicago ruthenica*（L.）
Trautv. 'Longmu No. 803'

品种登记号：133

登记日期：1993 年 6 月 3 日

品种类别：育成品种

育种者：黑龙江省畜牧研究所。王殿魁、李红、罗新义、李敬兰、多立安。

品种来源：1976—1992 年，以地方良种四倍体肇东苜蓿作母本，野生二倍体扁蓿豆作父本。为克服远缘杂交不育性，1976—1977 年对亲本进行辐射处理；1980—1983 年用突变体进行人工封闭杂交，共获得正反交杂种 64 株；1984—1987 年以集团选择法进行继代选育；1988—1992 年进行品种比较试验、区域试验和生产试验；1992 年末育成新品种。

植物学特征：近似肇东苜蓿的中间型。株形比较直立，在齐齐哈尔地区花期株高 70～80cm，成熟期株高 90～110cm。叶形和大小不一致，多为长圆形叶。花序长短不齐，花色为深浅不同的紫色，杂花率 4%～5%。荚果螺旋形，有旋 1.5 圈。种子黄色，肾形和不规则肾形，千粒重 2.42g。

生物学特性：生育期 110 天左右。返青比肇东苜蓿晚 2～3 天，抗寒，冬季少雪－35℃和冬季有雪－45℃以下安全越冬，气候不正常年份越冬率78.3%。丰产性状好，在松嫩平原温和湿润区二年生干草产量 9 180kg/hm²，比肇东苜蓿增产 30%；在松辽平原的温暖湿润区二年生干草产量15 270kg/hm²，比当地良种建平苜蓿增产 48%。在松嫩平原半干旱区和白城地区盐碱地上其干草产量低于 801 苜蓿。再生性好，叶量略高于肇东苜蓿（49%），为 50%～52%，叶量分布部位较低。不发生扁蓿豆的白粉病，对蓟马也有一定抗性。对土壤要求不严格，从黑龙江省北部小兴安岭寒冷湿润区到南部松辽平原温暖湿润区的黑土、pH 8.16～8.4 的盐碱地以及东部温凉湿润区的白浆土均可种植。

基础原种：由黑龙江省畜牧研究所保存

适应地区：适于小兴安岭寒冷湿润区、松嫩平原温和半干旱区、牡丹江半山间温凉湿润区种植。

龙 牧 806 苜 蓿

Medicago sativa L. ×*Medicago ruthenica*（L.）
Trautv. 'Longmu No. 806'

品种登记号：244

登记日期：2002 年 12 月 11 日

品种类别：育成品种

育种者：黑龙江省畜牧研究所。李红、王玉林、罗新义、柴凤久、车启华。

品种来源：从 1991 年开始以肇东苜蓿与扁蓿豆远缘杂交的 F_3 代群体为育种材料，根据越冬率、产草量、粗蛋白质含量等选育目标，经系统选育而成。

植物学特征：豆科多年生草本植物。株型直立，株高 75～110cm。叶卵圆形，长 2～3cm，叶缘有锯齿。总状花序，花深紫色。荚果螺旋状，2～3圈，每荚有种子 4～8 粒。种子浅黄色肾形，千粒重 2.2g。

生物学特性：生育期 100～120 天。抗寒，在黑龙江省北部寒冷区和西部半干旱区－45℃以下越冬率可达 92%～100%，比对照高 5%～11%。在0～60cm 土层含水量为 7.0%～9.7%、低于正常需水量 30% 的情况下，日生长速度比对照提高 21.6%。耐盐碱性能强，在 pH 8.2 的碱性土壤上亦可种植。生长期间无病虫害发生。1999—2001 年在黑龙江省不同生态区生产试验中，三年平均干草产量 7 500～11 218.5kg/hm²，种子产量 347kg/hm²。初花期干物质中含粗蛋白质 20.71%，粗脂肪 2.42%，粗纤维 29.47%，无氮浸出物 37.73%，粗灰分 9.67%。适口性好，各种家畜喜食。

基础原种：由黑龙江省畜牧研究所保存。

适应地区：东北寒冷气候区、西部半干旱区及盐碱地均可种植。亦可在我国西北、华北以及内蒙古等地种植。

阿勒泰杂花苜蓿

Medicago varia Martyn. 'Aletai'

品种登记号：121

登记日期：1993 年 6 月 3 日

品种类别：野生栽培品种

申报者：新疆维吾尔自治区畜牧厅、新疆八一农学院草原系、阿勒泰市草原工作站。李梦林、李凤亭、闵继淳、肖凤、杜雷全。

品种来源：1977 年由阿勒泰市草原工作站在额尔齐斯河滩阶地上，混合选收高大的野生直立型黄花、紫花苜蓿植株种子，经多年栽培、繁殖推广，通过系列试验整理而成。

植物学特征：豆科苜蓿属多年生草本植物，株型（现蕾前）以斜生为主，兼有直立和匍匐。花杂色、深紫色、紫色、淡紫色、黄色及半紫半黄色，花色随苜蓿群体生长年限或繁殖代数的增加而黄花株渐少，到第 3～4 年时，黄花株即成偶见株，但遇严重干旱年份苜蓿群体长势差时，黄花株又有明显增加。果荚有螺旋（1～3 圈）形和镰形，种子千粒重约 2g。

生物学特性：在乌鲁木齐市生育期 105 天，产草量比北疆苜蓿高，在旱作栽培时增产幅度较大。具抗旱、抗寒、耐盐等特性，连续干旱 124 天，其成苗率达 100%，植株绿色部分占 60%；在 0.5% 以下的总含盐量的土中能出苗，幼苗均能成活。干草产量 6 000～12 000kg/hm²。

基础原种：由新疆阿勒泰市草原工作站保存。

适应地区：适于年降水量 250～300mm 的草原带旱作栽培，在灌溉条件下也适于干旱半干旱的平原农区种植。

阿尔冈金杂花苜蓿
Medicago varia Martyn. 'Algonquin'

品种登记号：309

登记日期：2005 年 11 月 27 日

品种类别：引进品种

申报者：北京克劳沃草业技术开发中心、北京格拉斯草业技术研究所。刘自学、苏爱莲、杨桦、刘艺杉。

品种来源：从加拿大引进。原品种为杂种苜蓿与罗佐马苜蓿回交第 3 次的后代中选出的抗枯萎病的 16 个无性系组成的综合品种。由 Agriculture Canada，Oltawa，Ontario 育成。

植物学特征：多年生草本植物。根系较深。茎秆直立，株高约 105cm。叶为三出羽状复叶，小叶长 2.56cm，宽 1.38cm，托叶披针形，全缘或稍具齿裂。总状花序，主枝花序长 3.4cm，花萼钟形，具毛，花冠大部分紫色，部分为淡紫色。荚果螺旋形，每荚平均含种子 9.2 粒。种子肾形或宽椭圆形，长 2～3mm，宽 1.2～1.8mm，厚 0.7～1.1mm，黄色到浅褐色，千粒重 2.3g。

生物学特性：较抗旱。茎秆较粗、抗倒伏。秋眠级为 2～3，耐寒越冬能力强。综合抗病性强，尤其高抗细菌性萎蔫病，对苜蓿主要虫害的抗性较强。耐土壤瘠薄、耐盐碱，适应性广，持久性好，利用年限长。叶量丰富，营养价值高，初花期干物质中含粗蛋白质 21.70%，粗脂肪 2.08%，粗纤维 27.61%，无氮浸出物 38.65%，粗灰分 9.96%。在河北、新疆、甘肃等地种植，年可刈割 3～4 次，干草产量达 17 000kg/hm^2。适宜于调制干草、青饲和放牧。

基础原种：由加拿大保存。

适应地区：适于我国西北、华北、中原、苏北以及东北南部种植。

草原 1 号苜蓿
Medicago varia Martyn. 'Caoyuan No. 1'

品种登记号：002

登记日期：1987 年 5 月 25 日

品种类别：育成品种

育种者：内蒙古农牧学院草原系。吴永敷、云锦凤、马鹤林。

品种来源：从内蒙古锡林郭勒盟天然草地上采集来的黄花苜蓿作为母本，以内蒙准格尔紫花苜蓿作父本，采用人工授粉方式进行种间杂交育种。

植物学特征：豆科苜蓿属多年生草本，株型直立或半直立。花色有深紫、淡紫、紫、黄绿、白色、淡黄、金黄色等。荚果形状有螺旋形（占49.0%）、镰刀形（占 25.5%）和环形（占 25.5%）3 种。种子形状不一。

生物学特性：生育期 110 天左右。比一般紫花苜蓿品种抗寒性更强，在冬季极端低温达−43℃的地区能安全越冬，越冬率在 90% 以上。较抗旱。干草产量 6 000～9 000kg/hm²。

基础原种：由内蒙古农牧学院草原系保存。

适应地区：适于在内蒙古东部、我国东北三省和华北各省种植。由于耐热性差，越夏率低，不宜在北纬 40°以南的平原地区大面积推广。

草原 2 号苜蓿

Medicago varia Martyn. 'Caoyuan No. 2'

品种登记号：003

登记日期：1987 年 5 月 25 日

品种类别：育成品种

育种者：内蒙古农牧学院草原系。吴永敷、云锦凤、马鹤林。

品种来源：从内蒙古锡林郭勒盟天然草地上采集来的黄花苜蓿作为母本，以内蒙准格尔、武功、府谷、亚洲和苏联 1 号 5 个紫花苜蓿材料作父本，种间杂交育种，在隔离区内进行多父本天然杂交选育而成。

植物学特征：豆科苜蓿属多年生草本，株型直立或半直立。花为紫色花和杂色花，荚果和种子形状不整齐。

生物学特性：生育期 110 天左右。比一般紫花苜蓿品种抗寒性更强，在冬季极端低温达−43℃的地区能安全越冬，越冬率在 90% 以上。抗旱、耐盐碱，适应性广，产量稳定。与草原 1 号苜蓿相比，主要特征基本相同，但抗旱性更强，且具有一定的抗风沙能力。

基础原种：由内蒙古农牧学院草原系保存。

适应地区：适于内蒙古，我国东北、华北和西北一些省区种植。由于抗热性差，越夏率低，在北纬 40°以南的平原地区不宜大面积推广。

草原 3 号杂花苜蓿
Medicago varia Martyn. 'Caoyuan No. 3'

品种登记号：243

登记日期：2002 年 12 月 11 日

品种类别：育成品种

育种者：内蒙古农业大学、内蒙古乌拉特草籽场。云锦凤、董志魁、米福贵、云岚、王桂花。

品种来源：1992 年在草原 2 号杂花苜蓿原始群体中，依花色（杂种紫花、杂种杂花、杂种黄花）选择优株，采用集团选择法育成。

植物学特征：豆科多年生草本植物。株型直立或半直立，株高 110cm 左右，平均分枝数 46.5 个。三出复叶，小叶长 2.85cm，宽 1.34cm。总状花序，花色有深紫色、淡紫色、杂色、浅黄、深黄色等，其中以杂色为主，杂花率为 71.9%。荚果螺旋形或环形，少数镰形，每荚含种子平均 4.5 粒。种子为不规则肾形，浅黄色至黄褐色，千粒重 1.99g。

生物学特性：与原始群体相比杂种优势明显，干草和种子产量高，在内蒙古中西部地区种植生长良好，年均干草产量为 12 330kg/hm²，种子产量 510kg/hm²。生育期约 120 天，抗旱、抗寒性强。饲草品质好，初花期干物质中含粗蛋白质 20.42%，粗脂肪 3.61%，粗纤维 25.00%。无氮浸出物 40.52%，粗灰分 10.45%。适口性好，各种家畜喜食。

基础原种：由内蒙古农业大学保存。

适应地区：适于我国北方寒冷干旱、半干旱地区种植。在内蒙古东部及黑龙江省的寒冷地区均可安全越冬。

赤草 1 号杂花苜蓿
Medicago varia Martyn. 'Chicao No. 1'

品种登记号：322

登记日期：2006 年 12 月 13 日

品种类别：育成品种

育种者：赤峰润绿生态草业技术开发研究所、赤峰市草原工作站。王润泉、刘国荣、赵淑芬、王霄龙、魏君泽。

品种来源：采用内蒙古赤峰野生黄花苜蓿与地方品种敖汉紫花苜蓿在隔离区内进行天然杂交，杂交后代以杂花、抗寒、抗旱为选育目标，经过多年混合选择而成。

植物学特征：豆科多年生草本植物。植株直立或半直立，株丛高 60～80cm。直根系，主根明显，入土深，根茎分枝能力强。三出复叶，叶片椭圆形或倒卵形，长 2.0～2.8cm，宽 0.8～1.5cm。总状花序，花冠有紫、绛紫、黄紫、黄、黄白等颜色。荚果螺旋形 1～2 圈，种子黄色，肾形或不典型肾形，千粒重 2.1g。

生物学特性：生育期 120～130 天。具有较强的抗寒性，受冻害后根茎下端或主根的上端能产生新芽，并形成枝条。具有较强的抗旱性，在年降水量 300～500mm 的地区，在旱作条件下干草产量 5 000～8 000kg/hm^2，种子产量 300～400kg/hm^2。初花期干物质中含粗蛋白质 21.73%，粗脂肪 2.23%，粗纤维 26.59%，无氮浸出物 41.59%，粗灰分 7.86%，钙 2.38%，磷 0.25%。既可用于人工草地建植，又可作为水土保持用草。

基础原种：由赤峰润绿生态草业技术开发研究所保存。

适应地区：适于我国北方降水量 300～500mm 的干旱和半干旱地区种植。

公农 3 号杂花苜蓿

Medicago varia Martyn. 'Gongnong No. 3'

品种登记号：207

登记日期：1999 年 11 月 29 日

品种类别：育成品种

育种者：吉林省农业科学院畜牧分院草地研究所。吴义顺、洪绂曾、白永和、夏彤、程渡。

品种来源：以阿尔冈金（Algonguin）、海恩里奇思（Heinrichs）、兰杰兰德（Rengclander）、斯普里德（Spreador）、公农 1 号五个品种为原始材料，选择具有根蘖的优良单株，建立无性系、多元杂交圃，经一般配合力测定后，组配成综合种。

植物学特征：多年生草本，株高 50～100cm，多分枝。主根发育不明显，具有大量水平根，由水平根可发生不定枝条，即根蘖枝条，根蘖率为 30%～50%，是一个放牧型苜蓿品种。三出复叶，小叶倒卵形，上部叶缘有锯齿，两面有白色长柔毛。总状花序腋生，花有紫、黄、白等色。荚果螺旋形，种子肾形，浅黄色，千粒重 2.18g。

生物学特性：抗寒，在北纬 46°以南、海拔 200m 地区越冬率 80%以上。较耐旱，在年降水量 350～500mm 地区不需灌溉。春季返青早，生长旺盛。收草宜在初花期刈割，放牧利用可适当提前。初花期干物质中含粗蛋白质 18.34%，粗脂肪 2.57%，粗纤维 29.62%，无氮浸出物 39.64%，粗灰分 9.83%。

基础原种：由吉林省农业科学院畜牧分院草地研究所保存。

适应地区：适宜东北、西北、华北北纬 46°以南、年降水量 350～550mm 的地区种植。

公农 4 号杂花苜蓿

Medicago varia Martyn. 'Gongnong No. 4'

品种登记号：439

登记日期：2011 年 5 月 16 日

品种类别：育成品种

育种者：吉林省农业科学院。夏彤、耿慧、于淑梅、徐安凯、庞建国。

品种来源：以海恩里奇斯（Heinrich）、兰杰兰德（Rangelander）、斯普里德（Spreador）、凯恩（Kane）、拉达克（Ladakh）、罗默（Roamer）、贝维（Beaver）、德里兰德（Drylander）、特莱克（Trek）、润布勒（Ramlber）、艾尔古奎恩（Algonruin）及公农 1 号 12 个苜蓿品种为原始材料杂交选育而成的综合品种。

植物学特征：豆科苜蓿属多年生草本植物。株型半直立，根系发达，主根发育不明显，具有根蘖特性，能够从母株上产生一、二级乃至多级分株。茎秆斜生或直立，分枝很多。三出复叶，小叶倒卵形。总状花序腋生，花有紫、黄、白等色。荚果螺旋形，每荚含种子 5～8 粒。种子肾形，淡黄色，千粒重 1.5～2.0g。

生物学特性：生育期 110 天左右。具根蘖特性，抗寒、耐旱、抗病虫害。在吉林省中部地区旱作条件下，年干草产量达 12 000kg/hm²，种子产量达 370kg/hm²。适于中国北方干旱、半干旱地区种植。初花期干物质中含粗蛋白质 18.44%，粗脂肪 3.95%，酸性洗涤纤维 28.39%，中性洗涤纤维 44.18%，无氮浸出物 41.86%，粗灰分 6.81%。适于放牧利用，同时也可用于调制干草、青饲。

基础原种：由吉林省农业科学院畜牧分院草地研究所保存。

适应地区：适于东北、西北、华北地区种植。

公农 6 号杂花苜蓿
Medicago varia Martyn. 'Gongnong No. 6'

品种登记号：596

登记日期：2020 年 12 月 3 日

品种类别：育成品种

育种者：吉林省农业科学院。耿慧、王志锋、王英哲、徐安凯、刘卓。

品种来源：以 Drylander、Trek、Ramber、Algonruin 和公农 1 号等苜蓿材料杂交选育而成。

植物学特征：豆科苜蓿属多年生草本。株型半直立，具根蘖特性，根蘖率 30% 左右。株高 70～120cm。总状花序，蝶形花冠，花色以紫色为主，伴有少量的黄、白杂色花。荚果螺旋状，种子肾形，浅黄色，千粒重 2.1g。

生物学特性：较抗旱、抗寒，在东北地区生育期 110 天左右，干草产量 7 000～8 000kg/hm²。

基础原种：由吉林省农业科学院保存。

适应地区：适于我国东北三省及内蒙古东部地区种植。

甘农 1 号杂花苜蓿
Medicago varia Martyn. 'Gannong No. 1'

品种登记号：078

登记日期： 1991 年 5 月 20 日

品种类别： 育成品种

育种者： 甘肃农业大学。曹致中、贾笃敬、温尚文、汪玺、徐长林。

品种来源： 从黄花苜蓿和紫花苜蓿的多个人工杂交组合和开放传粉杂交组合的后代中选育而来，母本以内蒙古呼伦贝尔盟野生黄花苜蓿为主。将杂交后代引种至高寒地区进行多年的抗寒筛选，采用改良混合选择法，选育出以 82 个无性繁殖系为基础综合而成的抗寒品种。

植物学特征： 株型以半匍匐型为主。根为轴根系，但侧根较多，有 5％左右的植株具有根蘖。花以淡紫色和杂色花为主，荚果多为松散螺旋形和镰刀形。

生物学特性： 抗寒性和抗旱性强，在寒冷地区产草量高，干草产量 9 000～12 000kg/hm²，适应范围广。但种子产量低（150～250kg/hm²），再生能力稍差。

基础原种： 由甘肃农业大学草原系保存。

适应地区： 黄土高原北部、西部，青藏高原边缘海拔 2 700m 以下，年平均温度 2℃以上地区可种植。

甘农 2 号杂花苜蓿

Medicago varia Martyn. 'Gannong No. 2'

品种登记号： 172

登记日期： 1996 年 4 月 10 日

品种类别： 育成品种

育种者： 甘肃农业大学。贾笃敬、曹致中、梁惠敏、郭景文、赵桂琴。

品种来源： 从国外引进的 9 个根蘖型苜蓿品种，以提高群体的根蘖株率和越冬性为主要目标。采用改良混合选择法，引种，穴播，根系选择，将根蘖性状明显、根系扩展能力强的单株扦插成无性繁殖系，进行抗寒筛选和隔离繁殖。通过反复进行根系选择和越冬筛选，挑选出越冬性好，根蘖性状突出的 7 个无性繁殖系，组配成综合品种。

植物学特征： 豆科苜蓿属多年生草本，株型半匍匐或半直立，根系具有发达的水平根，根上有根蘖膨大部位，可形成新芽出土成为枝条。花多为浅紫色和少量杂色，荚果为松散螺旋形。根蘖性状明显，开放传粉有代的根蘖株率在 20％以上，有水平根的根蘖株率在 70％以上；扦插并隔离繁殖后代的根蘖株率在 50％～80％，有水平根的根蘖株率在 95％左右。

生物学特性：越冬性好，产量一般，在温暖地区比普通苜蓿品种产草量稍低。

基础原种：由甘肃农业大学草业学院保存。

适应地区：该品种是具有根蘖性状的放牧型苜蓿品种，适宜在黄土高原地区、西北荒漠沙质壤土地区和青藏高原北部边缘地区栽培，作为混播放牧、刈收兼用品种。因其根系强大，扩展性强，更适用于水土保持、防风固沙护坡固土。

辉腾原杂花苜蓿

Medicago varia Martyn. 'Huitengyuan'

品种登记号：542

登记日期：2018 年 8 月 15 日

品种类别：地方品种

申报者：呼伦贝尔市草原科学研究所。朝克图、尤金成、高海滨、义如格勒图、郭明英。

品种来源：以当地种植多年的苏联杂花苜蓿栽培整理而成。

植物学特征：豆科苜蓿属多年生草本植物。主根明显，入土深。茎直立或半直立，株高 65～85cm，分枝多，20～50 个不等。蝶形花冠，杂色，有深紫、黄、浅黄、黄白等各色。荚果螺旋形。种子肾形，黄色或黄褐色，千粒重 2.2～2.3g。

生物学特性：喜温暖半干旱气候，日均温 15～20℃最适生长。抗寒性强，冬季在－30～－48℃条件下可以安全越冬，有雪覆盖时更有利于苜蓿越冬。生长速度较快，再生能力强，叶量丰富，干草产量可达 4 500～5 400kg/hm²。

基础原种：由呼伦贝尔市草原科学研究所保存。

适应地区：适于在内蒙古中东部、黑龙江和吉林等地区种植。

润布勒苜蓿

Medicago varia Martyn. 'Rambler'

品种登记号：030

登记日期：1988 年 4 月 7 日

品种类别：引进品种

申报者：中国农业科学院草原研究所。白静仁、陈凤林。

品种来源：1972 年由加拿大引入。

植物学特征：豆科苜蓿属多年生草本植物，主根短，侧根发达，多水平分布，具有根蘖，根蘖株占 5%～30%。花为浅紫色、杂色和少量黄色。

生物学特性：抗寒能力强，在极端温度－42℃、有雪覆盖条件下可安全越冬。抗旱、耐牧。在北方寒冷地区表现较好，干草产量 7 500～11 000kg/hm²。再生能力差。

基础原种：由加拿大保存。

适应地区：适于黑龙江省、吉林省东北部、内蒙古东部、山西省雁北地区、甘肃、青海等高寒地区种植。

图牧 1 号杂花苜蓿

Medicago varia Martyn. 'Tumu No. 1'

品种登记号：115

登记日期：1992 年 7 月 28 日

品种类别：育成品种

育种者：内蒙古图牧吉草地研究所。程渡、彭玉梅、崔鲜一、黎立升、李红霞。

品种来源：1976 年采用多父本（苏联亚洲、日本、张掖和抗旱品种共 4 个紫花苜蓿）和当地野生黄花苜蓿进行种间杂交，以越冬率高、产量高和品质优良为育种目标，1977—1982 年共进行 3 次混合选择而成。

植物学特征：豆科苜蓿属多年生草本，株型多呈半直立，分枝多，主根粗壮，侧根较多，三出复叶。总状花序，花呈黄紫色，荚果多呈镰刀形。

生物学特性：抗旱耐瘠薄，对水肥条件要求不严。在－45℃ 严寒条件下，仍可安全越冬，越冬率 97％以上。品质优，产量高，干草产量 10 500～13 500kg/hm^2。耐抗霜霉病。

基础原种：由内蒙古图牧吉草地研究所保存。

适应地区：适于北方半干旱气候区种植。1993 年在新疆著名高寒地区巴音布鲁克试种成功。

新牧 1 号杂花苜蓿
Medicago varia Martyn. 'Xinmu No. 1'

品种登记号：014

登记日期：1988 年 4 月 7 日

品种类别：育成品种

育种者：新疆农业大学畜牧分院。闵继淳、肖凤、李淑平、阿不都热合曼。

品种来源：从野生黄花苜蓿的天然杂种群体中，选择植株高大、直立紧凑、花紫色、抗病、产草量和产籽量均高的优良单株，经分系比较，优选而成。

植物学特征：豆科苜蓿属多年生草本，部分植株具根茎、根蘖特性。叶片中等大小。花色杂，以紫色为主。荚果螺旋形，1～3 圈。

生物学特性：抗寒性强，在北疆地区越冬良好。再生速度快。抗旱性、抗病性较好，鲜草、干草及种子产量均超过新疆大叶苜蓿和北疆苜蓿。生育期 95 天左右。

基础原种：由新疆农业大学畜牧分院牧草生产育种教研室保存。

适应地区：新疆北部准格尔盆地，伊犁、哈密地区，以及新疆大叶苜蓿、北疆苜蓿适宜栽培的地区均可种植。

新牧 3 号杂花苜蓿
Medicago varia Martyn. 'Xinmu No. 3'

品种登记号：187

登记日期：1998 年 11 月 30 日

品种类别：野生栽培品种

申报者：新疆农业大学。闵继淳、申修明、李拥军、肖凤、李中泉。

品种来源：以 Speador2 为原始材料，在乌鲁木齐冬季严寒条件下，连续 3 年自然选择后，再人工冬季扫雪冷冻筛选优株。由 11 个优良株系开放授粉，种子等量混合组成的综合品种。

植物学特征：豆科苜蓿属多年生草本。叶片中等大小。花以紫色为主，极少黄花。荚果螺旋形，1.5～2.5 圈。

生物学特性：再生速度快。抗寒性强，在阿勒泰极端气温－43℃的条件下能安全越冬。丰产性强，在乌鲁木齐 3 年平均干草产量为 11 250kg/hm^2，鲜、干草产量超过北疆苜蓿及原始亲本 Speador2 30％以上。耐盐性、抗旱性及抗病性较好。播种当年生育期为 105～115 天，二年生为 90～94 天。

基础原种：由新疆农业大学保存。

适应地区：凡新疆大叶苜蓿及北疆苜蓿适合的地区均可种植，是冬季严寒地区的优良品种。

草木樨属
Melilotus Mill.

草木樨为豆科草木樨属一年生或多年生草本植物，全世界约有 20 余种。植株有香味。三出复叶，边缘有小锯齿。总状花序，花小，常下垂，腋生，蝶形花冠，黄色或白色；雄蕊 10，二倍体。荚果近球形或卵形，有种子 1 至数粒。该属植物多起源于小亚细亚，以后分布到欧亚大陆的温带地区。我国分布 4 个野生种和 3 个国外引进的栽培种及多个一年生变种。野生种印度草木樨（*M. indicus*（Linn.）All.）、香甜草木樨（*M. suaveslens* Ledeb.）、细齿草木樨［*M. dentatus*（Wald. & Kit.）Pers.］和高草木樨（*M. altissimus* Thuill.）生产中很少利用。白花草木樨（*M. alba* Medic. ex Desr.）和黄花草木樨［*M. officinalis*（L.）Pall.］是 20 世纪 40 年代从美国引入，伏尔加草木樨（*M. wolgicus* Poir.）是 50 年代从苏联引入的。我国目前广泛栽培的是白花和黄花草木樨两个二年生种。

白花草木樨也叫白香草木樨，全草有香气，二年生草本。花白色。荚果椭圆形，有种子 1～2 粒，种子褐黄色，肾形。

黄花草木樨又叫黄香草木樨，全草有香气，一年生或二年生草本。花黄色，旗瓣与翼瓣近等长。荚果卵圆形，有种子 1 粒。

白花草木樨比黄花草木樨粗壮高大，叶大、叶缘锯齿大而稀，叶色较深绿，开花比黄花草木樨晚 10～15 天，香豆素含量亦较高。细齿草木樨含香豆素较少。

草木樨的种间杂交很难成功，所以育种工作多是利用有限的自然突变及诱发突变等手段育种。

草木樨耐旱、耐寒、耐盐碱，对气候和土壤的适应性广，耐瘠薄和粗放管理，广泛种植用作饲草、燃料和绿肥，在草田轮作中有重要地位。

公农白花草木樨
Melilotus alba Medic. ex Desr. 'Gongnong'

品种登记号： 544

登记日期： 2018 年 8 月 15 日

品种类别： 育成品种

育种者： 吉林省农业科学院畜牧科学分院。周艳春、徐安凯、王志峰、高山、郭兴玉。

品种来源： 以中国农科院北京畜牧兽医研究所引进的 13 份白花草木樨种质资源为材料，采用混合选择方法选育而成。

植物学特征： 豆科草木樨属越年生草本。株高约 190cm，茎直立，圆柱形，中空，多分枝，三出复叶。总状花序腋生，花萼钟状，花冠蝶形，白色。荚果椭圆形至长圆形，表面脉纹细，网状，棕褐色，有种子 1～2 粒。种子卵形，千粒重 1.7g。

生物学特性： 具有较强抗寒性、抗旱性，耐盐碱。在年降水量 250～500mm 的地区，无灌溉的条件下，可以正常生长。播种当年不开花不结实。干草产量 17 000kg/hm² 左右。

基础原种： 由吉林省农业科学院畜牧科学分院保存。

适应地区： 适于我国东北、华北及西北地区种植。

天水白花草木樨
Melilotus alba Medic. ex Desr. 'Tianshui'

品种登记号： 061

登记日期： 1990 年 5 月 25 日

品种类别：地方品种

申报者：水利部黄河水利委员会天水水土保持科学实验站。叶培忠、莫世鳌、阎文光、周长华、茅廷玉。

品种来源：加拿大萨斯喀彻温大学将原产苏联西伯利亚的二年生白花草木樨普通白，通过群体选择，选出抗寒力强的北极（Arictic）。1943 年由美国引入甘肃天水种植，经几次品种比较试验表现良好，逐年选择、繁殖种子并推广至全国。

植物学特征：株高 150～250cm，根系发达、根瘤红色。茎中空有棱，较黄花草木樨粗壮。叶形较大，叶量多，叶色较黄花草木樨深绿，叶缘锯齿大而稀。花白色。

生物学特性：抗寒性很强。可于春、夏、秋季播种，春播第一年可产鲜草 7 500～22 000kg/hm²。播种延迟则产量下降。第二年花期产鲜草 15 000～37 500kg/hm²，种子产量 450～1 500kg/hm²。营养价值丰富，干物质中含粗蛋白质 15.7%～23.6%。全株含香豆素，含量 0.4%～0.5%。

基础原种：由水利部黄河水利委员会天水水土保持科学实验站保存。

适应地区：适应性强，全国南北方凡年降水量＞300mm、最低温度高于－40℃、无霜期≥90 天、土壤 pH 6.2～9.0 地区均可种植。

公农黄花草木樨

Melilotus officinalis （L.）Pall. 'Gongnong'

品种登记号：543

登记日期：2018 年 8 月 15 日

品种类别：育成品种

育种者：吉林省农业科学院畜牧科学分院。周艳春、徐安凯、徐博、高山、郭兴玉。

品种来源：以高产性状为主要育种目标，由中国农业科学院北京畜牧兽医研究引进的黄花草木樨种质资源为原始材料，采用混合选择方法选育而成。

植物学特征：豆科草木樨属越年生草本。根系发达，主根明显，主要分布在 30～50cm 土层内。植株高大直立，株高 170～180cm，茎直立多分枝，三出复叶。总状花序腋生，花黄色。荚果椭圆状近球形，具网纹，含种子

1～2 粒。种子长椭圆形，黄褐色，千粒重 1.4g。

生物学特性：具有较强抗寒性、抗旱性，耐盐碱。在年降水量 250～500mm 的地区，无灌溉的条件下，可以正常生长。播种当年不开花不结实。干草产量 11 000kg/hm² 左右。

基础原种：由吉林省农业科学院畜牧科学分院保存。

适应地区：适于我国东北、华北及西北地区种植。

天水黄花草木樨

Melilotus officinalis（L.）Pall. 'Tianshui'

品种登记号：062

登记日期：1990 年 5 月 25 日

品种类别：地方品种

申报者：水利部黄河水利委员会天水水土保持科学实验站。叶培忠、莫世鳌、阎文光、周长华、茅廷玉。

品种来源：原产西班牙，马德里育成，1943 年由美国引入甘肃天水种植，经几次品种比较试验表现良好，逐年扩大繁殖，1952 年起大面积推广至全国。

植物学特征：植株高大，花黄色，有香味。和白花草木樨相比，叶略小，叶量少，荚果略小。

生物学特性：抗逆性、耐瘠能力较强。鲜草产量 15 000～30 000kg/hm²，种子产量 375～1 200kg/hm²。比白花草木樨开花早 10～15 天，香豆素含量亦较低。

基础原种：由水利部黄河水利委员会天水水土保持科学实验站保存。

适应地区：适应性强，全国南北方凡年降水量＞300mm、最低温度高于－40℃、无霜期≥90 天、土壤 pH 6.2～9.0 地区均可种植。

斯列金 1 号黄花草木樨

Melilotus officinalis（L.）Pall. 'Siliejin No. 1'

品种登记号：312

登记日期：2005 年 11 月 27 日

品种类别：引进品种

申报者：吉林大学。林年丰、汤洁。

品种来源：引自俄罗斯，原品种名为 Сретенскии 1

植物学特征：二年生草本。根系发达，根系主要分布在 30～50cm 的土层内。茎直立，多分枝，株高 160cm。三出复叶，小叶 3 片，椭圆形至窄倒披针形，先端钝圆，基部楔形，边缘有锯齿，两面无毛。总状花序腋生，萼钟状，萼齿三角形，花冠黄色。荚果椭圆状球形，稍有毛，具明显的网脉纹，内含 1～2 粒种子。种子长圆形，黄褐色，千粒重 2.68g。

生物学特性：植株高大，枝叶繁茂，可抗御暴雨的冲刷和地表径流对土地的侵蚀，水土保持效果良好。具有耐寒、抗旱、耐盐碱、耐瘠、防风沙等优良特性。在年降水量 250～500mm 的地区，无灌溉的条件下，可以正常生长。营养生长期干物质中含粗蛋白质 17.88％，粗纤维 32.06％，干草产量为 3 000～5 000kg/hm² 。适于饲用和作为保持水土植物。

基础原种：由俄罗斯保存。

适应地区：适于我国北方年降水量 250～500mm 的地区种植。

黧 豆 属

Mucuna Adans.

闽 南 狗 爪 豆

Mucuna pruriens var. *utilis*（Wall. ex Wight）'Minnan'

品种登记号：600

登记日期：2020 年 12 月 3 日

品种类别：野生栽培品种

申报者：福建省农业科学院农业生态研究所。应朝阳、陈志彤、李春燕、陈恩、黄毅斌。

品种来源：以在福建泉州安溪县采集的野生资源为原始材料，经多年栽培驯化而成。

植物学特征：豆科黧豆属一年生缠绕型草本。茎六棱形，具白色绒毛，长 3～6m。羽状复叶具 3 小叶，小叶卵圆形，长 8～18cm，宽 6.5～13cm，叶柄长 10~20cm。总状花序下垂，紫红色，长 15~25cm。荚果斜扁形，长 8~10cm，宽可达 2cm，嫩果绿色，成熟时淡褐色，每荚 4~8 粒种子。种子卵形，灰白色，千粒重 960.8g。

生物学特性：喜温暖湿润气候的短日照植物，异花授粉。具耐瘠、耐高温、病虫害少、养分含量高，年鲜草产量可达 6 000kg/hm²。

基础原种：由福建省农业科学院农业生态研究所保存。

适应地区：适于我国南亚热带地区作为饲草、绿肥及水土保持草本利用。

爪哇大豆属
Neonotonia J. A. Lackey

提那罗爪哇大豆

Neonotonia wightii（Graham ex Wight & Arn.）J. A. Lackey 'Tinaroo'

品种登记号：479

登记日期：2015 年 8 月 19 日

品种类别：引进品种

申报者：云南省农业科学院热区生态农业研究所。龙会英、张得、史亮涛、朱红业、会杰。

品种来源：云南省农业科学院热区生态农业研究所，经由云南省草地动物科学研究院通过中澳科技合作项目，从澳大利亚引进的豆科牧草。

植物学特征：豆科多年生草本，主根发达。茎细，分枝多，蔓生，蔓长 100~300cm。三出复叶，小叶长 5~10cm，宽 3~6cm，叶色浓绿，叶面光滑，托叶小，披针形，长 4~6mm，叶柄长 2.5~13cm。总状花序，腋生，长 4~30cm，萼筒钟状，萼齿深裂，旗瓣白色、红紫色或白色带紫色斑纹。荚果平直或微弯，长 1~4cm，宽约 3mm，种壳淡黄，内含种子 3~8 粒。种子矩圆形，淡棕色，千粒重 6.5~7.7g。

生物学特性：种植当年可刈割 2~3 次，干草产量 5 000~10 000kg/hm²。茎秆细，草质柔软，叶量大（叶茎比大于 1），含水量高，纤维含量低（25.1%~33.9%）。适应性较强，耐瘠薄和酸性土壤，喜热带气候。

基础原种：由云南省农业科学院热区生态农业研究所保存。

适应地区：适于我国热带、亚热带的广东、广西、海南、福建、湖南及云南的大部分热区种植，尤其适应年降水量 600～1 300mm 的金沙江、红河等干热河谷地区种植。

驴食草属
Onobrychis Mill.

红 豆 草
Onobrychis viciifolia Scop.

别名：驴食豆

原产欧洲和俄罗斯，主要分布在欧洲和非洲北部、亚洲西部及南部。我国新疆天山北坡，海拔 1 000～1 200m 半阴坡上有野生分布。我国甘肃、宁夏、青海、陕西、山西、内蒙古都有栽培，其栽培品种均引自国外。近年来，各地依生产需要培育出了自己的新品种。

红豆草为多年生草本，根系发达，粗壮，入土深达 100～200cm 或更深。茎直立，中空绿色或紫红色，株高 80～120cm。奇数羽状复叶，有小叶 8～15 对，小叶长椭圆形，下面和边缘具短茸毛。长总状花序腋生，花梗长 20～30cm，花冠红色或粉红色。荚果半圆形，扁平，褐色，有凸起网纹，边缘带锯齿，成熟时开裂，内含种子 1 粒，种子光滑，暗褐色，千粒重 16g，带荚种子千粒重 21g。

喜温暖干燥气候，在年均温 12～13℃，年降水量 350～500mm 地区生长最好。不耐湿，不宜在酸性土、沼泽地及地下水位高的地区种植。

红豆草主要用作青饲或调制干草，适宜刈割时期为现蕾至开花期，适口性好，各种家畜均喜食，反刍家畜采食后不会得鼓胀病。开花期长，花色艳丽，是很好的蜜源植物。

甘 肃 红 豆 草
Onobrychis viciifolia Scop. 'Gansu'

品种登记号：063

登记日期：1990 年 5 月 25 日

品种类别：地方品种

申报者：甘肃农业大学、甘肃省饲草饲料技术推广总站。陈宝书、王素香、车文信、温尚文。

品种来源：1944 年从英国引入普通红豆草在南京、兰州试种。1956 年从苏联引入高加索红豆草。1961 年在甘肃武威黄羊镇开始种植普通红豆草，从 1967 年起连续几年从普通红豆草地选择分枝多、植株高大、叶片丰富的单株混合脱粒播种，1972 年引入高加索红豆草与普通红豆草相邻种植，开放自然授粉。1973 年收到异花授粉种子，次年宽行播种，以后多次进行单株混合选择，形成甘肃红豆草的基本群体。

植物学特征：轴根系，主根入土 300cm 以上，根茎粗 4cm。茎圆形直立，株高 80～130cm，茎粗 0.5～0.6cm，绿色或红色。每株有分枝 10～20 个。奇数羽状复叶，由 13～17 片小叶组成，小叶椭圆形至卵圆形，叶色深绿至深灰，下面和边缘有白茸毛。总状花序长 10～27cm，有小花 30～60 朵，花冠粉红色或紫红色。荚果黄褐色，长 6～8mm，扁平，边缘有锯齿或无锯齿，每荚含种子一粒。种子半圆形，绿褐色，表面光滑，千粒重 13～16g。

生物学特性：在甘肃武威地区生长第一年鲜草产量 16 000kg/hm²，第二年鲜草产量 35 000kg/hm²，第三四年鲜草产量为 40 000kg/hm²。种子产量第一年低，仅 180kg/hm²，第二三年可达 975～1 500kg/hm²。播种当年生长快，春季返青早，适口性好，马、驴、骡、牛、羊、兔、骆驼均喜采食，反刍家畜在青饲和放牧时不得鼓胀病，病虫害少。

基础原种：由甘肃农业大学草业工程系兰州牧草试验站保存。

适应地区：适于河北北部，内蒙古南部，山西北部和中部，陕西榆林、延安、洛川，宁夏固原，甘肃庆阳、平凉、定西、临夏和天水的一部分，青海的东部和西宁以南的地区种植。在气候温凉且有灌溉条件的地区也适宜种植。

蒙 农 红 豆 草

Onobrychis vicii folia Scop. 'Mengnong'

品种登记号：151

登记日期： 1995 年 4 月 27 日

品种类别： 育成品种

育种者： 蒙古农牧学院草原科学系。乌云飞、玉柱、嘎日迪、石凤翎。

品种来源： 蒙农红豆草的原始材料是 1975 年从加拿大引进的麦罗斯红豆草。1975—1987 年间经过多年越冬自然淘汰后，从保苗株丛中经过三次混合选择，1987 年又经过一次片选而育成抗寒型红豆草品种。1988 年开始进行品比试验，接着又进行了区域试验及多点生产试验。

植物学特征： 多年生草本。茎直立，深绿色，株高 100～120cm，分枝多，一般 10～26 个以上。叶片大，奇数羽状复叶，小叶长 25～35mm，宽 8～10mm。花冠鲜艳粉红色，花序长 150～250mm。

生物学特性： 产量高，一般开花期产干草 10 275kg/hm²，高者达 12 000kg/hm²，比原始群体增产 30％～60％；种子产量 1 650～1 800kg/hm²，比原种增产 50％。营养丰富，适口性好，家畜饲喂后不得鼓胀病。抗旱、抗寒，一般－28℃低温下能越冬。耐瘠薄，耐盐碱，无病虫害。易抓苗，生长发育快，生育期 90 天左右。

基础原种： 由内蒙古农牧学院草原科学系保存。

适应地区： 适于内蒙古中、西部干旱、半干旱地区及邻近陕西、宁夏等地区种植。

奇 台 红 豆 草

Onobrychis viciifolia Scop. 'Qitai'

品种登记号： 349

登记日期： 2008 年 1 月 16 日

品种类别： 地方品种

申报者： 新疆奇台草原工作站、新疆农业大学草业工程学院、新疆维吾尔自治区草原总站。张磊、阿不力孜、张博、余晓光、秦新政。

品种来源： 1957 年从河北察北牧场引进，在新疆奇台地区长期广泛种植，形成的农家品种。

植物学特征： 豆科驴食草属多年生草本。直根系，侧根发达。株高约 130cm，茎直立，四棱圆柱形，中空。叶为奇数羽状复叶，有长圆形小叶

13～23 片。总状花序穗状，花粉红色、浅紫色或白色。荚果及种子较大，荚果黄褐色，每荚有种子 1 粒。种子长圆形或肾形，千粒重（不带壳）约 20g。

生物学特性： 生育期 100 天左右。当年春播即可开花结实。种植第 3～5 年时产量最高。年干草产量约 12 000kg/hm²，年种子产量约 980kg/hm²。抗旱、耐寒，但忌水淹。

基础原种： 由新疆奇台草原工作站保存。

适应地区： 适于有灌溉条件的北方半干旱地区种植。

棘 豆 属
Oxytropis DC.

山 西 蓝 花 棘 豆
Oxytropis coerulea（Pall.）DC. 'Shanxi'

品种登记号： 092

登记日期： 1991 年 5 月 20 日

品种类别： 野生栽培品种

申报者： 山西省牧草工作站与山西省畜牧兽医研究所。白原生、赵美清、孙恩林。

品种来源： 1984 年采自山西省广灵县野生种，经多年栽培种植而成。

植物学特征： 多年生豆科草本植物，主根发达，近于无茎。奇数羽状复叶，长 6～18cm，托叶条状披针形，膜质基部，与叶柄合生，小叶对生，10～16 对。花序较长，总状花序，花冠蓝色或紫蓝色、花青色或红紫色。荚果褐色，卵状披针形。种子肾形，较宽，褐色，千粒重 3.1g。

生物学特性： 喜凉爽气候，耐寒力强，在五台山顶年均温 0℃左右，最低气温－44℃也能生长。亦耐旱，在阳坡、石质坡地及岩石缝中也能生长。返青早，生长期长，耐牧、适口性好。叶量丰富，茎叶比 1：2.4。营养价值高，初花期的茎叶含粗蛋白质 19.8％。无毒性，是一种优良的放牧型下繁牧草。鲜草产量 7 500kg/hm²，种子产量 150kg/hm²。

基础原种： 由山西省牧草工作站保存。

适应地区：适于海拔 1 400～2 700m 的冷凉湿润山区种植。

豌 豆 属
Pisum L.

豌　豆
Pisum sativum L.

起源于亚洲西部、地中海地区和埃塞俄比亚、小亚细亚西部、外高加索地区，我国栽培历史约 2000 年，是主要豆类作物之一，主要分布在四川、河南、湖北、江苏、云南、陕西、山西、西藏、青海、新疆等省区，种植面积约 67 万公顷。

豌豆为一年生或越年生草本植物，直根系，主根较发达，侧根细长分枝多，根上有根瘤。茎为圆柱形，中空而脆，表面有白色蜡粉。茎因品种不同其高矮差异较大，矮生型株高 30～60cm，高茎型株高 150cm 以上。茎分直立型、蔓生型和攀缘型。叶为偶数羽状复叶，互生，小叶 1～3 对，卵形或椭圆形，顶端小叶退化变成羽状分枝卷须，可攀缘。总状花序，腋生，有小花 1～2 朵，花为白色、紫色或紫红色。荚果圆筒形或扁圆筒形，长 5～10cm，每荚有种子 2～10 粒。种子球形、扁圆形或圆形有棱，有的光滑，有的皱缩或有皱纹，种皮有白、黄、绿、褐等色。种子因品种不同百粒重各异，小粒型为 15～18g，大粒型为 30g 以上。按生育期又可分为早熟、中熟和晚熟三种。早熟、中熟多为矮生型，生育期 60～90 天；晚熟多为高大型，生育期 150 天以上。

豌豆属长日照作物，喜凉爽湿润的气候，抗寒性强，对土壤适应能力较强，较耐瘠薄。

察 北 豌 豆
Pisum sativum L. 'Chabei'

品种登记号：041
登记日期：1989 年 4 月 25 日
品种类别：地方品种

申报者：河北省张家口市草原畜牧研究所。孟庆臣、吕兴业。

品种来源：1870 年，山西、山东、河北南部移民将豌豆带入河北省北部种植，成为当地的地方品种。

植物学特征：植株为斜生型，主根较发达，侧根多分枝，株高 95～98cm。茎四棱形，中空。叶为偶数羽状复叶，对生或互生，呈卵形或椭圆形。花由叶腋中生出，总状花序，花冠红色（旗瓣粉红色、翼瓣紫红色）。荚果淡黄色，双荚多，每荚 4～6 粒种子。种子球形或扁圆形，表面褐色，间有绛色花纹或斑点，种脐椭圆形，黑褐色，百粒重 19.3～20g。

生物学特性：抗旱、耐寒、耐瘠薄。早熟，生育期 70 天左右。干草产量 4 500～5 000kg/hm²，结实性好，产籽量高达 3 450～4 000kg/hm²，

基础原种：由河北省张家口市草原畜牧研究所保存。

适应地区：适于河北省北部、山西省雁北地区、内蒙古大部分地区种植。

中豌 1 号豌豆

Pisum sativum L. 'Zhongwan No. 1'

品种登记号：001

登记日期：1987 年 5 月 25 日

品种类别：育成品种

育种者：中国农业科学院畜牧研究所。孙云越。

品种来源：母本 1341 豌豆（原产英国），父本 4511 豌豆（原产美国），经有性杂交并采用单株和混合选择法选育而成。

植物学特征：株高 50～55cm。茎叶浅绿色，小叶和托叶肥大，白花。硬荚种，单株荚果 6～8 个，高的达 10 个以上，荚长 8～9cm，荚宽 1.5cm，单荚 6～8 粒。单株粒重 8～10g，高的达 16.9g。籽粒黄白色，椭圆微皱，百粒重 28～30g。

生物学特性：抗旱性中等，耐轻盐碱土，不耐湿。较耐寒，幼苗期能耐 −6℃左右低温 5～7 天。生育期（出苗至成熟）在北京春播为 68 天，在广州冬播为 78 天，一般比本地豌豆早熟 10 天左右。干豌豆产量比对照 1341 豌豆高 14%，籽粒中粗蛋白含量比 1341 豌豆高 11.3%。丰产性好，生长势

强，叶片肥大，较一般品种突出。适作粮、料、肥兼用品种。

基础原种：由中国农业科学院畜牧研究所保存。

适应地区：适于北京、河北、河南、陕西、山西、湖北、安徽、辽宁、青海等地种植。

中豌 3 号豌豆

Pisum sativum L. 'Zhongwan No. 3'

品种登记号：016

登记日期：1988 年 4 月 7 日

品种类别：育成品种

育种者：中国农业科学院畜牧研究所。孙云越。

品种来源：母本 1341 豌豆（原产英国），父本 4511 豌豆（原产美国）。经杂交选育而成。

植物学特征：株高 50～55cm。茎叶深绿色，白花。硬荚种，单株荚果 6～7 个，高者达 18 个，单荚含种子 6～8 粒，多者达 11 粒，荚长 8～10cm，荚宽 1.5cm。籽粒黄白色，椭圆微皱，百粒重 25～27g。单株粒重一般为 7.4g，高的达 19.6g。

生物学特性：耐寒性较强、抗旱性中等，耐轻盐碱土。在华北地区春播，生育期 70 天左右。早熟高产，荚大粒多，出苗整齐，长势好，较耐肥。株型紧凑，适于间套种。种皮薄，吸水快，易熟，食味香，品质优良。

基础原种：由中国农业科学院畜牧研究所保存

适应地区：适于北京、黑龙江、辽宁、河北、河南、陕西、山西、湖北、安徽和四川等地种植。

中豌 4 号豌豆

Pisum sativum L. 'Zhongwan No. 4'

品种登记号：017

登记日期：1988 年 4 月 7 日

品种类别：育成品种

育种者：中国农业科学院畜牧研究所。孙云越。

品种来源：母本 1341 豌豆（原产英国），父本 4511 豌豆（原产美国）。经有性杂交并采用单株和混合选择法选育而成。

植物学特征：株高 55cm，茎叶浅绿色，白花，硬荚种。单株荚果 6～8 个，南方冬播有分枝的单株荚果可达 10～20 个，高者达 42 个。荚长 7～8cm，荚宽 1.2cm，单荚种子 6～7 粒，单株粒重一般为 6～7g，高的达 17g。籽粒黄白色，圆形光滑，百粒重 20～22g。

生物学特性：综合性状好，适应性强，抗寒、耐旱、耐瘠，易抓全苗，高产稳产，并适于间套种。生育期在北京春播为 65 天；在广州冬播为 75 天，在浙江、湖北冬播，翌年 5 月下旬成熟，一般比本地豌豆早熟 10～15 天。在中豌 1～4 号 4 个品种中最早熟。

基础原种：由中国农业科学院畜牧研究所保存。

适应地区：适于北京、河北、河南、山西、陕西、湖北、湖南、安徽、浙江、山东、广东、广西、四川、青海、内蒙古、辽宁、新疆等省（区）种植。

中豌 10 号豌豆

Pisum sativum L. 'Zhongwan No. 10'

品种登记号：507

登记日期：2016 年 7 月 21 日

品种类别：育成品种

育种者：中国农业科学院北京畜牧兽医研究所。李聪、郑兴卫、仪登霞、刘宏。

品种来源：以大粒、早熟丰产为主要育种目标，选用"中豌 4 号"豌豆为母本、"草原 23 号"豌豆为父本，通过有性杂交选育而成的新品种。

植物学特征：豆科一年生草本。直根系，侧根发达，根瘤较多。株高约 50cm，单株分枝 1～2 个，节数 5～8 个。茎叶浅绿色，稍显蜡质，顶端叶卷须程度介于父母本之间。花白色，单株结荚数 5～9 个，单荚粒数 6～7 个。籽粒浅黄色，圆形，粒大，千粒重约 270g。

生物学特性：早熟品种，在北京地区春播生育期为 65～68 天。籽粒产量 3 700～4 000kg/hm² 初花期刈割干草样品干物质中含粗蛋白质 10.1%，粗脂肪 2.0%，粗纤维 31.2%，粗灰分 18.5%，钙 1.78%，磷 0.08%。

基础原种： 由中国农业科学院北京畜牧兽医研究所保存。

适宜地区： 在≥5℃有效积温 1 500℃以上的区域均可种植，北方适宜春播，南方多为秋播。

葛　　属

Pueraria DC.

赣饲 5 号葛

Pueraria lobata（Willd.）Ohwi 'Gansi No. 5'

品种登记号： 218

登记日期： 2000 年 12 月 25 日

品种类别： 育成品种

育种者： 江西省饲料科学研究所。周泽敏。

品种来源： 1981—1984 年在江西弋阳、吉安、乐平、横峰、东乡等地收集野葛种质资源。利用葛的有利芽变，通过系统选育，定向培育的方法育成。

植物学特征： 多年生草质藤本植物。块根纺锤形，表皮淡黄色，光滑，富含淀粉，粗纤维少，易折断。茎长达 1 000cm，匍匐地表，茎节着地生根，或攀援它物，或互相缠绕，表皮绿色，幼嫩茎有毛，轻度木质化，有白色髓质，干枯的茎中空。羽状三出复叶，顶生小叶三浅裂，或全缘，菱状宽卵形，先端渐尖，基部圆形，长 12~23cm，宽 11~22cm；侧生二小叶扁斜形，有时波状浅裂，叶色浓绿，质厚，两面无毛，或被短柔毛。总状花序腋生，长 3~20cm，花稀疏。花萼齿 5 枚，上面 2 齿合生，下面 1 齿较长（1.6~2.1cm）。花冠蝶形，紫红色。子房线形，被短柔毛。极少开花，不结实。

生物学特性： 喜高温、潮湿和阳光充足的气候。对土壤选择不严，在酸性红壤、黄壤、花岗岩砾土、沙砾土、紫色土和石灰岩溶洞地区均能生长，但以在有机质丰富、潮湿、排水良好的沙壤土上生长最好。不耐水淹，在田间积水的地里易烂根。高产优质，在较好的栽培管理条件下，年均鲜块根产量约为 22 500kg/hm²，块根风干物 8 400kg/hm²；鲜茎叶产量 52 500kg/hm²，干草产量 11 250kg/hm²。初秋采集的叶片干物质中含粗蛋白质 27.18％，粗脂肪 4.47％，粗纤维 18.05％，无氮浸出物 39.42％，粗灰分 10.78％。块根味甜，富含淀粉，粗纤维少，出粉率高，可加工成能量饲料、食品和药材。叶片两面无毛，畜禽喜食，不产生鼓胀病。生长速度快，覆盖率高，竞争性强。3 月中下旬栽培，6 月底至 7 月中旬全部覆盖地面，防止水土流失的效果十分显著。由于开花极少，不结实，可采用茎段进行无性繁殖。

基础原种： 由江西省饲料科学研究所保存。

适应地区： 适于秦岭至黄河以南的江西、湖南、湖北、四川、云南、广西、广东、海南、福建和河南、河北、山东等省（区）种植。

井 陉 葛 藤

Pueraria lobata （Wilid.） Ohwi 'Jingxing'

品种登记号： 141

登记日期： 1994 年 3 月 26 日

品种类别： 野生栽培品种

申报者： 河北省畜牧兽医站、河北井陉县畜牧局、河北赞皇县畜牧局。张琦、于凤惠、朱云生、杜志军、石玉彬。

品种来源： 在河北省太行山区井陉、赞皇、元氏等县山区分布较广，经长期选育为野生栽培品种。

植物学特征： 豆科葛藤属多年生藤本植物。具有强大的根系，主根发达，生长多年的葛藤，其根长可达数米。根颈膨大形成块根，略呈纺锤形似甘薯块根一样，但很长，可达 30cm，最粗的部位直径可达 5～6cm。茎柔软纤长不能直立，蔓生，匍匐地面或缠绕于其它植物上，茎上有节，节间较长，可达 25～35cm，生长初期的茎蔓柔嫩，多细长。生活多年的茎蔓粗壮，生长速度极快，茎的总长可达 700～1 000cm。在较冷的地方，地上部常被冻死，第二年春天，由根颈生长新的枝条。葛藤叶很多，互生，三出复叶，叶片大，顶渐尖，基部呈心脏形，两面被有白色的长硬毛，上稀下密，背面有粉霜。花为腋生，总状花序，呈密丛状，蓝紫色，花大，蝶形花冠。荚果扁平，具有黄色密粗的长硬毛，千粒重 14.7g。

生物学特性：葛藤具有耐寒、耐旱、耐瘠、保土固沙性能强的特点。在华北 7—9 月开花，10 月下旬果实成熟。大旱之年，其它野生牧草枯萎而葛藤根深叶茂、纵横交错爬满山坡，有山区"先锋草"之称。繁殖能力强，一次栽活百年不衰。营养丰富，适口性强。因此，葛藤不仅是山区水土保持、绿化山区的重要植物，也是山区发展畜牧业的优质牧草。

基础原种：由河北井陉县畜牧局、河北赞皇县畜牧局保存。

适应地区：适于河北、山西、河南等省片麻岩山区种植。

京　西　葛

Pueraria lobata (Willd.) Ohwi 'Jingxi'

品种登记号：380

登记日期：2009 年 5 月 22 日

品种类别：野生栽培品种

申报者：中国农业大学，北京市三发种苗公司。张蕴薇、王富海、杨富裕、曾宪竞、邓波。

品种来源：1995 年采自北京凤凰岭野生葛块根，经多年栽培驯化而成。

植物学特征：豆科葛属多年生藤本植物。自然高度 50～100cm，主茎一般可长达 1 500cm，匍匐于地表面，生长旺盛期分枝数为 20 余条，茎节有不定根，可以攀援或着生于地表，当栽种密度较高时，茎叶互相缠绕。藤有毛，中间有髓。块茎圆柱状纺锤形。羽状三出复叶，叶片正面无毛，在叶脉处有浅绿色斑纹，叶背面和幼嫩藤有毛，黄褐色，顶生小叶浅裂，或全缘卵圆形或近菱形，长约 11～19cm，宽 9～19cm。不开花，不结种子。

生物学特性：适应性很强，对气候环境要求不严。耐瘠薄，但在土层深厚、疏松肥沃、排水良好的向阳沙质壤土地块有助于获得高产。一般在 4 月 10—25 日栽种，翌年 4 月 10—25 日返青，10 月 15 日—11 月 1 日枯黄，生长期 173～204 天。在华北各地干草产量为 3 358.9～4 461.3kg/hm²，干根产量为 1 577.3～4 815.6kg/hm²。茎叶干物质中含粗蛋白质 18.33%、粗脂肪 1.75%、粗纤维 36.45%、无氮浸出物 35.51%、粗灰分 7.96%、钙

1.17％，磷 0.21％，块根干物质中含粗蛋白质 7.01％，粗脂肪 1.89％，粗纤维 10.14％，无氮浸出物 73.72％，粗灰分 7.15％，钙 1.35％，磷 0.48％。地上茎叶可迅速形成厚密的植被层，耐粗放管理，地下根系生有根瘤，是优秀的生态草种。可以作为饲用植物、能源植物和水土保持植物。

基础原种：由北京植物种苗研究中心试验站保存。

适应地区：适于华北地区或气候条件相似的地区种植。

热研 17 号爪哇葛藤

Pueraria phaseoloides (Roxb.) Benth. 'Reyan No. 17'

品种登记号：326

登记日期：2006 年 12 月 13 日

品种类别：引进品种

申报者：中国热带农业科学院热带作物品种资源研究所。白昌军、刘国道、何华玄、王文强、李志丹。

品种来源：该品种原产印尼爪哇，1958 年由华南农垦局从印度尼西亚首次引入，1983 年中国热带农业科学院从澳大利亚再次引入。

植物学特征：豆科多年生藤本植物。根深 200～400cm。主茎长达 1 000cm，全株有毛。叶为羽状复叶，有小叶 3 片，顶生小叶卵形、菱形或近圆形，长 6～20cm，宽 6～15cm。总状花序，腋生，长 15～20cm，花紫色。荚果线形或圆柱形，含种子 10～20 粒。种子棕色，长约 3mm，宽约 2mm，千粒重 12g。

生物学特性：适应性广，抗逆性强，喜潮湿的热带气候。耐涝、较耐旱，耐阴，可耐 60％遮阴，适合在幼龄林、橡胶园、果园间作，可形成 40～60cm 厚的覆盖层，有利于保持水土。耐重黏质和酸瘦土壤，能在 pH 4.5～5.0 的强酸性土壤和贫瘠的砂质土壤上良好生长。产量高，干草产量可达 4 600kg/hm²。可用种子和插条繁殖。茎叶幼嫩，适口性好，营养价值高，营养生长期干物质中含粗蛋白质 19.26％，粗脂肪 1.29％，粗纤维 35.75％，无氮浸出物 36.04％，粗灰分 7.66％，钙 1.38％，磷 0.17％。

基础原种： 由中国热带农业科学院热带作物品种资源研究所保存。

适应地区： 适于我国年降水量 1 200mm 以上的潮湿热带地区种植。

滇 西 须 弥 葛

Pueraria wallichii DC. 'Dianxi'

品种登记号： 526

登记日期： 2017 年 7 月 17 日

品种类别： 野生栽培品种

申报者： 云南省草地动物科学研究院。钟声、薛世明、余梅、匡崇义、袁福锦。

品种来源： 以保山地区龙陵县，海拔在 1 430m 的热性灌草丛植被中发现的野生群体为原始材料，经过多年栽培驯化而成。

植物学特征： 豆科葛属多年生灌木状藤本。枝薄被短柔毛或无毛，粗壮或纤细，充分生长时上部呈缠绕状，当年生枝条绿色。托叶基生，披针形，早落，羽状复叶具三小叶，顶生小叶倒卵形，长达 20cm 以上，侧生小叶偏斜。总状花序，长达 40cm，常排成圆锥花序或有时簇生，总花梗细长，下垂。荚果直，长 7～13cm，无毛，果瓣革质或近骨质。种子阔肾形或近圆形，扁平，褐色或浅褐色，种脐小，直径 5～8mm；千粒重 60～72g。

生物学特性： 喜温暖湿润、阳光充足和土壤疏松环境。生态适应范围广泛，耐寒，在暖温带地上受冻部分枯死，但地下部分能顺利越冬。耐旱及耐贫瘠能力较强，在岩溶地区干旱瘠薄土壤条件下也能良好生长，但在陡坡岩石裸露环境条件下长势较差。分枝能力中等，再生性、耐牧性和持久性均较好，生育期内可多次放牧或刈割利用。适宜环境条件下种子产量高，但豆荚裂荚性强，应及时收获。干草产量 4 000～5 000kg/hm²。

基础原种： 由云南省草地动物科学研究院保存。

适应地区： 适于云南南部及我国南方亚热带地区种植。

槐　属
Sophora L.

滇 中 白 刺 花
Sophora davidii（Franch.）Skeels 'Dianzhong'

品种登记号： 545

登记日期： 2018 年 8 月 15 日

品种类别： 野生栽培品种

申报者： 云南省草地动物科学研究院。钟声、黄梅芬、余梅、吴文荣、袁福锦。

品种来源： 以 1998 年采自云南中部地区的野生材料，经多年栽培驯化而成。

植物学特征： 豆科槐属多年生灌木。成年株高达 300～400cm。轴根系，枝条有锐刺。奇数羽状复叶含小叶 11～22 枚，小叶矩圆形，长约 8mm，宽约 5mm，托叶针刺状。总状花序由 6～12 花构成，花冠白色。荚果串球状，长 2～6cm，密被白色长柔毛，含种子 1～5 粒。种子卵形，黄褐色，千粒重 23.5g。

生物学特性： 适应范围广，耐寒、耐热及耐贫瘠能力强。在喀斯特地区可形成优势群落，对杂草竞争能力较强。耐旱性强，干季有一定供草能力。再生性强、耐牧。全年可干草产量为 4 700～7 800kg/hm^2，其中旱季干草产量可达 1 000～1 600kg/hm^2。

基础原种： 由云南省草地动物科学研究院保存。

适应地区： 适于云南干热河谷地区种植。

盘 江 白 刺 花
Sophora davidii（Franch.）Skeels 'Panjiang'

品种登记号： 510

登记日期： 2016 年 7 月 21 日

品种类别： 野生栽培品种

申报者：贵州省草业研究所、晴隆县草地畜牧业开发有限责任公司。龙忠富、张大权、张建波、吴佳海、罗天琼。

品种来源：将在贵州省晴隆县采集的野生白刺花种子，经过多年栽培驯化而成的品种。

植物学特征：豆科槐属多年生常绿灌木，高 120～250cm。小枝短，具锐刺，奇数羽状复叶，叶片椭圆形，先端钝或微凹，具短尖头，叶量丰富。总状花序，有小花 6～12 朵，花白色，具香味。荚果念珠状，长 4～6cm，成熟后黄褐色，千粒重约 25.0g。

生物学特性：喜温暖湿润气候，抗热抗冻，适应性广。在低热河谷及高寒山区都能生长良好。7～10℃种子能缓慢发芽，15～25℃时发芽出苗快，幼苗能耐－6℃的低温，成株能耐－10℃的短期低温。花期 3～4 月，花多稠密，种子成熟期为 6 月中下旬。秋播生育期 170 天左右，年干草产量约 11 000kg/hm²。

基础原种：由贵州省草业研究所保存

适宜地区：适于我国西南地区种植。

柱花草属（笔花豆属）

Stylosanthes Sw.

一年生或多年生草本。三出复叶。花组成密集的短穗状花序或头状花序，蝶形花冠黄色或橙色，着生于萼管喉部，雄蕊 10，单体，花药异形，荚果扁平，不开裂，有荚节 1～2 个，果瓣具粗网纹或小瘤。

柱花草属大多数种原产南美洲、中美洲及加勒比海地区。1962 年华南热带作物研究院从中美洲引入海南试种，主要作为橡胶园覆盖作物。1980 年后，广东、广西、海南等地先后从澳大利亚国际热带农业中心引种，并应用于生产。主要栽培品种有：格拉姆（Graham）、库克（Cook）、圭亚那柱花草和维拉诺（Verano）有钩柱花草。

圭亚那柱花草［*S. guianensis*（Aubl.）Sw.］ 多年生草本。茎直立或半匍匐，密被茸毛。小叶披针形，被短毛，花数朵簇生于叶腋，再聚集成顶生复穗状花序，花小，黄色至深黄色。荚果有 2 节，每节含 1 粒种子。种子肾形、淡黄棕色，千粒重 2～3g。喜高温、多雨湿润气候，不耐霜冻、

－2.5℃时即枯死。不耐渍，较耐干旱，各类土壤均能生长，在 pH 4 的酸性红壤上能良好结根瘤。

有钩柱花草［*S. hamata*（L.）Taub.］为一年生豆科牧草。植物形态与圭亚那柱花草不同点主要是：植株较矮，茎细柔软，光滑无茸毛；叶片尖小，中间小叶有叶柄；开花早、花色淡，每荚含种子2粒，上粒种子有3～5mm 长小钩。其它特征特性与圭亚那柱花草基本相似。

柱花草茎较细，叶量丰富，茎叶能形成密集的覆盖层，产草量高，营养成分含量丰富，适口性好，各种畜禽均喜食。我国南方常用于建植入工草地，供放牧与刈草利用。柱花草茎叶蔓延，覆盖度大，固氮能力强，亦是良好的水土保持和改土植物。

907 柱 花 草

Stylosanthes guianensis（Aubl.）Sw.‘907’

品种登记号： 189

登记日期： 1998 年 11 月 30 日

品种类别： 育成品种

育种者： 广西壮族自治区畜牧研究所。梁英彩、赖志强、张超冲、谢金玉、滕少花。

品种来源： 从 184 柱花草群体中筛选出较抗病的单株，经$^{60}C_0$－γ 射线处理种子并采用单株选择法育成的抗炭疽病新品种。

植物学特征： 多年生草本，根系发达，主根及侧根均着生根瘤。株高100～197cm，分枝能力强，叶青绿色。花黄色，荚果小，种子肾形，千粒重 2.28g。

生物学特性： 营养丰富，适口性好，牛、羊、兔、鱼、鹅等均喜食。鲜草产量为 28 500～51 000kg/hm²，比原推广品种增产 12％～27％，早熟 20 天，种子产量比原推广品种增产 27.4％～65.5％。经人工接种及大田调查，证明该品种具有较强的抗炭疽病能力。同时较耐干旱，耐酸性瘦土。

基础原种： 由广西壮族自治区畜牧研究所保存。

适应地区： 适于我国热带、亚热带地区种植。

格 拉 姆 柱 花 草

Stylosanthes guianensis（Aubl.）Sw. 'Graham'

品种登记号： 026

登记日期： 1988 年 4 月 7 日

品种类别： 引进品种

申报者： 广西壮族自治区畜牧研究所。宋光漠、李兰兴、梁兆彦、刘红地。

品种来源： 1981 年从澳大利亚引入。

植物学特征： 茎直立，多分枝，茎长 80～170cm，自然株高 60～120cm。在放牧情况下成匍匐状。侧枝斜生，茎枝较库克柱花草短软。叶深绿色，中间小叶无柄。花小、深黄色。

生物学特性： 在广西南部 10 月中旬开花，12 月种子成熟。比库克、斯柯菲品种早熟，产种量较高。低温、多雨气候结实不良，种子成熟不一，易脱落，收种较困难。耐寒性较强，轻霜茎叶仍保持青绿。幼苗生长缓慢，耐热和耐旱性亦较差。抗炭疽病较强，但比热研 2 号柱花草弱。宜与大黍、非洲狗尾草、糖蜜草等混播。亦可补播改良天然草地。全株被茸毛，青饲时适口性较差。不耐重牧，适宜晒制干草或青刈利用。鲜草产量 30 000～45 000kg/hm²，籽实产量 450kg/hm²。

基础原种： 由澳大利亚保存。

适应地区： 适于海南省，广西西南部，广东、福建、云南等省南部，贵州东南部等热带和南亚热带地区种植。

热研 2 号柱花草

Stylosanthes guianensis（Aubl.）Sw. 'Reyan No. 2'

品种登记号： 099

登记日期： 1991 年 5 月 20 日

品种类别： 引进品种

申报者： 华南热带作物研究院、广东省畜牧局饲料牧草处。蒋侯明、何朝族、刘国道、李居正、林坚毅。

品种来源： 1982 年从国际热带农业中心（CIAT）引入的 184 柱花草材

料，经比较鉴定、选择，通过品试、区试、选育出柱花草新品种。

植物学特征：多年生直立草本。茎长达 150～200cm，自然株高 100～150cm，分枝能力强。三出复叶、小叶长椭圆形。花黄色。荚果小，顶具小钩，棕褐色，千粒重 2.7g。

生物学特性：宜在无霜地区种植。花期受低温影响，开花少，种子产量低。在海南岛西南部温度较高，花期延长，种子产量高。耐旱、耐酸、耐瘠、亦耐短期渍水。抗炭疽病能力比格拉姆、库克等品种强。侵占性强，能抑制杂草蔓延，是天然草地补播改良的优良品种。宜与坚尼草、非洲狗尾草、俯仰臂形草等混种，建立人工草地。饲草产量比格拉姆、库克圭亚那柱花草和西卡灌木状柱花草等品种高，产鲜草 30 000～45 000kg/hm²。草质优，适口性好，宜作冬季牲畜的青饲料，亦可加工成草粉，作猪、禽的配合饲料。

基础原种：由华南热带作物研究院保存。

适应地区：适于海南、广东、广西、台湾、福建、云南等热带、南亚热带地区种植。

热研 5 号柱花草

Stylosanthes gujanensis（Aubl.）Sw. 'Reyan No. 5'

品种登记号：206

登记日期：1999 年 11 月 29 日

品种类别：育成品种

育种者：中国热带农业科学院热带牧草研究中心。刘国道、白昌军、何华玄、王东劲、周家锁。

品种来源：从 CIAT184 柱花草群体中选择早花、耐寒单株，经系统选育而成。

植物学特征：多年生直立草本，株高 130～180cm，多分枝。三出复叶，小叶披针形，中间小叶较大，长 2.1～2.8cm，宽 0.4～0.6cm。复穗状花序顶生，花黄色，每花序有小花 4～6 朵。荚果小，褐色，内含种子一粒。种子肾形，黑色，千粒重 2～2.2g。

生物学特性：耐酸性瘦土，在 pH 4.5 左右的强酸性土壤上能茂盛生长。耐寒，在海南冬季 5～10℃低温下保持青绿。开花早，在海南省南部开花时间比热研 2 号柱花草提早约 30 天。9 月底开花，11 月底种子成熟，种子产量 343.5kg/hm²，比热研 2 号柱花草提高 48.7％。每年可刈割 3～4 次，鲜草产量 37 000～55 000kg/hm²。可青饲或晒制干草，是冬季畜禽的青饲料。开花期干物质中含粗蛋白质 16.71％，粗脂肪 2.22％，粗纤维 28.43％，无氮浸出物 46.66％，粗灰分 5.98％。

基础原种：由中国热带农业科学院热带牧草研究中心保存。

适应地区：适于我国热带、南亚热带地区种植。

热研 7 号柱花草

Stylosanthes guianensis（Aubl.）Sw.'Reyan No. 7'

品种登记号：226

登记日期：2001 年 12 月 22 日

品种类别：引进品种

申报者：中国热带农业科学院热带牧草研究中心。蒋昌顺、刘国道、何华玄、韦家少、蒋侯明。

品种来源：1982 年从国际热带农业中心（CIAT）引进，编号为 CIAT1360。

植物学特征：豆科多年生直立草本植物。株高 140～180cm，冠幅 100～150cm，多分枝。羽状三出复叶，小叶长椭圆形，中间叶较大，长 2.5～3.0cm，宽 0.5～0.7cm，两侧小叶较小，长 1.0～1.4cm，宽 0.4～0.6cm，茎、枝、叶均被有茸毛。自花授粉，复穗状花序顶生，有小花 4～6 朵，花黄色。荚果小，浅褐色，内含种子 1 粒。种子肾形，浅黑色，千粒重 2.0～2.3g。

生物学特性：喜湿润热带气候，耐酸性瘦土，在海南岛冬季仍保持青绿，抗炭疽病能力强。开花迟，次年 2—3 月种子成熟，属晚熟品种。生长旺盛，产量高，种植当年可刈割 1～2 次，次年可刈 3～4 次，年均鲜草产量为 43 000kg/hm²，种子产量 360～480kg/hm²。开花期干物质中含粗蛋白质 16.86％，粗脂肪 2.65％，粗纤维 32.47％，无氮浸出物 41.72％，粗灰分 6.30％。用作青饲或调制干草，是畜禽的优质饲料。

基础原种：由中国热带农业科学院热带牧草研究中心保存。

适应地区：适于我国热带、南亚热带地区种植。

热研 10 号柱花草

Stylosanthes guianenisis（Aubl.）Sw. 'Reyan No. 10'

品种登记号：217

登记日期：2000 年 12 月 25 日

品种类别：引进品种

申报者：中国热带农业科学院热带作物品种资源研究所。何华玄、白昌军、蒋昌顺、刘国道、易克贤。

品种来源：1982 年从国际热带农业中心（CIAT）引入的编号为 CIAT1283 柱花草材料。

植物学特征：多年生直立草本，株高 100～130cm，分枝数中等。羽状三出复叶，小叶长梭形、倒披针形及纺锤形，中间小叶较大，长 3.3～4.5cm，宽 0.5～0.7cm，两侧小叶较小，长 2.5～3.5cm，宽 0.4～0.6cm。茎、枝、叶被小茸毛，但无刚毛。复穗状花序顶生，每个花序具小花 4～6 朵，蝶形花冠，黄色。荚果小，深褐色，内含种子 1 粒。种子肾形，浅褐色，千粒重 2.93～3.21g。

生物学特性：喜湿润的热带气候，适于我国热带、南亚热带地区种植。耐干旱和酸性贫瘠土，耐寒，在海南冬季仍保持青绿。开花迟，较晚熟，在儋州市 11 月底至翌年 2 月种子成熟。开花期干物质中含粗蛋白质 17.83%，粗脂肪 2.70%，粗纤维 32.01%，无氮浸出物 40.39%，粗灰分 7.07%。鲜草产量为 30 000～33 000kg/hm²。可作为我国的热带、南亚热带地区禽畜青饲料，在干草粉生产、果园间作覆盖及绿肥作物、放牧等方面推广应用。

基础原种：由中国热带农业科学院热带作物品种资源研究所保存。

适应地区：适于我国热带、南亚热带地区种植。

热研 13 号柱花草

Stylosanthes guianensis（Aubl.）Sw. 'Reyan No. 13'

品种登记号：257

登记日期： 2003 年 12 月 7 日

品种类别： 引进品种

申报者： 中国热带农业科学院热带作物品种资源研究所。何华玄、白昌军、刘国道、王东劲、周汉林。

品种来源： 1982 年从国际热带农业中心（CIAT）引进，编号为 C1AT1044。

植物学特征： 豆科多年生直立草本植物。株高 100～130cm，冠幅 110～220cm，分枝数中等。羽状三出复叶，小叶长梭形、倒披针形及纺锤形，中间小叶较大，长 3.3～4.5cm，宽 0.5～0.7cm；两侧小叶较小，长 2.5～3.5cm，宽 0.4～0.6cm。茎、枝、叶均被小茸毛。自花授粉，复穗状花序顶生，每花序具小花 4～6 朵，花米黄色。荚果小，内含种子 1 粒。种子肾形，褐色，千粒重 2.9～3.2g。

生物学特性： 喜湿润的热带气候，耐酸性瘦土，耐干旱，在海南岛冬季保持青绿。属晚熟品种，在海南岛儋州地区 11 月中旬始花，11 月下旬盛花，12 月初结荚，12 月下旬至翌年 2 月种子成熟。生长旺盛，产量高，种植当年可刈割 1～2 次，次年可刈割 3～4 次，年均鲜草产量 36 000kg/hm²。开花期干物质中含粗蛋白质 19.50%，粗脂肪 2.41%，粗纤维 30.05%，无氮浸出物 41.59%，粗灰分 6.45%。主要用作青饲或调制干草，畜禽均喜食。

基础原种： 由中国热带农业科学院热带作物品种资源研究所保存。

适应地区： 适于我国热带、南亚热带地区种植。

热研 20 号圭亚那柱花草

Stylosanthes guianensis（Aubl.）Sw. 'Reyan No. 20'

品种登记号： 428

登记日期： 2010 年 4 月 14 日

品种类别： 育成品种

育种者： 中国热带农业科学院热带作物品种资源研究所。白昌军、刘国道、王东劲、陈志权、严琳玲。

品种来源： 1996 年空间诱变热研 2 号柱花草种子后，经多次单株接种柱花草炭疽病选育而成，原编号 2001-38。1996 年 10 月 20 日—11 月 4 日利用返地卫星搭载热研 2 号柱花草种子，空间飞行 15 天，进行空间诱变处理。之后通过多次单株接种柱花草炭疽病进行鉴定筛选，选出优良株系 85 个；再进一步开展品系比较试验获优良品系 26 个；经品种比较试验、区域试验、生产试验育成。

植物学特征：豆科柱花草属多年生半直立草本，株高 100~150cm，多分枝。羽状三出复叶，中间小叶长 3.3~3.9cm，宽 0.45~0.73cm；两侧小叶片长 1.5~3.2cm，宽 0.5~1.0cm，被疏茸毛。密穗状花序顶生或腋生，长 1~1.5cm，花冠蝶形，花小，花萼上部 5 裂，长 1.0~1.5mm，旗瓣橙黄色，具棕红色细脉纹，雄蕊 10 枚，单体雄蕊，雌蕊 1 枚。荚果具一节荚，有种子 1 粒。种子肾形，黄色至浅褐色，有光泽，千粒重 2.78g。

生物学特性：喜热带潮湿气候，牧草产量高，年均干草产量达 15 676.56kg/hm^2。营养生长期干物质中含粗蛋白质 21.01%，粗脂肪 5.73%，粗纤维 35.28%，无氮浸出物 30.86%，粗灰分 7.12%，具有较高的营养价值。较抗柱花草炭疽病，耐干旱，可耐 4~5 个月的连续干旱，在年降水量 755mm 以上的热带地区表现良好。适应各种土壤类型，尤耐低磷土壤，能在 pH 4.0~5.0 的强酸性土壤和贫瘠的砂质土壤上良好生长。具有较好的放牧与刈割性能。当年种植 10 月中旬开始开花，12 月上旬盛花，12 月至翌年 1 月种子成熟，种子产量中等，一般为 100~300kg/hm^2。

基础原种：由中国热带农业科学院热带作物品种资源研究所保存。

适应地区：适于我国长江以南、年降水量 600mm 以上的热带、亚热带地区种植，在海南、广东、广西、云南、福建等省（区）及四川攀枝花地区、江西瑞金等地区表现优良。

热研 21 号圭亚那柱花草

Stylosanthes guianenesis (Aubl.) Sw. 'Reyan No. 21'

品种登记号：440

登记日期：2011 年 5 月 16 日

品种类别：育成品种

育种者：中国热带农业科学院热带作物品种资源研究所。刘国道、白昌军、王东劲、陈志权、严琳玲。

品种来源：1996 年通过空间诱变热研 2 号柱花草种子，经多次单株接种柱花草炭疽病选育而成，原编号 2001-60。1996 年 10 月 20 日—11 月 4 日利用返地卫星成功搭载热研 2 号柱花草种子，空间飞行 15 天，进行空间诱变处理。1997 年将空间辐射种子与常温保存的对照单粒同时培育，经过连续多次多代炭疽病接种，筛选表型优良、抗病性强的株系种植，再从中筛选综合性状优良的品系。

植物学特征：多年生半直立草本，株高 80～120cm，多分枝，茎毛稀疏。羽状三出复叶，小叶长椭圆形，长 3.37cm，宽 0.60cm。密穗状花序顶生或腋生，花序长 1～1.5cm，蝶形花冠。荚果褐色，卵形，长 2.65mm，宽 1.75mm，具短而略弯的喙，含 1 粒种子。种子肾形，黄色至浅褐色，有光泽，长 1.5～2.2mm，宽约 1mm，千粒重 2.69g。

生物学特性：中熟型，喜潮湿的热带气候。干草产量 11 660kg/hm^2。营养生长期干物质中含粗蛋白质 19.82%，粗纤维 30.97%，无氮浸出物 36.09%。抗柱花草炭疽病，适应各种土壤类型，尤耐低肥力土壤、酸性土壤（pH 4～7）和低磷土壤。耐阴性较强；具有较好的放牧与刈割性能，植株存活率较高。种子产量中等，一般为 100～300kg/hm^2。

基础原种：由中国热带农业科学院热带作物品种资源研究所保存。

适应地区：适于我国长江以南、年降水量 600mm 以上的热带、亚热带地区种植，在海南、广东、广西、云南、福建等省（区）表现最优。

热研 22 号圭亚那柱花草

Stylosanthes guianensis (Aubl.) Sw. 'Reyan No. 22'

品种登记号：586

登记日期：2020 年 12 月 3 日

品种类别：育成品种

育种者：中国热带农业科学院热带作物品种资源研究所、海南大学。严琳玲、白昌军、刘国道、罗丽娟、刘攀道。

品种来源：以热研 2 号圭亚那柱花草为亲本，将抗炭疽病能力强作为育种目标，进行空间诱变处理，经多代系统选择而育成。

植物学特征：豆科笔花豆属多年生半直立亚灌木状草本。株高 100～150cm，茎被茸毛。羽状三出复叶，中间小叶长椭圆形，长 2.5～3.5cm，宽约 0.6cm。花序顶生或腋生，长 1.0～1.5cm，蝶形花冠，旗瓣黄色。荚果具一节荚，褐色，卵形，具短而略弯的喙，每一节荚含 1 粒种子。种子肾形，黄色至浅褐色，长 1.5～2.2mm，宽约 1.0mm，千粒重 2.77g。

生物学特性：适应性强，对土壤要求不严，从砂土到重黏质砖红壤土均表现良好，尤耐低肥力土壤、酸性土壤（pH 4～7）和低磷土壤，能在 pH 4.0～5.0 的强酸性土壤和贫瘠的砂质土壤上生长良好。适宜的温度范围为 15～25℃。耐季节性干旱，在年降水量 600mm 以上的地区均可种植。耐阴，具有较强的抗柱花草炭疽病和较好的丰产性，年干草产量为 5 000～12 000kg/hm^2。

基础原种：由中国热带农业科学院热带作物品种资源研究所保存。

适应地区：适于年降水量 600mm 以上、年均温 17～25℃的热带、亚热带地区种植。

热研 24 号圭亚那柱花草

Stylosanthes guianensis（Aubl.）Sw. 'Reyan No. 24'

品种登记号：564

登记日期：2019 年 12 月 12 日

品种类别：育成品种

育种者：中国热带农业科学院热带作物品种资源研究所、海南大学。严琳玲、白昌军、刘国道、罗丽娟、刘攀道。

品种来源：以热研 2 号圭亚那柱花草为材料，采用太空诱变育种的方法，对诱变早期世代选择的抗炭疽病株系进行了耐酸铝胁迫，经过单株选择和系统鉴定育成。

植物学特征：豆科多年生半直立亚灌木，株高 100～150cm。羽状三出复叶，小叶长椭圆形，长 3.0～3.9cm，宽 0.5～0.8cm。花序顶生或腋生，蝶形花冠，旗瓣橙黄色。荚果褐色，卵形，长 2.0～3.0mm，宽 1.4～1.6mm，具 1 粒种子。种子肾形，浅褐色，千粒重 2.7g。

生物学特性: 喜潮湿的热带气候,适生于北纬 23°以南,年平均温度 19～30℃,年降水量 1 000mm 以上的地区。最适生长环境温度 25～28℃,15℃时仍能继续生长,10℃时停止生长,0℃时叶片受冻脱落,−2.5℃时受冻枯死。开花期若温度低于 19℃,种子产量便受到严重影响。对土壤的适应性广泛,适应各种土壤类型,尤耐酸性土壤(pH 4～7)和低磷土壤。耐旱能力强,但不耐水淹,不宜种在低洼积水地。较抗炭疽病、较耐酸铝,在海南、广东等热带气候条件下,干草产量达 8 000kg/hm² 左右。

基础原种: 由中国热带农业科学院热带作物品种资源研究所保存。

适应地区: 适于我国海南、广东、广西等地区种植。

热研 25 号圭亚那柱花草

Stylosanthes guianensis(Aubl.)Sw. 'Reyan No. 25'

品种登记号: 506

登记日期: 2016 年 7 月 21 日

品种类别: 育成品种

育种者: 中国热带农业科学院热带作物品种资源研究所。王文强、唐军、严琳玲、白昌军、刘国道。

品种来源: 选取 30 余份柱花草种质。

植物学特征: 豆科多年生草本,半直立。株高 110～150cm,中间小叶长椭圆形,长 3.1～3.7cm,宽 0.7～1.3cm,两侧小叶较小。花黄色。荚果褐色,卵形,长 2.6mm,宽 1.7mm,每荚 1 粒种子。种子黄色至浅褐色,肾形,长 1.5～2.2mm,宽约 1mm,千粒重 2.7g。

生物学特性: 喜潮湿热带气候,适宜各种土壤类型。耐瘠薄和酸性土壤,能在 pH 4.0～5.0 的酸性土壤上良好生长。对炭疽病有抗性。每年可刈割 3～4 次,干草产量 10 000～20 000kg/hm²。初花期刈割干草样品中含粗蛋白质 5.1%,粗脂肪 1.9%,粗纤维 34.3%,粗灰分 6.4%,钙 0.63%,磷 0.06%。

基础原种: 由中国热带农业科学院热带作物品种资源研究所保存。

适宜地区: 适于我国年均气温 15～25℃的热带、亚热带红壤地区种植。

热引 18 号柱花草

Stylosanthes guianensis（Aubl.）Sw. 'Reyin No. 18'

品种登记号： 350

登记日期： 2007 年 11 月 29 日

品种类别： 引进品种

申报者： 中国热带农业科学院热带作物品种资源研究所。白昌军、刘国道、陈志权、李志丹、虞道耿。

品种来源： 中国热带农业科学院热带作物品种资源研究所 1996 年从哥伦比亚国际热带农业中心（CIAT）引进。

植物学特征： 豆科柱花草属多年生草本。茎半直立，株高约 1.5m，多分枝。羽状三出复叶，小叶长 3.3～3.9cm，宽 0.6～1.1cm，被疏柔毛。密穗状花序顶生或腋生，长 1.0～1.5cm，蝶形花，花萼上部 5 裂，长 1.0～1.5mm，花瓣橙黄色，旗瓣长 5～7mm，宽 3～5mm，雄蕊 10 枚，单体雄蕊，长短二型花药相间生长在较长或较短的花丝上，雌蕊 1 枚。荚果具 1 节荚，有种子 1 粒。种子卵形，黄色至浅褐色，千粒重 2.5g。

生物学特性： 干草产量约 10 000kg/hm^2，营养生长期干物质中含粗蛋白质约 15%。

基础原种： 由国际热带农业中心（CIAT）保存。

适应地区： 适于我国海南、广东、云南、广西等热带、南亚热带地区作为饲草种植应用。

维拉诺有钩柱花草

Stylosanthes hamata（L.）Taub. 'Verano'

品种登记号： 098

登记日期： 1991 年 5 月 20 日

品种类别： 引进品种

申报者： 广东省畜牧局饲料牧草处、华南农业大学。李居正、林坚毅、郭仁东、罗建民、陈德新。

品种来源： 1981 年从澳大利亚引入。

植物学特征：一年生草本。茎半匍匐，株高 80～100cm。叶片绿色，花淡黄色。荚果小、顶端有 3～5mm 长小钩。种子褐色、肾形，种皮厚实、发芽率低。

生物学特性：抗逆性强，适应性广，耐旱、耐瘠、耐酸、抗病虫害。对磷肥敏感。苗期生长缓慢，播后 60 天生长迅速，可很快形成厚密草层覆盖地面、抑制杂草生长、可防止水土流失。产草量较高，品质优，适口性好。放牧或加工成草粉利用，畜禽均喜食。早熟，结籽多，易脱落，具自播作用，虽为一年生牧草，一次播种可维持草地多年利用。

基础原种：由澳大利亚保存。

适应地区：适于海南、广东、广西、福建、云南等省（区）的热带和南亚热带地区种植。

西 卡 柱 花 草

Stylosanthes scabra Vogel 'Seca'

品种登记号：225

登记日期：2001 年 12 月 22 日

品种类别：引进品种

申报者：中国热带农业科学院热带牧草研究中心。白昌军、刘国道、何华玄、易克贤。

品种来源：1981 年从澳大利亚引进，原产于巴西东北部。

植物学特征：多年生灌木状草本植物，根系发达。茎直立或半直立，株高 130～150cm，基部茎粗 0.5～1.5cm，多分枝，被长或短刚毛，略带黏性。掌状三出复叶，小叶长椭圆形至倒披针形，顶端钝，具短尖，两面被毛，带黏性，中间小叶较大，长 1.5～2.1cm，宽 6～9mm，两侧小叶较小，长 1.3～1.5cm，宽 4～7mm。花序具无限分枝生长习性，密穗状花序顶生或腋生，花小，旗瓣橙黄色，间有棕色辐射状条纹，翼瓣和龙骨瓣浅黄色。荚果小，褐色，含种子 1 粒。种子肾形，黄色，具光泽，千粒重 3.16g。

生物学特性：喜湿润的热带气候，因根系发达而比较耐干旱。耐酸瘦土壤，在 pH 4.0～4.5 的酸性土壤和滨海砂地种植可茂盛生长。耐火烧，火烧过后尽管地上部分大都死亡，但植株基部或根部仍能很快抽芽生长，落地种子亦能在雨后发芽生长。耐牧、耐踩踏。抗柱花草炭疽病。在海南岛可年刈割 3～4 次，年产鲜草 15 000～18 000kg/hm²，种子 150～280kg/hm²。营养生长期干物质中含粗蛋白质 14.70%，粗脂肪 2.87%，粗纤维 39.20%，无氮浸出物 37.7%，粗灰分 5.86%。可与臂形草、大翼豆等混播建立改良草地或人工草地，适宜放牧，牛羊喜食。

基础原种：由澳大利亚 CSIRO 热带作物与牧草研究所保存。

适应地区：适于我国热带、南亚热带地区种植，在海南、广东、广西、云南等省区表现最优。

灰毛豆属
Tephrosia Pers.

桂 引 山 毛 豆
Tephrosia candida DC. 'Guiyin'

品种登记号：426

登记日期：2010 年 4 月 14 日

品种类别：引进品种

申报者：广西壮族自治区畜牧研究所。赖志强、易显凤、蔡小艳、姚娜、韦锦益。

品种来源：1965 年广东从非洲引入，20 世纪 80 年代，又从菲律宾和坦桑尼亚引入种植。2004 年广西从广东引入。

植物学特征：多年生小灌木。多分枝，株高 200～300cm。奇数羽状复叶，长 15～20cm，小叶对生，6～14 对，椭圆状披针形，长 3～7cm，宽 0.9～1.8cm，托叶披针形，渐尖，密被茸毛。总状花序，长 15～20cm。花白色或淡红色，花长 2.5cm，花梗长 2～2.3cm。荚果长 7～10cm，有种子 10～15 粒。种子淡褐色，矩圆形，长 7mm，宽 4.5mm，千粒重 19.9g。

生物学特性：抗旱、耐瘠，适应性强，固氮能力强。再生性强，每年可刈割 2～3 次，鲜草产量 30 000～45 000kg/hm²，种子产量 375～750kg/hm²。营养丰富，适口性好，开花期干物质中含粗蛋白质 21%，粗脂肪

3.75%，粗纤维 24.9%，无氮浸出物 44.01%，粗灰分 6.34%，钙 0.22%，磷 1.51%，是饲喂兔、羊等小型草食动物的优质蛋白质饲料。

基础原种：由广西壮族自治区畜牧研究所保存。

适应地区：适于我国年降水量 600mm 以上的热带和南亚热带地区种植。

三叶草属（车轴草属）
Trifolium L.

三叶草属是豆科牧草中分布较广的一属。一年生、二年生或多年生草本。掌状复叶，通常具小叶 3 枚，稀 5～7 枚。花多数密集成头状或穗状花序，蝶形花冠有红、紫、黄、白等色，干后不脱落；雄蕊 10，二倍体。荚果小，几乎完全包于花萼内。该属约有 300 种，分布于温带地区，在农业上有经济价值的约 10 余种。我国栽培利用较多的有红三叶（*T. pratense* L.）、白三叶（*T. repens* L.）和野火球（*T. lupinaster* L.）。

红三叶，多年生草本，茎直立或上升。掌状复叶，具 3 枚小叶，花序多呈头状，花紫红色。千粒重 1.5g。根据成熟期可分晚花型、早花型两种类型。喜温凉湿润气候，耐寒性不及紫花苜蓿，耐湿。耐热和耐旱性较差。在南方亚热带的丘陵、平原或低山地区，夏季高温、多雨、时有伏旱，较难越夏。

白三叶，多年生草本，茎匍匐。掌状复叶，具 3 枚小叶。花序呈头状，花通常为白色。千粒重 0.5～0.7g。耐热、耐寒性较红三叶强，耐阴、耐湿，亦较耐瘠和耐酸。根据植株叶片、花序等大小，分大型、中型和小型三种类型。白三叶是世界上分布最广的一种豆科牧草。我国大部分省（区）均有分布，长江流域有较大面积栽培。

野火球，多年生草本，通常数茎丛生。掌状复叶，通常具小叶 5 枚，稀 3～7 枚，长椭圆形或倒披针形，边缘具细锯齿。花序呈头状，花红紫色或淡红色。抗寒性较红三叶、白三叶强。耐盐碱。产草量中等，适宜在我国北方较寒冷地区种植。

延边野火球
Trifolium lupinaster L. 'Yanbian'

品种登记号：043

登记日期：1989 年 4 月 25 日

品种类别：野生栽培品种

申报者：吉林省延边朝鲜族自治州农业科学研家所、吉林省延边朝鲜族自治州草原管理站。崔月顺、朴龙烟、任秀龙、李相玉、金元洙。

品种来源：采自吉林省长白山地区野生的野火球，经栽培驯化而成。

生物学特性：多年生草本。耐寒性强，在东北微酸性、中性土壤、湿润的山坡、林间均能生长。在海拔 1 800m 处长白山岳桦林草地均匀分布。耐牧、耐刈性较差。牧草含水率较低，干草生产率较高，宜作调制干草利用。在干草中钙的含量是磷的 10 倍，故为家畜的钙质牧草，适宜放牧利用，花期可做观赏和蜜源植物，鲜草产量 52 500～67 500kg/hm²，种子产量 450kg/hm²。

基础原种：由吉林省延边朝鲜族自治州农业科学研究所保存。

适应地区：适于我国东三省，以及内蒙古东部、河北北部、甘肃、新疆等地区种植。

巴 东 红 三 叶

Trifolium pratense L. 'Badong'

品种登记号：060

登记日期：1990 年 5 月 25 日

品种类别：地方品种

申报者：湖北省农业科学院畜牧兽医研究所、湖北省农业厅畜牧局、湖北省襄樊市东津畜牧场。鲍健寅、李绍密、向远清、赵振江、别治法。

品种来源：100 年前，由比利时传教士带入红三叶，在湖北省鄂西地区长期栽培，驯化而形成的地方品种。

植物学特征：混合型品种，以早花型为主。早花型茎青色，高大，花红色。晚花型植株粗矮，分枝多，株丛密，茎紫色。

生物学特性：早花型生长发育快，再生性较差，寿命短，抗热性较强，较耐旱。晚花型生长发育较慢，开花比早花型晚 10～20 天，花期长，耐寒性强。另外，也有介于上述两者之间的中间型植株。在海拔 800～2 000m，年降水量 1 200～1 700mm 的鄂西地区，生长繁茂，越冬良好。耐热和耐旱性较差，但比白三叶强，在我国亚热带低山、丘陵和平原地区种植，越夏率为 50%～70%。略耐酸性，易患白粉病。在高海拔山地利用巴东红三叶与黑麦草、苇状羊茅等禾草混种可建成优良的人工草地。在四川、贵州等省常与玉米等作物间作，改良土壤，提高作物产量，供作优良的绿肥、牧草。一般年产鲜草 45 000～75 000kg/hm²，种子 375～600kg/hm²。

基础原种： 由湖北省农业科学院畜牧兽医研究所保存。

适应地区： 适于长江中下游海拔 800m 以上山地，以及云贵高原地区种植。气候湿润的丘陵、岗地、平原亦宜种植，供作短期利用。

鄂牧 5 号红三叶

Trifolium pratense L. 'Emu No. 5'

品种登记号： 478

登记日期： 2015 年 8 月 19 日

品种类别： 育成品种

育种者： 湖北省农业科学院畜牧兽医研究所。张鹤山，刘洋，田宏，熊军波，陈明新。

品种来源： 以巴东红三叶为育种材料，采用单株选择和混合选择相结合的方法选育而成的新品种。

植物学特征： 豆科三叶草属多年生草本植物。主根入土深，侧根发达，具根瘤。茎直立或斜生，株高 90～102cm，每株分枝数一般为 11～18 个。三出掌状复叶，小叶长椭圆形，中间叶片长 4.5～6.5cm，宽 2.8～3.8cm。头状花序腋生，含小花 95～150 朵，花瓣蝶形，红色或紫红色。荚果含 1 粒种子，种子肾形，黄褐色，种子千粒重 1.612g。

生物学特性： 喜温暖湿润气候，不耐炎热。对土壤要求不严，最适宜在 pH 6～7 的土壤上生长。再生速度快，分枝力强，能快速形成草丛。每年可刈割 3 次，平均干草产量为 6 500kg/hm²。叶量丰富，分枝期粗蛋白含量最高，达 22.8%。适口性好，牛、羊、马、兔等草食动物喜食。

基础原种： 由湖北省农业科学院畜牧兽医研究所保存。

适应地区： 适于淮河以南、长江流域及云贵高原地区种植。

丰瑞德红三叶

Trifolium pratense L. 'Freedom'

品种登记号： 546

登记日期： 2018 年 8 月 15 日

品种类别： 引进品种

申报者： 百绿（天津）国际草业有限公司、四川省农业科学院土壤肥料研究所。朱永群、林超文、周思龙、许文志、邰建辉。

品种来源： 引自美国肯塔基州农业试验站。

植物学特征： 豆科三叶草属多年生草本。主根发达，根系多分布于 30cm 土层内。株高 60～90cm，具茸毛。三出掌状复叶，互生，小叶卵形或椭圆形，叶面有 "V" 形白色或淡灰色斑纹。头状花序，单株花序数 84 个，每个花序平均含 130 朵小花，蝶形花冠，红色。荚果，内含 1 粒种子，种子棕黄色或紫色，千粒重 1.6g。

生物学特性： 喜温暖湿润气候，耐湿、耐阴性强。对土壤要求不严，耐瘠、耐酸，适宜土壤 pH 5～8，耐盐碱能力稍差。生长速度快、再生力强、产草量高，年干草产量 12 000kg/hm²，草质柔软。可作蜜源植物。

基础原种： 由美国肯塔基州农业试验站保存。

适应地区： 适于年降水量 1 000mm 以上，海拔 500～3 000m 的温凉湿润西南地区种植。

甘红 1 号红三叶

Triforlium pratense L. 'Ganhong No. 1'

品种登记号： 531

登记日期： 2017 年 7 月 17 日

品种类别： 育成品种

育种者： 甘肃农业大学。赵桂琴、柴继宽、曾亮、刘欢、尹国丽。

品种来源： 以高产、优质、抗白粉病为育种目标，对来自国内外的 17 份种质材料，采用综合品种选择方法育成。

植物学特征： 豆科三叶草属多年生草本。主根入土深 70～90cm；株高

70～80cm，丛生分枝 15～20 个。茎中空、圆形，直立或斜生，茎粗 4～5.5mm。掌状三出复叶，小叶椭圆状卵形，长 3.9～4.4cm，宽 2～2.7cm，叶面具倒 "V" 形灰白色斑。头形总状花序，每花序 85～102 朵小花，淡紫红色。种子椭圆形或肾形，黄褐色或黄紫色，千粒重 1.6～1.8g。

生物学特性：喜温凉湿润气候，较耐寒、耐旱、耐盐碱，适应性广。对土壤要求不严，可在微酸性至微碱性土壤正常生长，适宜土壤 pH 6.0～7.8。生长速度快，再生性好，抗白粉病。在甘肃中南部地区 4 月下旬播种，7 月上中旬开花，8 月中下旬至 9 月上旬种子成熟。干草产量 8 000kg/hm²，种子产量 400kg/hm²。

基础原种：由甘肃农业大学保存。

适应地区：适于西北冷凉地区、云贵高原及西南山地、丘陵地区种植。

岷 山 红 三 叶

Trifolium pratense L. 'Minshan'

品种登记号：019

登记日期：1988 年 4 月 7 日

品种类别：地方品种

申报者：甘肃省饲草饲料技术推广总站。王英、何玉麟、申有忠。

品种来源：1940 年由甘肃省岷山种畜场从美国引入，在该场长期种植。从 1979 年起，甘肃省饲草饲料技术推广总站与省岷山种畜场合作，搜集当地散佚种，经系统研究整理而成的地方品种。

生物学特性：该品种抗寒、早熟，在海拔 2 500m 的岷县本直寺，无霜期只有 80 天，能完全成熟，自生繁衍。耐涝和耐热性亦较强，不易感染病害，极少受虫害，抗旱性较差。鲜草产量较高，产鲜草 30 000～60 000kg/hm²，叶量丰富，适口性好，各类家畜均喜食。与猫尾草混播可提高牧草产量。

基础原种：由甘肃省饲草饲料技术推广总站保存。

适应地区：适于甘肃省温暖湿润、夏季不太炎热的地区种植。

希 瑞 斯 红 三 叶

Triforlium pratense L. 'Suez'

品种登记号： 504

登记日期： 2016 年 7 月 21 日

品种类别： 引进品种

申报者： 贵州省畜牧兽医研究所。尚以顺、孔德顺、王安娜、邓蓉、李鸿祥。

品种来源： 是 20 世纪 90 年代末在丹农公司捷克育种中心，选用耐寒性好的 Marino 为亲本，经多重杂交，杂交后代经多代剔除耐寒性差、低产、易感病的植株后育成。2001 年在捷克注册。

植物学特征： 豆科三叶草属多年生草本。主根明显，株高 80～100cm，单株分枝数 16～22 个。叶色深绿，三出复叶带"V"形白斑，叶柄较长，茎叶被长柔毛。花红色或淡紫红色，小花 20～100 朵。种子棕黄色，椭圆或肾形，千粒重 1.4～1.6g。

生物学特性： 喜温凉湿润气候，较耐寒、耐热能力一般。秋播生育期约 280 天，干草产量 6 000～10 000kg/hm²。可利用 2～3 年，干草干物质中含粗蛋白质 11.8%，粗脂肪 2.9%，粗纤维 20.6%，粗灰分 9.2%。

基础原种： 由丹农公司捷克育种中心保存。

适宜地区： 适于四川、贵州和湖北等地海拔 800m 以上、年降水量 1 000～2 000mm 的地区种植。

巫 溪 红 三 叶

Trifolium pratense L. 'Wuxi'

品种登记号： 145

登记日期： 1994 年 3 月 26 日

品种类别： 地方品种

申报者： 中国科学院自然资源综合考察委员会、四川省草原工作总站、四川省巫溪县畜牧局。刘玉红、肖飚、王淑强、樊江文、李兆芳。

品种来源： 1953 年红池坝农场技术人员从美国友人处获得几粒种子，

在巫溪红池坝种植,逐渐繁衍,逸生为野生种。1986 年在红池坝采集到部分种子,并在当地播种,进行研究。

植物学特征: 株高 60～100cm,最高可达 130cm。主根明显,根系发达,60%～70%分布在 30cm 的土层中。茎直立或斜生,具长柔毛,粗 3～5mm,茎秆带紫色环状条纹。小叶椭圆状卵形至宽椭圆形,长 3.5～4.7cm,宽 1.5～2.9cm,叶面具灰白色"V"形斑纹,下面有长柔毛。头形总状花序,花红色或淡紫红色。荚果倒卵形,含 1 粒种子。种子椭圆形或肾形,棕黄色或紫色,千粒重 1.5～1.8g,硬实率 10%～15%。

生物学特性: 返青早,枯黄晚,青草期近 300 天。分枝多,具有较强的耐刈、耐牧性。耐贫瘠,竞争力强,在当地草地中常成为优势种或建群种。耐寒性较强,在大巴山区海拔 2 100m 的平坝地,冬季气温在－25℃左右仍能安全越冬。耐热性稍差,气温超过 38℃,生长减弱甚至枯黄死亡。再生性好,一年可刈割 5 次,鲜草产量可达 84 600kg/hm²。最适与鸭茅、猫尾草混播,鲜草产量可达 58 500～60 000kg/hm²。

基础原种: 由四川省巫溪县畜牧局保存。

适应地区: 适于亚热带、海拔 1 800～2 100m 的中高山地区种植。

川引拉丁诺白三叶
Trifolium repens L. 'Chuanyin Ladino'

品种登记号: 180

登记日期: 1997 年 12 月 11 日

品种类别: 引进品种

申报者: 四川雅安地区畜牧局、四川农业大学。蒲朝龙、周寿荣、张新全、毛凯、陈元江。

品种来源: 1978 年,美国威斯康星州立大学牧草学家 J. M. 绍尔教授赠予四川农学院牧医系饲料生产教研室。

植物学特征: 多年生草本,主根短、侧根发达,地下部 0～10cm 内根系量占 0～40cm 根系量的 77.1%。茎细长,匍匐生长。叶为三出复叶,小叶倒卵形,叶面具明暗不均的"V"形斑纹,叶片比一般品种大 1～3 倍,叶柄较粗,属大叶型品种。头形总状花序,花白色。每荚 3～4 粒,种子细小，千粒重 0.5～0.7g。

生物学特性： 喜温凉湿润气候，耐湿、耐热、抗寒、抗病，能在四川盆地及各丘陵地区安全越夏越冬。再生力强，一般作刈割用，年可刈割 4～6次，产鲜草 60 000～75 000kg/hm² 也可放牧用，或刈牧兼用，品质好，产草量高，是优良的饲草品种。在堤坝、路边疏林地、陡坡裸地、果园中种植，是优良的水土保持植物和改土植物。

基础原种： 由美国威斯康星州立大学保存。

适应地区： 适于长江中上游丘陵、平坝、山地种植，其中海拔 1 000～2 500m 为最适区。

鄂牧 1 号白三叶

Trifolium repens L. 'Emu No. 1'

品种登记号： 176

登记日期： 1997 年 12 月 11 日

品种类别： 育成品种

育种者： 湖北省农业科学院畜牧兽医研究所。鲍健寅、李维俊、白淑娟、冯蕊华、欧阳延生。

品种来源： 用白三叶品种瑞加为原始材料，以抗旱耐热为育种目标。利用武汉地区夏季高温伏旱的独特生态条件，采用自然选择和人工选择相结合的方法，经单株选择，分系比较鉴定，多系杂交，品比试验、区域试验和生产试验选育而成。

植物学特征： 多年生草本。主根茎短，侧根发达，浅根系。主茎短，实心，光滑，基部分枝多，匍匐生长，茎节着地生根。叶为三出复叶，叶片较大，倒卵形，有"V"形白色斑纹。草层自然高 30～50cm。头形总状花序，花梗较叶柄长，生于叶腋，有小花 20～30 朵，小花白色，花冠不脱落。荚角细小，每荚有种子 3～4 粒。种子细小，心脏形，黄色或棕黄色，千粒重 0.5～0.6g。

生物学特性： 抗逆性强，越夏率比原品种提高 15％以上，产草量比原品种提高 11％，品质优良，适应范围广。一般产鲜草 60 000～75 000kg/hm²。

基础原种： 由湖北省农业科学院畜牧兽医研究所保存。

适应地区：适于长江中下游及其以北的广大暖温带和北亚热带地区种植，在夏季高温伏旱区其抗旱耐热性优于其它同类品种。

鄂牧 2 号白三叶
Trifolium repens L. 'Emu No. 2'

品种登记号：503

登记日期：2016 年 7 月 21 日

品种类别：育成品种

育种者：湖北省农业科学院畜牧兽医研究所。田宏、张鹤山、刘洋、熊军波、齐晓。

品种来源：以适应我国北亚热带低山丘陵地区种植、高产、耐热为育种目标，选用路易斯安那（Louisiana）白三叶和瑞加（Regal）白三叶为亲本，通过优株系统选择、混合收种育成的新品种。

植物学特征：豆科三叶草属多年生草本。主根短，侧根发达，具根瘤。主茎较短，基部分枝多，茎匍匐生长，茎节着地生根。三出掌状复叶，倒卵形，叶面具"V"形斑纹，平均长 3.7cm，宽 2.8cm，叶柄长 15～30cm。头状花序，直径 2.2cm，含小花 60～90 朵，花冠蝶形，白色，花萼筒状。荚果较小，含种子 2～4 粒。种子细小，近圆形或心形，黄色或棕色，种子长约 0.5mm，千粒重 0.59g。

生物学特性：具有较强的抗寒性和耐热性。一般鲜草产量可达 55 000kg/hm^2，干草产量 8 500kg/hm^2。

基础原种：由湖北省农业科学院畜牧兽医研究所保存。

适宜地区：适于我国长江流域、云贵高原及西南山地、丘陵地区种植。

贵 州 白 三 叶
Trifolium repens L. 'Guizhou'

品种登记号：144

登记日期：1994 年 3 月 26 日

品种类别：野生栽培品种

申报者：贵州省农业厅饲草饲料站。陈绍萍、龙长生、罗次毕、田素珍、张明忠。

品种来源： 采自贵州省毕节地区威宁县、安顺地区平坝县、贵阳地区野生的白三叶栽培驯化而成。

植物学特征： 多年生草本，匍匐生长，匍匐茎发达，草层高 15～20cm，草层密集，盖度大。头形总状花序，约 70 朵小花组成，花冠白色，也有少数呈浅红色。荚果狭小，每荚含种子 3～4 粒，每个花头具种子 100 粒左右。种子呈浅棕黄色，千粒重 0.5～0.7g。

生物学特性： 再生性强，耐寒，青绿期长达 280 天。2 月中旬返青，11月下旬枯萎，产鲜草 30 000～45 000kg/hm²。草质柔嫩，营养价值高，盛花期全株风干物质中粗蛋白质含量达 19.30％。

基础原种： 由贵州省饲草饲料站保存

适应地区： 适于我国南方的高海拔地区、长江中下游的低湿丘陵、平原地区种植。

海 法 白 三 叶

Trifolium repens L. 'Haifa'

品种登记号： 249

登记日期： 2002 年 12 月 11 日

品种类别： 引进品种

申报者： 云南省肉牛和牧草研究中心。奎嘉祥、胡汉傺、薛世明、周自玮、黄梅芬。

品种来源： 1983 年从澳大利亚引进，原品种育种材料来源于以色列东北部海法市附近，澳大利亚 1971 年登记。

植物学特征： 豆科多年生草本植物。主根较短，侧根和不定根发育旺盛。株丛基部分枝多，茎匍匐、多节。属中叶型品种，叶互生，植株大小与大叶型品种无差异，只是形成的草层比大叶型品种低，草层更密集，叶色较其他白三叶品种淡，而"V"形斑特别明显。头形总状花序，花冠蝶形，白色。荚果倒卵状长圆形，含种子 3～4 粒。种子细小，肾形、金黄色，千粒重 0.67g。

生物学特性： 抗旱、耐牧、耐热、耐瘠薄，生态适应范围广，在云南中亚热带、北亚热带、暖温带、中温带均可种植。草质优良，与非洲狗尾草、东非狼尾草混播共生持久。生长年限长，产量稳定。在云南省昆明、丽江等地种植，年均干草产量 2 000～3 000kg/hm²。种子产量 150～300kg/hm²。结实期干物质中含粗蛋白质 24.50％，粗脂肪 2.23％，粗纤维 2 700％，无氮浸出物 36.61％，粗灰分 9.66％，适口性好。在海法白三叶比重较大的草场，放牧家畜要特别注意，避免采食过量引起鼓胀病。

基础原种：由澳大利亚保存。

适应地区：适于云南北亚热带和中亚热带，海拔 1 400～3 000m，≥10℃年积温 1 500～5 500℃，年降水量 650～1 500mm 的广大地区种植。

胡依阿白三叶

Trifolium repens L. 'Huia'

品种登记号：025

登记日期：1988 年 4 月 7 日

品种类别：引进品种

申报者：湖北省农业科学院畜牧兽医研究所。鲍健寅、周奠华、冯蕊华。

品种来源：1980 年由中国农业科学院畜牧研究所从新西兰科工部（DSIR）草地所引入。

植物学特征：属中型白三叶。小叶比拉丁鲁白三叶小。头形总状花序较小，小花多，一般含 20～40 朵，多者可达 150 朵。

生物学特性：抗旱性、耐热性不及拉丁鲁白三叶，在南方低山丘陵种植，夏季有 10％～40％植株枯死。我国南方 800m 以上高山地区，与黑麦草混播，低山丘陵地区与苇状羊茅混播，可建成优良的人工放牧草地。白三叶草地春季适量刈割或轻牧利用，可抑制杂草生长。堤坝、道旁、疏林、果茶园中种植，是优良的水土保持和改土植物。适应性较强、产量高，产鲜草 30 000～52 000kg/hm²，品质好，为我国栽培面积最大的一个白三叶品种。

基础原种：由新西兰科工部草地所保存。

适应地区：适于我国南方的高海拔山地、长江中下游的低湿丘陵、平原地区种植。

沙弗蕾肯尼亚白三叶

Trifolium semipilosum Fres. var. *glabrescens* Gillet 'Safari'

品种登记号： 250

登记日期： 2002 年 12 月 11 日

品种类别： 引进品种

申报者： 云南省肉牛和牧草研究中心。周自玮、黄梅芬、吴维琼、奎嘉祥、匡崇义。

品种来源： 1983 年从澳大利亚引进。

植物学特征： 豆科多年生草本植物。主根发达，粗壮。匍匐茎可斜向上生长，茎节着地生根并长出新枝条，节、叶柄和半数的叶片有毛，1/3 叶片沿中脉有一条纺锤形的白斑将中脉包在中间，明显区别于白三叶小叶上与中脉垂直的"V"形白斑。小叶 3 片，长卵圆形，叶缘、叶脉及中叶一侧、侧叶的背面均有丝状柔毛，长度较茎秆和花梗上的短。花梗较长，花序球形，含小花 10～20 朵，花白色、咖啡色或粉红色，异花授粉，自交结实率低。荚果长约 5mm，宽近 3mm，成熟时褐色，内含种子 2～6 粒。种子呈黄褐、浅橄榄或黑色，千粒重 1～1.2g。

生物学特性： 喜温暖湿润气候，抗旱、耐热、耐盐，但耐寒性和耐水淹能力不如白三叶，霜冻后再生缓慢。在 pH 5～7 的酸性土壤上生长及结瘤情况比白三叶好。在云南昆明等地种植，一次刈割的干草产量为 2 700～3 400kg/hm²，种子产量 190kg/hm²。开花期干物质中含粗蛋白质 17.59%，粗脂肪 3.58%，粗纤维 32.57%，无氮浸出物 35.62%，粗灰分 10.64%，草质优良，适口性好。与东非狼尾草、非洲狗尾草等混播共生持久，在该草所占比重较大的草地上放牧，家畜有发生鼓胀病的危险，但发生几率比白三叶草地小。

基础原种： 由澳大利亚保存。

适应地区： 适于云南省海拔 1 000～2 500m，≥10℃的年积温 1 600～6 000℃，年降水量 650～500mm 的广大地区，南方中亚热带到暖温带地区种植。

野豌豆属
Vicia L.

333/A 狭叶野豌豆

Vicia angustifolia L. var. *japonica* A. Gray '333/A'

品种登记号： 081

登记日期： 1988 年 4 月 7 日

品种类别： 育成品种

育种者： 中国农业科学院兰州畜牧研究所。陈哲忠、续树中、周省善、侯彩云。

品种来源： 1964 年从"西牧 333"箭筈豌豆（原产日本）品种中，筛选出株型、叶形、成熟期、种子形态、色泽与原品种不同的狭叶野豌豆，从 1965 年起，选择优良的窄叶早熟型单株，再经二次混合选择繁育成的新品种。

植物学特征： 一年生草本。茎疏生长柔毛或近无毛。具小叶 4～6 对，长圆状条形或条形，先端截形，两面有毛。花 1～2 朵腋生，红紫色。荚果条形，成熟时黑色。

生物学特性： 生长发育迅速、早熟、抗寒、抗旱、耐瘠，不裂荚。整茬产量低于一般品种，但麦茬复种或套种时，因其早期生长快，产量高于其它品种，一般鲜草产量为 30 000～60 000kg/hm²。种子产量高而稳定，种子低毒，氢氰酸含量只有 0.81～2.7mg/kg，低于国家标准（不超过 5mg/kg），比西牧 333 低 98.1%～93.8%，人、畜食用安全。

基础原种： 由中国农业科学院兰州畜牧与兽药研究所保存。

适应地区： 适于甘肃省河西和河东各地区，在甘肃的南部可与燕麦混种生产优质饲草。

乌拉特肋脉野豌豆

Vicia costata Ledeb. 'Wulate'

品种登记号： 142

登记日期： 1994 年 3 月 26 日

品种类别： 野生栽培品种

申报者： 内蒙古畜牧科学院草原研究所。温都苏、阿拉塔。

品种来源： 从内蒙古自治区巴彦淖尔盟乌拉特中旗巴音哈太地区采集野生种，经栽培驯化而成。

植物学特征： 多年生草本。根系发达，根深达 100～150cm。株高 40～100cm，茎攀缘或近直立，多分枝，具棱。双数羽状复叶，具小叶 10～16 对，披针形，灰绿色。花淡黄色或白色，荚果扁平，稍膨胀。种子近球形，黑色，千粒重 32.4g。

生物学特性： 枝叶茂盛。返青早、枯黄迟，耐干旱、耐瘠薄。干草产量 4 500～6 000kg/hm²。

基础原种： 由内蒙古畜牧科学院巴音哈太荒漠草原试验站保存。

适应地区： 内蒙古自治区境内的荒漠草原及草原化荒漠和宁夏、甘肃、新疆等地区的草原化荒漠可以种植推广。

公农广布野豌豆

Vicia cracca L. 'Gongnong'

品种登记号： 481

登记日期： 2015 年 8 月 19 日

品种类别： 野生栽培品种

申报者： 吉林省农业科学院。周艳春、徐安凯、王志峰、于洪柱、任伟。

品种来源： 1999 年在吉林省延边地区采集，后经多年栽培驯化、多代单株混合选择而成的野生栽培品种。

植物学特征： 豆科多年生攀缘性草本，枝条长度 100～150cm，盛花期可达 200cm 左右。茎细，具四棱，稍有毛或无毛。偶数羽状复叶，叶轴末端具分枝的卷须，小叶椭圆形或卵形，全缘。总状花序腋生，具花 7～12 朵，蝶形花冠，紫色。荚果近矩圆形，内有种子 1～4 粒，百粒重 2.34g。

生物学特性： 抗寒性较强，耐轻度盐碱。生育天数 136 天左右。盛花期粗蛋白含量 19.81％，叶量丰富，草质优良，适口性好。干草产量 1 100～1 200kg/hm²，种子产量 380kg/hm²。

基础原种： 由吉林省农业科学院保存。

适应地区： 适于吉林省东部山区、中部平原地区，或同等条件北方湿润地区种植。

延边东方野豌豆
Vicia japonica A. Gray 'Yanbian'

品种登记号： 427

登记日期： 2010 年 4 月 14 日

品种类别： 野生栽培品种

申报者： 东北师范大学、延边草原开发公司。穆春生、黄逢万、张京龙、李志坚、孟庆荔。

品种来源： 从吉林省延边朝鲜族自治州龙井市草坡地带采集的东方野豌豆野生种，经多年栽培驯化而成。

植物学特征： 豆科野豌豆属多年生草本。主根明显。茎攀援，自然高度 90cm 左右。偶数羽状复叶，具小叶 4～7 对，小叶长卵形。总状花序腋生，具花 7～12 朵，蝶形花冠，紫红色。荚果近矩圆形，内有种子 1～4 粒，荚果成熟后易裂荚。种子为黑色或黑褐色，千粒重 22.8g。

生物学特性： 抗寒、耐旱、耐轻度盐碱，喜湿润气候条件，但不耐水淹。春季返青较早，营养生长和生殖生长同时进行，具有茎蔓边伸长、边现蕾、边开花、边结荚、边成熟的特点。盛花期风干样品含干物质 93.63%，粗蛋白质 18.37%，粗脂肪 3.22%，中性洗涤纤维 44.34%，酸性洗涤纤维 34.42%，粗灰分 7.44%。干草产量可达 5 301～6 582kg/hm² 。适于调制干草、青饲和放牧。

基础原种： 由延边草原开发公司保存。

适应地区： 适于吉林省东南部山区、半山区，吉林省西部轻度盐碱化地区或东北同等条件地区种植。

宁引 2 号大荚箭筈豌豆
Vicia macrocarpa Bertol. 'Ningyin No. 2'

品种登记号： 076

登记日期： 1990 年 5 月 25 日

品种类别： 引进品种

申报者： 南京中山植物园、江苏省农业科学院。朱光琪、陈贤桢、陆翠华、顾荣申。

品种来源： 1974 年从法国引入。

植物学特征： 一年生或越年生草本。茎半直立，叶具小叶 8～9 对，椭圆形，先端截形，微凹，基部楔形。花 1～2 朵，腋生，紫色。荚果大，通常含种子 6～8 粒。种子扁圆形、有花纹，千粒重 66～71g。

生物学特性： 固氮力强、耐寒、耐瘠，亦较耐旱，但耐热性稍差。对土壤要求不严，沙土、壤土、黏土均可良好生长，适宜在幼林、果、茶、桑园、麦田和禾本科牧草地中间套种，亦可和金花菜、紫云英混种。在南京 5 月底至 6 月初种子成熟。鲜草产量高而稳定，鲜草产量 45 000～60 000kg/hm^2，籽实产量 2 250～3 000kg/hm^2。饲草品质好，种子毒性低，是优良的绿肥、牧草兼用品种。

基础原种： 由法国保存。

适应地区： 适于华东各省及河南、陕西、辽宁、甘肃等省种植。

6625 箭筈豌豆

Vicia sativa L. '6625'

品种登记号： 175

登记日期： 1996 年 4 月 10 日

品种类别： 育成品种

育种者： 江苏省农业科学院土壤肥料研究所。洪汝兴。

品种来源： 1966 年通过中山植物园从澳大利亚引进。设品种圃观察、筛选，在早熟材料中采用单株混合选择方法育成的高产耐寒品种，经在江苏省 7 个地区区试后，于 1972 年开始向省内外推广应用。

植物学特征： 一般株高 120～130cm，分枝 6～12 个，茎叶柔嫩蔓生，花紫红色，荚果长约 5.0cm，有籽 4～5 粒，千粒重 60～75g，种皮青底有粗的黑褐色斑。

生物学特性： 种子发芽适温为 20～25℃（在江苏宜在 10 月前后播种），

出苗后 5～7 天发生分枝，主茎不发育，分枝在秋季气温降至 4℃ 前仍能缓慢生长，故在南方越冬期不明显，2～5℃ 可通过春化阶段，在江淮能耐短暂的 −11℃ 的低温，但有冻害。在南京全生育期 228 天左右，于 5 月底或 6 月初成熟。平均鲜草产量 25 500kg/hm²，种子产量 1 890kg/hm²，草质柔嫩，可作牲畜、禽、鱼饲草，或作绿肥，根茬肥田，种子经浸泡或加热处理后可作精饲料或加工成淀粉食用。栽培容易，留种地应注意防治蚜虫，在南方，要开沟排水防渍，设立支架有利种子高产。

基础原种： 由中国农业科学院国家品种资源库及江苏省农业科学院土壤肥料研究所保存。

适应地区： 对气候和土壤有较广泛的适应性，在云、贵、川，江淮以南至闽北山区，湘、赣的双季稻的旱地、稻田、丘陵茶果园均适宜种植。

川 北 箭 筈 豌 豆

Vicia sativa L. 'Chuanbei'

品种登记号： 483

登记日期： 2015 年 8 月 19 日

品种类别： 地方品种

申报者： 四川省农业科学院土壤肥料研究所，四川农业大学，四川省金种燎原种业科技有限责任公司。林超文、朱永群、彭建华、罗付香、黄林凯。

品种来源： 1998 年从四川省平武县采集当地用于饲草生产的箭筈豌豆种子，经多年选择整理而成的地方品种。

植物学特征： 豆科一年生草本，直根系，侧根发达。多分枝，茎斜生或攀缘，茎叶深绿色，偶数羽状复叶。无限花序，紫色或红色，荚果条形稍扁，每荚 7～12 粒种子，千粒重 59～70g。

生物学特性： 喜温凉湿润气候，干草产量 8 000～12 000kg/hm²，种子产量 400～700kg/hm²，秋播生育期为 235～252 天。

基础原种： 由四川省农业科学院土壤肥料研究所保存。

适应地区： 适于年降水量 600mm 以上，海拔 500～3 000m 的亚热带地区作为饲草种植。

兰箭 2 号箭筈豌豆

Vicia sativa L. 'Lanjian No. 2'

品种登记号： 482

登记日期： 2015 年 8 月 19 日

品种类别： 育成品种

育种者： 兰州大学。南志标、王彦荣、聂斌、张卫国、李春杰。

品种来源： 原始材料来源于叙利亚国际干旱农业研究中心（ICARDA），1997 年由兰州大学引入，以牧草产量和较早熟为育种目标，经过多年单株选育而成。

植物学特征： 一年生草本，株高 80～120cm。主根发达，入土 40～60cm，苗期侧根 20～30 条，根灰白色，有根瘤着生。茎圆柱形、中空，茎基紫色。羽状复叶对生，小叶 4～5 对，条形、先端截形，苗期叶长、宽比约 8.0，叶轴顶部具分枝的卷须。蝶形花，紫红色。荚果条形，含种子 3～5粒。种子近扁圆形，群体杂色，为灰绿色无斑纹、灰褐色带黑色斑纹和黑色无斑纹之混合，千粒重 78.2g。

生物学特性： 牧草产量约 11 300kg/hm^2，种子产量 4 300kg/hm^2。

基础原种： 由兰州大学保存。

适应地区： 适于黄土高原和青藏高原海拔 3 000m 左右的地区种植。

兰箭 3 号箭筈豌豆

Vicia sativa L. 'Lanjian No. 3'

品种登记号： 441

登记日期： 2011 年 5 月 16 日

品种类别： 育成品种

育种者： 兰州大学。南志标、王彦荣、聂斌、李春杰、张卫国。

品种来源： 1994 年，叙利亚国际干旱农业研究中心（ICARDA）从阿尔及利亚引进原始材料进行初步选育，命名为品系 2505。1997 年，兰州大学从国际干旱农业研究中心（ICARDA）引进，作为亲本材料。选择早熟、结荚数多、种荚饱满、每荚粒数多的植株，单独脱粒，分株等量种子混合，先进行单株选择，再经混合选择育成的新品种。

植物学特征：一年生草本，株型直立，株高 60～100cm，因气候而异。主根发达，入土深 40～60cm，苗期侧根 20～35 条，根灰白色，有根瘤着生。茎圆柱形、中空，基部紫色。羽状对生复叶，小叶 5～6 对，条形、先端截形，叶轴顶部具分枝的卷须。蝶形花，紫红色。荚果条形，内含种子 3～5 粒。种子近扁圆形，灰褐色带黑色斑，千粒重 76g。

生物学特性：生育期短，早熟、抗寒、耐瘠薄、抗旱。在海拔 3 100m 的高山草原能正常生长，生育期约为 100 天，在甘肃庆阳黄土高原雨养农耕区生育期平均为 70 天。一般中等肥力的土壤条件下不需施肥，年降水量 350mm 及以上地区不需灌溉。种子产量稳定，多点大田生产试验平均种子产量 1 500kg/hm²，干草产量约为 3 050kg/hm²。营养丰富，盛花期干物质中含水分 7.93%，粗蛋白 21.47%，粗脂肪 0.94%，粗纤维 18.7%，无氮浸出物 48.43%，粗灰分 10.47%，钙 2.50%，磷 0.28%。在高山草原，单播或混播建立栽培草地，适于调制干草或青饲；在黄土高原雨养农耕区，作为小麦等秋播作物收后的复种作物，改土肥田，收获牧草。

基础原种：由兰州大学草地农业科技学院保存。

适应地区：适于青藏高原东北边缘地区和黄土高原地区种植。

苏箭 3 号箭筈豌豆

Vicia sativa L. 'Sujian No. 3'

品种登记号：174

登记日期：1996 年 4 月 10 日

品种类别：育成品种

育种者：江苏省农业科学院土壤肥料研究所。洪汝兴。

品种来源：1980 年从澳大利亚引进的 Languedoc 品种中选育而成的早熟且产量高的品种。

植物学特征：一般株高 110～170cm，分枝 10 个以上，茎叶柔嫩、蔓生。花紫红色，双荚率较高，有籽 5～8 粒，千粒重 61～65g，种皮为黑褐色花斑。

生物学特性：早熟、高产，可作为 6625 箭筈豌豆的接班品种。在南方种植，大都能自留种子，在全国 5 省区试，平均鲜草产量 34 080kg/hm²，种子产量 1 845kg/hm²，在各地种植结果，鲜草产量均较高，克服了早熟品种鲜草量不高的缺陷，利用途径与栽培要点与 6625 箭筈豌豆相同。在南京 6 月初成熟，秋播全生育期 231 天左右。

基础原种：由中国农业科学院国家品种资源库及江苏省农业科学院土壤肥料研究所保存。

适应地区：适于江苏、云南、贵州、江西、安徽、四川、湖北、湖南、福建等地种植。

凉山光叶紫花苕

Vicia villosa Roth var. *glabrescens* Koch. 'Liangshan'

品种登记号：160

登记日期：1995 年 4 月 27 日

品种类别：地方品种

申报者：四川省凉山州草原工作站。王洪炯、敖学成、马家林、刘凌、何萍。

品种来源：由凉山州 30 多年前从云南引进的光叶紫花苕长期种植选育出的地方品种。

植物学特征：一年生或越年生草本。根系发达，主根入土深 100～200cm。茎蔓生柔软。羽状复叶，尖端有卷须 3～4 枝，小叶椭圆形 6～11 对，托叶戟形，茎叶上茸毛稀少，深绿色。总状花序腋生，着生 23～28 朵小花，排在一侧，花呈紫蓝色。荚果矩圆形，种子球形，黑褐色有绒光，千粒重 24.5g。

生物学特性：适应性很强，能耐－11℃低温，在海拔 2 500m 地区可正常生长发育，能在海拔 3 200m 的地区种植。对土壤选择不严，以排水良好的土壤为佳，鲜草产量 45 000kg/hm² 以上，种子产量 450～750kg/hm²，各种畜禽均喜食。

基础原种：由四川省凉山州草原工作站保存。

适应地区：适于我国西南、西北、华南山区推广种植。

江淮光叶紫花苕

Vicia villosa Roth var. *glabrescens* Koch. 'Jianghuai'

品种登记号： 423

登记日期： 2010 年 4 月 14 日

品种类别： 育成品种

育种者： 安徽省农业科学院畜牧兽医研究所。徐智明、钱坤、朱德建、李争艳、李杨。

品种来源： 采集于江淮地区的田埂、地头、坡地、山冈的当地光叶紫花苕，经多年选育而成。

植物学特征： 豆科野豌豆属越年生草本植物，是江淮地区古老的栽培绿肥牧草。主根健壮，入土不深，侧根发达，根系有根瘤，能固定空气中游离氮素。茎方形，中空，匍匐向上，长 80～150cm。偶数羽状复叶，顶端具卷须。总状花序，着生于叶腋间，花紫红色，每个花梗着生小花 22～30 朵，生于花序的一侧。果实为荚果，细长菱形扁平，褐色，长为 2.5～3.5cm，内含种子 3～8 粒。种子呈球形，黑褐色，千粒重 23～28g。

生物学特性： 属春性和冬性的中间类型，偏向冬性。喜温暖湿润气候，较耐寒，能抵抗－10℃的低温，－2℃时停止生长，不耐高温，30℃以上生长受到抑制，15～25℃是最佳生长温度。对土壤要求不严，江淮地区均能正常生长，不耐水淹。耐旱性较强。鲜草产量可达 22 500～35 500kg/hm²，种子产量 450～900kg/hm²。饲草适口性好，茎秆柔嫩，孕蕾期干物质中含粗蛋白质 25.76%，粗脂肪 6.24%，粗纤维 29.56%，无氮浸出物 28.42%，粗灰分 10.02%，钙 2.01%，磷 0.93%，中性洗涤纤维 34.95%，酸性洗涤纤维 30.32%，营养价值丰富，适于青饲、青贮或晒制青干草，各种畜禽均喜食。

基础原种： 由安徽省农业科学院畜牧兽医研究所保存。

适应地区： 在年降水量 450mm 以上，最低温度高于－10℃的区域均可种植。

豇 豆 属

Vigna Savi

闽南饲用（印度）豇豆

Vigna unguiculata（L.）Walp. 'Minnan'

品种登记号： 453

登记日期： 2012 年 6 月 29 日

品种类别： 地方品种

申报者： 福建省农业科学院农业生态研究所。李春燕、罗旭辉、应朝阳、林永辉、陈志彤。

品种来源： 20 世纪 50 年代福建省从国外引进印度豇豆等绿肥品种用于旱地土壤改良，60—70 年代，印度豇豆在福建各地都有种植。90 年代末，治理福建红壤山地水土流失，印度豇豆已成为适应当地红壤丘陵山地的优良牧草品种。1990 年，从福建省闽侯县白沙林场收集散生印度豇豆，经筛选整理出适宜福建红壤丘陵山地的地方品种。

植物学特征： 一年生豆科草本植物。株型为半匍匐型，草层高 30～60cm，主根系主要分布在 0～40cm 土层中。茎蔓生，三棱形，绿色，长 150～280cm，分枝 5～6 个。叶为三出复叶，菱卵形，无毛，顶叶略大于边叶，叶片光滑油亮，长 3～18cm，托叶长椭圆状披针形。花淡紫色或白色，花序腋生，每花梗 2～6 朵花，花萼钟状，雄蕊二倍体，每花结荚 1 个。果荚下垂，圆筒形，长 15～20cm，每荚 8～12 粒种子。种子短矩形，淡黄褐色，千粒重 100～120g。

生物学特性： 生长期为 3 月上旬至 12 月中旬，生育期 160～200 天。喜温暖湿润气候，在 8.5℃开始萌动生长，最适生长温度 15～26℃，不耐霜冻和水淹。鲜草产量 50 700～51 200kg/hm²，干草产量 12 810～16 110kg/hm²，种子产量 11 900kg/hm²。生长速度快、产草量高、营养价值高。

基础原种： 由福建省农业科学院农业生态研究所保存。

适应地区： 适于我国热带、南亚热带地区种植。

三、苋 科

AMARANTHACEAE

苋 属

Amaranthus L.

苋属植物原产于中美洲和东南亚热带与亚热带地区，我国是原产地之一。本属植物约 50 余种，分布于世界各地。我国有 20 种，南北各地均有栽培。

一年生草本，茎直立或伏卧，光滑或具密软毛。叶互生，有长柄，卵状披针形或长椭圆形，先端微尖。花小，簇生，或直接生于叶腋，或聚为直立或下垂之，圆锥花序或穗状花序。花序及叶色有红、绿、淡绿、黄等。雄蕊5 个，子房卵形，柱头 2～4 个，胚珠 1 个。果实球形或卵形，扁平。种子球形或扁圆形，平滑，种皮脆硬，有光泽，呈黑、白、黄色，千粒重0.5～1g。

喜温暖湿润气候，耐寒力较弱，不耐干旱，对氮肥敏感，喜排水良好、肥沃的沙壤土。播种期长，3—8 月随时都可播种，苗高 50cm 即可采摘利用，茎叶柔嫩，营养价值高，是优良的青绿饲料。

按栽培目的又分粒用苋、饲用苋、菜用苋、药用苋和观赏苋等。粒用苋粒实产量高，可用作食品或精饲料；饲用苋株高叶茂，分枝多，鲜草产量高；菜用苋株矮叶大，幼苗叶片作蔬菜。无论是粒用苋、饲用苋和菜用苋其幼嫩茎叶均可作为蔬菜之用，而鲜草可用于青饲、青贮，较老的茎叶可风干后打成草粉。

红苋 D88－1

Amaranthus cruentus L. 'D88－1'

品种登记号：184

登记日期：1997 年 12 月 11 日

品种类别：引进品种

申报者：中国农业科学院作物育种栽培研究所。孙鸿良、岳绍先、李云升、梁敦富、熊应华。

品种来源：美国菇代尔有机农业研究中心。1988 年引回时为种间两次杂交的第 6 代。母本为尾穗苋 116（原产秘鲁），第一次父本为千穗谷 1004（原产尼日利亚），第二次父本为红苋 1027（原产墨西哥），引回后经 9 年株选培育使性状稳定而高产。

植物学特征：苋科苋属，一年生草本植物。株高 140～160cm，比其它品种明显低矮。叶片大而肥厚，节间短，叶片多。小穗紧密，种子白色，微黄，有光泽呈扁圆形，千粒重 0.64～0.74g。

生物学特性：生育期 90～95 天，属中早熟。一般种子产量 2 250～3 000kg/hm^2；鲜草产量 60 000～120 000kg/hm^2，折干草 8 600～17 100kg/hm^2。如作青饲料用，抽穗期的营养价值最高，叶片粗蛋白质含量为 23.48%，茎粗蛋白含量为 17.51%；粗纤维含量叶、茎分别为 9.76% 和 18.9%。赖氨酸含量，叶、茎分别为 0.99% 和 0.27%，叶片维生素 C 为 36mg/100g。为猪、鸡、鸭、兔所喜食，收籽后的茎秆牛、羊亦喜食，最好的利用方式是青饲或制成叶粉饲料。

基础原种：由美国菇代尔有机农业研究中心保存。

适应地区：适于四川盆地、云贵高原、江西、东北平原及内蒙古东部等地区种植。

红　苋　K112
Amaranthus cruentus L. 'K112'

品种登记号：137

登记日期：1993 年 6 月 3 日

品种类别：引进品种

申报者：中国农业科学院作物育种栽培研究所。岳绍先、孙鸿良、王泽远、和继祖、李连城。

品种来源：原产于墨西哥，1984 年中国农业科学院作物育种栽培研究所自美国菇代尔有机农业研究中心引入。

植物学特征：苋科苋属，一年生草本植物。高 200～280cm，全株紫红色，幼苗期全红色。随着生长，叶面绿色叶背仍为红色。茎粗 2.5cm，茎上有明显沟棱，分枝 25～40 个。叶片大而厚，单株大小叶片达 400 个。圆锥花序着生于主茎和分枝顶端，主穗由多个小穗枝组成，紧凑直立，紫红色。种子粉白粒，扁圆形，双面沿边有环形脐边突出，种皮光滑无毛，种子小，千粒重仅 0.5g。

生物学特性：生育期 105 天，高产、优质、抗逆性强是其三大特点。种子含赖氨酸 0.92％，粗蛋白质 14.87％，粗脂肪 6.29％。叶片营养价值较高，孕蕾期的叶片粗蛋白质含量达 28.31％，茎为 15.57％。开花期单株重达 2.5～3.5kg，一年可割 2～3 次，鲜草产量 75 000～450 000kg/hm²，干草产量 10 700～21 400kg/hm²。是优质青饲料，可直接喂饲，亦可做成叶粉蛋白饲料。

基础原种：由美国菇代尔有机农业研究中心保存。

适应地区：在旱作条件下适于在年降水量 450～700mm 的北方地区种植；在多雨的南方地区只要排水条件良好也能生长良好。

红　苋　K472

Amaranthus cruentus L. 'K472'

品种登记号：185

登记日期：1997 年 12 月 11 日

品种类别：引进品种

申报者：中国农业科学院作物育种栽培研究所。岳绍先、孙鸿良、李云升、傅骏华、郭晓敏。

品种来源：1988 年引自美国菇代尔有机农业研究中心，由母本红苋1011（原产墨西哥）与父本尾穗苋 925（原产秘鲁）杂交而来。引回时为种间杂交第 6 代，经过 9 年株选培育而成。

植物学特征：苋科苋属，一年生草本植物。株高 260～310cm。窄型圆锥花序，花黄绿色。穗型细长，穗长 100cm 多。种子白色略呈土黄色，种子扁平，千粒重 0.71～0.83g。

生物学特性：一是高大、挺直、秆硬。二是抗病，很难见到有病株，即使个别发现病叶也难以蔓延。三是高产优质，种子产量 2 550 ～ 3 750kg/hm²，鲜草产量 75 000 ～ 150 000kg/hm²，干草产量 10 700 ～ 21 400kg/hm²。四是贪青晚熟，生育期 120 ～ 130 天，叶片含粗蛋白 26.6%，赖氨酸 1.01%。五是再生能力强，可多次刈割利用。

基础原种：由美国菇代尔有机农业研究中心保存。

适应地区：在我国南北皆可种植，内蒙古赤峰、华北、华中、西南等地区尤为适宜。

红　苋　M7

Amaranthus cruentus L. 'M7'

品种登记号：186

登记日期：1997 年 12 月 11 日

品种类别：引进品种

申报者：中国农业科学院作物育种栽培研究所。孙鸿良、岳绍先、李云升、刘爱华、赵俊英。

品种来源：1991 年孙鸿良在墨西哥出席第一届籽粒苋国际学术研讨会期间在田间参观时收集。

植物学特征：株高 230～260cm，茎粗 2.5～2.9cm。花色极美，为淡橘黄色，似橘橙。种子白色微黄，较圆，千粒重 0.76g。

生物学特性：抗病性突出，在病害区许多苋品种染病，仅红苋 M7 与 K472 两品种无症状。生育期 120～135 天，属中晚熟品种。高产而稳定，种子产量 2 250～3 000kg/hm²，青茎叶产量 60 000～75 000kg/hm²，折合干草 8 600～10 700kg/hm²。种子含粗蛋白质 18.06%，粗脂肪 7.86%，粗纤维 7.81%，赖氨酸 0.84%。叶片含粗蛋白质 25.08%，粗脂肪 2.44%，粗纤维 11.6%，维生素 C 44mg/100g。种子可做营养食品，茎叶做饲料，花做色素源；幼苗时可菜用，开花后还可做庭院观赏植物。因此，其为粮、饲兼用及菜、观赏等多用途的作物，同时其种子较大而白，更符合做营养食品的要求。

基础原种：由墨西哥大学保存。

适应地区：全国南北皆适应，尤其适于云贵高原与华北、东北地区种植。

红 苋 R104

Amaranthus cruentus L. 'R104'

品种登记号： 103

登记日期： 1991 年 5 月 20 日

品种类别： 引进品种

申报者： 中国农业科学院作物育种栽培研究所。岳绍先、孙鸿良、苏庚、赵同寅、李连城。

品种来源： 原产于墨西哥，1984 年中国农业科学院作物育种栽培研究所自美国菇代尔有机农业研究中心引入。

植物学特征： 苋科苋属，一年生草本植物。植株直立，高 180～250cm。茎绿色，粗 2.5cm，茎上有明显沟棱，分枝 20～50 个。叶绿色、大而宽、叶厚。圆锥花序着生于主茎和分枝的顶端，穗形紧凑直立，黄色。种子白粒、鼓圆形、略扁、双面沿边处有环形突出，种皮光滑无毛，种子小，千粒重 0.7～0.8g。

生物学特性： 生育期 95 天。高产、优质、适应性广，有较强的抗旱、耐盐性。但不宜在地下水位过高或涝洼地种植。种子含赖氨酸 0.84%～1.01%，粗蛋白质 17.00%～18.06%，粗脂肪 7.50～7.86%，初花期的叶含赖氨酸 0.65%，粗蛋白质 25.4%；茎含赖氨酸 0.23%，粗蛋白质 11.4%。种子适于做营养食品或配合饲料、鲜体适于做蛋白质叶粉饲料或直接青喂。一年可割 2～3 次，产鲜草 102 000kg/hm²，折合干草 15 700kg/hm² 左右。

基础原种： 由美国菇代尔有机农业研究中心保存。

适应地区： 在一般旱作条件下，年降水量 400～700mm 的东北松嫩平原、冀北山地、黄土高原、黄淮海平原、内蒙古高原东部、沿海滩涂、云贵高原以及武陵山区旱坡地上均宜种植。在多雨的南方平原地区如四川盆地、华东、华南、海南地区等，只要排水良好也适于种植。

绿 穗 苋 3 号

Amaranthus hybridus L. 'No. 3'

品种登记号： 138

登记日期： 1993 年 6 月 3 日

品种类别： 引进品种

申报者： 中国农业科学院作物育种栽培研究所。岳绍先、孙鸿良、李云升、韩水、黄邦升。

品种来源： 原产于巴基斯坦，1982 年中国农业科学院作物育种栽培研究所自美国菇代尔有机农业研究中心引入。

植物学特征： 苋科苋属，一年生草本植物。植株直立，高 150～200cm。幼苗时全身紫红，后茎绿色、叶片绿色泛红。茎粗 2.0cm，分枝平均 43 个，叶片 311 个。花序着生于主茎和分枝的顶端，穗形紧凑直立，紫红色。种子紫黑色，圆形，种皮光滑无毛，千粒重 0.7g。

生物学特性： 生育期 100 天，属中熟品种。有较强抗旱性，略倒伏。种子含粗蛋白质 15.91％，赖氨酸 0.97％，粗脂肪 6.21％；叶片和茎粗蛋白质含量分别是 23.26％和 14.72％。鲜茎叶产量 37 500～45 000kg/hm^2，折干草 5 700～6 900kg/hm^2。种子还是良好的天然色素源。

基础原种： 由美国菇代尔有机农业研究中心保存。

适应地区： 适于东北平原、内蒙古高原东部、冀北山地、太行山区、黄淮海平原等地区种植。

千 穗 谷 2 号

Amaranthus hypochondriacus L. 'No. 2'

品种登记号： 136

登记日期： 1993 年 6 月 3 日

品种类别： 引进品种

申报者： 中国农业科学院作物育种栽培研究所。岳绍先、孙鸿良、龚永文、廉鸿志、彭立强。

品种来源： 原产于墨西哥，1982 年中国农业科学院作物育种栽培研究所自美国菇代尔有机农业研究中心引入。

植物学特征： 苋科苋属，一年生草本植物，植株直立，高 200～250cm。枝叶繁茂，单株分枝 63 个，大小叶片 1 353 个。茎叶绿色，花穗淡黄色。种子淡黄色，圆粒，千粒重 0.9g。

生物学特性：适于凉爽的高原气候，较晚熟，生育期120天。种子、叶片和茎粗蛋白质含量分别为17.74%、22.72%和8.62%。高产、优质、抗旱，且病害少，仅在南方多雨地区略有病害或倒伏。叶片多、幼嫩，鲜茎叶产量60 000～100 000kg/hm²，折干草8 600～14 200kg/hm²。是理想的高产、优质青饲料，为各种畜禽所喜食，也是很好的叶粉蛋白饲料源。

基础原种：由美国菇代尔有机农业研究中心保存。

适应地区：适于北方山区、内蒙古高原东部、四川凉山地区、云贵高原、黄土高原、武陵山区等种植。

万 安 繁 穗 苋

Amaranthus paniculatus L. 'Wanan'

品种登记号：146

登记日期：1994年3月26

品种类别：地方品种

申报者：江西省万安县畜牧兽医站。胡模教、欧阳延生、谢朝桂、尹郁莎。

品种来源：系地方品种，原产区主要分布在万安县一些交通不便的山区。

植物学特征：苋科苋属，一年生草本植物。植株高大直立，株高150～250cm，茎粗2～3.5m，茎叶均为淡绿色，分枝达30～60个。主茎和分枝都有顶生圆锥花序，长60～100cm。种子细小，繁殖系数高，千粒重0.4g，种子乌黑发亮。

生物学特性：产量高，适应性强，适口性好。鲜草产量75 000～127 500kg/hm²，籽实产量750kg/hm²。

基础原种：由江西省万安县畜牧兽医站保存。

适应地区：适于东北、华北、西北、华东、华中等大部分地区种植。

四、菊 科
COMPOSITAE

蒿 属
Artemisia L.

新 疆 伊 犁 蒿
Artemisia transiliensis Poljak. 'Xinjiang'

品种登记号: 097

登记日期: 1991 年 5 月 20 日

品种类别: 野生栽培品种

申报者: 新疆八一农学院、新疆维吾尔自治区畜牧厅草原处、草原总站、新疆生产建设兵团农业局。石定燧、成彩辉、吕忠义、王晓严、王俊玲。

品种来源: 从新疆天山蒿类野生群体中,根据株型、株高等外部形态特征,经两次混合选择,选出戈壁型伊犁蒿品种。

植物学特征: 半灌木,高 40~100cm,全株被蛛丝状毛。茎丛生。茎下部叶一至二回羽状全裂,最终裂片条状披针形;中部叶羽状全裂,裂片条状披针形,上部叶条状披针形或三全裂。头状花序,圆锥状,总苞卵圆形,长约 3mm,具短梗或无,总苞片 3 层,被蛛丝状毛,小花同型,3~5 朵。瘦果卵圆形。

生物学特性: 抗逆性强,比木地肤更抗旱,在年降水量 180~250mm 地区无灌溉条件下,生产试验中干草产量 1 400~2 580kg/hm²,种子产量 200~255kg/hm²。在新疆乌鲁木齐市-41.5℃下能安全越冬,且耐盐碱性强,耐牧,病虫害少,是干旱草地补播和弃耕旱地种植的良好材料。

基础原种: 由新疆八一农学院草原系保存。

适应地区: 在新疆北部年降水量 180~250mm、冬季有积雪的干旱、半干旱退化草场、弃耕地、无灌溉地区均可种植。

菊 苣 属
Cichorium L.

将 军 菊 苣
Cichorium intybus L. 'Commander'

品种登记号：351

登记日期：2007 年 11 月 29 日

品种类别：引进品种

申报者：四川省畜牧科学研究院、百绿国际草业（北京）有限公司。梁小玉、夏先玖、陈谷、杨江山、陈天宝。

品种来源：2003 年百绿国际草业（北京）有限公司从澳大利亚引进。

植物学特征：多年生菊科草本植物。主根深而粗壮，营养生长期为莲座叶丛型，株高 80cm 左右；抽薹开花期主茎直立，株高 180～250cm，基生叶片长 45cm 左右，宽 11cm 左右，叶全缘，基本不分裂，茎生叶较小。播后第二年表现出较好的再生性和分枝性，叶片数量可达 90～130 个。头状花序单生于枝端或 2～3 个簇生于叶腋，花舌状，蓝色。种子楔形，黑褐色。

生物学特性：草质柔嫩，蛋白质含量高，茎叶干物质中含粗蛋白 18.18%～22.87%，适口性好。再生力强，年可刈割多次（北方 3～4 次，南方 5～8 次），干草产量可高达 11 100～14 500kg/hm^2。

基础原种：由澳大利亚保存。

适应地区：适于我国长江中下游和水热条件较好的北方部分地区种植。

欧 歌 菊 苣
Cichorium intybus L. 'OG0015'

品种登记号：411

登记日期：2010 年 4 月 14 日

品种类别：引进品种

申报者： 四川省金种燎原种业科技有限责任公司、四川省川草生态草业科技开发有限责任公司、重庆格莱特牧业发展有限公司。李传富、卞志高、姚明久、刘霞、李鸿祥。

品种来源： 2002 年由丹麦丹农种子股份公司引入。原品种是 20 世纪 80 年代丹农种子股份公司在意大利的育种中心育成。

植物学特征： 菊科菊苣属多年生草本。主根肉质粗壮，侧根发达。莲座叶丛期株高 80cm 左右，抽薹开花期可达 170cm 或更高。茎具条棱，分枝偏斜。基生叶长条形全缘，直立或近直立向上生长，叶片长 30～46cm。头状花序单生于茎和枝端，花冠全部舌状，蓝色。瘦果黑褐色，千粒重 1.2g。

生物学特性： 生育期 160～177 天（四川秋播）。喜温暖湿润气候，较耐盐碱，耐寒，抗病能力强，再生快，但不耐涝，不耐荫。对土壤要求不严，在 pH 4～8 的土壤中生长最佳。北方地区每年可刈割 3～5 次，南方 7～9 次。西南地区干草产量 22 000～24 000kg/hm²。莲座叶丛期干物质中含粗蛋白质 21.0％，粗纤维 13.0％，粗灰分 16.3％，钙 1.5％，磷 0.42％。

基础原种： 由丹麦丹农种子股份公司保存。

适应地区： 除极端寒冷、干旱或炎热地区外，我国南北方都可种植，最适于年降水 500～1 500mm、年平均气温 10～25℃的温暖湿润地区生长。

普　那　菊　苣

Cichorium intybus L. 'Puna'

品种登记号： 182

登记日期： 1997 年 12 月 11 日

品种类别： 引进品种

申报者： 山西省农业科学院畜牧兽医研究所。高洪文、马明荣、杨清娥、阎柳松、刘建宁。

品种来源： 新西兰科工部草地研究所选育，1988 年从新西兰引进。

植物学特征： 菊科菊苣属多年生草本植物。莲座叶丛型。主根粗壮，肉质，主茎直立，分枝偏斜，茎具条棱，中空，疏被绢毛，平均株高 170cm。基生叶倒向，羽状分裂至不裂，叶长 10～40cm，宽 4～8cm，茎生叶渐小，叶背疏被绢毛。头状花序单生于茎和枝端，或 2～3 个簇生于叶腋，花舌状、蓝色，花期 2～3 个月，瘦果楔形。

生物学特性：抗旱、耐寒性较强，耐盐碱。返青早，再生速度快，产草量高，鲜草产量 90 000～150 000kg/hm²。适口性好，营养价值高。

基础原种：由新西兰科工部草地研究所保存。

适应地区：华北、西北及长江中下游地区均可栽培，华北地区种子产量较高，长江中下游地区生物产量较高。

苦荬菜属
Ixeris Cass.

川选 1 号苦荬菜
Ixeris polycephala Cass. 'Chuanxuan No. 1'

品种登记号：557

登记日期：2018 年 8 月 15 日

品种类别：育成品种

育种者：四川农业大学、四川省畜牧科学研究院、贵州省草业研究所。张新全、班骞、梁小玉、聂刚、张高。

品种来源：以高产优质、生长利用期长、叶片长而宽大、植株高大作为主要育种目标，利用多次混合选择方法育成。

植物学特征：菊科苦荬菜属一年生草本。主根粗大明显，株高 150～250cm，上部多分枝。基生叶丛生，25～35 片，无明显叶柄，叶为卵形，成熟期叶长 30～50cm，宽 5～12cm，全缘或羽裂，叶量丰富。头状花序，舌状花，淡黄色。瘦果，长卵形，成熟时为紫黑色，千粒重 1.2g。

生物学特性：早期生长速度快。适应性广，对土壤要求不严，耐瘠薄。在南方一年可刈割 4～5 次，利用期长，产量高，干草产量一般达 4 500～8 000kg/hm²。

基础原种：由四川农业大学保存。

适应地区：适于我国长江流域海拔 400～2 000m，年降水量 600mm 以上的地区种植。

莴苣属

Lactuca L.

翅果菊

Lactuca indica L.

又名山莴苣、苦荬菜。一年生或二年生草本，植株含白色乳汁，高150～300cm。茎粗壮，上部多分枝。叶形多变化，下部叶花期枯萎，中部及上部叶条形、披针形或长椭圆形，不分裂或齿裂以至羽状或倒向羽状深裂或全裂，基部半抱茎，两面带白粉，无毛或有毛。头状花序多数在茎枝顶端排列成圆锥状；总苞圆筒形，舌状花淡黄色。瘦果椭圆形，长约5mm，黑色，压扁，每面具1条纵肋，喙短；冠毛白色。

野生种分布遍及全国，江苏、浙江、湖南、湖北、安徽、江西、四川、云南、广东、广西等省（区）大面积种植。现在已北移引种到河北、山西、内蒙古、吉林和黑龙江等省区。但在无霜期短的内蒙古、吉林和黑龙江栽培，营养生长良好，种子不能成熟。近年来，各地通过混合选择的办法，已选育出一些在当地种子能成熟的品种，并在生产上开始推广种植。

苦荬菜是一种高产、优质的青饲料。叶量大，脆嫩多汁。茎叶中含有白色乳汁，微带苦味，适口性良好，各种畜禽均喜食。营养价值高，据各地分析，营养期含粗蛋白质20％～30％，且粗纤维含量低（10％～15％）。再生能力很强，刈割后2～3天即可长出嫩叶。南方地区全年能收6～8茬，北方地区能收3～5茬，一般鲜草产量75 000～112 500kg/hm²。

适应性较强，既耐寒又抗热，抗病虫害能力强。能耐荫，适宜在果树或林木间隙种植。对土壤要求不严，各种土壤都可种植。喜水喜肥，以排灌良好的肥沃土壤生长最好，如遇久旱则生长缓慢。洼涝至根部淹水则容易死亡。以 pH 7.0 左右的中性土壤生长最好，微酸或微碱性土壤也能种植。

滇西翅果菊

Lactuca indica (L.) Shih 'Dianxi'

品种登记号： 523

登记日期： 2017 年 7 月 17 日

品种类别： 地方品种

申报者： 云南省草地动物科学研究院。钟声、罗在仁、黄梅芬、欧阳青、李世平。

品种来源： 由盈江当地长期栽培利用的资源经整理而成。

植物学特征： 菊科翅果菊属一年生或越年生草本。轴根系，主根粗壮，略带肉质，纺锤形，入土深。茎单生，直立，光滑，粗壮，基部直径 3～5cm，开花期株高 200～400cm。叶片宽大，光滑，边缘疏生细齿，略呈戟形，长 35～45cm，宽 8～12cm。头状花序含舌状小花 25～30 朵，黄色。瘦果椭圆形，黑色，边缘有宽翅，长 3～5mm，宽 1.5～2mm，冠毛 2 层，白色，长约 8mm，千粒重 1.19g 左右。

生物学特性： 喜温暖湿润气候，对土壤要求不严，但在肥沃、排灌良好的土壤上生长良好。适应性强，根系入土深，较耐旱，但久旱生长缓慢。耐寒，幼苗能耐 −2℃ 的低温，成株能耐 −5℃ 的低温。耐热性好，在云南南亚热带春播能顺利越夏。抗病能力强，几乎无严重病害。耐阴性好，可用作果树或林间种植。苗期生长缓慢。气温 15℃ 以上时生长速度加快。再生能力强，刈割 2～3 天即可长出嫩叶，再生基生叶生长迅速，但在抽薹后显著减弱。多次刈割再生速度平缓，没有明显的生长高峰。在德宏坝区种植全生育期约 210 天左右。

基础原种： 由云南省草地动物科学研究院保存。

适应地区： 适宜我国亚热带中低海拔气候区种植。

公 农 苦 荬 菜

Lactuca indica L. 'Gongnong'

品种登记号： 035

登记日期： 1989 年 4 月 25 日

品种类别： 育成品种

育种者： 吉林省农业科学院畜牧分院。吴义顺、吴青年。

品种来源： 原始材料由上海市农业科学院园艺研究所引进，通过四代混合选择育成。

植物学特征：株高 150～250cm，茎粗 2～5cm，茎上部多分枝，一般分枝 7～20 个。基生叶丛生，茎上叶互生，生育初期叶片呈倒卵形，叶缘齿裂，叶片长 35～60cm，宽 10～15cm，叶量多。花为头状花序，舌状花，呈黄色或浅黄色。

生物学特性：生育期 120～130 天。抗寒性强，幼苗期可忍受 0～2℃低温，但不抗涝。对土壤要求不严，耐刈割，再生力较强。鲜草产量 52 500～67 500kg/hm²，种子产量 300kg/hm²。

基础原种：由吉林省农业科学院畜牧分院保存。

适应地区：在吉林省内各地均适宜种植，土壤气候条件相近的周边省区也能种植。

龙 牧 苦 荬 菜
Lactuca indica L. 'Longmu'

品种登记号：036

登记日期：1989 年 4 月 25 日

品种类别：育成品种

育种者：黑龙江省畜牧研究所。刘玉梅、张执信、梁继惠、王世才、张云芬。

品种来源：原始材料引自河北省张家口地区。1977 年开始选择开花早、成熟早的单株，混合脱粒，经两次混合选择育成。

植物学特征：株高 180～200cm，茎粗 1～2cm，茎基部分枝，根出叶丛生，叶片大，无明显叶柄，长 30～50cm，宽 2～8cm。茎生叶互生，基部抱茎，长 10～25cm，羽状分裂。头状花序，花浅黄色，舌状花。

生物学特性：生育期 130 天左右，比原品种缩短 20 多天。喜温，喜水肥。鲜草产量 45 000～52 500kg/hm²，种子产量 220～300kg/hm²。

基础原种：由黑龙江省畜牧研究所保存。

适应地区：作青饲料用，适于在黑龙江全省种植；作采种用仅适于黑龙江省南部各市县种植。

蒙旱苦荬菜

Lactuca indica L. 'Mengzao'

品种登记号：037

登记日期：1989 年 4 月 25 日

品种类别：育成品种

育种者：内蒙古农牧学院草原系。张秀芬、吴渠来、贾玉山、王建光。

品种来源：由河北省唐山市引入的苦荬菜品种作原始材料，经多次混合选择育成。

植物学特征：株高 150～300cm，茎粗壮，上部多分枝，叶片无柄，呈披针形浅裂或深裂。头状花序在茎枝顶端排列成圆锥状，舌状花淡黄色。种子黑褐色，千粒重 1～1.5g。

生物学特性：生育期 130～140 天，在 ≥10℃ 活动积温在 2 000～3 000℃ 的地区种子能够成熟。青饲期长，抗病虫害，耐寒，耐轻度盐碱。再生性强，一年可刈割 3～4 次。鲜草产量 52 500～75 000kg/hm²，种子产量 225kg/hm²。蛋白质含量高，适口性好，猪、禽等畜禽均喜食。

基础原种：由内蒙古农牧学院草原系保存。

适应地区：适于无霜期 130 天左右，≥10℃ 活动积温 2 700～3 000℃ 的地区种植，如内蒙古大部分地区、山西、河北北部以及宁夏、山东等地。

闽北翅果菊

Lactuca indica （L.）Shih 'Minbei'

品种登记号：580

登记日期：2019 年 12 月 12 日

品种类别：野生栽培品种

申报者：福建省南平市农业科学研究所、福建省南平市畜牧站。黄水珍、刘忠辉、谢善松、王宗寿。

品种来源：以闽北地区采集的野生翅果菊为材料，经过多年栽培驯化而成。

植物学特征：菊科翅果菊属一年生或越年生草本，具白色乳汁。直根系。茎直立，高 170～320cm，茎粗 1.0～3.0cm。叶长椭圆形，具稀疏浅锯齿，长 10～45cm，宽 2.0～15.0cm，两面无毛，淡绿色。头状花序，白色，卵球形。瘦果椭圆形，长 3～5mm，宽 1.5～2mm。种子黑褐色，千粒重 0.35～1.0g。

生物学特性：生长最适温度 15～25℃。具有一定的抗旱能力，但不耐涝，耐热不抗寒，幼苗能耐 0℃ 低温，但极端温度达 −6℃ 以上会受冻害，气温超过 35℃ 时生长受阻。对土壤要求不严，土壤 pH 5.5～7.5 均可种植。再生能力强，耐刈割，干草产量 6 000kg/hm² 左右。

基础原种：由福建省南平市农业科学研究所保存。

适应地区：适于华东、华中和西南温暖湿润地区种植。

松香草属
Silphium L.

79－233 串叶松香草
Silphium perfoliatum L. '79－233'

品种登记号：046

登记日期：1989 年 4 月 25 日

品种类别：引进品种

申报者：中国农业科学院畜牧研究所。商作璞、熊德邵、苏加楷、李茂森。

品种来源：原产于北美高原地带，朝鲜从加拿大引入，1975 年开始大量推广，我国 1979 年从朝鲜引入。

植物学特征：地下由球形根茎和营养根两部分组成，根茎上有数个紫红色鳞片所包的根茎芽，第二年每个根茎芽形成一茎枝。播种当年只形成叶丛，无茎，第二年产生茎。茎多分枝、丛生、直立，株高 200～300cm，茎四棱、呈正方形或菱形。叶长椭圆形，有稀疏茸毛，莲座叶及基生叶有柄，茎生叶无柄，对生，呈十字形排列，基部各占一棱，在另两棱处连接在一起，呈喇叭形，茎从中间穿过。无限花序，头状、着生在假二叉分枝的顶端，花冠黄色。

生物学特性： 串叶松香草冬性极强，通过春化阶段，需一定大小的营养体和一定的低温条件。抗寒、抗高温，耐渍、耐酸，喜湿润，抗旱能力亦较强，不耐瘠，耐盐碱能力差，一般鲜草产量 120 000～150 000kg/hm^2。

基础原种： 由加拿大保存。

适应地区： 适应性极广，除我国北方盐碱、干旱地区外，其它绝大部分地区均可种植利用。

五、蓼　科
POLYGONACEAE

沙拐枣属
Calligonum L.

腾格里沙拐枣
Calligonum mongolicum Turcz. 'Tenggeli'

品种登记号： 156

登记日期： 1995 年 4 月 27 日

品种类别： 野生栽培品种

申报者： 内蒙古草原工作站和阿拉善盟草原工作站。刘志遥、康英、陈善科、侯春玲、甘红军。

品种来源： 从甘肃省民勤县沙生植物园采集野生材料，在阿拉善盟多年繁殖试验后，再进行 10 多年的大面积栽培种植而成。

植物学特征： 蓼科沙拐枣属多年生灌木，株形直立，高 60～180cm，主根明显。老枝白色，具有光泽，嫩枝绿色，枝形呈"Z"字形，能代替叶片进行光合作用。叶片退化呈三角鳞片叶。花有白色、粉红色、浅粉色，瓣向外反折，有 2～4 朵小花，簇生。果形似枣，具粗糙的刚毛，有四条棱肋，成熟后为暗褐色，长 10～13mm，成熟极不一致，落粒性极强，千粒重 51.3g。

生物学特性： 产量稳定，在内蒙古西北荒漠地，鲜草产量 3 000kg/hm²，产籽 225kg/hm²。抗旱性、抗风蚀性均较强。适口性好，蛋白质含量丰富，利用年限长。在年降水量为 125～250mm 的沙漠地带均可人工种植。

基础原种： 由内蒙古阿拉善盟草原站保存。

适应地区： 适于内蒙古中、西部地区及我国西部地区种植。

荞 麦 属
Fagopyrum Mill.

黔 中 金 荞 麦
Fagopyrum dibotrys（D. Don）Hara 'Qianzhong'

品种登记号： 581

登记日期： 2019 年 12 月 12 日

品种类别： 野生栽培品种

申报者： 贵州省畜牧兽医研究所、贵州省草业研究所。邓蓉、龙忠富、孔德顺、向清华、尚以顺。

品种来源： 以贵州省贵阳市南明收集的野生金荞麦资源为材料，经过多年的驯化栽培而成。

植物学特征： 蓼科荞麦属多年生草本植物。根状茎木质化，黑褐色。茎直立，高 100～150cm，分枝，具纵棱，无毛。叶三角形，长 4～12cm，宽 3～11cm，边缘全缘，两面具乳头状凸起或被柔毛，叶柄长达 10cm。圆锥花序顶生，花被白色 5 裂，长 2.5mm。瘦果三棱形，黑褐色，长 5～7mm，千粒重 50g。异花授粉。

生物学特性： 耐热、抗病虫性能较强，对土壤要求不严格。适宜萌发温度为 12～25℃，气温低于 5℃则停止生长，冬季地上部分枯黄，地下部分可以安全越冬，来年春季返青。淮河以南地区金荞麦的全年生育期为 195～210 天，干草产量为 10 000kg/hm² 左右。

基础原种： 由贵州省畜牧兽医研究所保存。

适应地区： 适宜云贵高原、长江中下游地区种植。

酸 模 属
Rumex L.

鲁梅克斯 K‐1 杂交酸模
Rumex patientia×*R. tianschanicus* 'Rumex K‐1'

品种登记号： 183

登记日期：1997 年 12 月 11 日

品种类别：引进品种

申报者：新疆鲁梅克斯绿色产业有限公司、新疆农业大学畜牧分院。熊军功、杨茁萌、石定遂。

品种来源：1995 年从乌克兰引进。

植物学特征：蓼科酸模属多年生草本植物。直根系，根深 150～200cm。叶片大，卵状披针形，叶长 45～100cm，宽 10～20cm，开花期株高 170～290cm。

生物学特性：喜水，喜肥，耐涝，耐旱，比较耐盐。抗寒性强，返青早，3 月初返青，4 月中旬可供早春利用，青绿生长期长。第一年不抽薹，呈叶丛状。第二年抽薹开花结实，生育期 85 天左右。再生性好，鲜草产量高，乌鲁木齐市在灌溉和施肥较好的条件下鲜草产量 150 000～225 000kg/hm²（干草产量 15 000～22 500kg/hm²），种子产量为 1 500～2 250kg/hm²。蛋白质含量高，抽薹期达 29.08%，现蕾期达 28.94%，开花期达 22.50%，且胡萝卜素和维生素含量也高，是一个高产高蛋白多汁饲草，奶牛、猪、禽等家畜均喜食。

基础原种：由乌克兰和新疆鲁梅克斯绿色产业有限公司保存。

适应地区：适于我国北方大部地区以及长江以北地区种植，湿润、温暖、光照充足的地区更佳，南方亦可种植。

六、葫 芦 科
CUCURBITACEAE

南 瓜 属
Cucurbita L.

龙牧 18 号饲用南瓜
Cucurbita moschata（Duch. ex Lam.）
Duch. ex Pollet Poir. 'Longmu No. 18'

品种登记号：015

登记日期：1988 年 4 月 7 日

品种类别：育成品种

育种者：黑龙江省畜牧研究所。张执信、刘玉梅、王世才、梁继惠、张云芬。

品种来源：1973 年，以当地推广品种"叙利亚"南瓜为材料，用 0.2% 的秋水仙素溶液处理南瓜幼苗生长点 4～5 天，以干物质和蛋白质含量高为目标选育而成。

植物学特征：蔓长 500～600cm，蔓上生有 30～45 片近似三角形的叶片，叶片枯萎期较晚。花筒比一般品种大 1cm 左右。每株结南瓜大小整齐一致，橘黄色，圆形。

生物学特性：有较强的抗旱能力。生育期 110 天左右。瓜肉厚 6～7cm，平均单瓜重 10kg 左右。鲜瓜干燥率为 6.56%，比对照（5.83%）提高 12.5%。鲜瓜产量 60 000～75 000kg/hm²。

基础原种：由黑龙江省畜牧研究所保存。

适应地区：黑龙江省西部及松江平原地区均可栽培。

七、藜　科
CHENOPODIACEAE

甜 菜 属
Beta L.

中饲甜 201 饲用甜菜
Beta vulgaris var. *lutea* DC. 'Zhongsitian No. 201'

品种登记号： 319

登记日期： 2005 年 11 月 27 日

品种类别： 育成品种

育种者： 中国农业科学院甜菜研究所、黑龙江大学农学院。王红旗、李红侠、郭爱华、吴庆峰。

品种来源： 中国农业科学院甜菜研究所和黑龙江大学农学院合作，从 1995 年开始，以从乌克兰引进的饲用甜菜 P. 931 为母本和自育糖用甜菜品系 T211 为父本，进行杂交选育，经 4 个世代的轮回选择育成。

植物学特征： 二年生草本植物，需两年才能完成整个生育周期，第一年营养生长，形成叶丛和块根；第二年生殖生长，抽蔓开花结实。营养生长前期植株根部迅速膨大，并明显向地上部生长。收获期根以圆柱形为主，根皮颜色上部青绿下部橘黄，根体的 1/2 生长在地表上，易收获。地上部形态整齐，叶丛斜立，叶数和繁茂度中等，叶片舌形、绿色。穗状花序，有无限开花习性。小花 3～4 朵，簇生，两性。种子为聚合坚果、多胚，种子千粒重约为 24g。

生物学特性： 抗逆性强、适应性广，尤其在半干旱、轻度盐碱地等低产田上利用效果明显。中抗甜菜褐斑病和根腐病，耐窖腐病。块根和茎叶产量可达 75 000～97 500kg/hm²。块根干物质率 12.01%，块根干物质中含粗蛋白质 8.80%～12.23%，粗纤维 14.10%～15.60%，粗脂肪 0.43%～0.60%，粗灰分 5.80%～8.53%。块根蔗糖含量 6.61%～9.13%（锤度）。

适口性好，畜禽喜食，尤其适宜作为奶牛的多汁饲料。

基础原种：由中国农业科学院甜菜研究所保存。

适应地区：适于黑龙江、吉林、辽宁和内蒙古东部等地区种植。

地 肤 属
Kochia Roth

巩乃斯木地肤
Kochia prostrata（L.）Schrad. 'Gongnaisi'

品种登记号：009

登记日期：1987 年 5 月 25 日

品种类别：野生栽培品种

申报者：新疆维吾尔自治区草原研究所。贾广寿、特刘汉、朱忠艳。

品种来源：采集新疆荒漠野生木地肤的种子，进行人工栽培驯化而成。

植物学特征：多年生旱生小半灌木，高 10～90cm。茎多分枝而斜生，呈丛生状。叶于短枝上簇生，条形或狭条形，两面疏被柔毛。花单生或 2～3 朵集生于叶腋，或于枝端组成复穗状花序，花被片 5，果期自背部横生 5 个膜质的薄翅。种子卵形或近球形，黑褐色。

生物学特性：抗寒、抗旱、耐沙埋、耐盐碱，在土壤含盐量（以硫酸盐为主）0.5%～0.8%时仍能正常生长。春季发育快，蛋白质含量高，是轻盐碱地、沙地和荒漠地区重要的牧草和固沙植物。

基础原种：由新疆维吾尔自治区草原研究所保存。

适应地区：适于新疆、甘肃河西、宁夏、陕北、内蒙古西部年降水量 150mm 以上的荒漠、半荒漠、干旱草原地区种植。

内 蒙 古 木 地 肤
Kochia prostrata（L.）Schrad. 'Neimenggu'

品种登记号：154

登记日期：1994 年 3 月 26 日

品种类别：野生栽培品种

申报者：内蒙古畜牧科学院草原研究所。阿拉塔、刘忠、赵书元、温都苏、宝音贺希格。

品种来源：在内蒙古哲里木盟科左后旗采集野生木地肤种子，经多年栽培驯化而成。

植物学特征：优等旱生饲用小半灌木。株高80～110cm，枝条直立，色泽鲜绿，分枝多，叶互生。花一朵或数朵簇生于叶腋，花被片5，密被柔毛。胞果扁球形，种子卵形或近球形，黑褐色，千粒重0.9g。

生物学特性：青鲜或干燥的木地肤马、牛、羊、骆驼均喜食，可供放牧或刈草利用，是荒漠草原区及干旱草原地区建植旱作草地的优良草种。

基础原种：由内蒙古自治区畜牧科学院草原研究所保存。

适应地区：适于吉林、黑龙江、内蒙古、宁夏、甘肃、新疆、青海等省区种植。

驼绒藜属
Krascheninnikovia Gueldenst.

科尔沁型华北驼绒藜
Krascheninnikovia arborescens（Losina – Losinskaja）
Czerepanov 'Keerqinxing'

品种登记号：107
登记日期：1992年7月28日
品种类别：野生栽培品种
申报者：内蒙古畜牧科学院草原研究所。赵书元、刘忠、阿拉塔、吴高升、赵志彪。

品种来源：采集内蒙古荒漠野生华北驼绒藜的种子，经栽培驯化而成。

植物学特征：藜科驼绒藜属多年生旱生半灌木，高150～200cm。枝条直立，侧枝较少，株丛椭圆型，被毛稀疏。

生物学特性：抗逆性强，耐旱、耐寒、耐贫瘠、耐风蚀和沙埋。营养物质丰富，适口性好，各种家畜四季均喜食。开花期和结实期含粗蛋白质分别为17.24%和16.63%，粗脂肪分别为1.22%和1.23%，钙分别为1.62%和

2.19%，茎叶比为 45.4% 和 54.6%。可以建立人工割草地和放牧地，其株体含水量低，易于调制干草，干草产量 3 750～4 500kg/hm²。亦为水土保持、防风固沙、国土整治的重要草种。

基础原种：由内蒙古畜牧科学院草原研究所保存。

适应地区：适于我国北方年降水量 100～200mm 的干旱与半干旱地区种植。

乌兰察布型华北驼绒藜

Krascheninnikovia arborescens（Losina‐Losinskaja）
Czerepanov 'Wulanchabuxing'

品种登记号：433

登记日期：2010 年 4 月 14 日

品种类别：野生栽培品种

申报者：内蒙古自治区农牧业科学院。孙海莲、易津、刘永志、阿拉塔、特木乐。

品种来源：1987 年和 2001 年分别从内蒙古巴彦淖尔市乌拉特中后旗及乌兰察布市四子王旗荒漠草原采集野生华北驼绒藜种子，经多年栽培驯化而成。

植物学特征：藜科驼绒藜属多年生旱生半灌木。植株高大，株高 90～150cm，枝条斜倚，分枝萌生于基部。株体暗灰绿，被毛较多。叶为扁圆披针形，长 2～7cm，宽 7～15mm，具明显的网状脉。花单性，雌雄同株，雄花序长而柔软，长 8cm，雌花管倒卵形，长 3mm，花管裂片粗短，果熟时管外具 4 束长毛。胞果狭倒卵形，种子千粒重 2.1～2.3g。染色体 $2n=2x=18$。种子包裹被毛、小而轻、产量大、短寿命，不易贮藏，难以机械播种。

生物学特性：抗旱、耐寒、耐盐碱、耐土壤瘠薄，是生态改良、水土保持的优良牧草，饲用价值比较高，适口性好，各类家畜四季喜食，利用年限达 20 年以上。其分布在 ≥10℃ 年积温 2 200～3 000℃、年降水量为 150～250mm 的地区。喜沙，以土壤表层具浅覆沙的地块生长最好。返青早、枯黄晚，生长期长达 180～200 天，干草产量 4 500～6 000kg/hm²，种子产量 600kg/hm²。现蕾期干物质中含粗蛋白质 17.49%，粗脂肪 1.35%，粗纤维 30.97%，无氮浸出物 34.5%，粗灰分 15.69%，钙 2.48%，磷 0.45%。

基础原种： 由内蒙古农牧业科学院草原畜牧业综合试验示范基地四子王基地保存。

适应地区： 适于内蒙古自治区中西部地区及宁夏、甘肃、青海、新疆等地区种植，尤其适用于干旱和盐碱地区。

伊犁心叶驼绒藜

Krascheninnikovia ewersmanniana（StschegL. ex Losina‑Losinskaj）

Grubov 'Yili'

品种登记号： 337

登记日期： 2006 年 12 月 13 日

品种类别： 野生栽培品种

申报者： 新疆畜牧科学院草原研究所。李柱、付爱良、杨刚、郑晓红、贾广寿。

品种来源： 从新疆伊犁新源县哈拉布拉地区荒漠草原采集的野生心叶驼绒藜，经多年栽培驯化而成。

植物学特征： 藜科驼绒藜属多年生半灌木。株高 70～90cm，有分枝 30～40 枝，株丛高度 50～70cm。直根系，三年生植株主根入土深超过 300cm。茎秆光滑，圆形。叶形大，浅灰色，长椭圆形，长 25～40mm，宽 10～20mm，叶急尖，叶基截形，中脉突出。花单生，雌雄同株，雄花数朵簇生于枝顶端，集聚成穗状花序，雌花 1～2 朵，腋生。果实椭圆形，两侧各有 2 束等长的柔毛，含有 1 粒种子，果实千粒重 3～5g，种子千粒重 2.1g。

生物学特性： 耐旱，年均土壤含水率（0～60cm 土层）9%～10% 能正常生长。耐高温，夏季地面温度 65℃未见灼伤。耐严寒，气温 −35℃能安全越冬。耐盐碱，土壤 pH 8.0，总盐 1.0%～2.0%时种子发芽正常，成株可在总盐含量为 3%（0～10cm 土层）时生长。生育期 176～180 天。适应性强，产草量高，在灌溉条件下，干草产量可达 9 200kg/hm²，种子产量可达 1 350kg/hm²。适口性好，分枝期干物质中含粗蛋白质 16.20%，粗脂肪 1.19%，粗纤维 32.10%，无氮浸出物 34.41%，粗灰分 16.10%，钙 1.19%，磷 0.17%；结实期干物质中含粗蛋白质 14.10%，粗脂肪 2.08%，粗纤维

34.00%，无氮浸出物 41.04%，粗灰分 8.78%，钙 0.97%，磷 0.14%。

基础原种：由新疆畜牧科学院草原研究所保存。

适应地区：适于年降水量 250～400mm 的新疆荒漠草原地区种植，可用于草场改良和人工草地建植。

乌拉泊驼绒藜

Krascheninnikovia latens（J. F. Gmel.）
Reveal et Holmgren 'Wulabo'

品种登记号：336

登记日期：2006 年 12 月 13 日

品种类别：野生栽培品种

申报者：新疆畜牧科学院草原研究所。李柱、付爱良、杨刚、沙吾列、贾广寿。

品种来源：从新疆乌鲁木齐县乌拉泊地区平原荒漠草地采集的野生驼绒藜，经多年栽培驯化而成。

植物学特征：藜科驼绒藜属多年生半灌木。植株较小，株高 40～70cm，有分枝 25～35 个，株丛高度 30～50cm。直根系，三年生植株主根入土深超过 400cm。茎秆被密柔毛，茎秆圆形。叶形小，浅灰色，条形或披针形，中脉突出，长 20～30mm，宽 4～8mm。花单性，雌雄同株，雄花数朵成簇，集聚成穗状花序，雌花 1～2 朵腋生。果实椭圆形，两侧各有 2 束等长的长柔毛，含 1 粒种子，果实千粒重 3.40g，种子千粒重 2.10g。

生物学特性：耐旱，年均土壤含水率（0～60cm 土层）7%～8% 能正常生长。耐高温，夏季地面温度 70℃未见灼伤。耐严寒，气温－35℃能安全越冬。耐盐碱，土壤 pH 8.0，总盐 1.0%～3.0% 时种子发芽正常，成株可在总盐含量为 4%～5%（0～10cm 土层）时生长。耐牧性好，防风固沙能力强。产草量高，叶量丰富，适口性好。在补充灌溉条件下，干草产量可达 7 550kg/hm²，种子产量 900～1 300kg/hm²。分枝期干物质中含粗蛋白质 15.70%，粗脂肪 1.20%，粗纤维 32.90%，无氮浸出物 35.74%，粗灰分 14.46%，钙 1.19%，磷 0.14%；结实期干物质中含粗蛋白质 13.30%，粗脂肪 1.96%，粗纤维 36.50%，无氮浸出物 39.46%，粗灰分 8.78%，钙

0.93％，磷 0.12％。

基础原种：由新疆畜牧科学院草原研究所保存。

适应地区：适于年降水量 150～250mm 的新疆荒漠草原地区种植，可用于草场改良，在有补充灌溉条件下可用于人工草地建植。

八、十字花科
BRASSICACEAE

芸 薹 属
Brassica L.

花溪芜菁甘蓝

Brassica napus var. *napobrassica* (Linnaeus) Reichenbach 'Huaxi'

品种登记号： 472

登记日期： 2014 年 6 月 3 日

品种类别： 地方品种

申报者： 贵州省草业研究所。牟琼、吴家海、杨义成、王应分、李娟。

品种来源： 从贵州省贵阳市花溪地区收集的地方品种，经过两次选择和提纯复壮而成。

植物学特征： 十字花科芸薹属一年生草本。直根系，块根肥大，近球形或纺锤形，通常上半部露出地面，淡紫色，下半部埋入土中，乳白色或淡紫色，直径 10～15cm。茎直立，分枝较少，茎于次年春季抽出。叶片丰富，有蜡粉，基生叶具柄，顶端圆钝，边缘有不规则的钝波状齿，茎生叶矩圆状或披针形，近全缘，无柄。总状花序顶生，花黄色。长角果，长 4～8cm，喙长 3～8cm，每角果含种子 20～30 粒。种子近圆形，深褐色，千粒重约 2.6g。

生物学特性： 喜冷凉湿润气候，能适应高原、高寒山区环境，最适宜发芽温度 12～14℃，幼苗能忍受 −3～−2℃ 的低温，成株能忍受 −8～−7℃ 的短期低温。营养生长阶段最适宜生长温度 15～18℃。一般前期高温，簇叶生长旺盛，后期低温有利于肉质根生长和糖分积累。单株重 2.1～4.5kg，其中单个块根重 1.5～4.0kg。

基础原种： 由贵州省农业科学院草业研究所保存。

适应地区：适于我国贵州省丘陵山地种植。

威宁芜菁甘蓝

Brassica napus var. *napobrassica* (Linnaeus) Reichenbach 'Weining'

品种登记号：381

登记日期：2009 年 4 月 17 日

品种类别：地方品种

申报者：贵州省草业研究所。熊先勤、尚以顺、王明进、李富祥、刘龙邦。

品种来源：起源于地中海，19 世纪传入我国，贵州威宁等地 20 世纪 50 年代从云南昭通农家引进种植，已有近 60 年的栽培历史，现在威宁广泛种植利用，已成为该县最主要的地方饲料作物品种之一。

植物学特征：十字花科芸薹属二年生草本植物，又名洋萝卜。种植第一年形成块根，第二年抽薹、开花、结实，完成整个生育周期。块根圆形或纺锤形，一半在地上为青紫色，有 1 紫色长根颈，长 25～35cm，上有叶或叶痕，一半在地下，两侧各有 1 条纵沟，由此生出多数侧根，果肉淡黄色。叶色深绿，叶面有白粉，叶长 50～60cm，叶宽 20～30cm，大头羽裂，叶片裂刻深，侧裂片 2～4 对，边缘有不整齐锯齿或波状浅裂，叶柄与叶脉青紫色或青绿色。植株高 80～140cm，茎直立，有分枝。总状花序顶生或腋生，花瓣浅黄色，倒卵形，长角果线形。种子略呈球形，黑棕色，千粒重 2.5g 左右。

生物学特性：喜土层深厚、土质疏松、肥沃、排水良好的沙壤土。种子能在 2～3℃时发芽，生长适温为 13～18℃，幼苗能耐 -1～-2℃低温。在海拔 1 800m 以上的地区种植，完成生育期一般 460 天左右，在海拔 1 000m 左右的地区种植，完成生育期一般 250 天左右。块根果肉质地致密、较硬，汁多味甜，耐冬季贮存。单根重 1～5kg，大的可达 10kg 以上，一般块根产量 60 000～70 000kg/hm²，肥水充足块根产量可达 120 000～150 000kg/hm²。收获期块根含干物质 10.91%，块根干物质中含粗蛋白质 12.25%，粗脂肪 0.64%，中性洗涤纤维 11.27%，酸性洗涤纤维 14.76%，无氮浸出物 64.25%，水溶性总糖 24.84%，粗灰分 6.21%，钙 0.46%，磷 0.27%。

基础原种：由贵州省草业研究所保存。

适应地区：适于长江中上游海拔 800～3 000m 及类似地区种植。

凉山芜菁

Brassica rapa L. 'Liangshan'

品种登记号：382

登记日期：2009 年 4 月 17 日

品种类别：地方品种

申报者：四川省凉山彝族自治州畜牧兽医科学研究所、四川省金种燎原种业科技有限责任公司、四川省西昌绿源农业科技有限责任公司。敖学成、姚明久、傅平、王同军、柳茜。

品种来源：四川省凉山州种植芜菁历史悠久，种植面积约 3.3 万公顷。对凉山芜菁中心产区的农家种进行整理、提纯复壮、混合选择、鉴定评价而成。

植物学特征：十字花科芸薹属二年生草本植物，又名圆根。种植第一年形成块根，第二年抽薹开花结实，完成整个生育周期。块根扁圆形，皮呈紫色或白色，肉质呈白色，块根直径 5～20cm，厚度 4～8cm，块根重占全株重 87%。块根顶部簇生单片裂叶，叶片数 16～40 片，叶长 20～34cm，宽 6～10cm，叶片具有茸毛或刺毛，叶缘波浪状，叶腋有腋芽。花茎直立，高 110cm 左右。总状花序顶生，花黄色，每株平均有花序 92.7 个，每花序有小花 93.2 枚，结角果 49.9 个。长角果圆柱形，稍扁，长 4.28cm，先端具喙，成熟后常裂开，平均有种子 21 粒。种子圆形，深褐色或枣红色，千粒重 1.88g。

生物学特性：适应性强，能在南亚热带高寒山区多生态气候带生长，喜温凉湿润气候；抗寒性强，在年均温 3～6℃高寒山区也能正常生长。块根膨大生长速度快，膨大始期到收获期仅 60～70 天。块根生长期 125 天左右，鲜茎叶块根产量 85 000kg/hm²。种子生育期 154 天左右，种子产量 1 368kg/hm²。块根含干物质 98.51%，粗蛋白质 7.93%，粗脂肪 1.69%，粗纤维 14.6%，无氮浸出物 60.71%，粗灰分 13.58%，钙 0.251%，磷 0.021%，味微甘，适口性好，猪、牛、羊均喜食。

基础原种： 由凉山州畜牧兽医科学研究所保存。

适应地区： 适于四川省凉山州 17 县（市）海拔 1 100～3 200m 的高寒多生态地区种植，也适于周边雅安市、攀枝花市、乐山市、云南滇东北类似生态区种植；最适繁种区为凉山州昭觉县海拔 1 800～2 600m 地区和类似生态区。

玉树莙根（芜菁）

Brassica rapa L. 'Yushu'

品种登记号： 297

登记日期： 2004 年 12 月 8 日

品种类别： 地方品种

申报者： 青海省铁卜加草原改良试验站。杜玉红、韩志林、窦声云、颜红波、张洪军。

品种来源： 在青海省玉树地区多年广泛栽培，1962 年由青海省铁卜加草原改良试验站对其进行筛选、鉴定评价而成。

植物学特征： 十字花科芸薹属二年生草本植物。种植第一年形成母根，翌年抽薹、开花、结实，完成整个生育周期。根上部膨大成块状，扁球形或略近球形，直径 10～30cm。根皮白色，上半部呈紫色或红色。肉质纯白，味淡甜略带辛辣。块根顶部具短缩茎 1～15 个。基生叶匙形，长 20～40cm，下部呈羽状深裂或全裂。叶缘波状，不整齐，叶片被茸毛或短刺毛。茎直立，株高 80～120cm，分枝多。茎生叶略小，上部叶呈阔披针形，全缘，常被白粉层。下部叶与基生叶相近。圆锥形总状花序，顶生，花黄色。长角果圆柱形，稍扁，长 3～6cm，先端具喙，有种子 20～30 粒。种子暗紫色或枣红色，千粒重 2～2.5g。

生物学特性： 喜凉爽气候，耐寒性强，10cm 地温 3～5℃时种子可萌发出苗，幼苗期可耐－5～－3℃低温，整个生长期均能耐轻微霜冻，在青藏高原生长良好。经多年试验，其鲜根叶产量一般为 45 000～67 500kg/hm²。块根干物质中含粗蛋白质 7.74%，粗脂肪 1.79%，粗纤维 15.48%，无氮浸出物 69.04%，粗灰分 5.95%；叶干物质中含粗蛋白质 15.29%，粗脂肪 3.72%，粗纤维 7.85%，无氮浸出物 58.27%，粗灰分 14.87%。块根及叶营养丰富，适口性好，为牛、羊、猪所喜食。

基础原种： 由青海省铁卜加草原改良试验站保存。

适应地区： 青藏高原海拔 3 000～4 200m，年均温－5～－4℃的高寒地区均可种植。

萝 卜 属
Raphanus L.
攀 西 蓝 花 子

Raphanus sativus L. var. *raphanistroides* （Makino）Makino 'Panxi'

品种登记号： 584

登记日期： 2019 年 12 月 12 日

品种类别： 地方品种

申报者： 四川省草业技术研究推广中心、四川省农业科学院土壤肥料研究所、凉山州畜牧兽医科学研究所、会理县农业农村局。朱永群、姚明久、柳茜、卢寰宗、彭扬龙。

品种来源： 以在四川凉山会理县种植多年的蓝花子为材料，栽培整理而成。

植物学特征： 十字花科萝卜属一年生或越年生草本植物。主根系，茎高60～110cm，分枝性强。不完全叶，仅有叶片和叶柄。总状无限花序，花色有白、乳白、微紫红、微紫、淡黄等。角果，每角果有种子2～5粒，千粒重 10.5g。

生物学特性： 适应性强，对热量要求不高，不择土壤且具有耐旱、耐酸碱等特性。干草产量为 9 000kg/hm² 左右。

基础原种： 由四川省草业技术研究推广中心保存。

适应地区： 适于四川省西南及邻近的云南、贵州地区种植。

九、大 戟 科
EUPHORBIACEAE

木 薯 属
Manihot Mill.

华南 5 号木薯
Manihot esculenta Crantz 'Huanan No. 5'

品种登记号： 219

登记日期： 2000 年 12 月 25 日

品种类别： 育成品种

育种者： 中国热带农业科学院热带作物品种资源研究所。林雄、李开绵、黄洁、许瑞丽、张伟特。

品种来源： 为木薯 ZM8625×SC8013 的 F_1 代优良单株无性系后代，经无性系系统选育而成。

植物学特征： 大戟科木薯属多年生直立亚灌木。株高 200～300cm，分枝部位低，分叉角度大，株形呈伞状。茎圆形灰白色，有蜡质，内皮浅绿色，基部浅红色，嫩茎五棱形，具帽状叶痕。单叶、互生，掌状深裂，裂片 5～7 片，线形至披针形，叶柄绿带红色。圆锥花序，着生顶端分叉处，雌雄同序异花，浅黄色。种子肾形，褐色，种皮坚硬，光滑，有黑色斑纹。结薯集中，掌状平伸，薯块粗壮，大小均匀，纺锤形或圆柱形，表皮浅黄色，内皮粉红色。

生物学特性： 中早熟品种，喜温热、湿润、光照充足的生长环境，耐旱、耐瘠薄、抗病虫害。对土壤要求不严，可在 pH 4～8 的土壤上生长。不耐阴，怕水渍，不宜在排水不良的地方种植。块根含干物质 37%～42%，淀粉 28%～32%，粗蛋白质 1.8%，氢氰酸（HCN）50～70mg/kg。嫩茎叶干物质中含粗蛋白质 18%～35%。青贮喂猪适口性好，粗薯粉和叶粉可制作畜禽配合饲料。在海南、广西等地种植，年均鲜薯产量达 31 000～

45 000kg/hm²。

基础原种：由中国热带农业科学院热带作物品种资源研究所保存。

适应地区：年均气温16℃以上，无霜期8个月以上的南亚热带地区均可种植。

华南6号木薯

Manihot esculenta Crantz 'Huanan No. 6'

品种登记号：232

登记日期：2001年12月22日

品种类别：育成品种

育种者：中国热带农业科学院热带作物品种资源研究所。李开绵、林雄、黄洁、叶剑秋、许瑞丽。

品种来源：1990年引自泰国的木薯OMR33-10自然杂交种优良单株无性系后代，经系统选育而成。

植物学特征：大戟科木薯属多年生直立亚灌木。株高150～200cm，顶端分枝部位高，分枝短，株型紧凑，老茎灰白色。单叶互生，螺旋状排列，叶片掌状深裂，裂片5～7片，披针形，叶柄紫红色。茎圆形，灰绿色、光滑、有蜡质，内皮浅绿色，具有乳管，含有白色乳汁。圆锥花序，着生于顶端分叉处，雌雄同序异花，浅黄色。种子扁长，肾状，褐色，种皮坚硬、光滑、有黑色斑纹，为杂合体。结薯集中，薯块大小均匀，大薯率高，株间产量均衡，薯皮薄、光滑、浅黄色、内皮白色。

生物学特性：中早熟品种，喜温热湿润、光照充足的生长环境。耐旱，抗病虫，对土壤条件要求不严，但不耐水渍，不宜在排水不良的地方栽培。用种茎进行无性繁殖。块根含干物质38%～41%，淀粉30%～34%，氢氰酸50～60mg/kg。嫩茎叶干物质中含粗蛋白质18%～25%，可青贮喂猪。干薯粉和叶粉可制成配合饲料。在海南、广西、云南等地种植，年均鲜薯产量达30 000～45 000kg/hm²。

基础原种：由中国热带农业科学院热带作物品种资源研究所保存。

适应地区：年均气温16℃以上，无霜期8个月以上的南亚热带地区均可种植。

华南7号木薯

Manihot esculenta Crantz 'Huanan No. 7'

品种登记号：295

登记日期：2004 年 12 月 8 日

品种类别：育成品种

育种者：中国热带农业科学院热带作物品种资源研究所。李开绵、黄洁、李琼、叶剑秋、许瑞丽。

品种来源：1987 年利用华南 205 木薯的自然杂种 F_1 代优良单株无性系后代，经系统选育而成。

植物学特征：大戟科木薯属多年生直立亚灌木。株高 200～300cm，顶端分枝部位高，分叉角度较大，株型呈伞状，一般分叉 3～4 个，嫩茎五棱形，有帽状叶痕，成熟茎圆形，外皮红褐色，有蜡质，内皮浅绿色。单叶互生，螺旋状排列，掌状深裂，裂片披针形，暗绿色，叶柄红色。圆锥花序，着生顶端分叉处，花浅黄色。种子肾形，褐色，种皮坚硬，光滑，有黑色斑纹，为杂合体。结薯集中，掌状平伸，薯块大小均匀，大薯率高，外皮褐色光滑，内皮紫红色，肉质白色。

生物学特性：用种茎进行无性繁殖，无主根，只有不定根。耐干旱，抗病虫，无流行病虫害发生，耐贫瘠土壤，在 pH 4～8 的土壤上生长良好。块根含干物质 33%～39%，淀粉 26%～32%，氢氰酸 50～75mg/kg。嫩茎叶干物质中含粗蛋白质 19%～36%。适口性好。鲜薯产量可达 41 000～43 000kg/hm²，是猪禽的优良饲料。

基础原种：由中国热带农业科学院热带作物品种资源研究所保存。

适应地区：年均气温 16℃以上，无霜期 8 个月以上的南亚热带地区均可种植。

华南8号木薯

Manihot esculenta Crantz 'Huanan No. 8'

品种登记号：296

登记日期：2004 年 12 月 8 日

品种类别：育成品种

育种者：中国热带农业科学院热带作物品种资源研究所。叶剑秋、黄洁、郑玉、李开绵、许瑞丽。

品种来源：1996 年引自泰国的木薯 CMR38－120 自然杂交 F_1 代优良单株的无性系后代，经系统选育而成。

植物学特征：大戟科木薯属多年生直立亚灌木。株高 180～250cm，顶端分枝部位高，分枝短，株型紧凑。无主根只有不定根，嫩茎五棱形，有帽状叶痕，成熟茎圆形，外皮灰绿色，有蜡质，内皮深绿色。单叶互生，螺旋状排列，裂片披针形，叶柄绿色，叶节密。圆锥花序，浅黄色，着生顶端分叉处。种子肾形，褐色，种皮坚硬，光滑，有黑色斑纹，为杂合体。薯块大小均匀，大薯率高，圆锥形，薯外皮光滑，黄白色，内皮白色，肉质白色。

生物学特性：无性繁殖，抗旱，耐酸，抗病虫害。鲜薯产量可达 41 000～42 000kg/hm²，块根含干物质 38%～42%，淀粉 31%～32%，氢氰酸 50～75mg/kg，嫩茎叶干物质中含粗蛋白质 18%～35%，营养丰富，适口性好，是畜禽的优质饲料。

基础原种：由中国热带农业科学院热带作物品种资源研究所保存。

适应地区：年均气温 16℃以上，无霜期 8 个月以上的南亚热带地区均可种植。

华南 9 号木薯
Manihot esculenta Crantz 'Huanan No. 9'

品种登记号：320

登记日期：2005 年 11 月 27 日

品种类别：育成品种

育种者：中国热带农业科学院热带作物品种资源研究所。黄洁、叶剑秋、李开绵、陆小静、许瑞丽。

品种来源：1990 年，利用从海南当地收集的优良单株无性系后代，经系统选育而成。

植物学特征：大戟科木薯属多年生直立灌木。株型紧凑呈伞状，株高中等，顶端分枝角度小，分枝短，一般分叉 3～5 个，顶端嫩茎绿色，成熟老茎外表皮黄褐色，内表皮浅绿色。单叶互生，呈螺旋状排列，叶裂片椭圆形，暗绿色，叶柄红带乳黄色，叶节密。圆锥花序顶生及腋生，单性花。蒴果，椭圆形。结薯集中，掌状平伸，薯块大小均匀，圆锥形。种子扁长，千粒重 57～74g。

生物学特性：无流行病虫害发生，耐旱、耐瘠、适应性强，在 pH 4～7 土壤条件下生长良好。平均产鲜薯 22 500～30 000kg/hm²。块根含干物质 41％～42％，淀粉 30％～33％，氢氰酸 30.5mg/kg，鲜薯干物质中含粗蛋白质 3.2％，嫩叶干物质中含粗蛋白质 18％～35％。适口性好，薯块可食用或饲用，叶可作青贮饲料，是猪禽的优质饲料。

基础原种：由中国热带农业科学院热带作物品种资源研究所保存。

适应地区：年平均气温在 16℃以上，无霜期 8 个月以上的南亚热带地区均可种植。

华南 10 号木薯

Manihot esculenta Crantz 'Huanan No. 10'

品种登记号：335

登记日期：2006 年 12 月 13 日

品种类别：育成品种

育种者：中国热带农业科学院热带作物品种资源研究所。李开绵、叶剑秋、黄洁、闻庆祥、张振文。

品种来源：以木薯 CM4042 为母本、CM4077 为父本杂交获得杂种一代（F_1），经无性系多代选育而成。

植物学特征：大戟科木薯属多年生亚灌木。顶端分枝部位高，分叉角度小，株型紧凑，株高 250～300cm。块根长圆柱形。茎秆粗大，有节。叶片掌状深裂，裂片 5 片或 7 片，线形，长 15～20cm，宽 2～3cm。圆锥花序，雌雄同序异花。种子肾形，褐色。

生物学特性：耐瘠薄，耐旱，经 90 天长期干旱，久晒不死，可在 pH 4～8 的土壤中生长。抗风性强。无流行性病虫害。较晚熟，种植后 10 个月可收获薯块。结薯集中，掌状平伸，浅生，薯块粗壮，大小均匀。鲜薯产量可达 30 000～45 000kg/hm²。块根含干物质 39％～42％，淀粉 30％～32％，氢氰酸 50～75mg/kg，嫩茎叶干物质中含粗蛋白质 19％～35％。青贮后饲喂猪适口性好，粗薯粉和叶粉配合后可代替玉米饲喂鸡。生产上以种茎进行无性繁殖。

基础原种：由中国热带农业科学院热带作物品种资源研究所保存。

适应地区：年平均气温大于 16℃，无霜期 8 个月以上的热带和南亚热带地区均可种植。

华南 11 号木薯

Manihot esculenta Crantz 'Huanan No. 11'

品种登记号：383

登记日期：2009 年 4 月 17 日

品种类别：育成品种

育种者：中国热带农业科学院热带作物品种资源研究所。叶剑秋、李开绵、张振文、陆小静、薛茂富。

品种来源：1998 年，从国际热带农业中心（CIAT）引进木薯 BRA900 自然杂交种 F_1 代优良单株的无性系后代，经系统选择选育而成。

植物学特征：植株中等，株型紧凑，顶端分枝部位中等，顶端分枝较少，分枝短。叶片浅绿色，掌状深裂，裂片 5 片，叶柄紫红色。嫩茎赤黄色，成熟茎外皮灰白色，内皮浅绿色。结薯集中，掌状平伸，浅生，薯块粗壮，大小均匀，大薯率高，薯内外皮白色带乳黄色，肉质白色。

生物学特性：生长快，长势旺盛，耐旱抗病，适应性强，可在产区各地栽培。种茎耐贮存，发芽力强，出苗快，生长整齐，顶端分叉较晚，耐肥高产，较晚熟，种植后 10 个月可收获。鲜薯产量一般为 45 000kg/hm²，集约栽培时可达 90 000kg/hm²。块根含干物质 40％～42％，淀粉 31％～33％，粗蛋白质 1.6％，氢氰酸 50～75mg/kg，粗纤维 2.2％，嫩茎叶干物质中含粗蛋白质 18％～34％。嫩茎叶青贮喂猪适口性好，粗薯粉和叶粉配合养鸡与玉米无异。

基础原种：由中国热带农业科学院热带作物品种资源研究所保存。

适应地区：年平均气温 18℃ 以上，无霜期 8 个月以上的热带和南亚热带地区均可栽培。

十、蔷薇科
ROSACEAE

李　属
Prunus L.

乌 拉 特 柄 扁 桃
Prunus pedunculata Pall. 'Wulate'

品种登记号：352

登记日期：2007 年 11 月 29 日

品种类别：野生栽培品种

申报者：内蒙古自治区农牧业科学院草原研究所。赵和平、贾明、孙杰、于斌、殷国梅。

品种来源：1990 年从乌拉特中旗巴音哈太地区采集野生柄扁桃种子，经多年栽培驯化而成。

植物学特征：蔷薇科李属灌木。株高 180～250cm。根粗壮，分枝多。单叶互生于短枝，叶片椭圆形。花单生于短枝上，花瓣粉红色。核果近球形，直径 10～13mm，紫红色。种子近宽卵形，棕黄色，直径4～6mm。

生物学特性：抗旱、耐寒，在－37℃的低温下能安全越冬。耐瘠薄，抗风沙。4 年生的植株可食干草产量 4 500kg/hm² 左右，种子产量 2 250kg/hm²左右。适口性良好，牛、羊、骆驼喜食其嫩枝叶。主要用作饲草，亦可用于生态治理和景观绿化。

基础原种：由内蒙古自治区农牧业科学院草原研究所保存。

适应地区：适于内蒙古中西部地区种植。

地 榆 属
Sanguisorba L.

伊 敏 河 地 榆
Sanguisorba officinalis L. 'Yiminhe'

品种登记号：497

登记日期：2015 年 8 月 19 日

品种类别：野生栽培品种

申报者：内蒙古和信园蒙草抗旱绿化股份有限公司。王召明、高秀梅、田志来、李晶晶、李彦飞。

品种来源：以海拉尔伊敏河地区采集的野生地榆为原始材料，经多年栽培驯化而成。

植物学特征：蔷薇科地榆属多年生草本植物。株高 30～80cm，根圆柱形或纺锤形，茎直立，单数羽状复叶，茎生叶，穗状花序顶生，瘦果宽卵形或椭圆形。

生物学特性：中旱生型植物，耐寒、耐瘠薄，也较耐旱、耐半阴。株型整齐，枝叶繁茂，叶色翠绿，叶形优美，花色艳丽，花序独特，可应用于景观生态园林工程。

基础原种：由内蒙古和信园蒙草抗旱绿化股份有限公司保存。

适应地区：适于我国北方半干旱地区种植。

十一、满江红科
AZOLLACEAE

满江红属
Azolla Lam.

龙 引 细 绿 萍
Azolla filiculoides Lam. 'Longyin'

品种登记号：432

登记日期：2010 年 4 月 14 日

品种类别：引进品种

申报者：东北农业大学。崔国文、陈雅君、姜义宝、刘香萍、王恒国。

品种来源：1977 年由中国科学院北京植物研究所从民主德国引进，1979 年转引入黑龙江省。

植物学特征：满江红科满江红属蕨类水生植物。单个萍体有主枝和侧枝，叶互生或成覆瓦状，分为同化叶和吸收叶。孢子果成熟时黄褐色，生于分枝基部的沉水叶片上，大孢子果长卵形，内含一个大孢子囊，囊内含有 1 个大孢子；小孢子果球形，内含多数小孢子囊，每个小孢子囊内含有 64 个小孢子。

生物学特性：产草量高，在黑龙江省中南部养殖 100～120 天，鲜萍产量可达到 550 000～600 000kg/hm²。鲜萍含干物质 7%～11%，干物质中含粗蛋白质 14.14%，粗脂肪 1.64%，中性洗涤纤维 57.21%，酸性洗涤纤维 40.30%，粗灰分 12.44%。在气温 18～25℃ 条件下，固氮能力为 350～400 毫微克/[克（鲜重）·小时]。抗寒性较强，短期在气温－8℃ 也不会发生冻害死亡。在气温低于－5℃ 或者水肥度过低时，萍体颜色逐渐变成暗红色，当气温回升到 5℃ 以上或水肥度提高后，萍体颜色逐渐恢复成鲜绿色。

基础原种：由东北农业大学保存。

适应地区：适于在黑龙江省各地静止肥沃水面养殖，冬季种萍需保护过冬。

闽育 1 号小叶萍

Azolla microphylla Kaulf. 'Minyu No. 1'

品种登记号：498

登记日期：2015 年 8 月 19 日

品种类别：育成品种

育种者：福建省农业科学院农业生态研究所。徐国忠、郑向丽、王俊红、黄毅斌、林永辉。

品种来源：由福建省农科院农业生态研究所用小叶萍为母本，细绿萍为父本进行杂交，通过对有性杂交后代扩繁筛选，经过同工酶鉴定和抗寒耐热性测定筛选出的新品种。

植物学特征：蕨类水生植物，属于满江红科满江红属植物。植株多边形，平面浮生或斜立浮生于水面，萍体大小 10mm×20mm。背叶长椭圆形，背叶表面突起细短，腹叶白或绿。

生物学特性：在 0～40℃可存活，在 0.6％的盐浓度也可正常生长，适宜生长温度 10～30℃。繁殖快，产量高，在福州年生长天数 260 天，年产鲜萍 700 000kg/hm² 以上，以侧枝无性繁殖为主。

基础原种：由福建省农业科学生态研究所保存。

适应地区：适于温暖湿润的多水地区种植。

十二、百合科
LILIACEAE

山麦冬属
Liriope Lour.

怀柔禾叶山麦冬
Liriope graminifolia（L.）Backer 'Huairou'

品种登记号： 444

登记日期： 2011 年 5 月 16 日

品种类别： 野生栽培品种

申报者： 北京市怀柔区园林绿化局。董学军、李贵友、刘长青、杨旭春、房利民。

品种来源： 由采集于北京市怀柔区红螺山、圣泉山的野生禾叶山麦冬栽培驯化而来。

植物学特征： 百合科多年生草本植物，簇生。根系较发达，分枝多，有时在末端出现纺锤状小块根，根状茎短。叶丛生于基部，线形，长 20～40（50）cm，宽 2～4mm，禾叶状，深绿色，春、夏、秋挺拔，冬季下垂，常绿。总状花序，轴长 10～20cm，具多数花，淡紫色或近白色，花期长，美观度好。浆果近球形，直径 5～7mm，初为绿色，成熟后暗紫色或蓝黑色，内含种子 1 枚，种子卵圆形或近球形，坚硬，直径 3～4mm。

生物学特性： 有很好的抗寒性和耐热性。新叶 4 月长出，待新叶生长结束后老叶陆续枯萎，花期 6 月下旬至 7 月下旬，果熟期 9 月下旬至 10 月中旬。在北京市怀柔区极端低温 −27.4℃ 条件下可安全越冬，在极端高温 40℃ 条件下可安全越夏，在全光条件和树阴下均可茁壮生长。稳定性好，其生产栽培性状、园林应用坪用性状同野外无差异。耐粗放管理，作为园林地被植物应用生长整齐一致，具有较好的观赏价值。通过分株或播种繁殖。

基础原种：由北京市怀柔区园林绿化局保存。

适应地区：适于北京、河北、天津及类似地区作为园林地被植物应用。

沿阶草属
Ophiopogon Ker‑Gawl.

剑江沿阶草
Ophiopogon bodinieri Levl. 'Jianjiang'

品种登记号：446

登记日期：2012 年 6 月 29 日

品种类别：野生栽培品种

申报者：贵州省草业研究所。谢彩云、范国华、吴佳海、莫志萍、刘秀峰。

品种来源：2001 年从贵州南部都匀剑江沿岸采集野生沿阶草群落中的野生沿阶草植株、地下根茎带回，利用根蘖进行无性繁殖，经多年栽培驯化而成。

植物学特征：百合科沿阶草属多年生草本地被植物。株高 10～37cm。根纤细，须根较长，中部或近末端膨大成纺锤形肉质小块根。地下走茎细，直径 1～2mm，节上具膜质鞘，茎短，包于叶基中。叶丛生于基部，禾叶状，下垂，常绿，长 10～30cm，宽 2～4mm，具 3～7 条脉。花葶 3～10cm，总状花序 1～5cm，花常俯垂，具 5～10 朵花，淡紫色，常单生或 2～4 朵簇生于苞片腋内；花被片 6，分离，两轮排列，长 4～6mm；雄蕊 6 枚，生于花被片基部。果实球形，直径约 5～8mm，成熟时浆果蓝色。

生物学特性：抗逆性强、耐阴、耐瘠薄。青绿期长，在贵州各地区全年青绿，叶、花、果共赏。花期 5—8 月，果期 9—11 月。常采用分株繁殖。可用作观赏草坪建植、林缘镶边、大型建筑物群背阴处或竹丛、高大乔灌木及复层绿化带阴影下种植，尤适植于古典庭园中的山石旁、石缝中、台阶两侧，能起到较好的防护作用。

基础原种：由贵州省草业研究所保存。

适宜地区：适于长江以南年降水量在 800mm 以上的亚热带地区种植。

十三、夹竹桃科
APOCYNACEAE

罗布麻属
Apocynum L.

松 原 罗 布 麻
Apocynum venetum L. 'Songyuan'

品种登记号： 434

登记日期： 2010 年 4 月 14 日

品种类别： 野生栽培品种

申报者： 东北师范大学。李志坚、李建东、王德利、魏春雁、李萌。

品种来源： 从松嫩盐碱化草地上采集的野生罗布麻种子和根段，经多年栽培驯化而成。

植物学特征： 多年生草本。主根粗壮，暗褐色，深入土层 10～50cm 处可生出横向生长的水平根。茎直立，株高 50～130cm，枝条对生，少互生。叶对生，具柄，叶长 1.8～6.0cm，宽 0.5～2.0cm，叶缘具细锯齿，叶面无毛。花序为圆锥状聚伞形，顶生，花冠圆筒状钟形，粉红色或紫红色。蓇葖果双生，长角状，果皮无毛，有细纵纹，种子顶端具白色绢质种毛，千粒重为 0.34～0.36g。

生物学特性： 属中生盐生植物，喜于轻度盐碱地上生长。在松嫩草地生育期约 135 天。适宜条件下播种，出苗时间一般为 6～8 天。苗期生长十分缓慢，当年不结实。多年生的罗布麻，盛花期鲜草产量平均为 5 083kg/hm²，干草产量为 1 800kg/hm²。终花期风干物中含干物质 90.23%，粗蛋白质 12.28%，粗脂肪 3.06%，粗纤维 28.26%，无氮浸出物 40.01%，粗灰分 6.62%，中性洗涤纤维 37.80%，酸性洗涤纤维 31.10%。再生性较差，一年只能刈割 1 次。种子产量低，一般为 5～8kg/hm²，但种子发芽率高，一般在 97%以上，亦可用根段繁殖。富含黄酮类化合物等活性物质，因此，也是一种药饲兼用植物。

基础原种： 由东北师范大学保存。

适应地区： 适于我国东北盐碱地上种植饲用，亦可用于生态治理。

十四、旋花科

CONVOLVULACEAE

马蹄金属

Dichondra J. R. et G. Forst.

都 柳 江 马 蹄 金

Dichondra micrantha Forst. 'Douliujiang'

品种登记号：462

登记日期：2013 年 5 月 15 日

品种类别：野生栽培品种

申报者：四川农业大学、贵州省草业研究所、温江区天府草坪园艺场。干友民、付薇、刘伟、彭燕、邱常兵。

品种来源：从贵州三都县采集的野生马蹄金为原始材料（编号 SD200203），经多年栽培驯化而成。

植物学特征：多年生匍匐低矮小草本。主茎长约 25.0cm，节间长约 1.0cm，茎被短柔毛。叶呈马蹄状，先端宽圆形或微缺，基部阔心形，叶面积约 1cm²，被贴生柔毛，叶柄长约 0.8cm。花单生叶腋，花冠钟状深裂，稍长于花萼，浅黄色，无毛；子房被白色绒毛，2 室，每室 2 胚珠；柱头 2，少数为 3，呈头状；雄蕊 5，生于花冠裂片间。蒴果近球形，直径约 1.5mm，种子 1～2 粒，黄色至褐色，无毛，千粒重 1.8g，结实率低于 10％。

生物学特性：喜生于半阴湿、土质肥沃、土壤微酸至微碱的平地或丘陵低山。匍匐生长，分枝密度大，质地细腻，耐阴、耐寒、抗旱、抗病虫害能力强。在西南地区，2 月中下旬返青，3 月初开始现蕾，5 月至 7 月上旬种子成熟，生育期 110 天左右。一旦建植成功便能够旺盛生长，无需修剪。

基础原种： 由四川农业大学保存。

适应地区： 适于我国西南地区海拔 2 000m 以下平原、低山丘陵及其它类似生态地区种植。

十五、鸭跖草科
COMMELINACEAE MIRB

锦竹草属
Callisia L.
华南铺地锦竹草
Callisia repens L. 'Huanan'

品种登记号： 496

登记日期： 2015 年 8 月 19 日

品种类别： 野生栽培品种

申报者： 华南农业大学林业与风景园林学院，广州市黄谷环保科技有限公司。张巨明、黄爱平、黄韬翔、谢新明、黄永红。

品种来源： 在调查屋顶绿化植物时发现的植物种，采自广州市白云大道云山教师小区屋顶之逸生植株，经栽培驯化而成。

植物学特征： 鸭跖草科锦竹草属多年生肉质草本。节处生根，叶卵形，长 1～3cm，宽约 1cm，薄肉质，抱茎，叶缘及叶鞘处具细短白绒毛，叶缘及叶鞘基部带有紫色。花腋生于上部叶片，蝎尾状聚伞花序，花序成对（有时单生），无梗，萼片绿色，线状长圆形，3～4mm，边缘干膜质，3 枚小白色花瓣，披针形，3～6mm。

生物学特性： 喜生长于屋檐、路旁、疏林溪边等地。营养体繁殖，匍匐性好，生长迅速，耐高温，耐干旱，根系浅，耐瘠薄。

基础原种： 由华南农业大学保存。

适应地区： 适于我国长江以南亚热带、热带地区种植。

十六、鸢尾科
IRIDACEAE

庭菖蒲属
Sisyrinchium L.

川 西 庭 菖 蒲

Sisyrinchium rosulatum Bickn. 'Chuanxi'

品种登记号：509

登记日期：2016 年 7 月 21 日

品种类别：野生栽培品种

申报者：四川省草原工作总站。张瑞珍、何光武、曾洪光、陈艳宇、严东海。

品种来源：以采集于四川凉山州布托县野生庭菖蒲为原始材料，通过栽培驯化而成的观赏草品种。

植物学特征：鸢尾科庭菖蒲属一年生或越年生草本。宿根莲座丛状，须根系。株高 15～20cm。茎秆纤细，茎节常呈膝状弯曲，沿茎两侧生有狭翅。叶互生，狭条形，长 6～9cm，宽 2～3mm，基部鞘抱茎，顶端渐尖，无明显的中脉。花葶高度 20～30cm，花序顶生，苞片 5～7 枚，外侧 2 枚狭披针形，边缘膜质，绿色，花淡紫色，喉部黄色，直径 0.8～1cm。蒴果球形，黄褐色或棕褐色，成熟时背开裂。种子黑褐色，千粒重 0.24g。

生物学特性：耐寒性较强，冬季植株仍保持鲜绿，喜阴湿环境，耐粗放管理。种子休眠期短，成熟 40～50 天后可重新萌发。春季播种生育天数约 100 天，秋季播种生育天数约 250 天。花期 4—5 月，果期 6—7 月。

基础原种：由四川省草原工作总站保存。

适宜地区：适于西南地区海拔 2 000m 以下以及长江中下游地区低洼湿地种植，用于环境美化和景观建设。

十七、美人蕉科
CANNACEAE

美人蕉属
Canna L.

黔 北 蕉 芋
Canna indica 'Edulis' 'Qianbei'

品种登记号： 582

登记日期： 2019 年 12 月 12 日

品种类别： 地方品种

申报者： 贵州省亚热带作物研究所、中国热带农业科学院热带作物品种资源研究所、贵州省草业研究所。周明强、班秀文、杨成龙、董荣书、赵明坤。

品种来源： 以贵州省正安县种植多年的蕉芋栽培整理而成。

植物学特征： 美人蕉科美人蕉属多年生草本植物。茎直立，扁圆形，株高 200～300cm，叶柄相互合抱呈假茎状，叶量丰富，块茎肥大，纺锤形。总状花序顶生，花瓣紫色。朔果三瓣开裂，瘤状，倒卵形。

生物学特性： 出苗快，生育期短，在西南地区块茎和茎叶鲜草产量可达 96 000～100 000kg/hm²

基础原种： 由贵州省亚热带作物研究所保存。

适应地区： 适于我国南部、西南部热带、亚热带地区种植。

十八、荨麻科
URTICACEAE

苎麻属
Boehmeria Jacq.

鄂牧 6 号苎麻
Boehmeria nivea (L.) Gaudich. 'Emu No. 6'

品种登记号: 583

登记日期: 2019 年 12 月 12 日

品种类别: 育成品种

育种者: 湖北省农业科学院畜牧兽医研究所、咸宁市农业科学院。汪红武、田宏、汤涤洛、刘洋、熊伟。

品种来源: 以地方品种细叶绿苎麻为母本,鄂苎 1 号苎麻为父本,经过杂交选育而成。

植物学特征: 荨麻科苎麻属多年生亚灌木,宿根型。株高约 170cm。茎粗约 1cm。叶圆卵形,长约 14.0cm,宽约 9.0cm,正面绿色,背面被白色毡毛,叶柄微红色,长约 7.0cm。圆锥花序腋生,密集,淡黄色,花单性,雌雄同株。瘦果近球形,长 0.60mm。种子黑色,千粒重 0.024g。

生物学特性: 喜温短日照植物,对土壤要求不严,但地下水位较高且易受淹地块不宜种植。抗逆性强,在贫瘠土地生长良好。抗倒伏、耐涝、抗寒性强。对根腐线虫表现出较好的抗性。常用扦插繁殖。再生能力强,全年可刈割 5～7 次,干草产量为 13 000kg/hm² 左右。在长江中游地区一般 3 月上旬出苗,8 月上旬现蕾,中旬达初花期,下旬达盛花期,12 月中下旬种子成熟,生育期 258～265 天,能安全过夏和越冬。

基础原种: 由湖北省农业科学院畜牧兽医研究所保存。

适应地区: 适于长江中下游地区种植。

十九、白花丹科
PLUMBAGINACEAE

补血草属
Limonium Mill.

陇中黄花补血草
Limonium aureum（L.）Hill. 'Longzhong'

品种登记号：559

登记日期：2018 年 8 月 15 日

品种类别：野生栽培品种

申报者：中国农业科学院兰州畜牧与兽药研究所。路远、常根柱、周学辉、杨红善、张茜。

品种来源：在甘肃兰州市半干旱山区采集野生黄花补血草种子，经过多年栽培驯化而成。

植物学特征：白花丹科补血草属多年生草本。株高 9～50cm，全株除萼外均无毛。根皮红褐色至黄褐色，根茎逐年增大而木质化并变为多头，常被有残存叶柄和红褐色芽鳞。叶基生，灰绿色，在花期逐渐脱落，矩圆状匙形至倒披针形，长 1～3.5cm，宽 5～8mm。花序生于分枝顶端，组成伞房状聚伞花序，花序轴绿色且密被疣状凸起，自基部开始作数回叉状分枝，常呈"之"形曲折；苞片宽卵形，小苞片宽倒卵圆形，先端 2 裂，花萼漏斗状，膜质，长 5～8mm，先端具小芒尖；裂片 5，金黄色。聚伞花序由 3～5（7）个小穗组成，小穗含 2～3（5）个小花，花瓣金黄色，基部合生，雄蕊着生于花瓣基部。蒴果倒卵形或矩圆形，具 5 棱，包藏于花萼内。种子千粒重 0.476g。

生物学特性：成丛性好、花序密度大，花期 6—8 月，果期 7—9 月。耐盐碱、耐贫瘠、耐干旱，在年降水量 300mm 以上的地区不需浇水也可正常生长，在气温－36℃以内可安全越冬。对土壤要求不严，喜生于轻度盐化，pH 7.5～9.0 的砂砾质土、盐化草甸土和山地粟钙土地上，在含盐量 4‰ 以内的土壤上可正常生长开花。

基础原种： 由中国农业科学院兰州畜牧与兽药研究所保存。

适应地区： 适于北方干旱、半干旱地区以及西部荒漠、戈壁地区种植。

大青山二色补血草
Limonium bicolor（Bunge）Kuntze 'Daqingshan'

品种登记号： 530

登记日期： 2017 年 7 月 17 日

品种类别： 野生栽培品种

申报者： 内蒙古蒙草生态环境（集团）股份有限公司。王召明、崔海鹏、高秀梅、田志来、刘思泱。

品种来源： 以采集于内蒙古呼和浩特大青山南麓黄花窝铺野生的二色补血草为原始材料，通过栽培驯化而成。

植物学特征： 白花丹科补血草属多年生草本。直根系，株高 40～70cm。基生叶铺地而生，叠状分布呈莲座形，单叶匙形或倒卵状匙形，叶缘波状，初春萌发心叶为玫瑰红色，叶片光滑翠绿，顶端钝而微尖，基部下延成叶柄。伞状圆锥花序，三叉分枝；花枝翠绿色，长 20～70cm；小花萼片绿色，漏斗状；萼筒倒圆锥状，具柔毛；裂片粉白色，呈五角星状。花瓣金黄色；小花径 3mm，顶端深裂；花瓣盛开后，一般 2～3 天即落，萼片宿存。果实成熟期为 9 月下旬，种子千粒重 1.0g。

生物学特性： 通过播种或育苗移栽繁殖，生育期 150～190 天，花期约100 天，花枝多姿，花朵繁茂，花色艳丽，花落后粉白色萼片长期宿存，观赏期长。

基础原种： 由内蒙古蒙草生态环境（集团）股份有限公司保存。

适应地区： 适于我国北方寒冷、干旱、半干旱地区用于城乡绿化和环境建设。

拉丁名索引